高职高专"十一五"规划教材

★ 农林牧渔系列

园林树木栽培技术

YUANLIN SHUMU
ZAIPEI JISHU

田伟政　崔爱萍　主编

化学工业出版社

·北京·

内 容 提 要

本书是高职高专"十一五"规划教材★农林牧渔系列之一。全书十四章,主要内容包括园林树木栽培的生物学基础,园林树木育苗知识,园林树木的栽植及养护管理三大部分,并按照乔木、灌木、藤本三类介绍了我国(包括南北方)一些主要园林树种的具体育苗及栽养技术要点。为了方便学生认别园林树木,本书还收录了近40幅常见园林树木的彩色图片,使教学效果更为直观;每章后配有复习思考题,便于学生自我检测。

本书可作为高职高专院校园林园艺专业及相关专业的教学用书,同时也可供园林工作者参考。

图书在版编目(CIP)数据

园林树木栽培技术/田伟政,崔爱萍主编. —北京:化学工业出版社,2009.9(2020.11重印)
高职高专"十一五"规划教材★农林牧渔系列
ISBN 978-7-122-06563-6

Ⅰ.园… Ⅱ.①田…②崔… Ⅲ.园林树木-栽培-高等学校:技术学院-教材 Ⅳ.S68

中国版本图书馆CIP数据核字(2009)第150466号

责任编辑:李植峰 梁静丽 旷英姿 郭庆睿 装帧设计:史利平
责任校对:郑 捷

出版发行:化学工业出版社(北京市东城区青年湖南街13号 邮政编码100011)
印　　装:北京七彩京通数码快印有限公司
787mm×1092mm 1/16 印张15½ 彩插2 字数405千字 2020年11月北京第1版第7次印刷

购书咨询:010-64518888　　　　　　　　　　　　售后服务:010-64518899
网　　址:http://www.cip.com.cn
凡购买本书,如有缺损质量问题,本社销售中心负责调换。

定　价:29.00元　　　　　　　　　　　　　　　　　　　　版权所有　违者必究

"高职高专'十一五'规划教材★农林牧渔系列"
建设委员会成员名单

主 任 委 员 介晓磊
副主任委员 温景文　陈明达　林洪金　江世宏　荆　宇　张晓根
　　　　　　　窦铁生　何华西　田应华　吴　健　马继权　张震云
委　　　员（按姓名汉语拼音排列）

边静玮	陈桂银	陈宏智	陈明达	陈　涛	邓灶福	窦铁生	甘勇辉	高　婕	耿明杰
官麟丰	谷风柱	郭桂义	郭永胜	郭振升	郭正富	何华西	胡繁荣	胡克伟	胡孔峰
胡天正	黄绿荷	江世宏	姜文联	姜小文	蒋艾青	介晓磊	金伊洙	荆　宇	李　纯
李光武	李效民	李彦军	梁学勇	梁运霞	林伯全	林洪金	刘俊栋	刘　莉	刘　蕊
刘淑春	刘万平	刘晓娜	刘新社	刘奕清	刘　政	卢　颖	马继权	倪海星	欧阳素贞
潘开宇	潘自舒	彭　宏	彭小燕	邱运亮	任　平	商世能	史延平	苏允平	陶正平
田应华	王存兴	王　宏	王秋梅	王水琦	王晓典	王秀娟	王燕丽	温景文	吴昌标
吴　健	吴郁魂	吴云辉	武模戈	肖卫苹	肖文左	解相林	谢利娟	谢拥军	徐苏凌
徐作仁	许开录	闫慎飞	颜世发	燕智文	杨玉珍	尹秀玲	于文越	张德炎	张海松
张晓根	张玉廷	张震云	张志轩	赵晨霞	赵　华	赵先明	赵勇军	郑继昌	周晓舟
朱学文									

"高职高专'十一五'规划教材★农林牧渔系列"
编审委员会成员名单

主 任 委 员 蒋锦标
副主任委员 杨宝进　张慎举　黄　瑞　杨廷桂　胡虹文　张守润
　　　　　　　宋连喜　薛瑞辰　王德芝　王学民　张桂臣
委　　　员（按姓名汉语拼音排列）

艾国良	白彩霞	白迎春	白永莉	白远国	柏玉平	毕玉霞	边传周	卜春华	曹　晶
曹宗波	陈传印	陈杭芳	陈金雄	陈　璟	陈盛彬	陈现臣	程　冉	褚秀玲	崔爱萍
丁玉玲	董义超	董曾施	段鹏慧	范洲衡	方希修	付美云	高　凯	高　梅	高志花
弓建国	顾成柏	顾洪娟	关小变	韩建强	韩　强	何海健	何英俊	胡凤新	胡虹文
胡　辉	胡石柳	黄　瑞	黄修奇	吉　梅	纪守学	纪　瑛	蒋锦标	鞠志新	李　碧全
李　刚	李继连	李　军	李雷斌	李林春	梁本国	梁称福	梁俊荣	林　纬	林仲桂
刘革利	刘广文	刘丽云	刘贤忠	刘晓欣	刘振华	刘振湘	刘宗亮	柳遵新	龙冰雁
罗　玲	潘　琦	潘一展	邱深本	任国栋	阮国荣	申庆全	石冬梅	史兴山	史雅静
宋连喜	孙克威	孙雄华	孙志浩	唐建勋	唐晓玲	陶令霞	田　伟	田伟政	田文儒
汪玉琳	王爱华	王朝霞	王大来	王道国	王德芝	王　健	王立军	王孟宇	王双山
王铁岗	王文焕	王新军	王　星	王学民	王艳立	王云惠	王中华	吴俊琢	吴琼峰
吴占福	吴中军	肖尚修	熊运海	徐公义	徐占云	许美解	薛瑞辰	羊建平	杨宝进
杨平科	杨廷桂	杨卫韵	杨学敏	杨　志	杨治国	姚志刚	易　诚	易新军	于承鹤
于显威	袁亚芳	曾饶琼	曾元根	战忠玲	张春华	张桂臣	张怀珠	张庆霞	郑翠芝
张慎举	张守润	张响英	张　欣	张新明	张艳红	张祖荣	赵希彦	赵秀娟	郑翠芝
周显忠	朱雅安	卓开荣							

"高职高专'十一五'规划教材★农林牧渔系列"建设单位
(按汉语拼音排列)

安阳工学院	河西学院	青海畜牧兽医职业技术学院
保定职业技术学院	黑龙江农业工程职业学院	曲靖职业技术学院
北京城市学院	黑龙江农业经济职业学院	日照职业技术学院
北京林业大学	黑龙江农业职业技术学院	三门峡职业技术学院
北京农业职业学院	黑龙江生物科技职业学院	山东科技职业学院
本钢工学院	黑龙江畜牧兽医职业学院	山东理工职业学院
滨州职业学院	呼和浩特职业学院	山东省贸易职工大学
长治学院	湖北生物科技职业学院	山东省农业管理干部学院
长治职业技术学院	湖南怀化职业技术学院	山西林业职业技术学院
常德职业技术学院	湖南环境生物职业技术学院	商洛学院
成都农业科技职业学院	湖南生物机电职业技术学院	商丘师范学院
成都市农林科学院园艺研究所	吉林农业科技学院	商丘职业技术学院
	集宁师范高等专科学校	深圳职业技术学院
重庆三峡职业学院	济宁市高新技术开发区农业局	沈阳农业大学
重庆水利电力职业技术学院	济宁市教育局	苏州农业职业技术学院
重庆文理学院	济宁职业技术学院	温州科技职业学院
德州职业技术学院	嘉兴职业技术学院	乌兰察布职业学院
福建农业职业技术学院	江苏联合职业技术学院	厦门海洋职业技术学院
抚顺师范高等专科学校	江苏农林职业技术学院	仙桃职业学院
甘肃农业职业技术学院	江苏畜牧兽医职业学院	咸宁学院
广东科贸职业学院	江西生物科技职业学院	咸宁职业技术学院
广东农工商职业技术学院	金华职业技术学院	信阳农业高等专科学校
广西百色市水产畜牧兽医局	晋中职业技术学院	延安职业技术学院
广西大学	荆楚理工学院	杨凌职业技术学院
广西农业职业技术学院	荆州职业技术学院	宜宾职业技术学院
广西职业技术学院	景德镇高等专科学校	永州职业技术学院
广州城市职业学院	丽水学院	玉溪农业职业技术学院
海南大学应用科技学院	丽水职业技术学院	岳阳职业技术学院
海南师范大学	辽东学院	云南农业职业技术学院
海南职业技术学院	辽宁科技学院	云南热带作物职业学院
杭州万向职业技术学院	辽宁农业职业技术学院	云南省普洱农业学校
河北北方学院	辽宁医学院高等职业技术学院	云南省曲靖农业学校
河北工程大学	辽宁职业学院	云南省思茅农业学校
河北交通职业技术学院	聊城大学	张家口教育学院
河北科技师范学院	聊城职业技术学院	周口职业技术学院
河北省现代农业高等职业技术学院	眉山职业技术学院	漳州职业技术学院
	南充职业技术学院	郑州牧业工程高等专科学校
河南科技大学林业职业学院	盘锦职业技术学院	郑州师范高等专科学校
河南农业大学	濮阳职业技术学院	中国农业大学
河南农业职业学院	青岛农业大学	

《园林树木栽培技术》编写人员名单

主　　编　田伟政（湖南环境生物职业技术学院）
　　　　　　崔爱萍（山西林业职业技术学院）

副 主 编　郝改莲（濮阳职业技术学院）
　　　　　　陈志阳（湖南环境生物职业技术学院）

参编人员（按姓名汉语拼音排列）
　　　　　　陈志阳（湖南环境生物职业技术学院）
　　　　　　崔爱萍（山西林业职业技术学院）
　　　　　　郭培军（濮阳职业技术学院）
　　　　　　郝改莲（濮阳职业技术学院）
　　　　　　谭卫萍（广东科贸职业学院）
　　　　　　田伟政（湖南环境生物职业技术学院）
　　　　　　武旭霞（呼和浩特职业学院）
　　　　　　杨玉芳（山西林业职业技术学院）

序

当今，我国高等职业教育作为高等教育的一个类型，已经进入到以加强内涵建设，全面提高人才培养质量为主旋律的发展新阶段。各高职高专院校针对区域经济社会的发展与行业进步，积极开展新一轮的教育教学改革。以服务为宗旨，以就业为导向，在人才培养质量工程建设的各个侧面加大投入，不断改革、创新和实践。尤其是在课程体系与教学内容改革上，许多学校都非常关注利用校内、校外两种资源，积极推动校企合作与工学结合，如邀请行业企业参与制定培养方案，按职业要求设置课程体系；校企合作共同开发课程；根据工作过程设计课程内容和改革教学方式；教学过程突出实践性，加大生产性实训比例等，这些工作主动适应了新形势下高素质技能型人才培养的需要，是落实科学发展观，努力办人民满意的高等职业教育的主要举措。教材建设是课程建设的重要内容，也是教学改革的重要物化成果。教育部《关于全面提高高等职业教育教学质量的若干意见》（教高[2006]16号）指出"课程建设与改革是提高教学质量的核心，也是教学改革的重点和难点"，明确要求要"加强教材建设，重点建设好3000种左右国家规划教材，与行业企业共同开发紧密结合生产实际的实训教材，并确保优质教材进课堂。"目前，在农林牧渔类高职院校中，教材建设还存在一些问题，如行业变革较大与课程内容老化的矛盾、能力本位教育与学科型教材供应的矛盾、教学改革加快推进与教材建设严重滞后的矛盾、教材需求多样化与教材供应形式单一的矛盾等。随着经济发展、科技进步和行业对人才培养要求的不断提高，组织编写一批真正遵循职业教育规律和行业生产经营规律、适应职业岗位群的职业能力要求和高素质技能型人才培养的要求、具有创新性和普适性的教材将具有十分重要的意义。

化学工业出版社为中央级综合科技出版社，是国家规划教材的重要出版基地，为我国高等教育的发展做出了积极贡献，曾被新闻出版总署领导评价为"导向正确、管理规范、特色鲜明、效益良好的模范出版社"，2008年荣获首届中国出版政府奖——先进出版单位奖。近年来，化学工业出版社密切关注我国农林牧渔类职业教育的改革和发展，积极开拓教材的出版工作，2007年年底，在原"教育部高等学校高职高专农林牧渔类专业教学指导委员会"有关专家的指导下，化学工业出版社邀请了全国100余所开设农林牧渔类专业的高职高专院校的骨干教师，共同研讨高等职业教育新阶段教学改革中相关专业教材的建设工作，并邀请相关行业企业作为教材建设单位参与建设，共同开发教材。为做好系列教材的组织建设与指导服务工作，化学工业出版社聘请有关专家组建了"高职高专'十一五'规划教材★农林牧渔系列建设委员会"和"高职高专'十一五'规划教材★农林牧渔系列编审委员会"，拟在"十一五"期间组织相关院校的一线教师和相关企业的技术人员，在深入调研、整体规划的基础上，编写出版一套适应农林牧渔类相关专业教育的基础课、专业课及相关外延课程教材——"高职高专'十一五'规划教材★农林牧渔系列"。该套教材将涉及种植、园林园艺、畜牧、兽医、水产、宠物等专业，于2008~2009年陆续出版。

该套教材的建设贯彻了以职业岗位能力培养为中心，以素质教育、创新教育为基础的教育理念，理论知识"必需"、"够用"和"管用"，以常规技术为基础，关键技术为重点，先进技术为导向。此套教材汇集众多农林牧渔类高职高专院校教师的教学经验和教改成果，又得到了相关行业企业专家的指导和积极参与,相信它的出版不仅能较好地满足高职高专农林牧渔类专业的教学需求,而且对促进高职高专专业建设、课程建设与改革、提高教学质量也将起到积极的推动作用。希望有关教师和行业企业技术人员,积极关注并参与教材建设。毕竟,为高职高专农林牧渔类专业教育教学服务,共同开发、建设出一套优质教材是我们共同的责任和义务。

介晓磊

2008 年 10 月

前言

当前我国正处于城市化飞速发展和城市规模不断扩大的发展阶段。城市化使人类享受现代化城市文明的同时，也造成了人类未曾料到的生态问题，如温室效应、酸雨、土地沙化、大气污染、水体污染等，要解决这些问题，关键在于提高全民的环境意识，切实采取各种环保措施，实现人与环境的和谐发展。对于城市环境美化，其中最有效、最简便的方法之一就是使城市绿化起来。园林树木是园林绿化的主要植物材料，在园林建设中具有重要地位和骨干作用。《园林树木栽培技术》就是以树木建设园林为宗旨，充分认识和合理应用园林树木，优质高效地培养绿化需求的苗木，同时，因地制宜栽种园林树木，并对其进行科学养护管理，使园林树木长期、充分地发挥其综合的功能效益。

本书是一本面向高职高专园林专业的教材。全书主要内容共十四章，包括园林树木的生长发育规律，园林树木对环境的要求及适地适树，园林苗圃的建立，园林树木的苗木繁殖与培养，园林树木的大苗培育，园林树木的现代育苗技术，园林树木的配置，植树工程施工，园林树木土、肥、水管理，园林树木的整形与修剪，古树、名木的养护管理，园林树木的其他养护与管理，园林中各种用途树木的选择要求、应用和养护管理要点及常见园林树木的栽培。在选材和编写过程中，根据高职教育的特点，力求深入浅出，通俗易懂，注重实际性和适应性。为了方便学生认别园林树木，本书还收录了近40幅常见园林树木的彩色图片，使教学效果更为直观。

本书由田伟政、崔爱萍担任主编。具体编写分工如下。绪论、第三章、第四章、第九章、第十章由田伟政编写，第一章由崔爱萍编写，第二章由陈志阳编写，第五章、第六章、第八章由郝改莲编写，第七章由谭卫萍编写，第十一章、第十三章由杨玉芳编写，第十二章由武旭霞编写，第十四章由田伟政、崔爱萍、郝改莲、陈志阳、谭卫萍、郭培军编写。

本书编写过程中，得到了参编学校领导的大力支持及同行们的热忱帮助，在此一并表示感谢！

由于编者水平有限，书中难免有疏漏之处，敬请批评指正。

编 者
2009 年 6 月

| 绪论 | 1 |

一、园林树木及其栽培的概念 ……… 1
二、园林树木栽培的意义 …………… 1
三、我国园林树木栽培概况 ………… 2
四、园林树木栽培技术的学习内容及学习要求 ……………………………… 4
复习思考题 …………………………… 4

第一章　园林树木的生长发育规律 …………………………… 5

第一节　概述 …………………………… 5
　一、园林树木的树体构成 …………… 5
　二、园林树木的生长发育 …………… 6
第二节　园林树木的生命周期 ………… 6
　一、园林树木生命周期的基本规律 … 6
　二、有性繁殖树的生命周期 ………… 7
　三、营养繁殖树的生命周期 ………… 9
第三节　园林树木的年周期与物候 …… 9
　一、园林树木的年周期 ……………… 9
　二、园林树木的物候 ………………… 11
第四节　园林树木各器官的生长发育 … 15
　一、根系的生长发育 ………………… 15
　二、茎的生长发育 …………………… 18
　三、叶和叶幕的生长发育 …………… 20
　四、花芽分化和开花 ………………… 22
　五、果实的生长发育 ………………… 25
复习思考题 …………………………… 26

第二章　园林树木对环境的要求及适地适树 ………………… 27

第一节　园林树木的生长发育与环境的关系 ……………………………… 27
　一、光 ………………………………… 27
　二、温度 ……………………………… 28
　三、水分 ……………………………… 29
　四、土壤 ……………………………… 30
　五、风 ………………………………… 30
第二节　园林树木栽植地环境与适地适树 … 31
　一、城市环境概述 …………………… 31
　二、园林树木栽植的适地适树 ……… 35
复习思考题 …………………………… 37

第三章　园林苗圃的建立 ……… 38

第一节　园林苗圃用地的选择 ………… 38
　一、园林苗圃的位置及经营条件 …… 38
　二、园林苗圃的自然条件 …………… 38
第二节　园林苗圃的区划 ……………… 39
　一、园林苗圃区划前的准备工作 …… 39
　二、园林苗圃区划 …………………… 40
第三节　园林苗圃施工的主要内容 …… 43
　一、圃路施工 ………………………… 43
　二、修筑灌溉渠道 …………………… 44
　三、挖掘排水沟 ……………………… 44
　四、营建防护林 ……………………… 44
　五、平整土地 ………………………… 44
　六、改良土壤 ………………………… 44
第四节　园林苗圃技术档案 …………… 44
　一、园林苗圃技术档案的概念 ……… 44
　二、园林苗圃技术档案的主要内容 … 45
　三、建立园林苗圃技术档案的要求 … 45
复习思考题 …………………………… 45

第四章　园林树木的苗木繁殖与培育 ……………………………… 46

第一节　园林树苗的实生繁殖与培育 … 46
　一、种实的采集 ……………………… 46

二、种实的调制 …………………… 48
　　三、种子的贮藏 …………………… 50
　　四、播种前的准备工作 …………… 54
　　五、播种技术 ……………………… 56
　　六、播种后的管理 ………………… 58
　第二节　园林树苗的营养繁殖与培育 …… 62
　　一、嫁接繁殖育苗 ………………… 62
　　二、扦插繁殖育苗 ………………… 71
　　三、压条繁殖育苗 ………………… 77
　　四、分株繁殖育苗 ………………… 79
　复习思考题 …………………………… 79

第五章　园林树木大苗培育 …………………………………………………………… 80

　第一节　苗木移植 ……………………… 80
　　一、苗木移植的意义 ……………… 80
　　二、苗木移植技术 ………………… 81
　第二节　苗木的整形修剪 ……………… 82
　　一、苗木整形修剪的意义 ………… 82
　　二、苗木整形修剪的时期 ………… 82
　　三、苗木整形修剪的方法 ………… 83
　第三节　各类大苗培育的技术要点 …… 83
　　一、行道树、庭荫树大苗的培育 … 83
　　二、花木类大苗的培育 …………… 85
　　三、藤本类大苗的培育 …………… 85
　　四、绿篱及特殊造型大苗的培育 … 85
　复习思考题 …………………………… 85

第六章　园林树木的几种现代育苗技术 ………………………………………………… 86

　第一节　组培育苗技术 ………………… 86
　　一、组培育苗在园林育苗上的意义 … 86
　　二、组培的基本设备与操作 ……… 87
　第二节　无土育苗技术 ………………… 90
　　一、无土育苗的优缺点 …………… 90
　　二、无土育苗的设施 ……………… 90
　　三、无土育苗的基质和营养液 …… 92
　　四、无土育苗播种与扦插的技术要点 … 93
　第三节　容器育苗技术 ………………… 95
　　一、容器育苗概述 ………………… 95
　　二、育苗容器的种类 ……………… 96
　　三、营养土的配制与施肥 ………… 97
　　四、营养土的装填与排列 ………… 98
　　五、容器育苗 ……………………… 98
　　六、容器苗的管理 ………………… 98
　复习思考题 …………………………… 99

第七章　园林树木的配置 ……………………………………………………………… 100

　第一节　园林树木配置的原则 ………… 100
　第二节　园林树木的配置方式 ………… 101
　　一、按配置的平面关系分类 ……… 101
　　二、按配置的景观分类 …………… 102
　第三节　园林树木配置的艺术效果 …… 104
　复习思考题 …………………………… 106

第八章　植树工程施工 ………………………………………………………………… 107

　第一节　植树工程概述 ………………… 107
　　一、植树工程的概念及树木栽植成活的
　　　　原理 …………………………… 107
　　二、植树工程的施工原则 ………… 108
　　三、不同季节植树的特点 ………… 109
　第二节　植树工程的施工技术 ………… 110
　　一、施工前的准备工作 …………… 110
　　二、植树工程施工的主要工序和技术 …… 113
　　三、非适宜季节植树的技术要求 … 121
　第三节　大树移植 ……………………… 123
　　一、大树移植概述 ………………… 123
　　二、大树移植的特点 ……………… 123
　　三、大树"断根缩坨"移植法 …… 124
　　四、大树裸根"浅埋高培"移植技术 … 128
　　五、大树机械移植 ………………… 129
　复习思考题 …………………………… 130

第九章　园林树木的土、肥、水管理 ………………………………………………… 131

　第一节　土壤管理 ……………………… 131
　　一、园林树木生长地的土壤条件 … 131
　　二、园林树木栽植前的整地 ……… 132
　　三、园林树木生长地的土壤改良及
　　　　管理 …………………………… 133
　第二节　园林树木的施肥 ……………… 135
　　一、园林树木的施肥特点 ………… 135
　　二、园林树木的施肥原则 ………… 136
　　三、园林树木的施肥时期 ………… 137
　　四、园林树木的施肥量 …………… 138

五、园林树木的施肥方法 ………… 138
　第三节　园林树木的灌水与排水 …… 140
　　一、园林树木灌水与排水的原则 …… 140
　　二、园林树木的灌水 ………………… 142
　　三、园林树木的排水 ………………… 143
　　复习思考题 …………………………… 144

第十章　园林树木的整形与修剪 …………………………………………………… 145

　第一节　园林树木整形修剪的作用及
　　　　　原则 ………………………………… 145
　　一、园林树木整形修剪的作用 ……… 145
　　二、园林树木整形修剪的原则 ……… 147
　第二节　园林树木整形修剪的时期 … 148
　　一、休眠期修剪 ……………………… 148
　　二、生长期修剪 ……………………… 148
　第三节　园林树木的整形 ……………… 149
　　一、园林树木的整形形式 …………… 149
　　二、园林树木中常见的树形 ………… 150
　第四节　园林树木的修剪方法及注意
　　　　　事项 ………………………………… 153
　　一、修剪方法 ………………………… 153
　　二、修剪中应注意的技术问题 ……… 155
　第五节　不同用途园林树木的整形与修剪
　　　　　要点 ………………………………… 157
　　一、庭荫树的整形与修剪要点 ……… 157
　　二、行道树的整形与修剪要点 ……… 157
　　三、灌木（或小乔木）的整形与修剪
　　　　要点 ………………………………… 158
　　四、绿篱的整形与修剪要点 ………… 159
　　五、藤本类的整形与修剪要点 ……… 160
　　六、片林的整形与修剪要点 ………… 161
　　复习思考题 …………………………… 161

第十一章　古树、名木的养护管理 ………………………………………………… 162

　第一节　古树、名木的养护管理概述 … 162
　　一、古树、名木的概念 ……………… 162
　　二、保护古树、名木的意义 ………… 162
　　三、古树、名木的调查登记 ………… 162
　第二节　古树、名木的养护管理与复壮 … 163
　　一、古树衰老的原因 ………………… 163
　　二、古树、名木的养护管理与复壮 … 164
　　复习思考题 …………………………… 165

第十二章　园林树木的其他养护与管理 …………………………………………… 166

　第一节　自然灾害的防治 ……………… 166
　　一、低温伤害及防治 ………………… 166
　　二、高温伤害及防治 ………………… 169
　　三、雪害防治 ………………………… 170
　　四、风害防治 ………………………… 171
　第二节　树体的保护与修补 …………… 172
　　一、树干伤口的处理 ………………… 172
　　二、补树洞 …………………………… 172
　　三、树木的支撑 ……………………… 173
　　四、树干涂白 ………………………… 173
　　五、洗尘 ……………………………… 173
　　六、树木围护和隔离 ………………… 173
　　七、看管和巡查 ……………………… 174
　　复习思考题 …………………………… 174

第十三章　不同用途园林树木的选择要求、应用和养护管理要点 ……………… 175

　第一节　独赏树种 ……………………… 175
　　一、独赏树的概念及选择 …………… 175
　　二、园林应用 ………………………… 175
　　三、养护要点 ………………………… 176
　第二节　行道树种 ……………………… 176
　　一、行道树的概念及选择条件 ……… 176
　　二、园林应用 ………………………… 176
　　三、养护要点 ………………………… 177
　第三节　庭荫树种 ……………………… 177
　　一、庭荫树的概念及选择条件 ……… 177
　　二、园林应用 ………………………… 177
　　三、养护要点 ………………………… 177
　第四节　防护树种 ……………………… 178
　　一、防护树的概念及选择条件 ……… 178
　　二、园林应用 ………………………… 178
　　三、养护要点 ………………………… 178
　第五节　花木树种 ……………………… 178
　　一、花木树的概念及选择条件 ……… 178
　　二、园林应用 ………………………… 179
　　三、养护要点 ………………………… 179
　第六节　观果树种 ……………………… 179
　　一、观果树的概念及选择条件 ……… 179
　　二、园林应用 ………………………… 180
　　三、养护要点 ………………………… 180
　第七节　色叶树种 ……………………… 180
　　一、色叶树的概念及选择条件 ……… 180

二、园林应用 …………………… 180
　　三、养护要点 …………………… 181
第八节　绿篱树种 …………………… 181
　　一、绿篱树的概念及选择条件 …… 181
　　二、园林应用 …………………… 181
　　三、养护要点 …………………… 181
第九节　垂直绿化树种 ……………… 181
　　一、垂直绿化树的概念及选择条件 … 181

　　二、园林应用 …………………… 182
　　三、养护要点 …………………… 182
第十节　木本地被类植物 …………… 182
　　一、木本地被植物的概念及选择条件 … 182
　　二、园林应用 …………………… 183
　　三、养护要点 …………………… 183
复习思考题 …………………………… 183

第十四章　常见园林树木的栽培 …………………………………………………… 184

第一节　乔木类 ……………………… 184
　　一、银杏 ………………………… 184
　　二、雪松 ………………………… 185
　　三、水杉 ………………………… 187
　　四、龙柏 ………………………… 189
　　五、白玉兰 ……………………… 190
　　六、广玉兰 ……………………… 192
　　七、樟树 ………………………… 193
　　八、海棠花 ……………………… 195
　　九、紫叶李 ……………………… 196
　　十、红花羊蹄甲 ………………… 197
　　十一、悬铃木 …………………… 198
　　十二、毛白杨 …………………… 199
　　十三、垂柳 ……………………… 200
　　十四、小叶榕 …………………… 201
　　十五、木棉 ……………………… 203
　　十六、元宝枫 …………………… 204
　　十七、桂花 ……………………… 205
　　十八、棕榈 ……………………… 207
　　十九、老人葵 …………………… 207
　　二十、大王椰子 ………………… 208
第二节　灌木类 ……………………… 209

　　一、含笑 ………………………… 209
　　二、石楠 ………………………… 211
　　三、榆叶梅 ……………………… 212
　　四、腊梅 ………………………… 214
　　五、红檵木 ……………………… 215
　　六、海桐 ………………………… 217
　　七、山茶花 ……………………… 218
　　八、杜鹃花 ……………………… 220
　　九、石榴 ………………………… 222
　　十、大叶黄杨 …………………… 223
　　十一、紫丁香 …………………… 224
　　十二、牡丹 ……………………… 226
　　十三、紫薇 ……………………… 228
　　十四、软叶刺葵 ………………… 229
　　十五、散尾葵 …………………… 230
第三节　藤本类 ……………………… 231
　　一、紫藤 ………………………… 231
　　二、常春藤 ……………………… 232
　　三、爬山虎 ……………………… 233
　　四、凌霄 ………………………… 234
复习思考题 …………………………… 235

参考文献 ………………………………………………………………………………… 236

绪 论

一、园林树木及其栽培的概念

园林树木是指经过人们选择适应于城乡各类园林绿地、森林公园、风景名胜区、休疗养胜地等应用的木本植物，它包括乔木、灌木、木质藤本。园林树木又有"装饰树木"、"造园树木"、"园景树"、"绿化树木"、"观赏乔灌木"等之称。

当今园林建设中应用的树木是人类长期生产活动中选择的结果。在这种选择的早期，人类注重的主要是生产功能，而后逐渐向观赏功能转化，至现代社会已向观赏功能、生态功能、生产功能等综合功能效应转化。园林树木来源于自然环境，然而很多情况下其要生长在不同于原自然环境的条件下，它必须适应城市环境条件，因此，园林树木应具备以下两个条件：一是适应城市特殊的生态环境；二是具备一定的观赏价值。如那些生长在深山、高海拔等地区的树木，即使具有很高的观赏价值，在还没有经引种、驯化应用到城市绿化中来之前，是不能称为园林树木的。

园林树木栽培是指在掌握园林树木的生物学特性的基础上，对园林树木所进行的繁殖育苗、栽植和养护管理等一系列生产技术。即充分地认识和合理地应用园林树木，优质高效地培养绿化需求的苗木，同时，因地制宜地严格按照园林植树施工原则进行园林树木栽种，并对其进行科学的养护管理，使园林树木长期、充分地发挥其综合的功能效益和作用。

二、园林树木栽培的意义

园林树木具有美化、生产、改善和保护环境等多种功能，而且，在园林绿化建设中，园林树木具有骨干作用，因此，搞好园林树木的栽培有着极其重要的意义。正如英国造园家克劳斯顿（B. clouston）说："园林设计归根结底是植物材料的设计，其目的是改善人类的生态环境，其他的内容只能在一个有植物的环境中发挥作用"。而园林植物中的园林树木又因其寿命长、高大等特点而在城市绿地系统中占有独特的地位。

（一）园林树木具有美化、生产、改善和保护环境等多种功能

园林树木形态优美、色彩绚丽，能够美化环境，有效地改善自然环境，减少空气污染，具有维护生态平衡和保护环境的功能，在园林建设中发挥着重要的作用。

1. 美化功能

园林树木种类繁多，每个树种都有自己的形态、色彩、风韵、芳香等美的特色。这些特色能随着季节的变化而变化，如春季梢头嫩绿、花团锦簇，夏季绿叶成荫、浓影覆地，秋季硕果累累、色香具备，冬季则白雪挂枝、银装素裹。同时还随着树龄的变化而变化，如松树幼年时全株团簇似球，壮龄时亭亭如华盖，老年时则枝干盘虬而有飞舞之姿。园林树木的美具有极其丰富的内容和含义。园林树木的干、枝、叶、花、果无不具有观赏价值。在园林绿化中，园林树木不仅展出它的个体美，而且还充分发挥着群体美的作用。

2. 生产功能

园林树木均具有生产物质财富和创造经济价值的作用。园林树木本身的直接生产作用就是树木能直接生产具有经济价值的产品，如树木的根、茎、叶、花、果、种子以及所分泌的

乳胶、汁液等，许多是可食用、入药、或作为工业原料的。同时，园林树木具有非常重要的间接生产功能，如由于园林树木的栽种，公园、旅游风景点等的园林景观的效果更好，游人量增加，从而增加了经济收入，这是园林树木间接的生产功能。园林树木重要的生产功能还体现在园林绿化所需树苗的生产上，树苗生产本身就是一个产业，可产生巨大的经济效益。

3. 改善和保护环境的生态功能

改善和保护环境的生态功能是园林树木所具有的最重要的功能。例如树木具有吸滞灰尘、净化空气的作用，每公顷森林每天可消耗掉1000kg的CO_2，释放出750kg的O_2，许多树木具有吸收和滞留空气中的有害有毒气体、杀灭和减少细菌的能力。如$1hm^2$的柳杉每月可以吸收60kg的SO_2；在SO_2污染情况下，臭椿叶中含硫量可达正常含硫量的29.8倍；$1hm^2$的刺柏林每天就能分泌出30kg杀菌素；有树林的地方比没有树林的市区街道上每立方米空气中的含菌量少85%以上。园林树木还可防风固沙，保持水土，减少城市噪声污染等。大量的植树绿化使城市环境得以改善，并可维护城市特别是大城市生态平衡。

（二）园林树木在园林绿化中具有骨干作用

树木被视为园林绿化的骨架，大量植树是实现园林绿化最基本、最快、最有效的方法之一。关于园林树木的这种骨干作用和地位，有人形象地比喻说，乔木是园林风景中的"骨架"和主体，亚乔木、灌木是园林风景中的"肌肉"或副体，藤本是园林中的"筋络"和肢体。园林树木既是优良环境的创造者，又是园林美的构成者。

园林树木在园林绿化中起的骨干作用，这是因为园林树木对环境作用之大，以及它的多种独特的功能效益是其他绿色植物类不可比的。生物（含树木）对环境的影响能力是与其生物总产量成正比的，如果简单地以植物的叶面积来表示其生物总产量的话，研究表明，1亩❶生长茂密的阔叶林树种，其叶面积要比相同面积的草坪植物的叶面积大5~10倍，是相同土地面积的75~80倍。

园林树木具有一年栽植，多年（几十年、几百年）受益的优点，而且一株大树可以覆盖数百平方米的面积，而占地只数平方米。同时，养护管理投资也少，有的园林树木一旦栽植成活后，以后即使极少管理也无碍。而且乔灌木的生态、环保功能也大大强于地被草本植物类，特别是对于诸如街道、广场这类特殊的绿化用地，不可能大量栽种低矮的花草类，而只有栽种高大的乔木，夏日才起到遮荫、降温、防暑的效果，同时因高大乔木的蒸腾作用吸收热量，可降低空气温度，改善城市街道的小气候条件。

园林树木能独立成景，同时也是通过框景、夹景、对景、障景等表现手法构成其他造景要素重要的组合材料。如狭长曲折的河流两岸可利用树木组成夹景，树木倒映水中，水面上下两重天，使河道夹景更显深远幽邃；又如线形或带状的街道，建筑物的形象混乱、色彩庞杂，如果用同一种树木串联起来，既起掩饰作用，又有统一的效果，使街景被树木统一起来了。此外，还可利用园林树木分割空间，利用树木改变地形地势。园林树木成为园林绿化必不可少的空间形体因素。

总之，园林树木生态功能强，还具多种独特的功能效益，因此，在园林绿化中，应以园林树木作为主体材料，使之在园林绿化中占主导地位和起骨干作用。

三、我国园林树木栽培概况

我国是世界园林植物的重要发源地之一，素有"世界园林之母"之称，园林树种资源极为丰富，栽培历史悠久，有不少的史书记载着树木种类及其栽培历史。我国最早的一部诗歌

---

❶ 1亩=666.7m^2。

总集《诗经》（公元前11～前6世纪中叶）中就记述了桃、梅、枣等的栽培。《管子·地员篇》（公元前5～前3世纪）中就有对栽植与地势、土壤关系的描述，即"因地制宜，适地适栽"。北魏贾思勰著的《齐民要术》（公元533～534年）一书中，将物候观测用于栽培，记载了黄河中下游地区栽培正月为上时，二月为中时，三月为下时；书中对栽培还有详尽的描述，有砧和穗相互影响的描述；同时此书介绍了用酸枣、柳树、榆树作园篱的方法和步骤，这是全世界第一次记录绿篱制作。晋代戴凯之的《竹谱》（公元265～419年）是世界上最早的园林树木专著。唐宋朝时期，园林繁盛，有关园林树木的书籍颇多，如欧阳修的《洛阳牡丹记》（公元1034年）、范成大的《梅谱》（公元1186年）、韩彦直的《桔录》（公元1178年）等。明代王象晋所著的《群芳谱》（1630年），清代陈淏子的《花镜》（1688年）等书，都记载有园林树木的种类及其栽培。清代的汪灏等著的《广群芳谱》（1708年）中有："大树须广留土，如一丈树留土二尺远……用草绳缠束根土……记南北，运载处；深凿穴……"关于大树移栽技术的记载。以上这些充分说明我国栽培园林树木的历史悠久且经验丰富。

新中国建立以后，园林绿化事业得到不断发展。特别是20世纪80年代以来，随着城市园林绿化事业的迅速发展，园林树木的资源开发利用、苗木的生产、栽植养护技术等方面取得了不少成就。全国各地普遍开展了园林树种调查规划，开发出一些具有地方特色的野生观赏树木资源，如湖南的红檵木；广西的金花茶；福建的榕树；河南的柽柳；广东、海南的棕榈科植物等。还有木兰科、观叶木本植物资源的开发利用等。

随着一些园林科研机构的建立和不断完善，一些园林植物园所等单位纷纷开展园林树种的引种及驯化等研究，如木麻黄、湿地松、火炬松、加勒比松等的成功引种。南京市中山植物园广泛开展以中亚热带为主的树木的引种驯化研究，成功引种树木近千种，同时还开展了外来树木在新技术下的生长发育和适应性的观察研究。北京市植物园引种驯化大量华北地区野生植物资源，搜集到大量的观花、观果、观叶、观枝干和其他园林植物。此外，庐山植物园、广州植物园、杭州植物园、上海植物园、昆明植物园以及其他各省市植物园均进行了不同程度的引种驯化工作。

随着育种新技术的应用研究，我国也进行了园林树木新品种选种育种工作，如悬铃木无球果系的培育成功，可有效地解决球果飞毛污染环境问题；四季兰丁香新品种的培育成功，可获得一年开两次花的丁香品种。此外，我国在抗性育种方面也取得了一定的成就。

20世纪80年代以来，园林苗圃业迅速发展，苗木生产业科学、合理的区域化生产格局初步形成，如广东的顺德已成为全国最大的观叶植物生产及供应中心；浙江的萧山已成为绿化苗木的生产重地。经济发达的东部大中城市周围地区，园林苗圃业已具规模，园林苗木出口到欧洲，如2003年浙江萧山新街盈中园林苗圃1500万株苗木成功出口德国，成为萧山首个苗木出口到欧洲的苗圃。

繁殖栽培新技术的应用，如组织培养技术、无土栽培技术、容器育苗技术、全光照间歇喷雾扦插技术、保护地栽培技术等在生产上的应用，为园林树苗的工厂化、现代化开辟了广阔的前景。

目前，各地普遍开展古树名木调查，并对古树的复壮技术进行了深入研究且取得了极大的成功；植物生长调剂在树木繁殖和栽养生产中已广泛应用；大树移植在园林绿化上的作用已被人们认同，同时其移技术不断提高，大树裸根移植成功技术得到推广应用。

但是，我国园林树木栽培也存在一些不足，如虽资源丰富但栽培品种仍感贫乏与不足，引种驯化工作有待加强。苗圃基础薄弱，生产水平较低，如苗圃规模过小、基本建设滞后且不配套等限制着专业技术力量的发展，不利于机械化和先进技术的推广应用。苗木结构有待调整，小规格苗多，缺乏大苗特别是容器大苗。各苗圃生产的苗木品种大同小异，缺乏特色。园林绿化树种，尤其是观赏乔木、灌木及藤本树种一直没有制订可使用的苗木生产标准，因此在苗木生产、经营中，生产经营者无法按照需要对苗木规格、质量的要求制订生产、管理计划。园林树木栽植成活率不高，机械化程度低，植树工程中大多停留在原始的手工操作阶段，行业整体素质低，从业人员良莠混杂，不少人不识"地"、不识"树"，盲目引种栽培等造成不适地适树或不适地适栽的现象时有发生。园林树木的栽后养护管理不均衡，我国一些沿海大中型城市园林树木的养护管理做得较好，而大多数中小城市，在城市的重点地段管理还可以，而一般地段园林树木的养护管理差，只管栽不管养，或对树木的养护管理方法粗放，致使园林树木生长不良，发挥不了园林树木应有的功能。

此外，由于园林树木栽培环境的复杂性、树木种类的多样性及树木的生长周期长等原因使人们对树木栽培的研究不够，如园林树木的施肥多是凭借经验，没有精确的确定方法，很多的园林树种甚至是重要的园林树种还有待人们对其栽培方法和技术进行探索。

四、园林树木栽培技术的学习内容及学习要求

《园林树木栽培技术》是以园林建设为宗旨，在分析园林树木的生长发育规律、生态习性的基础上，对园林树木的繁殖、栽植和养护管理的基本理论和一系列技术措施进行综合阐述的一门应用技术性课程。园林树木栽培技术课程内容主要包括以下四部分。

第一部分为园林树木栽培的生物学基础，这部分的内容包括园林树木生长发育规律及园林树木对环境条件的要求及适地适树。为了繁好、栽好、养好园林树木，首先必须要了解树木自身的生物特性、生态要求及园林树木栽植地的环境条件（土、水、肥、热、气），为搞好园林树木的繁殖、栽植和养护管理打下基础。

第二部分为园林树苗繁殖原理及培育技术，主要内容包括园林苗圃的建立；苗木的繁殖与培育；园林大苗的培育及现代育苗技术。苗木是园林树木栽培的物质基础，应掌握应用育苗技术，以最短的时间、最低的成本，培育出品种丰富而又优质高产的苗木，以满足园林绿化事业的需要。

第三部分为园林树木栽植、养护的原理和技术，主要包括植树工程；园林树木养护技术（整形修剪；土、水、肥管理；古树名木养护；自然灾害的防治等）。根据园林树木自身的生物学习性和适地适树的原则，实践者应认真组织，适时合理栽植，同时对园林树木进行科学的养护管理，从而使园林树木能够长期有效地充分发挥其综合功能效益。

第四部分为各论。我国国土辽阔，地跨寒、温、热三带，各地用于园林绿化的树种繁多，本部分内容选择我国园林绿化中常见而重要的一些树种为代表进行介绍，主要介绍这些树种的形态特征、生态习性、栽培技术和园林应用，以期使实践者能应用这些园林树种建设园林。

《园林树木栽培技术》是高职高专园林专业的重要专业课之一，是在学好园林植物分类学、土壤学、气象学、植物生理和景观生态等基础课程的基础上开设的，同时又为植物造景、工程概预算、园林规划设计等课程服务。

园林树木栽培技术具有很强的实践性，因此教、学上要重视理论与实践并重、理论联系实际的方法。要求加强实训、实习环节的学习，栽培技术中的基本技能要反复操作训练，唯有如此，才能达到真正掌握并应用所学知识，为今后的实际工作打下良好基础。

复习思考题

1. 园林树木的概念及园林树木的栽培范畴。
2. 园林树木在园林绿化建设中的重要意义。
3. 园林树木栽培技术课程的内容及主要任务。
4. 就如何学好该门课程谈谈自己的课程学习计划。

第一章 园林树木的生长发育规律

【知识目标】
　　明确园林树木生命周期与年周期的概念，了解其基本规律及物候特点，并掌握树木物候的观测方法；掌握园林树木各器官的生长发育规律。

【能力目标】
　　能制订出树木周年生产计划；能为具体树种或品种制定合理的栽培管理技术措施。

第一节 概　　述

一、园林树木的树体构成

　　园林树木一般由地上部分和地下部分构成。地下部分即为树木的根系，地上部分（图1-1）主要由树干和树冠组成，地上部和地下部的交界处称为根颈。

1. 树干

　　树干是树体的中轴，可分为主干和中心干，但有些树种没有明显的中心干。

　　(1) 主干　主干指树木从地面至第一个分枝点的部分。主干对树体起支撑作用，是树体营养物质上下运输的通道。灌木的主干极短；灌丛枝干呈丛生状，不具主干；藤木的主干称为主蔓。

　　(2) 中心干　中心干又称为中干，是主干在树冠中的延长部分，即位于树冠中央的直立生长的大枝。中心干的有无或强弱对树形有很大影响。

2. 树冠

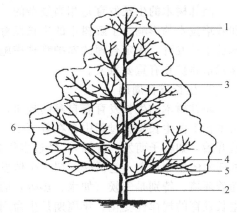

图1-1　树体结构（有中心干）
1—树干；2—主干；3—中心干；
4—主枝；5—侧枝；6—延长枝

　　树冠是主干以上枝叶部分的统称。包括主枝、侧枝、骨干枝、延长枝、小侧枝等。

　　(1) 主枝　主枝是着生在中心干上的主要枝条。主枝和树干呈一定的角度着生，构成树冠的主要骨架。有的树木的主枝在中心干上呈较明显的层次排列，如南洋杉、油松等。

　　(2) 侧枝　侧枝是着生在主枝上的主要枝条，是从主枝上分生出来的主要大枝，其上再分别着生小侧枝和枝组。

　　(3) 骨干枝　骨干枝是组成树冠骨架的永久性枝的统称。如中心干、主枝、侧枝等构成树体的骨干即为骨干枝，它们支撑树冠全部的侧生枝及叶、花、果，还起运输和贮藏作用。

　　(4) 延长枝　延长枝是各级骨干枝先端的延长部分。延长枝在树木幼年期、青年期生长量较大，起扩大树冠的作用。枝龄增高后，其转变为骨干枝的一部分。随着分枝级次的增高，到一定级次后，延长枝和附近的侧生枝差别很小或变得难以区分。

　　(5) 小侧枝　小侧枝是骨干枝上分生的较细的枝条。它们可能是单一枝或再分生小枝群即枝组。小侧枝常能分化花芽，是树木开花结实的部位。

二、园林树木的生长发育

1. 生长与发育

在生命活动过程中，园林树木通过细胞的分裂、增大和分化，使自身体积和重量不可逆增加，称为生长。园林树木生长的结果是使树木躯体伸长、加粗和器官增加（叶片增多、分蘖、根、分枝等），是量的变化。而构建在细胞、组织、器官分化基础上的结构和功能的变化称为发育。园林树木发育的结果是树木的个体构造和机能从简单走向复杂。就树木而言，发育一般是指树木达到性机能的成熟，就是树木顶端分生组织细胞分化出花芽，树体出现了生殖体（从花芽分化到新种子形成），这是质的变化。

生长和发育既有区别又相互联系，一方面，生长是发育的基础，没有一定的生长积累，树木就不能进入发育阶段；另一方面，发育是生长的继续，是在生长的基础上进行的，同时，整个发育过程中又包含着生长。良好的生长才会导致正常的发育，正常的发育则为继续生长准备了条件。尽管生长和发育是密切相关的两种现象，但又存在着质的区别。生长以量变过程为主要特征，树木通过生长，躯体增大。发育则表现在细胞生活物质内在的变化上，是以质变为显著特征的变化过程。树木通过发育，才能开花、结果和形成种子。对树木生长有利的条件，不一定对发育有利；反之亦然。生长与发育所需环境条件有显著不同，只有分别满足生长和发育的具体需要时，树木生活才得以正常进行。

园林树木的生长发育是相当复杂的，它不仅受树木遗传特性的控制，而且还受环境条件和栽培技术的影响。了解树木的生长发育，对于正确选择应用树种，有预见性地调控园林树木的生长发育，制定合理的养护管理措施，充分发挥园林树木的多种功能，实现园林树木科学栽培养护具有重要意义。

2. 生长发育周期

园林树木的生长发育有自身的规律，这种规律体现在它们生长发育的周期现象中，园林树木在个体生长发育过程中存在着两个生长发育周期，即生命周期和年周期。园林树木从繁殖开始（如种子萌发、扦插），经过多年的生长、发育，直至树体死亡的整个时期，称为园林树木的生命周期，它反映了树木个体发育的全过程。而园林树木的年周期是指树木每一年随着环境、特别是气候（如水、热等）的季节性变化，在形态和生理上产生的与之相适应的生长发育的规律性变化。年周期是生命周期的基础，生命周期包含若干个年周期。

第二节　园林树木的生命周期

因繁殖方式不同，园林树木存在两种类型的生命周期：一类是从受精卵开始，发育成胚胎，形成种子，萌发成植株，然后生长、开花、结实至衰老死亡，即起源于种子的有性繁殖树的生命周期；另一类是由营养器官（如根、茎、叶、芽等）繁殖后开始生命活动的个体，即营养繁殖树（无性繁殖树）的生命周期。

一、园林树木生命周期的基本规律

1. 离心生长与离心秃裸

（1）离心生长　园林树木从播种发芽或营养繁殖成活开始，茎具背地性，向空中发展产生骨干枝和侧生枝，形成树冠；根具向地性，在土中向纵深发展形成根系。这种以根颈为中心向两端不断扩大其空间的生长，称为"离心生长"。因受遗传性和树体生理及所处环境条件的影响，树木的离心生长是有限的，即树木根系与树冠的大小只能达到一定的范围。

(2) 离心秃裸 在离心生长过程中，随着年龄的增长，树木逐年向外围扩大树冠，使树冠内膛光照和营养条件逐步恶化，内膛骨干枝上早年形成的侧生小枝、弱枝，由于所处位置比较隐蔽，他们的光合能力下降，得到的养分减少，长势不断削弱，最后死亡；在离心生长过程中，随着年龄的增长，根系同样出现由基部向根端方向的衰亡，这种从根颈开始向枝端和根端逐渐推进枯亡的现象，称为"离心秃裸"。

由于没有侧芽，有些树种（如棕榈类的许多树种）只能以顶端逐年向上延伸进行离心生长，而没有典型的离心秃裸，但叶片枯落仍是按离心方向进行的。

树木离心秃裸的早晚与树种特性、环境条件等有关。喜光树种，内膛小枝秃裸得较早；耐阴树种，内膛小枝秃裸得较晚。外界环境条件好，内膛小枝寿命长，秃裸得较晚；反之秃裸得较早。

2. 向心更新和向心枯亡

由于离心生长与离心秃裸，园林树木地上部分大量的枝芽生长点及其产生的叶、花、果都集中在树冠外围，加之受重力影响，骨干枝角度变得开张，枝端重心外移甚至弯曲下垂；园林树木分布在远处的吸收根与树冠外围枝叶间的运输距离增大，枝条生长势减弱。

当离心生长日趋衰弱，具长寿潜伏芽的树种常在主枝弯曲高位处萌生直立旺盛的徒长枝，开始进行树冠的更新。徒长枝仍按离心生长和离心秃裸的规律形成新的小树冠，俗称"树上长树"。当新树冠达到其最大限度以后，树木同样又出现先端衰弱、枝条开张而引起的优势部位下移的现象，从而又可萌生新的徒长枝来更新。这种更新和枯亡的发生一般都是由树冠外向内膛、由上而下，直至根颈部进行的，称为"向心更新"和"向心枯亡"。

由于树木离心生长与向心更新，导致树木的体态发生了变化（图1-2）。

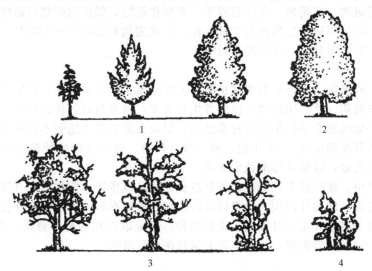

图1-2 树木（有中干）生命周期的体态变化
1—幼、青年期；2—壮年期；3—衰老更新期；4—第二轮更新期

二、有性繁殖树的生命周期

有性繁殖树即实生树的生命周期一般分为五个时期：胚胎期、幼年期、青年期、壮年期、衰老期。

1. 胚胎期

胚胎期又称种子期，是指园林树木从卵细胞受精形成合子开始，到胚具有萌发能力且以种子形态存在的时期。这一阶段又分为两个时期。

第一时期是从卵细胞受精到种子形成。此时期，胚内将形成树木种的全部特性，这种特性将在以后种子发育成植株时表现出来。此时期外界环境会直接影响到种子的品质和未来的植株，气温低、风大、雨水过多、过于干旱或土壤性质不适合等都会影响种子的质量。因此，在该时期应给母树生长提供良好的条件，如供给大量的营养，防止土壤过于干旱或积水等，以保证种子的形成与发育良好。

第二时期是从种子脱离母体开始到种子萌发前。多数园林树木的种子脱离母体后一般不发芽，而呈休眠状态。这种休眠是树木在系统发育过程中形成的一种对外界不良环境的适应。树种和原产地不同，种子的休眠时间也有异，如桑树约30天，女贞约60天，杏80~100天，黄栌120~150天等；但也有少数树木的种子无休眠期，如枇杷、杨树、柳树等。

2. 幼年期

幼年期是指园林树木从种子萌发开始到该树种特有的营养形态构造基本建成，并具有开花潜能（具有形成花芽的生理条件，但不一定开花）的时期。此时期是树木地上部分和地下部分进行旺盛离心生长的时期，植株在高度、冠幅、根系长度和根幅方面生长很快，体内逐渐积累起大量的营养物质，为营养生长转向生殖生长打下基础。

不同树种的幼年期长短不一。我国的"桃三杏四梨五年"指的就是这几种树木的幼年期。少数树种的幼年阶段很短，如月季、矮石榴、紫薇等当年繁殖当年开花，其幼年期仅1年。但多数园林树木都要经过一定期限的幼年期才能开花，如梅花约需4~5年，松树约需5~10年，银杏约需15~20年。树木在幼年期不能接受成花诱导而开花，任何人为措施都不能使树木开花，但合理的措施可以使这一时期缩短。

在栽培养护中，应加强水肥管理，促进树体的营养生长；还要根据具体栽培目的注意培养树形。如为行道树、庭荫树，应注意养干、养根和促冠，保证达到规定的树高和一定的冠幅；如为观花、观果树种，为促进其生殖生长，可在定植初期的1~2年中，在新梢长至一定长度后，进行剪截促分枝，促进花芽形成。

3. 青年期

青年期即性成熟期，是指园林树木从第一次开花结实到大量开花，花果性状逐渐稳定及树冠逐渐扩大的时期。此时期的树木以营养生长为主，根系与树冠加速发展，是离心生长最快的时期。此时期的树木虽能年年开花和结实，但花和果实尚未达到本品种固有的标准，结实量很少。如在开花的最初1~2年内，桃、梅、月季、牡丹等的播种苗的花形、花色以及果实的性状均不稳定，以后才逐渐稳定下来。

在栽培养护中，要加强水肥管理，以创造良好的环境条件，使树木一直保持旺盛的生命力，迅速扩大树冠，增加叶面积，加强树体内营养物质的积累；采用轻度修剪，在促进树木健壮生长的基础上促进开花。对观花、观果树种，应采取合理的整形修剪，调节树木长势，培养骨干枝和丰满优美的树形，为壮年期大量开花打下基础。

4. 壮年期

壮年期又称繁殖期，是指从大量结实开始到结实衰退为止的时期。这个时期以生殖生长为主，树木无论根系还是树冠都已扩大到最大限度，各方面已经成熟，树冠定型，花、果数量多，叶片、芽、花性状已经完全稳定，并充分反映出品种的固有性状。壮年期的后期，骨干枝离心生长停止，离心秃裸现象较严重，树冠顶部和主枝先端出现枯梢；根系先端也出现干枯死亡。

在栽培养护中，为了最大限度地延长壮年期，较长期地发挥其观赏效益，应加强水肥管理，早期施基肥，分期追肥；切断部分骨干根，促进根系更新。同时采取松土和整形修剪等措施，将病虫枝、老弱枝、下垂枝和交叉枝等疏剪，改善树冠通风透光条件。后期对长势已衰弱的树冠外围枝条进行短剪更新和调节树势，使其继续旺盛生长，避免早衰。

5. 衰老期

衰老期又称老年期，是指从树木生长发育显著衰退开始到死亡为止的时期。此期植株生长势逐渐下降，开花枝大量衰老死亡，开花、结实量减少，品质低下，树冠及根系体积缩小，出现向心更新现象。此期树木对不良环境抵抗力差，极易发生病虫害。

在栽培养护中，可进行辐射状或环状施肥，促使树木发出较多的吸收能力强的侧须根。另外，每年应中耕松土 2～3 次，防止土壤被践踏得过于紧实；对更新能力强（一般花灌木）的树木，应对骨干枝进行重剪，促发侧枝，或用萌蘖枝代替主枝进行更新；对于古树名木，凡树干木质部已腐烂成洞的要及时进行补洞，必要时用同种幼苗进行桥接或高接，帮助恢复树势，只有在无可挽救，失去任何价值时，才可予以伐除。

三、营养繁殖树的生命周期

营养繁殖树的生命周期是指树木的营养器官（根、茎、叶、芽等）发育成独立植株后，该植株生长、发育直至衰老死亡的过程。此类树木进行着与母体相似的延续生命的活动，生命周期较实生树的生命周期短。其生命周期的特点要看营养体取自什么起源、什么发育阶段的母树和部位。

1. 取自幼年期的枝条

取自阶段发育较年轻的实生幼树上的枝条，或成年树木下部的幼年区的干茎萌条，或根蘖条进行繁殖的树木个体，其生命周期从幼年期开始，但幼年期的长短取决于采穗前的发育进程和以后的生长条件。如原来的发育已接近幼年期的终点，则再经历的幼年期短，否则就长。但总体来讲，它们的幼年期要比同等条件、同种类型的实生树的幼年期短，能较快地进入到成熟阶段，以后经多年开花结果后，树体衰老死亡，从而完成生命周期。

2. 取自成熟期的枝条

取自发育阶段已经成熟的无性起源母树上的枝条，或取自成年实生起源母树树冠成熟区外围的枝条繁殖的个体，虽然它们的发育阶段是采穗母树或母枝发育阶段的继续与发展，在成活时就具备了开花的潜能，不会再经历个体发育的幼年期，但除接穗带花芽成活后可当年或第二年开花外，一般都要经过短暂几年的营养生长（营养积累）才能开花结果，以后经多年开花结果，树体衰老死亡。从现象上看似乎与实生树相似，但实际上比实生树的开花结果早。

了解不同树种的生命周期特点，可以采取相应的栽培管理措施，如实生树应缩短其幼年期，加速性成熟，使其提早进入成年阶段开花结果，并延长和维持其成年阶段，延缓衰老过程，更好地发挥园林树木的功能与效益。

第三节　园林树木的年周期与物候

园林树木的年周期反映的是一年中园林树木生长发育的规律性变化。在一年中，园林树木随着气候和其他环境因素的影响而出现的萌芽、抽枝、展叶、开花、结果、落叶、休眠等规律性变化的现象称为物候或物候现象。物候具有一定的规律性和周期性，由于对环境反应不同，不同树种或品种在物候进程上有明显的差异。

一、园林树木的年周期

1. 落叶树木的年周期

温带地区一年四季分明，落叶树的年周期最为明显，可分为生长期和休眠期。从春季开始萌芽生长至秋季落叶前为生长期；树木在落叶后至翌年萌芽前为休眠期。在生长期和休眠期之间又各有一个过渡期，即由生长转入休眠的落叶期和由休眠转入生长的萌芽期，这两个过渡期，历时虽短，但也同样重要。

（1）萌芽期　春天随着气温的逐渐回升，树木开始由休眠状态转入生长状态。一般由树液开始流动时起到芽膨大待萌发时止为萌芽期。芽的萌发是树木由休眠转入生长的明显标志。

树木由休眠转入生长，要求一定的温度、水分和营养物质等，其中，温度是主要决定因素。一般北方树种芽膨大所需的温度较低，原产温暖地区的树种芽膨大所需要的温度较高。花芽膨大所需的积温比叶芽低。树体贮存养分充足时，芽膨大较早且整齐，进入生长期也较快。空气干燥有利于芽的萌发，若土壤过于干旱，树木萌芽则推迟。

在栽培养护中，萌发前松土、施肥、灌水，可以提高土温和土壤肥力，使树木形成较多的吸收根，促进枝叶生长和开花结果。树木的移植，特别是裸根移植，一般应在这一时期结束之前进行。在萌芽期还应注意早春的防寒措施，防止发生冻害。

（2）生长期　树木从春季开始萌芽生长到秋季落叶前的整个生长季称为生长期。这一时期在一年中所占的时间较长，树木在此期间随季节变化会发生极为明显的变化，如萌芽、发枝、展叶、开花、结果等均发生在这一时期。

由于遗传性和对外界的生态适应性不同，不同树种甚至同一树种的不同器官在此期间物候表现有着明显的区别。

① 地下部分与地上部分。萌芽常作为树木开始生长的标志，但实际上，许多树木根的生长比萌芽早。如梅约80~90天，桃、杏约60~70天等。也有的树种根系活动和萌芽大体同时进行，或者发根迟于萌芽，如柿、栗、枇杷和柑橘等。

② 叶芽和花芽。绝大多数园林树木是先萌叶芽，抽枝展叶，而后才开花，即先叶后花，如国槐、木槿、紫薇、凌霄、珍珠梅、华北紫丁香、栾树等。有些树种是先萌花芽，然后展叶，即先花后叶，如玉兰、迎春、梅、山桃、连翘等。有的树种则叶芽和花芽同时萌发生长，即花叶同放，如苹果、贴梗海棠、梨以及先花后叶中的榆叶梅、桃、紫藤中的开花晚的品种等。

③ 新梢与花果。新梢的生长对花果的发育有一定的抑制作用，多数园林树木是在新梢生长之后才开始花芽分化。因此，在生产实践中，采取摘心、环剥、喷抑制剂等措施可抑制新梢生长，促进花芽分化，提高坐果率。

生长期是各种树木营养生长和生殖生长的主要时期，这一时期不仅体现树木当年的生长发育、开花结果等情况，也对树木体内养分的贮存和下一年的各种生命活动有着重要的影响，同时还是发挥其绿化、美化作用和生态效益的重要时期。

生长期是养护管理工作的重点，应根据具体的栽培目的采取相应措施。如在萌芽前和新梢旺盛生长前期施以氮素肥料，有利新梢的快速生长；对幼树新梢进行摘心，可增加分枝次数，提前达到整形要求；在新梢生长趋于停滞时，根部施肥应以磷肥为主，叶面喷肥则有利于促进花芽分化等。在生长后期应停止施用氮肥，不要过多灌水，多施磷肥、钾肥等，可促进组织成熟，增加树体的抗寒性。

（3）落叶期　秋季从叶柄基部开始形成离层到叶片落尽或完全失绿为止的时期为落叶期。落叶是树木生长期结束并将进入休眠的重要标志。秋季日照缩短、气温降低是导致树木落叶的主要原因。

通常春天发芽早的树木，秋天落叶也早；但是萌芽迟的树种不一定落叶迟。同一树种，壮龄树和老龄树比幼龄树落叶早；新移栽的树木落叶较早。

当树木所处的环境发生变化，如干旱、极端高温、病虫害、大气污染、土壤污染等时，树木会出现非正常落叶。非正常落叶不利于树木的养分积累及组织的成熟，应采取相应的措施，防止树木的不正常落叶。但树叶该落不落，也是不利，这说明树体未作好越冬准备，易发生冻害、枯梢。

秋天在绿叶上喷洒生长素或赤霉素，能延缓叶的衰老；施用乙烯利则可刺激树木落叶。在落叶期开始时，对树干涂白、包裹和基部培土等，可防止冻害。在大量落叶时，树木根系仍有活动，此时进行移栽可使伤口在年前愈合，第二年早发根，早生长。

（4）休眠期　从秋季正常落叶或叶完全变色到次春芽开始膨大为止的时期，为休眠期。在休眠期，树木外观上虽看不出有生长现象，但树体内仍进行着各种生命活动，如呼吸、蒸腾、芽的分化、根的吸收、养分合成和转化等，只是这些活动进行得较微弱和缓慢而已。因此，树木休眠是一个相对的概念。

根据休眠的状态可将其分为自然休眠和被迫休眠。自然休眠是由树木本身生理特点所决定的休眠，在自然休眠结束前即使给予适合树体生长的外界条件，树木也不能萌芽生长。被迫休眠是指在通过自然休眠后，树木已经开始或完成了生长所需的准备，但由于外界环境条件不适宜，芽仍不能萌发而呈休眠状态。一旦条件合适，被迫休眠就会停止，树木即会开始生长。但两种休眠在外观上不易辨别。

不同树种进入休眠的早晚不同，同一树种不同发育阶段的树木进入休眠的早晚也不同。一般幼年树进入休眠晚于成年树，而解除休眠却早于成年树。树木的不同器官和组织进入休眠的早晚也不同，根颈部进入休眠最晚，故易受冻害，入冬时，生产上常常注意对树木根颈部进行培土防冻；同是花芽，顶花芽又比腋花芽萌发早；一般小枝、细弱枝上的芽比主干、主枝上的芽休眠早。

在休眠期进行树木移栽有利于其的成活，对衰弱树进行深挖切根有利于根系更新。采取相应措施如夏季重剪、多施氮肥等，可延长树木生长期或推迟休眠期的到来。对树木采取人为降温，促进其转入休眠期，而后再加温，使其提前解除休眠，能使树木提早发芽开花。如在北京有将榆叶梅提前至春节开花的实例，在11月将榆叶梅挖出上盆栽植，12月中旬移至温室催花，春节即可见开花。

2．常绿树木的年周期

常绿树叶子的寿命因树种不同而不同，如松属2~5年，冷杉属3~10年，紫杉属6~10年。常绿树每年仅有一部分老叶脱落并能不断增生新叶，或新老叶交替即新叶萌发后老叶逐渐脱落，这样全年树冠上总保持有绿叶，树木常绿，而没有明显的落叶休眠期。常绿针叶树老叶的脱落时间一般在秋冬之间，常绿阔叶树的老叶多在春季萌芽前后逐渐脱落，与新叶长出时间大体一致。

常绿树各器官的物候动态较复杂，不同气候带的常绿树种，甚至同一树种在不同的年龄阶段，其年周期特点都有所不同。

（1）赤道附近的常绿树　由于年无四季，终年有雨，树木全年可生长而无休眠期，但也有生长节奏表现。在离赤道稍远的季雨林地区，因有明显的干、湿季，多数树木在雨季生长和开花，在干季因高温干旱落叶，被迫休眠。

（2）热带亚热带的常绿阔叶树　各器官的物候表现极为复杂、差别很大。有些树木在一年中能多次抽梢，如柑橘可有春梢、夏梢、秋梢及冬梢；有些树木一年内能多次开花结果，甚至抽一次梢结一次果，如金橘；有些树木同一植株上，同时可见有抽梢、开花、结实等几个物候重叠交错的情况；有些树木的果实发育期很长，常跨年才能成熟。

（3）温带的常绿针叶树　每年发枝一次或多次。松属有些植株先长枝，后长针叶，其果实的发育有些是跨年度的。

二、园林树木的物候

树木有规律地年复一年地生长，这构成了树木一生的生长发育。树木有节律地与季节性气候变化相适应的树木器官的动态时期称为生物气候学时期，简称为物候期。不同物候期树木器官所表现出的外部形态特征，称为物候相。

（一）树木物候期的特点

1. 顺序性

顺序性是指树木各个物候期有严格的时间先后次序的特性。例如，只有先萌芽、长叶和开花，才可能进入果实生长和发育时期；树木只有先进行营养生长，才能开花结果，完成生殖生长。树木只有在年周期中按一定顺序顺利通过各个物候期，才能完成正常的生长发育。树木的每一物候期都是在前一物候期的基础上进行与发展的，同时又为进入下一物候期做好了准备。

不同树种的顺序性不完全一致，如有的先花后叶，有的先叶后花，而有的则花叶同放等。

2. 重叠性

重叠性是指树木不同器官的各物候期的重叠现象，如地上地下生长期重叠，生殖生长和营养生长重叠。地上地下生长虽有重叠时期，但它们各自生长高峰是相互错开的。树木枝梢生长与开花坐果同期，对于观果类树木，可通过摘心减少梢果矛盾来提高坐果。

3. 差异性

差异性是指同一物候期因不同的原因在不同时期出现的特点。同树种因不同地区而异，因纬度不同而异（物候的南北差异分律）；因经度不同而异（物候的东西差异分律）。同树同地点因气候不同而物候期不同，如小气候环境不同而不同；因古今气候不同而不同（物候的古今差异分律）；因不同年份气候不同而不同。同树种同地区因海拔高度不同而异。同树种因不同品种而物候期不同。同树同品种因不同（尤以实生繁殖）个体而不同。同一植株因部位不同而物候期不同。同树种因不同栽培技术措施而物候期不同等。这些说明树木物候期的差异性。

4. 重演性

外界环境条件变化的刺激和影响，如自然灾害、病虫害、栽培技术不当，能引起树木某些器官发育终止而刺激另一些器官的再次活动。如再度开花、二次生长等。这种现象反映出树体代谢功能紊乱与异常，这会影响树体正常的营养积累和翌年的生长发育。

（二）园林树木物候观测的意义

物候观测是对园林树木的生长发育过程进行观测记载，从而了解树种与季节的关系和一年中该树种展叶、开花、结果和落叶休眠等生长发育规律。进行物候观测，掌握树种的生物学和生态学特性，除具有生物气候学方面的一般意义外，在园林树木栽培中，主要有以下意义。

1. 为园林树木设计提供依据

通过物候观测，了解树木在不同物候期的季相变化，进行科学设计，能形成四季景观。如了解各种树木的开花期，可以通过合理的树种配置，使树种间的花期相互衔接，做到四季有花，提高园林树木的观赏价值。

2. 为园林树木栽培养护提供依据

通过物候观测还可以科学地制定工作年历和有计划地安排生产。如春季萌发早的树木先栽，较晚的可以迟栽，这样既保证树木的适时栽植，有利于成活，保证了绿化效果，又可以合理地安排劳力。

3. 为园林树木育种提供依据

进行杂交育种时，只有了解育种材料的花期、柱头适宜授粉期等，才能进行成功杂交。通过物候观测，选择适宜的时期进行亲本选择与处理，有利杂交育种。

(三) 园林树木物候观测的方法

根据《中国物候观测法》一书提出的基本原则，结合园林树木的特点可进行园林树木物候观测。

1. 观测地点

观测地点应多年不变，须对观测地点的情况如地理位置、行政隶属关系、海拔、土壤、地形等作详细记载。

2. 观测对象

根据观测的目的和要求，选定物候观测树种。一般从露地栽培（盆栽不宜选用）的园林树木中选择，应选生长发育正常并已开花结实3年以上的园林树木，在同地同树有许多株时，宜选3~5株作为观测对象；观测树木选好后，应做好标记，必要时绘平面图存档。对观测树木的情况，如树种或品种名称、起源、树龄、树高、冠幅、干径、生长状况、生长方式、伴生植物种类等加以记载。雌雄异株的树木最好同时选择雌株和雄株进行观测。如需确定观测枝条时，应选择树冠外围枝，最好在树冠的不同方位选取枝条（因物候的差异性）。

3. 观测时间与年限

根据观测目的要求和项目特点，在保证不失时机的前提下，决定观测间隔时间的长短。在物候变化大的时候如生长旺期、开花盛期等，观测时间间隔宜短，可每天或2~3天观测一次，反之，间隔期可长些。若遇特殊天气如高温、低温、干旱、大雨、大风等，应随时观测。冬季休眠期可停止观测。一天中一般宜在下午观测，因为下午1~2点气温最高，树木物候现象常在高温后出现。早晨开花树木则需上午观测。

在可能的情况下，观测年限宜长不宜短，一般要求3~5年。年限越长，观测结果越可靠，价值越大。

4. 观测人员

观测人员要具备一定的生物学基础知识，责任心要强，事先要集中培训，统一标准和要求。人员要固定，不能进行轮流值班式观测。专职观测者因故不能坚持，须由经过培训的后备人员接替。

5. 观测记录与资料整理

物候观测必须边观测边记载，不仅要对树木物候表现的时间进行记载，有时还要对树木的有关生长指标加以测量，个别特殊表现要附加说明。观测资料要及时整理，分类归档。树木的物候表现，应结合当地气候指标和其他有关环境特征，进行定性、定量的分析，寻找规律，建立相关联系，撰写出树木物候观测报告，以更好地指导生产实践。

（四）园林树木物候观测的内容

1. 根的年生长周期

利用根窖或根箱观测。选青壮年树，在树冠投影外缘开沟挖根，待挖出根系后，在距树干一定距离，选择根系生长较多的地方，修建根系观测窖。定期观测根系的生长长度、方向和根系的更新情况，同时可连续观察到不同土深、不同温度、湿度条件下的根系生长动态。一般可不进行该项内容的观测。

2. 树液流动开始期

以树干新伤口出现水滴状分泌液为准。注意，在覆土防寒地区一般不易观察到。

3. 萌芽期

春季树木的叶芽或花芽开始萌动生长的时期，其可分为两个时期。

（1）芽萌动初期　又称为芽膨大始期。具鳞芽的树种，当芽鳞开始分离，侧面显露出浅色的线形或角形时；枫杨、山核桃等具裸芽的树种，当芽体松散，颜色由黄褐色变为黄色时，为芽萌动初期。

观测时，较大的芽可以预先在芽上薄薄涂上点红漆，待芽膨大后，漆膜分开露出其他颜色即可辨别。某些较小的芽或具绒毛状鳞片的芽应用放大镜观察。

有些树种是花芽先萌动，有些树种是叶芽先萌动，应分别记录日期。

（2）芽开放期　又称显蕾期。不同树种的具体特征有所不同。具鳞芽的树种，当鳞片裂开，芽顶部出现新鲜颜色的幼叶或花蕾顶部时为芽开放期。枫杨锈色裸芽出现黄棕色线缝，芽体进一步松散时为芽开放期。花芽早春开放的树木，如山桃、杏、李、玉兰等的外鳞层裂开，见到花蕾顶端时为花芽开放期。具有混合芽的树木其物候可细分为芽开放期和花序露出期。

有些树种的芽膨大期和芽开放期不易分辨，可只记载芽开放期。

4. 展叶期

（1）展叶始期　芽从芽苞中伸出卷曲或出现1～2片按叶脉褶叠着的小叶时即为展叶始期。不同树种，具体特征有所不同，针叶树以幼针叶从叶鞘中开始出现时为准；具复叶的树木，以其中1～2片小叶平展时为准。

（2）展叶盛期　阔叶树以其半数枝条上的小叶完全平展时为准；针叶树以新针叶长度达到老针叶长度1/2时为准；有些树种开始展叶后就很快完全展开，可以不记展叶盛期。此期外观上呈现翠绿的春季景象，给人以春天的气息。

（3）春色叶呈现始期　春季所展之新叶整体上开始呈现出一定观赏价值的特有色彩，如香椿、元宝枫出现紫红色的幼叶。

（4）春色叶变色期　春叶特有色彩整体上消失，由各种特有颜色转变为绿色。

（5）完全叶期　树体上新叶已全部展开，先后发生的新、老叶间，在叶形、叶色上无较大差异，叶片的面积达最大。此时期，一些常绿阔叶树的当年生枝接近半木质化，可采作扦插繁殖的插穗。

5. 开花期

（1）开花始期　在选定观测的同种数株树木上，一半以上植株上的第一朵或第一批花的花瓣完全展开。针叶树类和其他风媒树木，以轻摇树枝见散出花粉为准。杨属以花序松散下垂为准。柳属的花序上，雄株以见到雄蕊，出现黄花为准；雌株以见到柱头出现黄绿色为准。

（2）开花盛期　观测树上有一半以上的花蕾都展开花瓣或一半以上的葇荑花序松散下垂或散粉时，便进入了盛花期。针叶树可不记开花盛期。

（3）开花末期　观测树上残留约5%的花蕾未展开，针叶树类和其他风媒树木以散粉终止或葇荑花序脱落为准。

（4）多次开花期　树体上一年内出现两次以上开花的，记录每次开花的起始时间，并分析原因。

了解树木开花期的特点，有助于进行树木配置，安排杂交育种工作。在观测中，要注意开花期间的花色、花量与花香的变化，以便确立最佳观花期。

6. 果实期

从树木坐果到果实或种子成熟脱落为树木的果实期。

（1）幼果出现期　子房开始膨大时，如苹果、梨果直径达0.8cm左右时。

（2）果实生长期　选定幼果，定时测量其纵、横径或体积，直到采收或成熟脱落时止。

（3）生理落果期　坐果后，树下出现一定数量脱落幼果的时期。有多次落果的，应分别记载落果的次数，每次落果的数量、大小。

（4）果实或种子成熟期　观测树上绝大多数果实或种子变为成熟色的时期即为果实或种子成熟期，其可分为初熟期和全熟期。初熟期指树上有少量果实或种子变为成熟色时的时期。全熟期指树上的果实或种子绝大部分变为成熟时的颜色并尚未脱落的时期。有些树木的果实或种子为跨年成熟的，应记明。

（5）果实或种子脱落期　该时期分为开始脱落期和脱落末期。开始脱落期指成熟种子开始散布或连同果实脱落的时期，如杨柳飞絮、榆钱飘飞、栎属种脱，豆科有些荚果开裂，松属的种子散布，柏属果落等。脱落末期指成熟种子或连同果实基本脱落完的时期。有些树木的果实或种子成熟后当年或几年内存留于树上不落，应记为"宿存"，并在以后记下其脱落的日期。

对于观果树木，观测者应加记具有一定观赏效果的开始日期和最佳观赏期。对于非观果、非采种树木，在可能的情况下，管理者可在坐果初期，及时摘除幼果，以减少养分消耗。

7. 新梢生长周期

新梢生长周期是指由叶芽萌动开始，至枝条停止生长为止。新梢分春梢、夏梢和秋梢。

（1）新梢开始生长期　选定的主枝一年生延长枝上顶部营养芽开放即为春梢开始生长期；春梢顶部芽开放即为夏梢开始生长期，以此类推。观测时应记载抽梢的起止日期和抽梢次数，测量新梢长度、粗度，以便确定延长生长和增粗生长的周期和生长快慢时期的特点。

抽梢期是树木营养生长旺盛期，对水、肥、光需求量大，是培育的关键时期之一。

（2）新梢停止生长期　以所观察的营养枝形成顶芽或梢端自枯不再生长为止。

8. 秋色叶变色期

正常的季节变化，落叶树木在秋季出现变色叶，其颜色不再消失，并且新变色的叶不断增多至全部变色的时期为秋色叶变色期。该时期可分为秋色叶开始变色期、秋色叶变色盛期及秋色叶全部变色期。

（1）秋色叶开始变色期　所观测树木的全株叶片有个别（5%左右）开始呈现为秋色叶。

（2）秋色叶变色盛期　所观测树木的绝大部分叶呈现为秋色叶。

（3）秋色叶全部变色期　所观测树木的全部或几乎全部叶片呈现为秋色叶。

不同树种或品种秋色叶变色情况有别，记录时应注明变色方位、颜色、部位、比例等。通过对秋色叶变色期的观测记载，有助于确定秋叶类树种的最佳观赏时期。常绿树多无秋季叶变色期。

9. 落叶期

落叶期是指从树木秋冬落叶开始，到树上叶子全部或几乎全部落尽时为止。

（1）落叶初期　所观测树木的个别（5%左右）叶子脱落。

（2）落叶盛期　所观测树木的绝大部分叶子脱落。

（3）落叶末期　所观测树木的叶子全部或几乎全部脱落。当秋冬突然降温至零度或零度以下时，叶子还未脱落，有些冻枯于树上，这种现象应注明。落叶期是树木移植的最适宜时期。

第四节　园林树木各器官的生长发育

树木是由多种不同器官组成的统一体，了解各器官的生长发育规律，对于采取相应的栽培措施，促进或控制树木的生长，科学合理地进行树木栽培和管理有着重要的意义。

一、根系的生长发育

1. 树木根系的结构

树木的根系通常由主根、侧根、须根和根毛组成。主根由种子中的胚根直接发育而成，由主根上产生的各级较粗大支根总称为侧根。侧根上形成的较细（一般直径小于 2.5mm）的根称为须根。须根的种类有四种，它们各具有不同特点和功能（表 1-1）。

表 1-1　须根的类型

类型	特　　点	功　　能
生长根	分生能力强，生长快，粗度和长度约为吸收根的 2~3 倍	延伸、生长、吸收、形成根系的侧分枝
吸收根	数量多，约占根系的 90%，粗度和长度较小，寿命短	从土壤中吸收水分和矿物质
过渡根	来源于生长根，以后逐渐变为输导根或枯亡	起过渡作用
输导根	来源于生长根，以后逐渐加粗变为骨干根或半骨干根	输导水分和营养物质，固定和支持作用

绝大多数园林树木根尖根毛区表皮细胞向外突起形成的管状突起物即为根毛。根毛的主要特点是数量多、密度大、寿命短。根毛能极大地增加根的吸收面积，加强根的吸收作用。多数根毛仅生活几小时、几天或几周，老根毛死去时，新根毛有规律地在新伸长的根尖生长点后形成，即根毛能不断地进行更新，并随根尖的生长而外移。

少数种类如美国山核桃、长山核桃等没有根毛，有些菌根性树种也不具根毛。

2. 树木根系的类型

根据根系的发生及来源，根系可分为实生根系、茎源根系和根蘖根系三类。

（1）实生根系　实生根系是指通过实生繁殖和用实生砧嫁接繁殖的树木根系。实生根系来源于种子中的胚根，胚根发育为最初的主根，是树木根系生长的基础。主要特点是：主根发达，根系分布较深，固着能力好，阶段发育年龄较轻，吸收力强，生命力强，对外界环境的适应能力较强。但个体间差异较大，在嫁接情况下，还会受到地上部接穗品种的影响。

（2）茎源根系　茎源根系是指由树木茎、枝或芽，通过扦插、压条、埋干等繁殖方式形成的树木根系。主要特点是：主根不明显，根系分布较浅，侧根特别发达，固着性较差，阶段发育年龄较老，生活力差，对外界环境的适应能力相对较弱，但个体间差异较小。

（3）根蘖根系　有些园林树木如泡桐、香椿、火炬、枣、刺槐、石榴、樱桃等能从根上发生不定芽形成根蘖苗，它是母株根系的一部分，与母株分离后能形成独立个体，此类树木的根系称为根蘖根系。主要特点与茎源根系相似，用根插繁殖成的植株的根系也属此类。

3. 根系的年生长周期

根系在一年中的生长过程一般都表现出一定的规律性，其年生长周期具有以下特点。

（1）根系在年周期中没有自然休眠　根系休眠是因为外界环境条件不适宜根系的生长而被迫休眠，只要满足其生长所需的条件，根系随时可由休眠状态迅速过渡到生长状态，进行生长。如生长在南方或温室内的树木，根的年生长周期多不明显。

（2）根系年生长周期中具 1 到多次生长高峰　一年中，根系生长表现出一个或多个生长高峰，其出现高峰的次数和强度取决于树木种类（包括年龄）、砧穗组合、当年地上部生长、结实状况，同时还与土壤的温度、水分、通气以及无机营养状况等密切相关。

根系生长要求温度一般比萌芽低，因此春季根开始生长比地上部早。根在春季开始生长后，即出现第一个小生长高峰，这次生长强度、发根数量与树体贮藏营养水平有关。然后，地上部开始迅速生长，而根系生长趋于缓慢。当地上部生长趋于停止时，根系生长出现一个大高峰，其强度大，发根多。落叶前根系生长还可能有小高峰。据研究，苹果小树一年有上述三次高峰，大树虽也有三次，但萌芽前出现的第一次高峰不明显。柿子树原产暖地，北移后，一年内根的生长只有一次高峰。也有些树种，其根系的生长一年内可能有好几个生长高峰。据报道，生于美国某地区的美国山核桃，其根的生长高峰一年内可多达 4~8 次。

有些亚热带树种如柑橘，其根系活动要求温度较高，如果引种到温带冬春较寒冷的地区，由于春季地温上升得慢，气温上升得快，也会出现先萌芽后发根的情况。

4. 根的生命周期

树木自繁殖成活后，由于根的向地性，根从根颈开始伸入土中，离心生长，逐渐分支，向土壤深度和广度伸展。

在幼年期，树木的根生长得很快，其生长速度一般都超过地上部分；随着树龄的增加，根的生长速度趋于缓慢，并逐渐与地上部分的生长形成一定的比例关系；当树木衰老地上部分濒于死亡时，根仍能保持一段时期的寿命。利用根的这种特性，可以进行部分老树复壮工程。

在根的生命周期中，始终有局部自疏和更新的现象。生长开始一段时间后就会出现吸收根的死亡现象，吸收根逐渐木栓化，外表变为褐色，逐渐失去吸收功能；有的生长根变成输导根，有的则死亡。须根自身也有一个小周期，其更新速度更快，从形成到壮大直至死亡一般只有数年的寿命。根系的生长发育在很大程度受土壤环境的影响，与地上部分的生长也有关。在生长达到最大根幅后，根系也会发生向心更新。更新所发的新根遵循上述规律生长和更新。这种生长和更新过程随树木衰老而逐渐减弱。

5. 影响根系生长的因素

(1) 土壤温度　树种不同，开始发根所需的土温也不同。一般原产温带的落叶树木发根所需的温度较低，而热带和亚热带树种所需温度较高。根的生长有最适温度和上、下限温度，一般最适温度为 15~20℃，上限温度为 40℃，下限温度为 5~10℃，温度过高或过低对根系生长都不利，甚至会造成伤害。由于不同深度的土壤温度随季节而变化，分布在不同土层中的根系的活动也不同。春季离地表 30cm 以内的土温上升较快，温度也适宜，表层根系活动较强烈；夏季表层土温过高，30cm 以下温度较适合，中层根系较活跃；在 90cm 以下的土层，周年温度变化较小，根系往往常年都能生长，所以冬季根的活动以下层为主。

(2) 土壤水分　土壤含水量达最大持水量的 60%~80% 时，该土壤含水量最适宜根系生长。在干旱的情况下，根的木栓化加速，自疏现象加重。在严重缺水时，叶片可以夺取根系的水分，导致根系生长和吸收停止甚至开始死亡。但轻微的干旱对发根有好处，因为在轻度干旱时，土壤通气改善，地上部分的生长受到抑制，较多的糖类优先用于根系的生长，对根和花芽分化均有好处。

(3) 土壤通气性　土壤通气性主要指土壤的含氧量、CO_2 含量和土壤孔隙率等。树木正常生长，要求土壤孔隙率在 10% 以上，当土壤孔隙率在 7% 以下时，树木生长不良；当土壤孔隙率在 1% 以下时，树木几乎停止生长。

土壤的含氧量与 CO_2 含量对根系的影响表现为：如果土壤中 CO_2 含量不太高，根际周围的空气含氧量即使降到 3%，根系仍能正常行使功能；如果根际 CO_2 含量升高到 10% 或更多，根的代谢功能即受破坏。

在城市生态环境中，由于人流频繁践踏，建筑、地面夯实、车辆的碾压等，使土壤密实，通气性差，妨碍了土壤与大气间的气体交换，影响根系的生长和分布。在栽培养护中，通过扩坑、深翻改土、合理灌溉、施肥等措施，可以改善根系生长的地下环境，促进树木根系的正常生长发育。

(4) 树体的有机养分　树木根的生长、水分和营养物质的吸收以及有机物的合成都有赖于地上部分充分供应的碳水化合物。因此，在土壤条件良好时，树木根的总量主要取决于地上部分输送的有机物质的数量。当结果过多，或叶片受到损害时，树木有机营养供应不足，根系的生长便会受到明显抑制，此时，即使加强施肥，也很难改善根系的生长状况。因此，采用疏果措施，减少消耗或通过保叶，改善叶的机能，能明显促进根系的生长发育。

(5) 土壤营养　一般情况下，土壤养分不至于使根系完全不能生长，所以土壤营养一般不成为限制因素。但土壤营养可影响根系的质量，如发根程度、细根密度、生长时间的长短等。

氮肥促进树木根系的发育，但过量施用氮肥会引起枝叶徒长，反而会削弱根系的生长；磷和微量元素如铜、锰等对根系生长都有良好影响。但如果在土壤通气不良的条件下，有些元素会转变成有害离子，使根受损。如在还原性的土壤中，铁锰被还原为二价离子，这些易溶的离子提高了土壤溶液的浓度而使树木根系受害。

在城市生态环境中，树木的枯枝、落叶等均被作为垃圾而清除掉，这造成土壤营养循环中断，加上大量无机夹杂物的填埋渗入，土壤趋于贫瘠。

二、茎的生长发育

园林树木茎的生长发育取决于枝芽特性，表现为新梢生长、树冠扩展、树体增高、枝干增粗等。了解和掌握茎的生长、树体骨架的基本特点和形成过程，是做好树木整形修剪、建立和维护良好树形的基础。

1. 枝芽的特性

芽是树木为适应不良环境和延续生命活动而形成的重要器官，它是枝、叶、花的原始体，是树木生长、开花结实、更新复壮、保持性状和营养繁殖的基础。枝芽具有以下特性。

(1) 芽序　芽在茎上按一定规律排列的顺序性称为芽序。芽序与叶序相似，有互生、对生和轮生三种。多数树木如杨树、柳树、臭椿、刺槐、合欢等属于互生芽序；丁香、洋白蜡、桂花、女贞、梧桐、雪柳、油橄榄等树木属于对生芽序；夹竹桃、盆架树等的芽在枝上呈轮生状排列，属于轮生芽序。

(2) 芽的异质性　在芽的形成过程中，由于树木的内部营养状况和外界环境条件的不同，处在同一枝上不同部位的芽在大小和饱满程度乃至性别上都会有明显差异，这种现象称为芽的异质性。一般地，枝条基部的芽多在展叶时形成，形成的较早，由于这一时期叶面积小、气温低，因而芽一般较小，且常为隐芽。此后，随着气温增高，叶面积增大，光合效率提高，芽的发育状况得到改善，到枝条进入缓慢生长期后，叶片累积的养分能充分供应芽的发育，树木则会形成充实饱满的芽。

达到一定年龄后，许多树木所发新梢顶端会自然枯死，如杏树、柳树、板栗、柿树、丁香等。有的树种的顶芽自动脱落，如柑橘类。某些灌木中下部的芽反而比上部的好，萌生的枝势也强。

(3) 芽的早熟性和晚熟性　有些树木如紫叶桃、红叶李、月季、桃、柑橘等在生长季节早期形成的芽当年就能萌发生长，有的树种甚至能在一年内可抽2～4次梢，这种特性称为芽的早熟性。这类树木成形较快。

许多温带和暖温带树木的芽形成后，当年并不萌发，到第二年春季才能萌发生长，这种必须经过冬季低温时期解除休眠，到第二年春天才萌发的芽的特性称为芽的晚熟性。银杏、毛白杨、苹果、梨等具有晚熟芽。有些树种兼有两种特性的芽，如葡萄的主芽是晚熟芽，而副芽是早熟芽。

(4) 萌芽力与成枝力　树木枝上叶芽的萌发能力称为萌芽力。叶芽不仅萌发而且能生长成长枝的能力称为成枝力。不同的树木种类与品种，芽的萌发力与成枝力不同。多数的杨树、柳树、卫矛、紫薇、女贞、黄杨、桃等树木的萌芽力和成枝力强，容易形成枝条密集的树冠，耐修剪，易成形。银杏、梧桐、西府海棠、楸树、核桃、广玉兰、梓树、松类的许多树种的萌芽力和成枝力较弱，枝条受损后不容易恢复，树形的构建也比较困难，在生长发育中，就应特别保护枝条和芽。因此，萌芽力和成枝力是进行树木修剪的依据之一。

(5) 芽的潜伏力　许多树木枝条基部的芽或上部的某些副芽在一般情况下不萌发而呈潜伏状态，这类芽称潜伏芽或隐芽。当树木衰老或枝条受到某种程度的刺激，如上部枝条受伤、树冠外围枝出现衰弱时，潜伏芽可以萌发出新梢，这种能力称为芽的潜伏力。有的树种具有较多的潜伏芽，而且潜伏寿命较长，有利于树冠的更新和复壮，如板栗、核桃、银杏、槐、悬铃木等。潜伏力弱的树种，枝条恢复能力也弱，树冠易衰老，寿命也短，如桃树。

2. 茎枝的生长

茎枝的生长包括加长生长和加粗生长两个方面。在一定时间内，茎枝加长与加粗生长的快慢称为生长势。在一定时间内，茎枝加长的长度与加粗的粗度，称为生长量。生长势和生长量是衡量树木生长状况的常用指标，也是评价栽培措施是否合理的依据之一。

（1）茎枝的加长生长　加长生长是指新梢的延长生长，是通过枝条顶端分生组织的活动而实现的，一般会表现出慢—快—慢的生长规律。

开始生长时，新梢主要依靠树体在上一生长季贮藏的营养物质，生长速度较慢，生长量小，节间较短，光合作用弱，叶较小，叶形与后期叶有一定的差别。之后，随着叶片的增加和叶面积的增大，枝条很快进入旺盛生长期。此期的枝条生长由利用贮藏物质转为以利用当年的同化营养物质为主，形成的枝条的节间逐渐变长，叶片的形态也具有该树种的典型特征，叶片较大，寿命长，叶绿素含量高，光合作用强。此期是决定枝条生长势强弱的关键。旺盛生长期过后，新梢生长速度变缓，生长量减小，节间缩短，新生叶片变小，枝条从基部开始逐渐木质化，最后顶端形成顶芽或枯死而停止生长。

枝条停止生长的早晚与树种、部位及环境条件关系密切。一般来说，北方树种早于南方树种，成年树木早于幼年树木，观花和观果树木的花束状果枝或短果枝早于营养枝，树冠内部枝条早于树冠外围枝条。

土壤养分缺乏、通气不良、干旱、病虫害等不利环境条件都能使枝条提前结束生长；而氮肥施用量过大、灌水过多或降水过多均能延长枝条的生长期。在栽培中应根据目的合理调节光照、温度、水肥等，辅以必要的修剪，促进或控制枝条的生长，达到园林树木培育的目的。

（2）茎枝的加粗生长　茎枝的加粗生长是形成层细胞分裂、分化的结果。加粗生长比加长生长开始得稍晚，生长高峰也稍晚于加长生长，停止也较晚。

在茎枝的加粗生长中，树木形成层随季节的周期性活动使树干横断面上出现的密度不同的同心环带称为树木的生长轮。在正常情况下，温带和寒温带的大多数树木，一般每年产生一个生长轮，即为年轮。热带树木可因干季和湿季的交替而出现生长轮，但有时一年中气候变化多次，树木可出现几个生长轮。

形成层活动的时期和强度依树种、树龄、部位及外界温度、水分等条件而存在差异。落叶树种形成层的活动稍晚于萌芽。一般幼树加粗生长的开始期和结束期都比老树早，而大枝和主干的加粗生长从上到下逐渐停止，而以根颈结束最晚。春季萌芽开始时，在最接近萌芽处的形成层的活动最早。

3. 顶端优势

顶端优势是指活跃的顶端分生组织或茎尖对其下侧芽萌发的抑制作用。具体表现为以下几方面。首先，枝条上部的芽萌发抽生强枝，依次向下的芽的生长势逐渐减弱，最下部的芽甚至处于休眠状态；如果去掉顶芽及上部侧芽，下部芽可萌发。其次，在枝条角度上，枝条自上而下，分枝角度逐渐开张；如果去掉顶端角度的控制效应，所发侧枝将呈垂直生长的趋势。再次，枝条在树体上的着生部位愈高，顶端优势愈强；枝条着生角度越小，顶端优势的表现越强；下垂枝条的顶端优势弱。另外，树木中心干的生长势比同龄的主枝强，树冠上部枝条的生长势比下部的强。

顶端优势强的树种容易形成高大挺拔和较狭窄的树冠，顶端优势弱的树种容易形成广阔圆形的树冠。因此，对于顶端优势比较强的树种，抑制顶梢的顶端优势可以促进若干侧枝的生长;对于顶端优势很弱的树种,可以通过对侧枝的修剪促进顶梢的生长。

4. 树体骨架的形成

园林树木树体骨架的形成过程就是树木茎枝不断延长、增粗、分枝、更新的过程。了解树木的树体骨架,对树木的整形修剪具有重要意义。依据茎枝的生长方式,树体骨架主要分为三种类型。

(1) 单干直立型 具有单干直立型树体骨架的树木包括乔木和部分灌木。这类树木顶端优势明显,具有发达而垂直于地面的树干。以树干为中心轴,由骨干主枝、延长枝、侧枝等共同组成树体骨架。如雪松、广玉兰、樟树、国槐、合欢、紫叶李、杨树、木棉树等。

(2) 多干丛生型 具有多干丛生型树体骨架的树木以灌木为主。这类树木顶端优势不明显,由根颈附近的芽或地下芽抽生形成数个粗细相似的枝干,构成树体骨架,在这些枝干上,再萌生各级侧枝,树体低矮。如紫荆、迎春、棣棠等。

(3) 藤蔓型 藤蔓型树体骨架为藤本树种特有。具有一至多条从地面长出的明显藤蔓,藤蔓自身不能直立生长,需攀缘或附着他物向上生长,因而无确定的树体骨架,其形态随攀缘或附着物的形态而变化。藤本树种是进行园林垂直绿化和设计特殊造型的绝好材料,如紫藤、南蛇藤、凌霄、爬山虎、五叶地锦等。

5. 影响枝梢生长的因素

枝梢的生长首先取决于树种的遗传特性,此外,还受砧木、有机养分、内源激素、环境条件与栽培技术措施等的影响。

(1) 树种、品种与砧木 由于遗传特性的差别,不同树种或品种的茎枝的生长强度有很大差异。有的生长势强,枝梢生长量大;有的生长缓慢,枝梢生长量小;还有的介于上述二者之间。

砧木对地上部分茎枝生长的影响很明显。砧木可分为两类,即乔化砧和矮化砧。同一品种嫁接在不同类型的砧木上,其生长可表现出明显的差异。

(2) 贮藏养分 树体贮藏养分的多少对新梢的生长有明显影响,贮藏养分少,发枝纤细。春季先花后叶类树木,开花过多,消耗大量养分,新梢生长就差;结果太多,消耗同化物质的量大,新梢生长受到限制。

(3) 内源激素 植物体内五大类激素都影响枝条的生长,生长素、赤霉素、细胞分裂素等多表现为刺激生长;乙烯和脱落酸多表现为抑制生长。

应用生长调节剂,通过影响内源激素水平及平衡,可促进或抑制新梢的生长。如生长延缓剂 B_9、矮壮素 (CCC) 均可抑制内源赤霉素的合成,B_9 也影响吲哚乙酸 (IAA) 的作用。喷施 B_9 后,枝条内脱落酸 (ABA) 的量增多,而赤霉素 (GA_3) 含量降低,因而枝条节间短,停止生长也早。

(4) 母枝所处部位与状况 由于光照好,树冠外围新梢生长较旺盛;因芽质差、光照差、有机养分少,树冠下部和内膛枝所发新梢较细弱。但潜伏芽所发的新梢常为徒长枝。母枝的强弱和生长状态对新梢的生长影响很大。新梢随母枝直立至斜生,顶端优势减弱;随母枝弯曲下垂而发生优势转位,于弯曲处或最高部位发生旺长枝,这种现象称为"背上优势"。

(5) 环境与栽培条件 温度、生长季长短、光照、养分、水分等环境因素对新梢生长都有影响。气温高、生长季长的地区,新梢年生长量大;低温、生长季热量不足,新梢生长量小。光照不足,新梢细长而不充实。过量施氮肥、浇水过多或修剪过重都会引起新梢过旺生长。一切能影响根系生长的措施都会间接影响到新梢的生长。

三、叶和叶幕的生长发育

叶是树木进行光合作用制造有机养分的器官,树木体内90%左右的干物质是由叶片合成的,光合作用制造的有机物不仅供应树木本身的需要,而且是地球上有机物质的基本源泉。研究树木的叶及叶幕,不仅关系到树木本身的生长发育,而且对树木的生态效益、社会效益的发挥具有重要意义。

1. 叶的形成

叶的发育开始于茎尖叶芽中的叶原基,经过托叶、叶柄和叶片的分化,直到叶片的展开和叶片停止增长为止,这构成了叶的形成过程。同一树体上的叶,春季基部先展之叶的生理活动较活跃,随着枝条的伸长,活跃部位不断向上转移,而基部叶片逐渐衰老。

叶的大小和特性受树木内部营养和外界环境条件等的影响。一般树冠外围的叶片因光照充足,叶片肥厚,与枝条之间角度小,光合能力强;树冠内部的叶片则宽扁,与枝条间的角度大或近水平着生。在同一新梢上,基部的叶片小、光合效能低、寿命也短;位于中部的叶,叶片大且具有本种典型的叶形,光合效能强、寿命也长;位于新梢近顶端的叶片渐小,光合效能较低,由于温度降低,常常长不充实。

不同叶龄的叶片在形态和功能上也有明显差别,幼嫩叶片的叶肉组织少,叶绿素浓度低,光合功能较弱。随着叶龄的增大,单叶面积增大,生理活性增强,光合效能大大提高,直到达到成熟并持续相当时间后,叶片会逐步衰老,各种功能也会逐步衰退。

2. 叶的寿命

叶的寿命因树种而异。一般地,落叶树种的叶的寿命多为一个生长季(5～10个月),秋末即行脱落;而常绿树的叶的寿命多在一年以上,个别的可达6～10年。

过重的修剪、长时间的干旱、大量的灌水、病虫危害、大风、水涝等均会缩短叶的寿命,引起早期落叶。早期落叶不仅影响树木功能的发挥,同时对以后树体的发育、越冬、次年的开花结果等都有很大的影响。

在树木养护中,应特别注意保叶的问题,采取各种措施,延长叶片的寿命与功能。尤其对常绿树种,保叶工作更为重要,因为具有大量的叶片,不仅树木本身能更好地生长和发育,而且树木的生态效益与观赏功能才能得以充分发挥。

3. 叶幕

叶幕是指树冠内叶片集中分布的群集总体,它是树体叶面积总量的反映。树种、树龄、整形、栽培的目的与方式不同,园林树木的叶幕形态和体积也不相同(图1-3)。

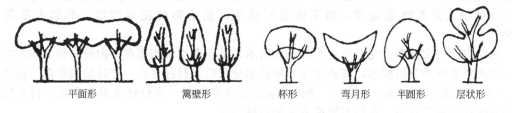

平面形　　　篱壁形　　　杯形　　弯月形　　半圆形　　层状形

图1-3　树冠叶幕示意图

叶幕因树木种类而异,如云杉、油松、落叶松、雪松、银杏等为塔形、锥形;垂柳、龙爪槐、龙爪榆等为伞形;藤本类树木的叶幕随攀附的构筑物体的形状与应用方式而异。

幼年植株,由于分枝较少,叶片分布均匀,树冠形状与叶幕的形状基本一致。自然生长无中心主干的成年树,由于小枝和叶多集中分布在树冠表面,叶幕往往仅限于树冠表面较薄的一层,多呈弯月形叶幕。有中心主干的成年树,树冠多呈圆头形。老年树多呈钟形叶幕,具体情况依树种而异。

叶幕与栽培技术有关。按层状整形的树木,其叶幕常呈分层状;按圆头形整形的树木,其叶幕呈圆头形或半圆头形;按杯状整形的树木,其叶幕常呈杯形等。

四、花芽分化和开花

许多园林树木属于观花果或兼用型观赏树木,这类树木开花结果的好坏直接关系到园林种植设计效果的体现。

(一) 花芽分化

1. 花芽分化的概念

花芽分化是指由叶芽的生理和组织状态转变为花芽的生理和组织状态的过程。花芽分化有狭义和广义之分。狭义的花芽分化是指形态分化,广义的花芽分化,包括生理分化、形态分化及性细胞的形成。树木生长到一定大小后,其才能进行花芽的分化,花芽分化是树木开花的前提。

从生长点顶端高起呈半球状而四周下陷开始,逐渐分化为萼片、花瓣、雄蕊、雌蕊以及整个花蕾或花序原始体的全过程,称为花芽形成。

2. 花芽分化期

花芽分化期一般可分为生理分化期、形态分化期和性细胞形成期三个分化期,但不同树种的花芽分化时期有很大差异。

(1) 生理分化期 生理分化期即叶芽生理状态转向花芽生理状态的过程。生理分化期一般在形态分化期前4周左右或更长(1~7周),它是控制花芽分化的关键时期,因此也称"花芽分化临界期"。不同树种的生理分化期不同,如牡丹在7~8月份,月季在3~4月份。各种诱导成花的技术措施,必须在此阶段之前进行才能收到良好的效果。

(2) 形态分化期 形态分化期即花或花序的各个原始体的发育过程。一般又可分为分化初期、萼片原基形成期、花瓣原基形成期、雄蕊原基形成期、雌蕊原基形成期。

① 分化初期。芽内突起的生长点逐渐肥厚,顶端高起呈半球状,四周下陷。

② 萼片原基形成期。在下陷四周产生突起体,即为萼片原始体。

③ 花瓣原基形成期。在萼片原基内的基部发生突起体,即花瓣原始体。

④ 雄蕊原基形成期。在花瓣原始体内基部发生突起体,即雄蕊原始体。

⑤ 雌蕊原基形成期。在花原始体中心底部发生突起体,即雌蕊原始体。

(3) 性细胞形成期 性细胞形成期指从雄蕊产生花粉母细胞或雌蕊产生胚囊母细胞开始,直至雄蕊形成"二核花粉粒"、雌蕊形成"卵细胞"的时期。性细胞形成期,树木消耗能量及营养物质很多,如不能及时供应,就会影响花芽质量,引起大量落花落果。

当年进行一次或多次花芽分化并开花的树木,其花芽性细胞都在年内较高温度的时期形成。在次年春季开花的树木,其花芽在当年形态分化后要经过冬春一定时期的低温(温带树木0~10℃,暖温带树木5~15℃)条件才能形成花器并进一步分化完善与生长;再在第二年春季萌芽后至开花前,在较高温度下才能最终形成。

花芽分化多少与枝的长短无关,花芽开始分化期和持续时间的长短因树体营养状况和气候状况而异,营养状况好的树体的花芽分化持续时间长,气候温暖、平稳、湿润,花芽分化的持续时间长。

3. 花芽分化的类别

根据不同树种花芽分化的特点,花芽分化可分为夏秋分化型、冬春分化型、当年分化型和多次分化型四类(表1-2)。

4. 花芽分化时期的特点

树木花芽分化虽因树种类别有很大差异,但各种树木在分化期都具有以下特点。

(1) 花芽分化的临界期 花芽分化的临界期也称生理分化期,在此期间,树木对内外因素的影响很敏感，是促进花芽分化的关键时期。各种树木的花芽分化临界期不同，如苹果在开花后2~6周，柑橘在果熟前后。

表1-2 花芽分化的类型

类型	特点	隶属种类
夏秋分化型	花芽在前一年夏秋(6~8月份)开始分化，并延续至9~10月份间才完成	绝大多数早春和春夏开花的观花树木如海棠、榆叶梅、连翘、玉兰、紫藤等
冬春分化型	花芽一般在秋梢停长生长后至第二年春季间萌芽	原产亚热带、热带地区的某些树种，如柑、橘等
当年分化型	当年新梢上形成花芽并开花，不需要经过低温阶段即可完成分化	夏秋开花的树木，如木槿、槐、紫薇、珍珠梅、荆条等
多次分化型	在一年中能多次抽梢，每抽一次梢就分化一次花芽并开花	如茉莉花、月季、葡萄、无花果、金柑和柠檬

(2) 花芽分化的长期性与不一致性 就全树而论，大多数树木的花芽分化并非绝对集中于一个短的时期内，而是相对集中又有些分散，是分期分批完成的。同一棵树上花芽分化的动态不整齐，这意味着分化成熟的时期也不一样。

(3) 花芽分化的相对集中性和相对稳定性 在不同地区、不同年份，各种树木花芽分化的开始期和旺盛期是有差别的，但悬殊不大，相对集中并相对稳定。如苹果和梨在6~9月份，桃在7~8月份，柑橘在12月~翌年2月份。大多数树木花芽分化盛期在新梢停止生长之后，且与气候有密切关系。

(4) 花芽分化因树龄、部位、枝条类型及结实大小年而异 一般幼树较成年树花芽分化晚，旺树较弱树晚。同一树木上，短枝上的花芽分化较早，中长枝、长枝上的腋花芽的形成依次较晚。一般停止生长早的枝的花芽分化较早；结实大年枝梢停止生长早，但因结实过多，花芽分化较晚。

了解花芽分化时期的特点，对相对稳定地养护管理花木、控制花芽分化率和调节开花期有重大的意义；根据需要进行适当处理，可在预定的时间如"五一"或"十一"调控开花。

5. 影响花芽分化的因素

花芽分化是树木内外因素综合作用的结果。

(1) 内部因素 影响花芽分化的内部因素主要包括三方面。

① 树种的遗传特性。实生树只有经过一定时期的生长，达到一定年龄后，才能开花。在一定条件下，不同树木首次开花的时间是不同的，这是受其遗传特性所决定的。

② 枝条营养生长。营养生长是花芽分化的基础，绝大多数树木的花芽分化是在新梢生长趋于缓慢或停止后开始的。即将进行分化花芽时，过旺的营养生长，将消耗大量的营养物质，不利于花芽分化。

③ 叶、花、果影响花芽分化。叶为同化器官，叶常成簇生长在树木的短枝上，有利于营养物质的积累，极易形成花芽。一般情况下，树木开花多的则结实多，消耗树体营养也较多，这样会影响下一次的花芽的分化。所以在"大年"适当疏果，有利于花芽分化，促进稳产。

(2) 外部因素 影响花芽分化的外部因素包括光照、水分、温度、矿质营养等。

① 光照。无光不结果。光不仅影响营养物质的合成与积累，也影响内源激素的产生与平衡。在强光下，激素合成慢，特别是在紫外光的照射下，生长素和赤霉素被分解或活化受到抑制，从而抑制新梢生长，促进花芽分化。因此，光照充足容易成花，否则不易成花。

② 水分。在生理分化期前，适当控制灌水，可抑制新梢生长，有利于光合产物的积累和花芽分化。控制和降低土壤含水量，可提高树体内的氨基酸特别是精氨酸的水平，并增加

叶中脱落酸的含量，从而抑制赤霉素的合成，有利于花芽分化。长期干旱或水分过多均影响花芽分化；但夏季适度干旱有利于树木花芽形成。

③ 温度。各种树木的花芽分化都要有一定的温度条件，温度过高或过低都不利于花芽分化。如杜鹃花芽分化的适宜温度是 19～23℃，葡萄的适宜温度是 30～35℃，八仙花的适宜温度是 10～15℃等。

④ 矿质营养。施用氮肥可以诱导柑橘和油桐成花。施用硫酸铵既能促进苹果根的生长，又能促进其花芽分化。磷肥对苹果的成花起促进作用，但对桃、梨、李、杜鹃、板栗则无反应。缺铜可使苹果、梨花芽减少；缺镁、钙则可使柳杉花芽减少。

(二) 树木的开花

树体上花中的花粉粒和胚囊发育成熟时，花萼和花冠常展开，这种现象称为开花。对裸子植物而言，孢子叶球的苞片展显即意味着"开花"。

1. 开花顺序

(1) 不同树种的开花顺序　不同树种开花时间早晚不同，生长在温带、亚热带的树木，除特殊小气候环境外，各种树木每年的开花有一定顺序。了解当地主要树种的开花顺序，对于合理配置园林树木，保持园林绿化地区四季花景具有重要意义。如南京地区常见树木的开花顺序是：梅花、柳树、杨树、榆树、玉兰、樱花、桃树、紫荆、刺槐、合欢、梧桐、木槿、国槐等。

(2) 同一树种不同品种的开花顺序　同一地区同一树种的不同品种的开花时间也有一定的差别，并表现出一定的顺序性。如北京地区，碧桃的"早花白碧桃"于 3 月开花，而"亮碧桃"则要到 4 月才开花。有些品种较多的观花树种可按花期的早晚分为早花、中花和晚花三类。在园林树木栽培和应用中可以利用树木花期的差异，通过合理配置，延长和改善其美化效果。

(3) 雌雄同株或雌雄异株树木的开花顺序　有些雌雄同株的树木的雌雄花的开放时间相同，也有的不同。凡长期实生繁殖的树木如核桃，常有这样几种混杂现象，即雌花先熟型、雄花先熟型和雌雄同熟型。雌雄异株的树木有雌、雄异熟现象，如雪松 95％ 为雌雄异株，雌球花比雄球花晚开花约 10 天。

(4) 同一树体不同部位的开花顺序　一般是短花枝先开，长花枝和腋花后开。向阳面比背阴面的外围枝先开。同一花序上不同部位的开花早晚也可能不同，穗状花序、总状花序的花的基部先开，伞形花序、伞房花序的花的边花先开，聚伞花序的花则顶端先开。

2. 开花类型

按开花与展叶的时间顺序，树木常分为先花后叶型、花叶同放型和先叶后花型三种类型。在园林树木配置和应用中，了解树木的开花类型，通过合理配置，能提高总体的绿化美化效果。

(1) 先花后叶型　此类树木在春季萌动前已完成花器分化，花芽萌动不久即开花，先开花后展叶。如银芽柳、迎春花、连翘、山桃、梅、杏、紫荆等。

(2) 花叶同放型　此类树木开花和展叶几乎同时，花器也是在萌芽前已完成分化，开花时间比前一类稍晚。多数能在短枝上形成混合芽的树种如榆叶梅、海棠、苹果等属于此类。

(3) 先叶后花型　先叶后花型树木是树木中开花最迟的一类，此类树木多数是在当年生长的新梢上形成花器并完成分化，一般于夏、秋开花，有些甚至能延迟到晚秋，如木槿、紫薇、凌霄、桂花、槐树等。还有部分树木是由上一年形成的混合芽抽生相当长的新梢，在新梢上开花，如葡萄、枣、君迁子、柑橘等。

3. 花期

花期即开花的延续时间。花期的长短因树种和品种、树体营养状况以及外界环境的影响而有很大差异，了解不同树木的花期，有助于合理配置和科学养护园林树木。

(1) 不同树种和类型树木的花期　由于园林树木种类繁多，同种花木品种多样，同一地区，树木花期延续的时间差别很大。在南京，花期短的只有 6~7 天（丁香 6 天，金桂 7 天），而花期长的可达 100~240 天（茉莉可开 110 天，月季可达 240 天）。

早春开花的树木多在秋冬季节完成花芽分化，到春天一旦温度合适就陆续开花，一般花期相对短但开花整齐。夏季和秋季开花的树木的花芽多在当年生枝上分化，分化早晚不一致，开花时间也不一致，加上个体间的差异，花期持续时间较长。

(2) 同种树木因树体营养状况和环境条件不同而花期不同　同种树木，树体营养状况好，花期延续时间较长；青壮年树比衰老树的花期长且整齐。

在不同小气候条件下，树木开花期的长短不同，如在树荫下、大树北面和楼房北面生长的树木的花期较长。花期的长短也因天气状况而异，遇冷凉潮湿天气时，花期可以延长，而遇到干旱高温天气时则会缩短。高山地区随着地势增高，气温下降，湿度增大，花期延长。

4. 开花次数

(1) 开花次数因树种与品种而异　多数园林树木每年只开一次花，特别是原产温带和亚热带地区的绝大多数树种，但也有些树种或栽培品种有一年内多次开花的习性，如月季、桂柳、四季桂、佛手、柠檬等。

(2) 再度开花　每年开花一次的树木种类，在一年中出现第二次开花的现象称为再度开花，我国古代称作"重花"。常见再度开花的树种有桃、杏、连翘等，偶见玉兰、紫藤等。

树木出现再度开花现象有两种情况。一种是花芽发育不完全或树体营养不足，部分花芽延迟到春末夏初才开，这种现象常发生在梨或苹果某些品种的老树上。另一种是秋季发生再次开花现象，如进入秋季后温度下降但晚秋或初冬发生气温回暖，这引起树木再度开花；又如秋季病虫害危害或过度干旱引起大量落叶，大旱后又突然遇大雨，这种现象促使花芽萌发，引起树木再度开花。树木再度开花时花的繁茂程度不如第一次开花。

在实践中，人为促成一些树木在国庆节等重要节假日期间再度开花是提高园林树木美化效果的一个重要手段。如丁香，在北京可于 8 月下旬至 9 月初摘去全部叶子，并追施肥水，至国庆节前就可开花。

五、果实的生长发育

从花谢后至果实达到生理成熟为止，经过细胞分裂、组织分化、种胚发育和细胞内营养物质的积累和转化等过程，这个过程称为果实的生长发育。了解果实的生长发育规律，对于栽培养护好观果类树木，使其充分发挥"奇"、"丰"、"巨"、"色"等功能具有重要意义。

1. 果实生长发育的时间

各类树木的果实成熟时，果实外表会表现出成熟果实的颜色和形状特征，称为果实的形态成熟期。果熟期与种熟期有的一致，有的不一致。果熟期的长短因树种和品种而不同，榆树和柳树等树种的果熟期最短；桑、杏次之。松属树种种子发育成熟需要两个生长季，即第一年春季传粉，第二年春才能受精，从授粉到球果成熟期要跨年度。

一般早熟品种发育期短，晚熟品种发育期长。果实外表受伤或被虫蛀食后，其成熟期会提早。

果熟期的长短还受自然条件的影响，高温干燥，果熟期缩短，反之则延长；山地条件，排水好的地方的果实成熟得早些。

2. 果实生长发育的规律

果实生长是通过果实细胞的分裂与增大而实现的，果实生长的初期以伸长生长（即纵向生长）为主，后期以横向生长为主。

果实的生长过程一般都表现为慢—快—慢的"S"形曲线生长过程（图1-4）。在众多的园林树种中，果实生长情况有两种类型：一种是单"S"形曲线生长，如苹果、梨、山楂、石榴、柑橘等；另一种是双"S"形曲线生长，如桃、杏、梅、樱桃等，这类果实在幼果期生长较快，此后有一缓慢生长期，最后是果实增大至成熟期。

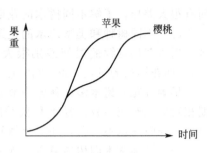

图1-4 果实的单S形和双S形生长曲线

3. 果实的着色

果实的着色是果实成熟的标志之一，果色因树种、品种和外界条件而异。决定果色的色素主要有叶绿素、类胡萝卜素、花青素和黄酮素等。果实呈现出黄色、橙色，是类胡萝卜素和黄酮素等色素物质呈现的颜色；果实中的红色、紫色是花青素呈现的颜色。

4. 落果

从果实形成到果实成熟期间，常常会出现落果。有外力作用常引起机械性落果。有些是由于非机械和外力造成的落果，统称为生理性落果。

生理落果原因比较复杂，诸如因授粉、受精不完全而引起的落果，有些树种的花器发育不完全，如杏花常出现雌蕊过短或退化，或柱头弯曲，不能授粉受精；因土壤水分过多造成树木根系缺氧，水分供应不足引起果柄形成离层，以及土壤缺锌也易引起生理性落果。

5. 促进果实发育的措施

在生产中，管理者可采取多种措施促进果实发育，提高树体贮藏营养的水平，保证果实的充分长大。在实际中，可增施有机肥料、注意栽植密度，使树体的地上部分与地下部分之间有良好的生长空间；运用整形修剪技术，培养良好的树形，调节好营养生长与生殖生长的关系，扩大光合面积，提高树体营养和光合效率；保证水肥供应；在花芽分化、开花和果实生长等不同阶段，进行土壤和根外追肥；在落叶前后施足基肥；果实生长期多施氮肥，后期多施磷肥等；根据栽培目的与观赏要求，可适当采用摘心、环剥和应用生长调节剂，提高坐果率；适当疏（幼）果，注意树体的通风透光，加强病虫害防治等。

复习思考题

1. 简述园林树木生长发育的基本规律。
2. 简述落叶树的主要物候期及在各物候期应采取的主要栽培措施。
3. 简述园林树木根系的类型及影响根系生长的因素。
4. 简述园林树木枝芽的特性及树体骨架的类型。
5. 结合实例说明园林树木开花的类型及应用。
6. 举例说明果实生长发育的规律。
7. 简述影响树木花芽分化的内外因素。
8. 了解当地观花树木的开花时期及花期长短。

第二章 园林树木对环境的要求及适地适树

【知识目标】

了解园林树木生长发育与环境的关系；了解城市环境因子的特点，重点掌握园林树木栽植地的环境特点；理解园林树木栽植中适地适树的含义，掌握适地适树的途径与方法。

【能力目标】

根据园林树木与环境条件的特点，能制订出合理的适地适树方案。

第一节 园林树木的生长发育与环境的关系

园林树木生存地点（包括园林树木地上和地下两部分）周围空间的一切因素就是园林树木的环境。园林树木与环境彼此之间也互为环境，环境影响园林树木，反过来园林树木也影响着环境的变化。了解园林树木与环境之的关系，对于园林树木的繁殖、栽培和园林应用都具有重要的意义。环境因子主要包括光照因子、水分因子、温度因子、土壤因子、空气因子等。这些因子不是孤立存在的，总是共同存在相互影响，对园林树木生长发育起着综合性的作用。

一、光

光对植物的各种生理活动、组织和器官的分化、形态结构、生长发育等有着直接或间接的影响。光对园林树木生长发育的影响主要是光照强度，而光质、光周期对树木的影响相对较小。

不同的树木种类在器官构造上存在着较大的差异，要求有不同的光照强度来维持其生命活动。按照树木对光强的适应性，可将园林树木分为以下两大类。

1. 阳性树种

阳性树种又称喜光树种，这类树种在全日照条件下生长良好，不能忍受荫蔽，一般光补偿点较高，若光照不足，则生长不良，枝条纤细，叶片黄瘦，不能正常开花。例如：落叶松、赤松、马尾松、落羽杉、池杉、水杉、白桦、杜仲、檫木、苦楝、刺槐、旱柳属、臭椿、核桃、乌桕、泡桐、黄连木、桃树、柽柳、合欢、椰子、木麻黄、木棉等。

2. 中性树种

中性树种又称耐阴树种，其对光的要求较阳性树种弱，在充足的阳光下生长最好，但亦有不同程度的耐阴能力，在高温干旱时，全光照下生长受抑制。中性树种中包括偏阳性树种、偏阴性树种和耐阴性强的树种。中性偏阳的树种有白榆、朴树、榉树、樱花、枫杨等；中性稍偏阴的树种有华山松、圆柏、龙柏、国槐、木荷、七叶树、元宝枫、鸡爪槭、四照花、木槿、女贞、迎春、丁香等；耐阴性强的树种有冷杉、紫杉、云杉、红豆杉、竹柏、罗汉松、香榧、含笑、杜英、山茶、桃叶珊瑚、枸骨、海桐、杜鹃、忍冬、紫楠、常春藤等，这些树种常可栽于建筑物的背面或疏林下。

园林植物中有一类阴性的植物类，其特点是：需光量少，并喜一定的庇荫，生长期间一般要求有50%~80%的庇荫度，不能忍受强光的照射。严格地说，园林树木中很少有典型的阴性植物的形态结构，也就说园林树木中没有真正的阴性树种。

二、温度

温度是限制树木生长及分布的主导因子。树木一年中表现出生长与休眠交替的现象也是由于温度的原因。一些北方树种只适宜生长在北方气候条件及具类似气候条件的地区，同样如此，南方树种只适宜生长在南方气候条件下。多数园林树木正常生长所需要的温度处于0~50℃这个范围内，超过这一温度范围，生命活动将受到抑制。

1. 温度对树木生长发育的影响

温度是影响树木生存的因子，树木的各种生理活动都受温度的影响。温度对树木各种生理活动的影响表现出温度"三基点"，即最低温度、最高温度、最适温度。最低温度是指某一生理过程开始时的温度；最适温度是指某一生理过程进行最旺盛时的温度；最高温度是指某一生理过程在超过该温度将停止活动时的温度。

园林树木的各种生理活动只有在其所需的最高、最低温度范围之内方能进行。从最低温度开始到最适温度，树木的生理活动强度是逐渐加强的。最适温度之后，其生理活动强度又逐渐减小，直至最高温度时，生理活动停止。光合作用的最适温度一般在25~35℃，在此范围以外，随着温度的升高和降低，光合作用强度均会减弱直至停止，而呼吸作用则是45~50℃时最强。

因原产地气候类型不同，园林树木种类温度的"三基点"也不同。以生长最低温为例，原产热带的园林树木，一般在18℃时开始生长，如椰子和橡胶树在18℃以上开始生长；原产温带的园林树木如桃、国槐一般在10℃左右开始生长；原产亚热带的树木介于以上两者之间，一般在15~16℃开始生长，如樟树、柑橘在15℃时开始生长。热带、亚热带树种生长最适温度在30~35℃，而温带树木生长最适温度为25~30℃。热带、亚热带树种生长最高温度在45℃，温带树木生长最高温度却为35~40℃。

同样，温度直接影响树木每一个生长发育阶段的各个时期。种子的萌发、树木芽的萌动、生长、休眠、发叶、开花、结果等生长发育都表现出温度"三基点"，如以树木种子的萌发所需温度为例，一般树木种子在0~5℃开始萌动，最适温度为25~30℃，最高温度是35~45℃，温度再高将抑制种子萌发甚至死亡。

温度对树木的花芽分化有明显的影响，不同树种花芽分化要求的温度不同。一些树种花芽分化要求较高的温度，如桃、梅、樱花、榆叶梅、丁香、紫藤、山茶等；另一些树种花芽的分化要在低温条件下进行，如柑橘。

此外，温度还影响着观果类树木果实的成熟着色，从而影响其观赏效果。

土温还直接影响到树木地下部分根系对水分、矿物营养的吸收，从而影响着树木的生长发育。

2. 温度与树木分布

温度是影响树木生长发育的重要因素，更是影响树种分布的限制因子。地球上气候的划分就是按照温度因子的年均温度进行的。我国自南向北跨热带、亚热带、温带和寒带，地带性植被分别为热带雨林和季雨林、亚热带常绿阔叶林、暖温带落叶阔叶林和寒温带针阔混交林和针叶林。同一气候带内园林树木的引种栽培一般不成问题，但是在气候带之间进行树种引种应注意各种树种对温度的适应范围。如将热带、亚热带树种木棉、凤凰树、鸡蛋花、椰子树等引种到北方其将不能过冬；把寒带、温带树种引种到南方，常因温度过高或缺乏必要的低温阶段，树木或生长不良，或树势衰弱，或不能正常开花结实，或死亡。这都因为温度因子影响了树木的生长发育，从而限制了树种的分布范围。

在影响树木生长发育的温度因子中，更应重视极端温度的影响，这对于园林树木的引种工作非常重要，目前在园林建设中，由于经常要在不同的地区应用各种园林树木甚至各种奇花异木,以丰富各地的园林树木种类,但应当注意不同树种的温度适应范围,尤其是对极端低温和极端高温的适应能力。

根据树种对温度的要求和适应范围可将树木大致分为以下四类。

(1) **耐寒树种** 耐寒树种多为原产于寒带或寒温带抗寒性强或较强的树种,在我国北方大部分地区可以露地过冬。耐寒树种包括大部分落叶树木、常绿针叶观赏树木,如银杏、油松、樟子松、油松、红松、龙柏、榆叶梅、白桦、刺槐、丁香、紫藤等。

(2) **半耐寒树种** 半耐寒树种多原产于温带或暖温带,通常能忍受一般霜冻,在华北、西北和东北地区有的需要埋土或采取其他保护措施以防寒越冬,半耐寒树种包括部分落叶阔叶树木和部分较耐寒的常绿阔叶树木及少数针叶树种,如雪松、五针松、玉兰、木槿、石榴、大叶黄杨等。

(3) **喜温树种** 喜温树种多为原产亚热带的树种,其生长期间要求有较高的温度。此类树种主要是常绿阔叶树木类,如樟树、桂花、杜鹃、含笑、柑橘、山茶等。

(4) **喜高温树种** 喜高温树种多为原产南亚热带或热带的树种,其生长期间要求高的温度条件,5℃以下的温度就能造成危害。如榕树、椰子、团花、橡皮树等。

三、水分

水是园林树木及一切生命生存和繁衍的必要条件。由于长期生活在不同的环境条件下,不同的树种形成了对水分不同的要求和适应性。根据树木对水分的适应可将树木分为旱生树种、中生树种、湿生树种。

1. 旱生树种

这类树种具有极强的耐旱能力,能生长在干旱地带,其在生理和形态方面形成了适应大气和土壤干旱的特征。树木种类如柽柳、夹竹桃、沙枣、胡颓子、铺地柏等。

2. 中生树种

中生树种适于在干湿适中的环境中生长,不能忍受过分干旱和水湿的条件。大多数园林树木属此类,但其中又有耐旱和耐湿树种之分。

3. 湿生树种

本类树种长期生长在潮湿的环境中,在干燥或中生的环境中常常生长不良或死亡。如水椰、红树等。

在园林树木造景中,了解树木的耐旱能力和耐湿能力尤为重要。树木的耐旱能力又可分为耐旱力强、耐旱力中等和耐旱力较弱三类。常见的园林树种中耐旱力强的有白皮松、油松、黑松、赤松、侧柏、木麻黄、火炬松、旱柳、响叶杨、椰榆、合欢、黄连木、枫香、檫木、梧桐、丁香、紫穗槐、木槿、夹竹桃、枸骨、石榴、葛藤、云实等;耐旱力中等的有紫玉兰、绣球、山梅花、海桐、樱花、海棠、杜仲、女贞、接骨木、鸡爪槭、灯台树、紫荆等;耐旱力较弱的有四照花、华山松、水杉、杉木、水松、白兰花、檫木等。

树木的耐湿力又可分为耐湿力强、耐湿力中等和耐湿力弱三类。耐湿力强的树种有羽杉、池杉、水松、棕榈、垂柳、旱柳、枫柳、桑树、苦楝、乌桕、白蜡、柽柳、紫穗槐等。耐湿力中等的树种有水杉、广玉兰、国槐、臭椿、紫薇、丝棉木、迎春、枸杞等。耐湿力弱的树种有马尾松、柏木、枇杷、桂花、海桐、女贞、白玉兰、紫玉兰、无花果、腊梅、刺槐、毛泡桐、楸树、花椒、核桃、合欢、梅花、桃、紫荆等;有的树种既耐旱又耐湿,如垂柳、旱柳、桑树、椰树、紫穗桃、紫藤、乌桕、白蜡、雪柳、柽柳等;而有的树种既不耐旱又不耐湿,如白玉兰、大叶黄杨等。

在园林应用和栽培管理中应针对树种对水分的适应性加以分别对待。

四、土壤

土壤是树木生长的基础,土壤主要通过土壤质地、土壤肥力、土壤酸碱性等来影响树木的生长。

1. 土壤质地

土壤质地对树木生长的影响较大。沙壤土的结构疏松、透水性能好,地表径流少,水分条件适宜;其通气性能也好,土壤中的气、热条件好;土温较高;养分供应及时,有利于土壤微生物的生活;根系生长阻力小,有利于根的呼吸,但沙质壤土含营养元素量较少,所以对土壤肥力要求不高的树种,如松属、落叶松、侧柏、圆柏、榆树、槐树等适于在其上生长。黏土土壤结构紧密,通气性和透水性能不佳,温度较低,土壤中的水与空气经常处于矛盾状态,在这种土壤上生长的树木,要求其根系穿透力强,耐水积能力强。沙土疏松、通气性强,保肥保水性差,易出现干旱现象,如防风固沙的沙棘、沙枣等耐干旱瘠薄的树种在其上能生长良好。

2. 土壤肥力

为了生活和生长,树木需要不断地从土壤中吸收养分,土壤养分的高低影响着树木生长得快慢,但不成为树木生长的限制性因子。

根据树木对土壤肥力的需要情况,可将树种分为"耐瘠薄树种"和"不耐瘠薄树种",如杉树、樟树、榆树、槭树、茉莉、梧桐、梅花、桂花、牡丹等喜肥树种;沙棘、刺槐、悬铃木、马尾松、油松、黑桦、臭椿、山杏等则为耐瘠薄树种。豆科树种通常需要大量钾和钙。必须指出的是,这种分类只是相对而言。例如在养分条件改善的情况下,耐瘠薄的树种会生长得更好。

3. 土壤 pH 值

土壤酸碱度是土壤重要的化学性质,是土壤在形成过程中受气候、植被、母质等因素综合作用所产生的属性。土壤酸碱度影响着土壤微生物的活动及土壤有机质和矿质元素的分解和利用,因此其影响着园林树木的生长发育。如在碱性土壤上,植物对铁元素的吸收困难,常造成喜酸性土壤的植物发生失绿症。各种树木都要求在一定的土壤酸碱度下生长,应当针对树木的要求,进行合理栽植。根据树木对土壤酸碱度要求的不同,可将其分为三类。

(1) 适宜酸性土的树种 土壤 pH 值在 6.5 以下,这类树种的生长发育良好,如池杉、红松、白桦、含笑、杜鹃、山茶、栀子花,棕榈科等。

(2) 适宜中性土的树种 土壤 pH 值为 6.5~7.5 时,这类树种才能生长发育良好。大多数树木喜中性土壤,如水松、杉木、雪松、樟树、樱花、桑树、杨、柳等。

(3) 适宜碱性土的树种 土壤 pH 值在 7.5 以上时,这类树种仍能生长良好,如柽柳、沙棘、沙枣、紫穗槐等。

此外,我国有大面积的盐碱地,其中大部分为盐土,真正碱土较少,但一些盐地为中性(主要含 $NaCl$ 和 Na_2SO_4 盐分)、一些盐土为碱性(Na_2CO_3、Na_2HCO_3 和 K_2CO_3 较多)。有不少树种具有耐盐碱能力,了解树种的耐盐碱特性,对于盐碱地区的园林绿化有重要意义。耐盐碱园林树种有侧柏、龙柏、白榆、榔榆、银白杨、苦楝、白蜡、绒毛白蜡、桑树、旱柳、臭椿、刺槐、泡桐、梓树、榉树、国槐、合欢、迎春、毛樱桃、紫穗槐、火炬松、柽柳、沙枣等。

五、风

风是一个重要的生态因子,它对园林树木的影响是多方面的。对园林树木具有良好作用的一面,如风在一定强度以下可以促进气体交换、增强蒸腾、改善光照和光合作用、降低地面高温，通风还可减少病虫害，微风有利于风媒花树种的传粉作用等。

但风对园林树木也有不利的一面，如风速超过10m/s的大风能对树木产生强烈的破坏作用。在强风的作用下，一些浅根性树种能连根刮倒，这种现象称为风倒。受病虫害的、生长衰退的、老龄过熟的树木能被强风吹折树干，这种现象称为风折。经常刮单一风向风的地方，在中等以上风速时，树木的迎风面的新生枝条常常受到风干燥作用的伤害，在强风作用下，甚至会使迎风面的芽枯死，而在背风面枝叶继续发育，树枝长得粗壮且长，树木形成偏冠，或是弯干。强风能降低树木的生长量，在干燥风的影响下，水分平衡不良，光合作用达不到应有的强度，树木成熟细胞达不到正常的大小。在风里摇摆的小树比用支柱架起来的小树的树高生长平均少25%，直径也比较小。此外，在北方较寒冷的地区，在冬末春初经常刮风，这加强了树木枝条的蒸腾，而此时土壤未解冻的地区树木的根系活动微弱，因此造成树木细枝顶梢干枯死亡现象，习称干梢或抽条。

园林树木造景时，应注意风对树木的影响，在风害较严重的地段应选用抗风强的树种。

各树种抗风倒的能力是不同的。树冠浓密且庞大的浅根性树种易受风倒之害。深根性的树种一般不易风倒。抗风性大小还取决于环境条件。在肥沃而深厚土壤上的浅根性树种也能形成深根，其抗风性增强。沼泽地、水湿地、土壤黏重、通气不良的地方的树种多形成浅根系，其很容易发生风倒。孤立树和稀植的树比丛植和密植的树易受风害。

第二节　园林树木栽植地环境与适地适树

园林树木栽植地，广义地说包括自然保护区（相当于欧美的国家公园、游览区内的一切经保护，不加人为改造，只修路和少量进行饮食、住宿服务的设施）、风景名胜区（由自然景观和历史上人为等因素所形成的一类游览资源）、城市园林绿地（基本是由人造或经艺术创造的生活环境）这三大类，园林树木栽植地主要是城市园林绿地。其环境主要包括区域气候因子（温度、湿度、光照、空气）、土壤因子、水文因子、地形地势因子、生物因子及人类活动等。

城市园林绿地环境是自然和人类生境的综合体，一方面，城市所处地的地理位置使得园林树木的分布带有明显的地域性特征；另一方面，城市环境的特殊性改变着城市树木生长的环境，使树木生长环境不能完全等同于这一地理位置的自然环境，城市绿地生长的树木大多已生长在不利于它生长的环境之中。因此，为使园林树木满足其功能和艺术上的需要，了解影响园林树木生长的主要环境即城市环境的特点是极为重要的。

一、城市环境概述

一个城市的建成、改建和扩建对自然环境或生态系统的影响极大。在原有平原、江河两岸、海滨、湖滨、山谷、山地等地修建城市，包括居住建筑、工厂建筑、道路、广场和其他公共设施的建设，改变了原有的部分地形地貌；各种建筑物、道路及地面的铺装等代替了植物的覆盖，即改变了下垫面的性质，进而影响城市的光、热及土壤状况。工业的发展，交通、生活能源燃烧和人口的集中，二氧化碳含量增高，三废排放，改变了城市大气、水和土壤的环境。因此，在城市绿化建设时必须根据城市环境的特殊情况加以考虑。

（一）城市气候

1. 城市气候的特点

城市环境的特殊性，使城市气候主要有以下特点：①气温较高；②空气湿度低并多雾；③云多、降雨多；④形成城市风；⑤太阳辐射强度减弱；⑥日照持续时间减少。

2. 城市气候形成的原因

城市气候不同于区域大气候的原因主要有三方面。第一，城市特殊的下垫面性质。现代城市下垫面是水泥或沥青铺装的街道、广场，以及以钢铁、水泥、砖瓦、土石、玻璃为材料建成的疏密相间、高低错落的各种建筑物群的屋顶和墙面，其刚性、弹性、比热等物理特性与具较疏松湿润的土壤且多有植物覆盖的农村下垫面相比有很大的不同，城市下垫面改变了气候反射表面和辐射表面的特性，改变了表面附近热能量的交换，如建筑密度大的地方，仅有少部分直射光能照到地面。从地面来讲，直射光虽减少，而反射、漫射光较丰富。城市下垫面的这种特性使气团发生变化，进而影响城市气候。第二，工业生产、交通运输、高密集的人口日常生活、取暖降温等活动释放出大量的热量、废气和尘埃，使城市内部形成一个不同于自然气候的城市气候环境。第三，大量气体和固体污染物排入空气中，这影响了城市空气的透明度，从而影响辐射热能收支和城市各活动释放出的大量热量的扩散，这些固体尘埃又为城市的云、雾、降水提供了大量的凝结核。

城市气候的特殊性对城市园林树木的生长必定造成很大影响，在城市绿化建设中应特别注意。

（二）城市土壤

1. 城市土壤的特点

城市建设和人的生产、生活活动改变了城市的原有土类。归纳起来，城市土壤主要具有以下特点。

（1）土壤紧实度大通气性差 由于行人践踏、市政工程碾压、夯实等原因，土壤被压缩紧实，在土壤固、气、液三相中，固相或液相相对偏高，气相偏低，不利或隔绝土壤中气体与大气间的交换，造成缺氧，从而影响根系生长与土壤营养。同时，土壤紧实度增高，园林树木栽种几年后，其根系难以向穴以外更大范围扩展，造成树木早衰，变成"小老树"。有时还会造成雨季穴内积水，经日晒增温引起树木烂根死亡。

（2）土壤结构差 城市土壤有机质含量低，有机胶体少，在机械和人为外力的作用下，土体挤压土粒，破坏具有水气状况良好的团粒结构，形成理化性状较差的片状或块状结构。

（3）土壤无层次 高密度的城市人口生产和生活活动产生大量各种废弃物，过去多不合理处理，长期多次无序埋入土体中，加上地上地下各种施工翻动土壤，有的地段已不存在土壤原有的表土层、心土层之分，形成了无层次、无规律的土体构造。多数情况已不存在较肥的表土层，而是坚实的心土外露。

（4）土壤干旱 地下建筑物及大量地下管道的埋入占据了地下空间，只有地下建筑物及管道上的有限厚度的土层。这种格局改变了土壤固、液、气三相组成，切断了自然土壤的毛管水，同时，城市下垫面多铺装，雨水渗入不多，使城市地下水呈漏斗形下降，土壤容易干旱。

（5）土壤养分匮缺 城市园林树木的枯枝落叶大部分被运走或烧掉。在土壤基本上没有养分补给的情况下，还有大量侵入体占据一定的土体，这都致使植株生长所需要的营养面积不足，减少了土壤中水、气、养分的绝对含量。植物在这种土壤上生长，每一株树木要在固定地点上生存几十年乃至上百年，每年都要从有限的营养空间吸取养分，势必使城市土壤越来越贫瘠，肥力越来越低。

（6）土壤污染 城市人为活动所产生的工业废水、生活废水、大气污染物质等进入土体内，若超过土壤自净能力，则会造成土壤污染。

（7）挖、填方土多 市政建设需将某些土岗等推平，挖方为未熟化之土壤，这影响树木生长。在新植树时，这样的地段应单独划出。应选用耐瘠薄树种并配合相应的改土和养护措施。填方则要看具体填的是什么土，填入表土，对树木生长有利。如果填的是其他土（如挖人防、地下铁道、城市建筑或生活垃圾）则对树木生长可能就有不利影响，填方太深也不适宜树木生长，遇填方的地段也应具体情况具体分析。

2. 城市土壤污染问题

城市的现代工业发展和能源种类造成的污染沉降物和有毒气体随雨水进入土壤。当土壤中的有害物含量超过土壤的自净能力时，就会发生土壤污染。大气污染的沉降物（或随降水）、污染水、残留量高且残留期长的化学农药、特异性除莠剂、重金属元素以及放射性物质等都会造成土壤污染。

土壤中有些有毒物质（如砷、镉、过量的铜和锌）能直接影响树木的生长和发育，或在其体内积累。有些污染物会引起土壤 pH 的变化，如 SO_2 随降雨形成"酸雨"使土壤酸化，使氮不能转化为供树木吸收的硝酸盐或铵盐；使磷酸盐变成难溶性的沉淀；使铁转化为不溶性的铁盐，从而影响树木生长。碱性粉尘（如水泥粉尘）能使土壤碱化，使树木对水和养分的吸收变得困难或引起缺绿症。

土壤污染后，土中微生物系统的自然生态平衡被破坏，病菌大量繁衍和传播，造成疾病蔓延。由于土壤被长期污染，结构破坏，土质变坏，土壤微生物的活动受到抑制或破坏，所以肥力渐降或盐碱化，甚至成为不能生长植物的不毛之地。

城市土壤污染给园林树木栽种带来一定影响，在土壤污染较严重的地段，实际上是不能栽种树木，但为了将这类地段绿化起来，常常需要进行全面客土来解决这一问题。

（三）城市水

1. 城市水系

在城市规划和修建中，多利用江、河、湖、海等自然水体；许多城市沿江、河、湖、海建设。城市的有些部分（市中心、休疗养场所、工业区）趋向建在水体附近，主要街道也常沿水体建设。缺少自然水体的城市，多建水库，挖人工运河或挖湖蓄水，有的则利用河道作排水用，但在汛期也可能发生倒灌。城市水系对城市湿度、温度及土壤均有相当影响，从而影响着园林树木的生长。

在北方城市中，地下水是其重要的供水水源，但目前，许多城市的地下水资源在开发利用时缺乏长远规划和严格的管理，过量开采严重。同时，城市下垫面多铺装，雨水渗入不多，这造成地下水位持续下降，漏斗面积不断扩大，地面沉陷。而且，城市地下水资源受到不同程度的污染，直接影响地下水资源的持续利用和保护。

2. 城市水体污染问题

污染物进入水中，其含量超过水的自净能力时，会引起水质变坏，用途受到影响，称为"水体污染"。

水体污染源大致有工业废水的排放，农药和生活污水等三大方面。这些废污水中污染物质很多，包括有毒物质如镉、铜、铅、铬、汞、砷等重金属离子、氰化物、有机磷、有机氯、游离氯、酚、氨等；油类物质；发酵性的有机物耗溶氧并分解出甲烷等腐臭气体和亚硫酸盐、硫化物等；酸、碱、盐类无机物；"富营养化"污染；造纸、皮革、肉类加工、煤油等工业废水、生活污水、化肥等使藻类大量繁殖，耗溶氧，从而影响鱼类生存；热污染如工厂冷却水；含色、臭味的废水；病原微生物污水（医院及生物制品、制革、屠宰等污水、生活污水）；放射性物质（原子能工业、同位素应用产生之污水）等。以上物质超过一定的临界浓度即会引起水体污染。水污染物随水流运送到远处，有些也能随蒸发被风带入大气。

污染水可直接流入土壤，改变土壤结构，影响树木生长。有些污水流经一定距离后，其在某些微生物转化下而自净或经水生植物的吸收富集、分解和转化而净化。在不超出土壤及作物自净能力的原则下，有些经处理过的污水可用于灌溉。

(四) 城市空气污染

1. 城市大气污染物

城市空气或多或少有些污染，污染物种类很多，已经产生危害或已为人们所注意的有 100 种左右，如 SO_2、CO_2、CO、NO_2、碳氢化合物、微尘、烟雾等。城市污染物从存在形式上大体可分为颗粒状污染物和气态污染物两大类。据统计，颗粒状污染物约占整个大气污染物的 10%，气态污染物占全部大气污染物的 90%。

空气污染对树木较明显的影响主要集中在有严重污染源的附近区域。因此，规划者应了解污染源的情况，如污染源的方位、距离、排放污染物种类、时期、浓度等，以便选用适合的抗耐性较强的树种。

2. 大气污染与园林树木

在各种空气污染物质中，对园林树木生长危害最大的是 SO_2、臭氧和过氧酰基硝酸酯（由碳氢化合物经光照形成）。

不同树木种类抗污染物种类及抗污染的能力不同，针叶树种的抗性大多不如阔叶树。部分树木对多种大气污染物有较强的抗性，如大叶黄杨、海桐、蚊母树、山茶、日本女贞、凤尾兰、构树、无花果、木槿、苦楝、龙柏、广玉兰、黄杨、白蜡、泡桐、楸树、小叶女贞、悬铃木、臭椿、国槐、山楂、银杏、丁香、白榆等。

就抗污染物种类而言，抗 SO_2 的树种很多，主要有龙柏、铅笔柏、柳杉、杉木、女贞、日本女贞、樟树、广玉兰、棕榈、高山榕、木麻黄、桂花、珊瑚树、枸骨、大叶黄杨、黄杨、雀舌黄杨、海桐、蚊母树、山茶、栀子、蒲桃、夹竹桃、丝兰、凤尾兰、桑树、苦楝、刺槐、加拿大杨、旱柳、白蜡、垂柳、构树、白榆、朴树、栾树、悬铃木、臭椿、国槐、山楂、银杏、杜梨、枫杨、山桃、泡桐、楸树、梧桐、紫薇、海州常山、无花果、石榴、黄栌、丁香、丝棉木、火炬树、木槿、小叶女贞、枸橘、紫穗槐、连翘、紫藤、五叶地锦等。对 SO_2 敏感的树种有雪松、羊蹄甲、杨桃、白兰花、椤木石楠、合欢、香椿、杜仲、梅花、落叶松、油松、白桦、美国凌霄等。

抗 Cl_2 和 HCl 的树种有大叶黄杨、海桐、蚊母树、日本女贞、凤尾兰、夹竹桃、龙柏、侧柏、构树、白榆、苦楝、国槐、臭椿、合欢、木槿、接骨木、无花果、丝棉木、紫荆、紫藤、紫穗槐、杠柳、五叶地棉等。

抗 HF 的树种有龙柏、罗汉松、夹竹桃、日本女贞、广玉兰、棕榈、大叶黄杨、雀舌黄杨、海桐、蚊母树、山茶、凤尾兰、构树、木槿、刺槐、梧桐、无花果、小叶女贞、白蜡、桑树等。

抗 Hg 污染的树种有夹竹桃、棕榈、桑树、大叶黄杨、紫荆、绣球、桂花、珊瑚树、腊梅等。

抗光化学烟雾（由汽车排出的尾气经紫外光照射后形成的，主要成分为臭氧）的树种有银杏、黑松、柳杉、悬铃木、连翘、海桐、海州常山、日本女贞、扁柏、夹竹桃、樟树、青枫等。

(五) 城市建筑物

由于建筑的大量存在，城市的不同区域受城市建筑的影响而形成特有的小气候，直接影响着园林树木的生长。建筑物的存在主要对其周围光、温等因子起重新分配的作用，其作用大小以建筑物方位、大小、高低、多少而异。

1. 单体建筑

一般单体建筑形成东、西、南、北四个垂直方位和屋顶。在北回归线以北地区，绝大多数建筑物为坐北朝南的方形建筑，四个垂直方位改变了以光照为主的生态条件。这四个方位的环境条件有着明显的不同。

(1) 东面　一天有数小时光照，约下午 3 时后即成为庇荫地，光照强度不大，比较柔和，适合一般树木。

(2) 南面　白天全天几乎都有直射光，反射光也多，墙面辐射热也大，背北风，空气不甚流通，温度高，树木生长季延长，春季物候早，冬季楼前土壤冻结晚，早春化冻早，形成特殊小气候，适于喜光和暖地的边缘树种。

(3) 西面　与东面相反，上午以前为庇荫地，下午形成西晒，尤以夏日为甚。光照时间虽短，但强度大，变化剧烈。西晒墙吸收累积热大，空气湿度小。适选耐燥热、不怕日灼的树木。

(4) 北面　背阴，其范围随纬度、太阳高度角而变化。以漫射光为主；夏日午后和傍晚有少量直射光。温度较低，相对湿度较大，风大，冬冷，在寒冷的北方地区，北面易积雪且土壤冻结期长。适选耐寒、耐阴树种。

因地区和习惯不同，单体建筑朝向不同，高矮不同，建筑材料色泽不同，以及周围环境不同，生态条件也有变化。一般建筑愈高，对周围的影响愈大。建筑四周栽种的树木应注意环境的差异。

2. 群体建筑

建筑群的组合形式多样，有行列式的街道；有居民四合院和较大范围建筑群等。组合方式、高矮的不同及相互遮光等对不同方位的生态条件有一定影响。以列式街道建筑为例，其生态条件受街道宽窄、街道方向、建筑高矮、组合等的影响，其光、温、通风、湿度条件均不同；许多城市建筑以江、河、湖、海、人工运河等水体为枢纽，所形成的街道生态环境还受这些水体的影响。又如四合院式建筑可使向阳处更温暖；大型住宅楼多按同向并且行列式设置，如果与当地主风向一致或近于平行，楼间的风势多有加强。尤其是南北走向的街道，由于两侧列式建筑形成长长的通道，使"穿堂风"更大。东西走向的街道，建筑愈高，楼北阴影区就愈大；在寒冷的北方地区，带状阴影区更阴冷或会长期积有冰雪，甚至影响到两边行道树的生长，应选用不同的树种。

二、园林树木栽植的适地适树

(一) 适地适树的含义

适地适树是指使树种的生态学特性与园林栽植地的生境条件相适应，达到地与树的统一，使树种正常生长，并在当前技术及经济条件下充分发挥其功能效益。它是因地制宜原则在园林树木栽植上的具体体现，因而也是园林树木栽植的基本原则。

园林生产实践中，"地"与"树"是矛盾统一体的两个方面，两者之间不一定也不可能永远绝对的融洽和保持长久的平衡，只能是基本的适应和满足，从而达到一定的园林绿化功能效益。特别是园林树木主要不是要收获它的物质产品，而是以服务城市的生态、社会效益为基本出发点，这种功能效益的多目标性和综合性决定了园林树木的适地适树有其独特的内涵。它不只是简单的"树"与"地"适应，还要考虑能发挥树木的主要园林功能效益。例如栽种观花果的园林树木，树木栽植后不仅仅要求其能成活生长，还要充分体现其观赏价值，因此，应选择阳光充足的地段栽种这类园林树木，配以合理的管理措施以达到满树繁花或硕果累累的观赏效果；又如要想发挥园林树木的生态效益，应针对具体情况具体分析，不同树种的生态效益差异很大，甚至同一树种的不同品种的生态效益也不尽相同。同时，园林树木在生态效益方面表现出涵养水源、保持水土、防风固沙、滞尘减噪、吸收有毒气体等多个方面，有的树种可能总体生态效益好，也有的可能在某个方面很突出，一般情况下，要选择综合生态效益好的树种，在某些有特殊防护要求的地方则要有针对性地选择树种。例如，工业区是城市的主要污染区，应选择抗污染强的树种，还应根据工业区的污染物种类选择不同的抗污染树种；商业区土地昂贵，人流量大，应选择占地小而树冠庞大、荫蔽效果好的树种，以便夏天为行人提供阴凉清爽的环境。

(二) 适地适树的标准

虽然适地适树是相对的，但衡量适地适树的程度应该有一个客观的标准。在园林树木栽培中，"树"的含义是指树种、类型或品种的生物学、生态学及观赏方面的特性；而"地"的含义则是指栽植地的气候、土壤、生物及污染状况。因此，根据"树"与"地"的含义和"适地适树"的概念，衡量适地适树的标准有两种。第一种是生物学标准，即在栽植后，树木能够成活，正常生长发育和开花结果，对栽植地段不良环境因子有较强的抗性，具有相应的稳定性。第二种是功能标准，包括生态效益、观赏效益和经济效益等在内的栽培目的要求得到较大程度的满足。从卫生防护、保护环境出发，栽培树种在污染区起码要能成活，整体有相当的绿化效果，对偶尔阵发性高浓度污染有一定抗御能力。以观赏为目的的，要求栽培树种生长健壮、清洁、无病虫害危害，供观赏的花、果正常。即使以某种特定艺术要求为目的，如为表现苍劲古雅或成桩景式的树木，其营养代谢应是平衡而稳定的并能较为长寿。适地适树的功能标准只有在树木正常生长发育的前提下才能充分发挥。假如树木栽不活，长不好，根本就谈不上其他功能效益；反之，如果只是栽植成活，而功能标准达不到要求，就失去了园林树木栽培的意义，也就不能算适地适树。适地适树的这两个标准相辅相成，不可偏废。

对于园林工作者来说，掌握适地适树的原则，主要是使"树"和"地"之间的基本矛盾在树木栽培的主要过程中相互协调，能够产生好的生物学和生态学效应；其次是在"树"和"地"之间发生较大矛盾时，适时采取适当的措施，调整它们之间的相互关系，变不适为较适，变较适为最适，使树木的生长发育沿着稳定的方向发展。

(三) 适地适树的途径与方法

为了使"地"和"树"基本适应，可采取的途径可归纳为两个方面：一是选择途径，即选树适地和选地适树；一是改造途径，即改地适树和改树适地。

1. 选树适地和选地适树

这一条途径就是选择途径，即为特定立地条件选择与其相适应的树种或者为特定树种选择能满足其要求的立地。前者为选树适地，有针对性的选择适合该地生长的优良的"乡土树种"和外来归化树种，这是绿地设计与树木栽培中最常见的；后者为选地适树，在得到某一特定树种（如某些珍稀濒危树种）后，在掌握其生态习性的前提下，在其适生的广大地区内选择其最适合生长的某一小区域进行栽植。不论"选树适地"或"选地适树"，在性质上都是选择，是园林树木造景和应用中最常用的、也是最可靠的途径。

采用选树适地或选地适树途径来达到适地适树，就必须充分了解"地"与"树"的特性，深入分析树种与栽植地环境的关系，找出树木栽植地环境条件与树种要求的差异，选择最适宜的树种。首先必须了解栽植地区的气候条件，特别是温度与降水情况。任何树木都有中心分布区和边缘分布区之分，树种中心分布区具有其生长良好的气候条件。其次是分析绿地类型及其对树木的功能要求。第三是对栽植地段地面状况进行分析，主要是地面覆盖的种类与比例，如裸地、草坪、林荫地、水泥、渣石、沥青铺装等所占面积与比例及其对土壤通透性的影响。第四是调查栽植地点的小气候、土壤理化性质及环境污染状况。小气候条件主要是光照、温度（特别是极端温度）和风速；土壤条件主要是土层厚度、质地、pH值、水分（主要是排水状况）、石渣含量、地下有无不透水层等；污染状况包括大气污染、水污染与土壤污染的种类与浓度。此外，还要分析生物因子，特别是病虫侵染危害的可能性和可控制的程度等。

在选树适地中，应选择最能适应栽植地环境条件的树种。无论是乡土树种，还是外来归化树种，都应注意种源的选择。对于具有相似适应性和同等功能的外来归化树种与乡土树种，应以乡土树种为主；在选用外来归化树种时，对于引种历史长的树种如二球悬铃木、池杉、刺槐等，在相应地区可视为乡土树种。

2. 改地适树和改树适地

（1）改地适树　改地适树即当栽植地段的立地条件有某些不适合所选树种的生态学特性时，采取适当的措施，改善不适合的方面，使之适应栽植树种的基本要求，达到"地"与"树"的相对统一。如整地、换土、灌溉、排水、施肥、遮荫、覆盖等都是改善立地条件使之适合于树木生长的有力措施。这也是园林树木栽培上常用的方法。

（2）改树适地　改树适地即当"地"和"树"在某些方面不相适应时，通过选种、引种、育种等方法改变树种的某些特性，以适应特定栽植地的生长。如通过抗性育种增强树种的耐寒性、耐旱性或抗污染性等，以适应在寒冷、干旱和污染环境中的生长。还可通过选用适应性广、抗性强的砧木进行嫁接，以扩大该树种的适栽范围。如毛白杨在内蒙呼和浩特一带易受冻害，很难在当地栽植，用当地的小叶杨作砧木进行嫁接，就能提高其抗寒能力而安全越冬。

必须明确，上述途径不是孤立分割的，而是互相补充，配合进行的。但在当前实践中主要采用"选择"途径（选树适地、选地适树），最可靠、最经济的方法是选择那些适合当地环境的乡土树种（是指在当地生长最正常，天然分布最普遍、群众有栽培经验的树种）和外地归化树种，这样既能形成地域植被景观特色，又能为后期的养护管理节省大量的人力和物力，是一种实实在在的事半功倍的好方法，当然并非所有的乡土树种都适合作园林绿化之用，必须根据园林建设的要求从中进行选择（即除了满足生态方面的要求之外，还应该符合园林综合功能的需要）。

在园林绿化的实际工作中，在当前的经济技术条件下，改地和改树程度都是有限的。对于改地来说，不管是局部的（如树池改土）还是整体的改地（如铺草坪），其效果不仅是有限的，也是不长久的，而且需要投入大量的人力和物力。至于改树，目前生产实践中应用的主要是嫁接的方法，选用一些抗逆性强的砧木来增强嫁接植株的抗逆性以达到对不良环境的适应。至于通过育种措施培育新品种，其意义是重大的，但却需要时日和精力。

复习思考题

1. 根据光、温度、水分、土壤环境因子与园林树木的关系，园林树种各可分为哪几大类？
2. 城市土壤环境有哪些特点？分析其对园林树木生长的影响。
3. 什么叫适地适树？适地适树的标准是什么？怎样才能达到适地适树？
4. 适地适树的途径有几条？分析说明各途径在园林生产的适应性。
5. 城市单体建筑东、西、南、北四方向各有什么特点？各适宜什么树种？
6. 城市气候的主要特点是什么？

第三章 园林苗圃的建立

【知识目标】

了解园林苗圃地选择的条件要求；了解园林苗圃区划的一般程序，并掌握苗圃生产用地区划的原则；熟悉园林苗圃营建施工内容及苗圃技术档案的主要内容。

【能力目标】

能进行苗圃地的选择，并对苗圃的生产用地进行合理区划；初步具备制订苗圃营建施工计划和建立苗圃生产技术档案的能力。

园林苗圃是城市绿化建设中的重要组成部分，是搞好城市园林绿化工作的重要条件之一。园林苗圃按经营年限的长短一般可分为固定苗圃和临时苗圃两种，以固定苗圃为主。固定苗圃的优点是经营时间长，面积较大，生产苗木种类多，能够集约经营，可充分利用投资和先进的生产技术，便于实行机械作业等。

第一节 园林苗圃用地的选择

园林苗圃用地的确定要着重考虑经营管理方便和自然条件与育苗树种相适应这两方面的因素。

一、园林苗圃的位置及经营条件

园林苗圃用地的选择必须依据城市绿化规划中对园林苗圃的布局。首先要选择在城市边缘或近郊交通方便的地方，以保证苗圃能源电力的供应，以及苗木的出圃和物资的运输，可就地育苗，就地供应，减少运输，降低成本，还可提高成活率。同时还应注意尽量远离污染源。如能在靠近有关的科研单位、大专院校等地方建立苗圃，则有利于先进技术的普及和机械化的实现。

二、园林苗圃的自然条件

1. 地形

园林苗圃用地宜选择排水良好，地势平坦或坡度不超过1°~3°的缓坡地。坡度过大易造成水土流失，降低土壤肥力，不便于机耕与灌溉。南方多雨地区，为了排水，可选用3°~5°的坡地。一些城市处于丘陵地区，受条件限制，园林苗圃用地应尽量选择在山脚下光照条件较好的缓坡地上。如坡度较大，应修筑梯土。

2. 水源及地下水位

在培育过程中，苗木必须有充足的水分，水分是苗木的命脉。因此水源和地下水位是园林苗圃用地选择的重要条件之一。

园林苗圃用地应设在江、河、湖、塘、水库等天然水源附近，以利于引水灌溉，这些天然水源水质好，有利于苗木的生长。若无天然水源，或水源不足，则应选择地下水源充足、可以打井提水灌溉的地方。北方苗圃多是打井提水灌溉，但必须设蓄水池蓄水增加水温后再灌溉，且井水水质要求为淡水，水中盐分含量不应超过0.1%，最高不得超过0.15%。易被水淹和冲击的地方不宜选作园林苗圃用地。

园林苗圃用地地下水位的高低也应注意，地下水位过高，土壤的通透性差，根系生长不良，地上部分易发生徒长现象，而且秋季停止生长迟也易受冻害。当蒸发量大于降水量时，水分会将土壤中盐分带至地面，造成土壤盐渍化，在多雨时又易造成涝灾。地下水位过低，土壤易于干旱，必须增加灌溉次数及灌水量，这提高了育苗成本。一般情况下，最合适的地下水位为砂土1~1.5m、砂壤土2.5m左右、黏性土壤4m左右。

3. 土壤

土壤是苗木生长的基础，为苗木的生长提供水、肥、气、热，直接影响苗木的生长。园林苗圃用地的选择必须认真考虑土壤条件，包括土壤水分、土壤肥力、土壤质地、土壤酸碱度等。尤其是土壤的质地及酸碱度不容易改良，因此，在选择园林苗圃用地时要特别重视。

（1）土壤质地　苗木土壤一般应选择具有一定肥力的沙质壤土、或轻黏质壤土。这些土壤结构疏松，透水透气性能好，苗木根系生长阻力小，种子容易出土，耕作阻力小，起苗较省力。过分黏重的土壤的通气性和排水能力都不良，有碍根系的生长，雨后泥泞，土壤易板结，过于干旱易龟裂，不仅耕作困难，而且冬季苗木冻拔现象严重；过于沙质的土壤疏松，肥力低，保水能力差，夏季表土高温易灼伤幼苗，移植时土球易松散。

（2）土壤酸碱度　土壤酸碱度对苗木生长的影响往往是间接的，它通过影响土壤中有机酸和矿物元素的分解和利用来影响苗木的生长。土壤过酸，当pH<4.5时，土壤中树木生长所需的氮、磷、钾等营养元素的有效性下降，铁、镁的溶解度增加，危害苗木生长的铝离子的活性增强，这些都不利于苗木生长。土壤过碱，当pH>8时，磷、铁、铜、锰、锌、硼等元素的有效性显著下降，苗木发病率增高。土壤的酸碱性通常以中性、微酸性或微碱性为好。一般针叶树种要求pH值为5.0~6.5；阔叶树种要求pH值为6.0~8.0。过高的酸性和碱性都能抑制土壤中有益微生物的活动，影响氮、磷、钾和其他营养元素的转化和供应。重盐碱地及过分酸性土壤也不宜选作园林苗圃用地。

此外，还应注意土层的厚度、结构和肥力等情况。有团粒结构的土壤的通气性好，有利于土壤微生物的活动和有机质的分解，土壤肥力高，有利于苗木生长。土壤结构可通过农业技术加以改造，故不作为园林苗圃选地的基本条件，但在制定园林苗圃技术规范时应注意这个问题。

4. 病虫害

在选择苗圃时，一般都应做专门的病虫害调查，了解当地病虫害情况和感染的程度。病虫害过分严重的土地和附近大树病虫害感染严重的地方不宜选作园林苗圃用地。对金龟子、象鼻虫、蝼蛄及立枯病等主要苗木病虫尤须注意。

第二节　园林苗圃的区划

一、园林苗圃区划前的准备工作

1. 踏勘

由设计人员会同施工和经营人员到已确定的圃地范围内进行实地踏勘和调查访问工作，大概了解圃地的现状、历史、地势、土壤、植被、水源、交通、病虫害以及周围的环境、自然村的情况等并提出改造各项条件的初步意见。

2. 测绘地形图

平面地形图是进行园林苗圃规划设计的依据。比例尺为（1∶2000~1∶500）；等高距为20~50cm。与设计直接有关的山、丘、河、湖、井、道路、房屋、坟墓等地形、地物应尽量绘入。园林圃地的土壤分布和病虫害情况亦应标清。

3. 土壤调查

根据圃地的自然地形、地势及指示植物的分布，选定典型地区，分别挖取土壤剖面，观察和记载土层厚度、机械组成、酸碱度（pH 值）和地下水位等，必要时可分层采样进行分析，弄清圃地内土壤的种类、分布、肥力状况和土壤改良的途径，并在地形图上绘出土壤分布图，以便合理使用土地。

4. 病虫害调查

病虫害调查主要是调查圃地内的土壤地下害虫，如金龟子、地老虎、蝼蛄等。一般采用抽样方法，每公顷挖样方土坑 10 个，每个面积 $0.25m^2$，深 10cm，统计害虫数目。通过调查前茬作物和周围树木的情况，了解病虫感染程度，并提出防治措施。

5. 气象资料的收集

向当地气象台或气象站了解有关的气象资料，如生长期、早霜期、晚霜期、晚霜终止期、全年及各月平均气温、绝对最高和最低气温、表土层最高温度、冻土层深度、年降雨量及各月分布情况、最大一次降雨量及降雨历时数、空气相对湿度、主风方向等。此外，还应向当地农民了解圃地的特殊小气候等情况。

二、园林苗圃区划

在作好以上各项准备工作后，为了合理布局，充分利用土地，便于生产管理，应根据育苗任务、各类苗木的育苗特点、树种特性和苗圃地的自然条件进行苗圃地的区划，一般区划为生产用地和辅助用地两大部分。

(一) 生产用地区划

生产用地的区划，首先要保证各个生产小区的合理布局，每个生产小区的面积和形状应根据各小区的生产特点和苗圃地形来决定。一般大中型机械化程度高的苗圃的小区可呈长方形，长度可视使用的机械种类来确定，使用中小型机具的小区长为 200m，大型机具的为 500m。小型苗圃以手工和小型机具为主，小区长度以 50～100 m 为宜，宽度一般为长度的 1/2。

生产小区的方向应根据圃地的地形、地势、坡向、主风方向和圃地形状等因素来确定。坡度较大时，小区长边应与等高线平行。一般情况下，小区长边最好采用南北向，可使苗木受光均匀，有利于苗木的生长。

一般大中型苗圃的生产用地可区划为播种苗区、营养繁殖区、移植苗区、大苗区、采条母树区、引种驯化区、温室区和展览区等。

1. 展览区

展览区是苗圃中最有特色的生产小区，多设在办公室和温室附近。通过展览区内苗木的生产状况，有目的有重点地向参观者和客商展示本苗圃的生产经营水平和产品特色。因此，展览区所培育的苗木应是本苗圃的特色品种，或在当地较难培育的品种，或引种和自育成功的新品种。展览区内苗木的管理应特别精细，生长苗壮，无病虫害。区内还可以栽培一些花草，设置藤架，做到四季有花、色彩鲜艳，以吸引客商。

2. 播种苗区

播种苗区是培育播种苗的区域，是苗木繁殖任务的关键部分。播种苗幼苗阶段对不良环境的抵抗力弱，要求精细管理，因此应选择全圃自然条件和经营条件最有利的地段作为播种区，人力、物力、生产设施均应优先满足。具体要求为：地势较高且平坦，坡度小于 2℃；接近水源，灌溉方便；土质优良，深厚肥沃；背风向阳，便于防霜冻；靠近管理区。如是坡地，则应选择最好的坡向。

3. 营养繁殖区

营养繁殖区是培育扦插苗、压条苗、分株苗和嫁接苗的地段，与播种区要求基本相同。该区应设在土层深厚和地下水位较高，灌溉方便的地方，但不像播种区那样要求严格。嫁接苗区往往主要为砧木苗的播种区，宜土质良好，便于接后覆土，地下害虫要少，以免危害接穗而造成嫁接失败；扦插苗区则应着重考虑灌溉和遮荫条件；压条、分株育苗法采用较少，育苗量较小，可利用零星地块育苗。同时也应考虑树种的习性来安排营养繁殖区，如杨、柳类的营养繁殖区（主要是扦插区）可适当用较低洼的地方。而一些珍贵的或成活困难苗木的营养繁殖区则应靠近管理区，在便于设置温床、荫棚等特殊设备的地段进行，或在温室中进行育苗。

4. 移植苗区

移植苗区是培育各种移植苗的地段。园林苗圃常培育较大的苗木用于绿化，培育大苗必须进行移植。播种区、营养繁殖区中繁殖出来的苗木，需要进一步培养成较大的苗木，则应移入移植区中进行培育。同时依据苗木的规格要求和生长速度的不同，往往每隔2～3年还要再移几次，逐渐扩大株行距，增加营养面积。所以移植区占地面积较大。一般可设在土壤条件中等，地块大而整齐的地方。同时也要依苗木的不同习性进行合理安排。如杨、柳可设在低温的地区，松柏类等常绿树则应设在较高燥而土壤深厚的地方，以利于带土球出圃。

5. 大苗区

大苗区是培育体型、苗龄均较大，并经过整形的各类大苗的生产区。在本育苗区继续培育的苗木，通常在移植区内进行过一次或多次的移植，在大苗区培育的苗木出圃前不再进行移植，且培育年限较长。大苗区的特点是株行距大，占地面积大，培育的苗木大，规格高，根系发达，可以直接用于园林绿化。由于苗大，适应性强，大苗区一般选用土肥中等，但土层较厚，地下水位较低，而且地块整齐的地区段。为了出圃时运输方便，大苗区最好能设在靠近苗圃的主要干道或苗圃的外围运输方便处。

6. 采条母树区

在永久性苗圃中，为了获得优良的插条、接穗等繁殖材料，需设立采条母树区。本区占地面积小，可利用零散地块，但要求土壤深厚、肥沃且地下水位较低。一些乡土树种可结合防护林带和沟边、渠旁、路边进行栽植。

7. 引种驯化区

引种驯化区用于引入新的树种和品种，进而推广，丰富园林树种种类，可单独设立实验区或引种区，亦可引种和实验相结合。引种区的特点是品种多，但每种数量少。该区一般设在苗圃中地形、土壤较复杂的地段，使引进的苗木尽可能在与各原产地条件相似的地方生长。同时，引种区应为不易受到外界人为因素破坏的地段。

8. 温室区

温室区是用来培育一些在当地不能露地越冬的花木类的区域，该类花木在温室内度过寒冷的季节。为了管理方便，温室区也常设在管理区附近。

（二）辅助用地的区划

苗圃的辅助用地（或称非生产用地）主要包括道路系统、排灌系统、积肥场、防护林系统、建筑管理区等，这些用地是直接为生产苗木服务的，要求既能满足生产的需要，又要设计合理，减少用地。

1. 道路系统

苗圃中的道路是连接各生产区与开展育苗工作有关的各类设施的动脉。道路设置以保证通向苗圃各处方便，同时，占地最少为原则。大中型苗圃一般设有主道、副道、小道和周界路。

（1）主道　主道是苗圃内部和对外运输的主要道路，多以办公室、管理处为中心，纵贯全圃，并与大门、仓库相连。大型苗圃主道通常宽为6～8m，中、小型苗圃为2～4m。

（2）副道　副道起辅助主道的作用，其通常在主道两侧与主道相垂直，或沿生产区的长边设置。一般宽度为1～4m。

（3）小道　小道便于作业和人员的通行，是在生产区内区划小区所设置的道路。一般宽为0.5～1m。

（4）周界路　在大型苗圃中，为了车辆、机具等机械回转方便，可依需要设置环路。周界路环绕苗圃用地周围边界。一般宽为6～10m。小型苗圃可不设周界路。

2. 排灌系统

（1）灌溉系统　苗圃必须有完善的灌溉系统，以保证水分对苗木的充分供应。灌溉系统包括水源、提水设备和灌溉网三部分。

① 水源。水源主要有地面水和地下水两类。地面水指河流、湖泊、池塘、水库等，以无污染又能自流灌溉的最为理想。一般地面水温度较高与耕作区土温相近，水质较好，且含有一定养分，有利于苗木的生长。地下水指泉水、深井水，其水温较低，需设蓄水池以提高水温。蓄水池应设在地势高的地方，以便自流灌溉；同时水井要均匀分布在苗圃各区，以便缩短引水和送水的距离。

② 提水设备。现在多使用的提水设备为抽水机（水泵）。可依苗圃育苗的需要，选用不同规格的抽水机。

③ 灌溉网。灌溉网可以是明渠（地面渠道），也可以是管道和暗渠。土筑明渠，流速较慢，蒸发量、渗透量较大，占地多，要经常维修，但修筑简便，投资少、建造容易。暗渠可减少水分渗漏和蒸发，节约用水，但施工工程和投资都较大，应用较少。生产中以明渠和管道应用较多。

a. 明渠灌溉网。明渠灌溉网分为三级包括主渠、支渠和毛渠。主渠是永久性的大渠道，由水源直接把水引出，一般主渠顶宽1.5～2.5m。支渠通常也为永久性的渠道，它将水由主渠引向各耕作区，一般支渠顶宽1～1.5m。毛渠是临时性的小水渠，一般宽度为0.4～1m。主渠和支渠是用来引水和送水的，水槽底应高出地面，毛渠则直接向圃地灌溉，其水槽底应平于地面或略低于地面，以免把泥沙冲入畦中，埋没幼苗。

灌溉的渠道还应有一定的坡降，以保证一定的水流速度，但坡度不宜过大，否则易出现冲刷现象。一般降比应在1/1000～4/1000，土质黏重的可大些，但不可超过7/1000，在地形变化较大，落差过大的地方应设跌水构筑物，通过排水沟或道路时可设渡槽或虹吸管。

为了提高流速，减少渗漏，如今灌溉渠道多在明渠的基础上加以改进，在水渠的沟底及两侧加设水泥板或做成水泥槽，有的使用瓦管、竹管、木槽等。

b. 管道灌溉。管道灌溉的主管和支管均埋入地下，其深度以不影响机械化耕作为度，开关设在地端，使用方便。

喷灌和滴灌均是使用管道进行灌溉的方法。喷灌是利用机械把水喷射到空中形成细小雾状以进行灌溉；滴灌是使水通过细小的滴头逐渐的渗入土壤中而进行的灌溉。这两种方法基本上不产生深层渗漏和地表径流，一般可省水20%～40%；少占耕地，提高土壤利用率；保持水土，且土壤不板结；可结合施肥、喷药、防治病虫等抚育措施，节省劳力；同时喷灌还可调节小气候，增加空气湿度，有利于苗木的生长和增产。但喷灌、滴灌均投资较大，喷灌还常受风的影响，应加注意。管道灌溉近年来在国内外均发展较快。

（2）排水系统　排水系统由大小不同的排水沟组成，排水沟分明沟和暗沟两种，目前采用明沟的较多。排水沟的宽度、深度和设置应以保证雨后能很快排除积水，而又少占土地为宜。排水沟的降比应大一些，一般为3/1000～6/1000。大排水沟应设在圃地最低处，直接通入河、湖或市区排水系统；中小排水沟通常设在路旁；小排水沟与小区步道相结合。在平地苗圃中，排水沟和灌溉渠往往各居道路一侧，形成沟、路、渠并列，这是比较合理的设置，既利于排灌又整齐。排水沟与路、渠相交处应设涵洞或桥梁。在苗圃的四周最好设置较深且宽的截水沟，以防外水入侵、排除内水和防止小动物及害虫侵入。一般大排水沟宽1m以上，深0.5～1m；生产小区的小排水沟沟宽0.3～1m，深0.3～0.6m。

3. 防护林系统

为了避免苗木遭受风沙危害应设置防护林带，以降低风速，减少地面蒸发及苗木蒸腾，创造良好的小气候条件和适宜的生态环境。一般小型苗圃应在与主风方向垂直设一条林带；中型苗圃应在四周设置林带；大型苗圃除设置周围环圃林带外，还应在圃内结合道路等设置与主风方向垂直的辅助林带。

林带的结构以乔、灌木混交半透风式为宜，既可减低风速又不因过分紧密而形成回流。一般主林带宽8～10m，株距1.0～1.5m，行距1.5～2.0m；辅助林带多为1～4行乔木即可。

林带的树种应尽量就地取材，选用适应性强、生长迅速、树冠高大的乡土树种；同时也要注意速生和慢长、常绿和落叶、乔木和灌木、寿命长和寿命短的树种的结合，亦可结合采种、采穗母树和有一定经济价值的树种如建材、筐材、蜜源、油料、绿肥等，以增加收益，便利生产。不要选用作为苗木病虫害中间寄主的树种和病虫害严重的树种；为了加强圃地的防护，防止人们穿行和畜类窜入，可在林带外围种植带刺的或萌芽力强的灌木，以期减少对苗木的危害。

为了节省用地和劳力，也可用塑料制成的防风网防风，其优点是占地少且耐用。

4. 建筑管理区

该区包括房屋建筑和圃内场院等部分。前者主要指办公室、宿舍、食堂、仓库、贮藏室、工具房等；后者包括劳动集散地、运动场以及晒场等。苗圃建筑管理区应设在交通方便，地势高燥，接近水源和电源的地方或不适宜育苗的地方。大型苗圃的建筑管理区最好设在苗圃中央，以便于苗圃经营管理。

5. 积肥场

积肥场是苗圃中不可缺少的部分，积肥场等应放在较隐蔽和便于运输的地方，位于当地主风方向的下风口，无碍观瞻并远离办公室和生活区，以减少污染。

辅助用地面积一般不超过总面积的20%～25%，但实际上很多苗圃的辅助用地面积都在30%～45%。

第三节　园林苗圃施工的主要内容

园林苗圃施工的内容是指开建苗圃的一些基本建设工作，其主要项目包括各类房屋的建筑和路、沟、渠的修筑，防护林的种植，土地的平整及土壤改良等。

一、圃路施工

圃路施工前先在设计图上选择两个明显的地物或两个已知点，定出主干道的实际位置，再以主干道的中心线为基线，进行园路系统的定点放线工作，然后方可进行修建。圃路的种类很多，有土路、石子路、柏油路、水泥路等。大型苗圃中的高级主路可请建筑部门或道路修建单位负责建造，一般在苗圃中施工的道路主要为土路、施工时由路两侧取土填于路中，形成中间高两侧低的抛物线形路面，路面应夯实，两侧取土处应修成整齐的排水沟。

二、修筑灌溉渠道

灌溉系统中的提水设施即泵房的建造和水泵的安装工作，应在引水灌溉渠修筑前请有关单位协助建造。圃地工程中主要是修建引水渠道，修筑引水渠道时最重要的是渠道纵坡（落差均匀），其应符合设计要求，为此需用水准仪精确测定，并打桩标清。如是修筑明渠则再按设计的渠顶宽度、高度及渠底宽度和边坡的要求进行填土，分层夯实，筑成土堤，当达到设计高度时，再在堤顶开渠、夯实即成。在渗水力强的沙质土地区，水渠的底部和两侧要用黏土或三合土加固。修筑暗渠应按一定的坡度、坡向和深度的要求进行埋设。

三、挖掘排水沟

挖掘排水沟时一般先挖掘向外排水的总排水沟。中排水沟与道路的边沟相结合，在修路时即可挖掘修成。小区内的小排水沟可结合整地进行挖掘，亦可用略低于地面的步道来代替。要注意排水沟的坡降和边坡都要符合设计要求（6/1000～8/1000）。为防止边坡下榻，堵塞排水沟，在排水沟挖好后，可种植一些簸箕柳、紫穗槐、柽柳等护坡树种。

四、营建防护林

一般在路、沟、渠施工后立即营建防护林，以保证其在开圃后尽早起到防风的作用。根据树种的习性和环境条件，可用植苗、埋干或插条、埋根等栽培方法，但最好使用大苗栽植，能尽早起到防风的作用。栽植的株距和行距应按设计规定进行，同时应成"品"字形交错栽植，栽后要注意及时灌水，并须经常养护以保证其成活。

五、平整土地

苗圃用地坡度不大者可在路、沟、渠修成后结合翻耕进行土地平整，或待开圃后结合耕作播种和苗木出圃等环节，逐年进行土地平整，这样可节省开圃时的施工投资，且使原有土壤表层不被破坏，有利于苗木生长；坡度过大必须修梯田，这是山地苗圃的主要工作项目，且应提早施工。总坡度不太大，但局部不平者，宜挖高填低，深坑填平后，应灌水使土壤落实后再进行平整。

六、改良土壤

圃地中如有砂土、重黏土或城市建筑废墟地等，土壤不适合苗木生长时，应在苗圃建立时进行土壤改良工作，对砂土，最好用掺入黏土和多施有机肥料的办法进行改良，并适当增设防护林带；对重黏土则应用混砂、深耕、多施有机肥料、种植绿肥和开沟排水等措施加以改良。对城市建筑废墟或城市撂荒地的改良则应以除去耕作层中的砖、石、木片、石灰等建筑废弃物为主，清除后进行平整、翻耕、施肥，即可进行育苗。

第四节 园林苗圃技术档案

一、园林苗圃技术档案的概念

技术档案是人们从事生产实践活动和科学研究的真实历史记录和经验总结。园林苗圃技术档案是园林生产档案的一个重要组成部分，应当经常记录、整理、统计分析和总结园林苗圃的土地、劳力、机具、物料、药料、肥料和种子等的利用情况，各项育苗技术措施的应用情况，各种苗木的生长状况以及园林苗圃其他一切经营活动等，这为了解园林苗圃的生产概况，制订生产计划，进一步总结生产经验，改进生产技术措施提供依据。

二、园林苗圃技术档案的主要内容

1. 圃地的利用档案

圃地的利用档案可以用表格的形式把各作业区面积，土质，苗木种类，育苗方式和方法，整地方法，施肥和施用除草剂的种类、数量、次数和时间，病虫害的种类和危害程度，苗木的产量和质量等进行逐年记载，并每年绘出一张苗圃土地利用情况平面图，一并归档备用。

2. 育苗技术措施档案

把每年苗圃所育的各种苗木，在整个培育过程中所采取的一系列技术措施，分种类填表登记，以便分析总结育苗经验，提高育苗技术。

3. 苗木生长调查档案

观察苗木生长状况，用表格形式，记载各种苗木的生长过程，以便掌握其生长周期，以及自然条件和人为因素对苗木生长的影响，适时调整栽培措施，提高苗木的产量和质量。

4. 气象观测档案

气象观测档案主要记载气象的变化，以分析气象与苗木生长和病虫害发生发展之间的关系，并确定适宜的措施及实施的时间，利用有利的气象条件，防止自然灾害，确保苗木的优质高产。一般情况下，气象资料可从附近气象站抄录，必要时可自选观测，按气象记载的统一表格填写。

5. 作业日记

作业日记主要记录苗圃中工作人员每日的工作，以便于检查总结。根据作业日记，可以统计各种树苗种类的用工量和物料使用情况，以便核算成本，制定合理的定额。

三、建立园林苗圃技术档案的要求

为了促进育苗技术的发展和园林苗圃经营管理水平的提高，充分发挥园林苗圃技术档案的作用，建立园林苗圃档案必须做到：认真落实，长期坚持，不能间断，以保持技术档案的连续性和完整性；设专职或由负责安排生产的技术人员兼管，把档案的管理和使用结合起来；观察、记载要认真负责、及时准确，要求做到边观察边记载，力求文字简练，字迹清晰；一个生产周期结束后，对记载材料要及时汇集整理、分析总结，从中找出规律性的东西，及时提供准确、可靠的科学数据和经验总结，指导今后苗圃生产和科学试验；按照材料形成的时间和先后顺序或重要程度，连同总结分类装订，登记造册，进行长期妥善保管；管理档案人员要尽量保持稳定，工作调动时，要及时另配人员，做好交接工作。

复习思考题

1. 园林苗圃用地选择有哪些条件要求？
2. 园林苗圃区划前有哪些准备工作？
3. 大、中型苗圃生产用地一般应区划为哪些区？各有什么条件要求？
4. 园林苗圃施工的主要内容有哪些？
5. 建立苗圃生产技术档案有什么重要意义？园林苗圃技术档案主要有哪些内容？

第四章　园林树木的苗木繁殖与培育

【知识目标】
　　了解园林树苗实生繁殖和营养繁殖的概念及优缺点；了解园林树苗的常规繁殖方法及其优缺点；掌握扦插繁殖、嫁接繁殖的基本原理及影响因素；掌握常用的扦插、嫁接、压条方法；掌握播种苗、扦插苗、嫁接苗培育生产程序及技术要求。

【能力目标】
　　掌握实生苗和营养繁殖苗培育的基本技能，能熟练地进行播种、扦插、嫁接及压条等基本操作；初步具备园林树木的播种、扦插、嫁接、压条等苗木繁殖及培育的生产技能。

　　园林树木的苗木繁殖方法可归纳为实生繁殖和营养繁殖两大类。实生繁殖即种子繁殖，是有性繁殖方法。营养繁殖方法种类较多，如扦插繁殖、压条繁殖、嫁接繁殖、分株繁殖以及组织培养等，营养繁殖属于无性繁殖。在园林苗圃生产中，园林树苗最常规的繁殖育苗方法是种子繁殖、扦插繁殖及嫁接繁殖育苗。本章将重点介绍这几种。

第一节　园林树苗的实生繁殖与培育

　　园林树苗的实生繁殖又叫做种子繁殖，是通过有性生殖获得种子，再用种子繁育新个体的繁殖方法。实生繁殖所得苗木即为实生苗又称播种苗。园林树木的实生苗是园林树木的重要苗木种类，其苗木生产直接受种子的采集处理、种子的贮藏、播种前的种子土壤准备、播种、播种后苗木的管理等各环节的影响，各环节进行的好坏直接影响着播种苗的产量和质量。

一、种实的采集

（一）采种母树的选择

　　园林树木可以利用林业生产上已经建成的母树林和种子园作为采种基地。同时，园林生产中所需要的实生苗常常是种类多，而每种的数量却较少，需种量少。针对这一特点，每年需种量不大的树种可选择处于壮龄期的优良单株作为采种母树。这些单株应备以下条件。

1. 生长发育条件

　　采种要选择生长优良、发育健壮、树形丰满、无病虫危害、同时具有园林功能所要求的优良性状的母树。母树应生长在立地条件好，无污染、光照充足的环境中。应避免选择孤立木。

2. 母树年龄

　　母树年龄与种子产量和质量有密切关系。壮年母树种子的产量高、质量好。选采种母树时，生长快的针叶树种以 15～30 年生以上的母树为好；生长慢的以 30～40 年生以上的为宜；生长快的阔叶树种如杨、柳等一般以 10 年生以上为宜；生长慢的如栎类、樟树等以 20～30 年生以上为宜，不宜选用老年母树。园林生产常用的采种母树年龄见表 4-1。

表 4-1 主要造林树种采种母树的年龄

树种	年龄/年	树种	年龄/年	树种	年龄/年
银杏	40~100	侧柏	20~60	白榆	10~50
冷杉	80~100	火力楠	25~60	桑树	10~40
樟子松	30~80	樟树	20~50	乌桕	10~50
油松	20~50	相思树	15~40	桉树	10~30
杉木	15~40	刺槐	10~25	五角槭(色木槭)	25~40
柳杉	15~40	喜树	15~30	白蜡	20~35
池杉	>15	杨树	10~25	水曲柳	20~60
柏木	20~60	木麻黄	10~25(10~12 最佳)		

（二）采种时期的确定

1. 种子的成熟

种子的成熟包括生理成熟和形态成熟两个过程。

（1）生理成熟 当种子的营养物质贮藏到一定程度，种胚形成，种子具有发芽潜能时，称为种子的"生理成熟"。

生理成熟的种子含水量高，营养物质处于易溶状态，种皮不致密，尚未完全具备保护种仁的特性，不易防止水分的散失。此时采集的种实不利于贮藏，很快就会失去发芽力；同时对外界不良环境的抵抗力很差。因而种子的采集多不在此时进行。但对一些深休眠即休眠期很长且不易打破休眠的树种，如椴树、水曲柳等，可采用生理成熟的种子，采后立即播种，这样可以缩短休眠期，提高发芽率。达生理成熟的种子没有明显的外部形态标记。

（2）形态成熟 种子完成了种胚的发育过程，结束了营养物质的积累，其含水量降低，营养物质由易溶状态转化为难溶的脂肪、蛋白质和淀粉，种子本身的重量几乎不再增加，呼吸作用微弱，种皮致密、坚实、抗害力强，种子进入休眠状态后耐贮藏，此时种子的外部形态完全呈现出成熟的特征，称之为"形态成熟"。生产上，多以形态成熟作为园林树木种子成熟的标记，以此来确定采种时间。

大多数树种生理成熟在先，隔一定时间才能达到形态成熟。也有一些树种，其生理成熟与形态成熟的时间几乎是一致的，如旱柳、白榆、台湾相思、银合欢等。还有少数树种的生理成熟在形态成熟之后，如银杏，在种子达到形态成熟时，假种皮呈黄色变软，由树上脱落，但此时种胚很小，还未发育完全，只有在采收后再经过一段时间，种胚才发育完全，具有正常的发芽能力，这种现象称为"生理后熟"。因此，有生理后熟特征的种子在采收后不能立即播种，必须经过适当条件的贮藏，采用一定的保护措施，才能正常发芽。

2. 采种时期

种子进入形态成熟期后，种实逐渐脱落。了解树种种子的成熟情况，有利于正确确定采种时期，适时采种，以确保种子的产量和质量。具体采种期与种子的脱落方式相关，不同树种种子脱落方式也不同，有些树种整个果实脱落，如浆果、核果类及壳斗科的坚果类等。有的则果鳞或果皮开裂，种子散落，而果实并不一同脱落，如松柏类的球果和豆科的荚果等。因此，采种期要因种而异，一般有以下几种情况。

① 形态成熟后，果实开裂快的，一经开裂无法收集种子，应在形态完全成熟前进行采种，如杨、柳、榆、桦、木麻黄等。

② 形态成熟后，果实虽不马上开裂，但种粒小，一经脱落则不易采集的，这类种子也应在脱落前采集，如杉木、湿地松、桉树等。

③ 形态成熟后挂在树上长期不开裂，或不会散落者，可以延迟采种期，如槐、刺槐、合欢、悬铃木等，这一类中如女贞、樟、石楠等长期挂在树上易遭鸟害，应尽早采摘。

④ 成熟后脱落的大粒种子可在脱落后立即由地面上收集，如银杏的种实。

（三）采种方法

采种工具以手工和简易工具为主，如高枝剪、球果耙、采种镰、采种网、采种兜、双绳软梯、单绳软梯、单梯、绳套、踏棒等。

根据种粒大小、种子熟后脱落特点和时间的不同，采种方法可分为树上采种、地面收集和水上收集。

1. 树上采种

树上采种又称立木上采种。此方法又可分为人工采种和机械化采种。

（1）人工采种　需种量较少的树木的采种一般采用人工采种的方法。

① 比较矮小的母树可直接利用各种采种工具进行采种。例如用高枝剪、采种镰、球果耙、采种兜等工具采摘。

② 高大的母树需要上树采种。有些树种的种子经过振动敲击容易脱落，也可以在地上或树上敲打果枝，使种子、果实脱落。比较简单而且轻便的上树工具有双绳软梯、单绳软梯、单梯、绳套、踏棒等。还可用采种网，把网挂在树冠外部，把果实摇落在采种网中收集。

（2）机械化采种　在交通方便、地势平坦，能通行汽车的采种母树林或种子园，可采用装在汽车上能自动升降的折叠梯来采种，也可用振动式采种器采收球果。机器每小时的生产量相当于熟练工人上树采种7天的生产量。

2. 地面收集

大粒种子如七叶树、栎类、银杏等都可以从地面收集。地面收集要在种子脱落前进行，先将地面杂草和死地被物加以清除，以便收集落下的种实。

3. 水面收集

生长在水边的树木，果实脱落后漂于水面，可在水面收集，如赤杨等。

二、种实的调制

（一）种实调制的目的及内容

园林树木的果实类型多种多样，因此种实的调制方法也不同。有的园林树种要从果实中取出种子进行播种；有的果实果皮肉质化，采收后若不及时去掉肉质的果皮，果实容易腐烂变质，因此得及时对果实进行处理以得到播种用的种子或种核；也有的树种可直接用采取的果实播种，不需脱粒，但要进行纯净。大多数树木的种实要进行干燥才能贮藏，以较好地保持种子的生命力。种实调制的目的就是为了获得纯净的、适宜播种或贮藏的优良种子。

种实调制的内容包括脱粒、净种、干燥、去翅、分级等。种实采集后应尽快调制，以免发热、发霉而降低种子品质。调制树木种实的方法因种实类型的不同而不同，种实处理的方法必须恰当，方可保证种实的品质。

（二）取种方法

不同果实类从果实中取出种子的方法大不相同，根据果实的特点可将园林树木的果实分为三类，即球果类、干果类和肉质果类，以下按不同果类介绍取种方法。

1. 球果类的调制

球果类果实调制的关键是要从球果中取出种子。球果类的脱粒工作首要经过干燥，使球果的鳞片失水后反曲开裂，种子即可脱出。生产上常用自然干燥法和人工加热干燥法使球果开裂脱出种子。

一些球果如油松、落叶松、杉木、柳杉、侧柏等的球果鳞片容易开裂，在太阳下曝晒

3~10天，种鳞即开裂，种子自然脱出。

一些球果如红松、华山松等的种鳞开裂困难，在曝晒后，可用木棍敲打球果，使之破碎，然后过筛、水选，即可得到种子。

一些球果如冷杉、金钱松等，若曝晒则种鳞易分泌大量油脂，影响球果开裂。这类球果应摊开阴干且要注意翻动，几天后种子即可脱出。

另有一些球果用一般方法摊晒，因种鳞含松脂高而难开裂。用自然干燥法脱粒时，一般把球果放在阴湿处进行堆沤或特殊处理，然后经晾晒，最终脱出种子。如马尾松球果的脱粒，可将球果堆成高60~100cm，用40℃左右的温水（凉水也可）或草木灰水或石灰水淋浇，如果湿度不够再浇水，经过10~15天球果变成黑褐色，并有部分鳞片开裂时，再摊晒于阳光下，以促进鳞片开裂，并要常翻动，约经7~10天，鳞片开裂，种子即脱出。

由于常受天气变化影响，自然干燥的速度缓慢，生产效率很低，不能满足取种的需要。有些球果的种鳞厚，自然干燥困难，可以采用人工干燥方法如干燥室干燥或减压干燥等方法进行干燥。

人工干燥球果的温度应特别注意，提高干燥室的温度会使球果水分加速蒸发，缩短干燥时间，但温度太高又会伤害种子，降低种子质量。应用加热干燥时，必须严格控制温度。几种球果的干燥温度见表4-2。

表4-2 球果的干燥温度

树 种	温 度/℃	树 种	温 度/℃
日本柳杉	36~40	湿地松	45~49
落叶松	40	美国白松	49~54
加勒比松	40（最高不超过50）	欧洲桦	50~54.4
云杉	45	樟子松、马尾松	55
杉木	50以下	火炬松	平均41~49

2. 干果类的调制

干果又分为裂果和闭果，其调制主要是使果实干燥。裂果需使果皮开裂以清除果皮、取出种子，无论裂果还是闭果，在调制中都得清除各种碎枝、残枝、泥石等混杂物，以便得到比较纯净的种实。干果种类甚多，其中有的含水率低，有的含水率高，其调制方法也有所不同，前者可直接置于太阳下晒干，后者一般用阴干法干燥。另外，有的干果晒后能自行开裂，而有的则需在干燥的基础上进行人工加工调制。根据果皮干后开裂与否其调制又有不同。以下分闭果、裂果分别介绍。

(1) 闭果类 这类果实如翅果、颖果、瘦果、坚果等，果皮不开裂，种实调制时，无需从果实中取出种子，直接用果实播种。调制时主要是进行净种和干燥。一般采用自然干燥方法，但根据种子的特点可选用晒干或阴凉处晾干方法。多数翅果可以摊晒，但桦木、杜仲、榆等种子宜用阴干法，不能晒。含水较高的板栗、栎类等坚果只能用阴干法，采种后立即用水选或手选，以除去虫蛀粒，然后摊于通风处阴干，摊铺厚度为15~20cm，经常翻动，直至达到所需的含水量。

(2) 裂果类 多数裂果很容易开裂。根据种子含水量的高低，选择晒干方法或阴凉处晾干的方法，果实即可开裂，或经人工轻轻敲打即可开裂，脱出种子。如丁香、木槿、紫薇等蒴果，紫荆、紫藤、刺槐、皂荚、合欢、相思树、锦鸡儿等荚果，绣线菊、珍珠梅等蓇葖果都可采用阳干法获得种子。一些含水量较高的种子，如油茶、油桐等蒴果，玉兰、牡丹、八角等蓇葖果，只能阴干。还有杨、柳等种子细小，又带絮状绒毛，易飞散，一般多用阴干脱粒，当蒴果开裂约2/3时，可将其装入袋中用枝条抽打，待种子脱落后再收集。

3. 肉质果类的调制

肉质果类包括浆果、核果、聚花果以及浆果状的球果类等，如樟树、桑树、檫木、川楝、核桃、山楂、小檗、海棠、杜梨、银杏、紫杉和圆柏等肉质果。肉质果的果肉多系肉质，因含有较多的果胶、糖类和水分，所以易发酵腐烂。采回的果实必须及时调制，取出种子。如果实出现发酵腐烂现象则会严重影响种子质量。

采收时，肉质果类往往尚未充分成熟，其果肉很硬，种子难以取出。生产上常用堆沤或水浸的方法使果肉腐烂发酵，待肉果软熟后，再行搓擦和淘洗，取出洁净种子晾干。在堆沤时，要防止温度过高而降低种子的发芽率。果肉松软的种子如樱桃、枸杞等可用木棒将果实捣烂，再加水搅拌，捞出沉入缸底的种子晾干。

种粒小而果肉厚的果实，如海棠、山楂等，可将果实平摊在地面碾压（不宜摊得太薄，以防种子受伤），随压随翻，使果肉破碎，再放入水池中淘洗。

核果和浆果等也可利用取核机或擦果器进行调制。用于食品加工的肉质果一般可从果品加工中取得种子。但湿种子一般在45℃以上的温度条件下易丧失发芽力。因此只有用冷处理法取出的种子才能用作播种育苗。

从肉质果中取出的种子，因含水率高，不要曝晒，可用于播种；如不能随即播种则应立即放在通风良好的室内或阴棚下阴干，当干燥达到安全含水率时，即可贮存或外运。

（三）净种及种粒分级

1. 净种的方法

净种即去掉混杂在种子中的夹杂物，如鳞片、果皮、果柄、枝叶碎片、空粒、土块、废种、异类种子等。净种工作愈细致，种子净度愈高，等级愈高，更利于贮藏。

净种的方法有风选、水选和筛选。

（1）风选　风选是用自然或人工风力，扬去和种子重量不同的夹杂物。风选还能对种子进行大致分级。风选常用于中粒种子，也可用风车。小粒种子还可用簸箕进行风选。

（2）水选　水选是利用种子和夹杂物的相对密度不同，将种子浸入水中或其他溶液中如盐水，种子下沉，空粒和较轻的夹杂物浮在水面，以剔除水面杂物，得纯净种子。水选种子浸水时间不宜过长，水选后的种子宜阴干。如海棠、樱桃、杜梨等常用水选方法净种。

（3）筛选　筛选是利用种子和夹杂物的大小不同，用不同孔径的筛子，清除大于或小于种子的夹杂物，以得到纯净种子。

2. 种粒分级

种粒分级是把某一树种的一批种子按种粒大小加以分类。种粒的大小在一定程度上能反映种子质量的优劣。种子分级只对同一批种子有意义，一般认为，同一批种子，种子越大，种子质量越好，播种后出苗率越高，幼苗生长越粗壮。

三、种子的贮藏

园林树木种子经过调制处理后，除可随采随播的树种外，大部分树木的种子从采收到播种需间隔一段时间，要适当地贮藏。贮藏期间要创造适宜的温、湿度条件，抑制种子的呼吸及代谢过程，但不可损伤胚，最大限度地保持种子的生命力，延长其寿命。

（一）种子贮藏中的生命活动及种子寿命

1. 贮藏种子的生命活动

种子成熟后，在尚未脱离母体之前即转入休眠状态，休眠状态一直延续到其获得萌发条件为止。贮藏种子虽然处于休眠状态，但亦进行着极其缓慢的新陈代谢活动，首要的是微弱的呼吸作用。休眠种子进行呼吸作用就要消耗贮藏的营养物质，同时种子内部的化学成分也相应地发生变化。呼吸作用进行得越强，贮藏物质消耗得越多，从而引起种子重量的减轻，影响其生命力的保存。人为控制种子的呼吸作用，使种子的新陈代谢活动处于最微弱的状态，最大限度地保持种子的生命力是种子贮藏的关键任务。因此，种子贮藏期间，要依不同园林树种、品种子的不同要求，给予最适宜的环境条件，使种子的新陈代谢处于最微弱的状态，既控制其生命活动而又不使其停止生命活动，并设法消除导致种子变质的一切因素，以最大限度地保持种子的生命力。

2. 种子寿命

种子寿命指种子保持生命力的时间，这是一个相对概念。种子的寿命随树种不同而不同，根据种子寿命的长短可将种子分为长命种子、中命种子和短命种子。

（1）短命种子　只能保存几天、几个月至1～2年的种子为短命种子，如杨、柳、榆等夏熟的种子，种粒小，种皮薄，寿命很短，一般随采随播。另有栎类、银杏等高含水率的种子，寿命较短，能保存几个月，一般需湿藏保存。

（2）中命种子　中寿命种子的保存期为3～10年，大多数含脂肪、蛋白质多，如松、柏、云杉等的种子，一般条件下可保持生活力3～5年或更长。

（3）长命种子　长命种子能保存10年以上，主要是豆科种子，如合欢、刺槐、凤凰木、台湾相思等，其种皮致密，含水量低，用普通干藏法能保持生命力10年以上。据文献记载，在博物馆中存放155年的银合欢种子还具有发芽能力。

（二）影响种子生命力的内在因素

1. 遗传因素

遗传因素包括种子的内含物质，种皮的构造特点等，这些都直接影响着种子的寿命，即影响种子的生命力。不同树种的种子，遗传因素不同，种子寿命长短也不同。

2. 种子含水率

贮藏期间，种子含水率的高低直接影响着种子的呼吸强度和性质，因而影响种子的寿命。例如杨树种子含水率为10%以上时，会很快失去发芽力，含水率为8%的种子可贮藏10个月。由此可见，种子含水率对种子生命力的影响是很大的。种子含水率低时，新陈代谢和呼吸作用极其微弱，酶活性降低，种子对不良环境条件的抵抗力强，有利于种子的贮藏和保持种子生命力。种子含水率高时，呼吸强度增强，代谢旺盛，释放能量、水汽多，使贮藏种子自潮、自热、发霉、腐烂，丧失生命力。一般种子的含水率在4%～14%，含水率每降低1%，种子寿命可延长一倍，但也不是贮藏种子的含水率越低越好，过分干燥或脱水过急会降低某些种子的生命力。如钻天杨种子含水率在8.47%时可保存50天，而含水量降低到5.5%时只能保持35天。

种子安全含水率（量）是种子贮藏期间维持生命活动所需的最低限度的含水百分率。低含水率类型种子的安全含水率大多数在3%～14%，其中针叶树种种子的安全含水率多在5%～10%，有少数种子超过该范围；阔叶树种子的安全含水率多在5%～14%。虽然有些种子如杨树和榆树种子通过干燥可以使其含水率达到3%～4%，贮藏效果也很好。但为了延长种子的寿命，种子含水量保持在安全含水率状态时最为适宜。

安全含水率在20%以上的种子可视为高含水率类型种子，该类型种子的安全含水率多在20%～50%。如麻栎和栓皮栎等种子的安全含水率为40%～50%，若低于30%，其发芽率会显著下降，而且子叶会变硬，呈现黑色。水青冈种子的含水率为20%～25%。现列举部分种子的安全含水率供参考，见表4-3。

表 4-3 部分种子的安全含水率

树　种	种子安全含水率/%	树　种	种子安全含水率/%
赤松、黑松	5～7	楝树、柚木、黄檗	<10
柳杉	5～7	柏木、光叶榉	10～12
杉木、油松	<8	水曲柳、花曲柳、白蜡树	<11
云杉	6～8	侧柏、圆柏	<10
红松	7～9	喜树、紫椴、皂荚、木荷	<12
榆树	3～7	大叶桉、窿缘桉	<6
杨树	5～6	樟树、楠木	20
落叶松、马尾松、樟子松	<10	水青冈	20～25
桑树	3～5	栎类	40～50
桦树	6～8		

3. 种子的成熟和损伤状况

未充分成熟的种子的含水率较高,呼吸作用强,贮藏物质呈易溶状态,容易感染病菌而发霉腐烂,致使种子丧失生命力。

种子受机械损伤和冻伤后,种皮不完整,空气能自由进入种子,从而促进其呼吸作用。同时微生物也在种子破伤处侵入,损害种子,致使种子丧失生命力。

已萌动的和经过浸种的种子的酶的活动加强,呼吸强度增加,不宜再继续贮藏。

(三) 影响种子生命力的环境条件

1. 温度

温度是影响种子寿命的主要环境条件之一。种子的生命活动是在一定的温度条件下进行的。在一定温度范围内(0～55℃),种子的呼吸强度随温度的升高而增强(图4-1),酶的活性也增强,这都加速了贮藏物质的消耗,从而缩短了种子的寿命。如果温度继续上升,达60℃时,蛋白质开始凝固变性,种子就会死亡。研究证明,一般温度在0～55℃,温度每降低5℃,种子寿命可增加一倍。由此可知,相对较低的温度有利于种子的贮藏。

温度对种子的影响与种子含水率密切相关,如图4-1。在相同的温度条件下,不同含水率种子的呼吸强度大不相同。含水率低的种子受温度影响较小,含水率高的种子受温度的影响较大。特别是0℃以下的低温对含水率高的种子的影响很大,如果在0℃以下或更低的温度环境中贮藏种子,含水率高的种子内部的自由水会结冰,会使种子受机械作用及生理失水而死亡。

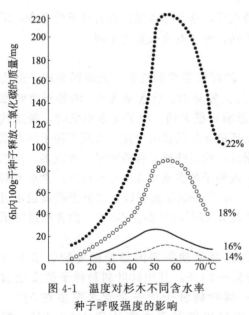

图 4-1 温度对杉木不同含水率种子呼吸强度的影响

然而低含水率的种子,例如松树、刺槐、白蜡、桑等种子能耐低温。例如,日本柳杉种子密封贮藏在-20℃的环境中,经过6年其发芽率从81%降到61%。杨树种子密封干藏在-15℃的环境中,经过7年其发芽率从90%降到81%。

实践证明,大多数园林树木种子贮藏的适宜温度是0～5℃,在这种温度条件下,种子的生命活动很微弱,同时不会发生冻害,有利于种子生命力的保存。在室温条件中虽然也能贮藏种子,但是,由于温度高,会加速种子失去生命力的速度。温度如果经常发生剧烈变化，也会使种子降低或失去发芽力。

近年来，科学家致力于研究种子的超低温贮藏技术，即在降低种子含水量的同时，降低贮藏温度，可以延长种子的贮藏时间。例如，日本柳杉种子密封贮藏在−20℃的环境中，经过 6 年其发芽率仍有 61％。杨树种子密封干藏在−15℃的环境中经过 7 年其发芽率仍有 81％。

2. 空气相对湿度

种子具有很强的吸湿性能，因而空气相对湿度的高低能改变种子的含水率，对种子的寿命产生极大的影响。空气相对湿度大，种子含水率增加，空气相对湿度降低，种子含水量降低。种子含水率与空气相对湿度保持平衡，此时种子的含水率称为平衡含水量。

由于种子随着空气相对湿度的变化而改变其含水率，安全含水率低的种子应贮藏在干燥的环境中，安全含水率高的种子应贮藏在湿润的环境中。

3. 通气条件

种子贮藏库通气与否对种子寿命的影响与种子含水率和温度有关。

高含水率的种子在贮藏期间还进行着较强的呼吸作用，如通气不良，种子呼吸作用放出的二氧化碳、水汽和热量积累在种子周围，促使种子堆自潮、自热，加强了种子的呼吸，不利于保存种子的生命力，甚至会形成无氧呼吸，产生大量乙醇毒害种子，使种子丧失生命力。所以，种子库应有通气设施，湿藏种子必须有通气设备。而含水率低的种子的生命活动十分微弱，在低温无通气的条件下，其也能较长期地保存寿命，温度高时则必须通气。

4. 生物因素

在贮藏期间，微生物、昆虫及鼠类等直接危害种子，使种子的生命力下降，寿命缩短。其中以微生物的危害最严重，微生物的大量繁殖会使种子变质、霉坏、丧失发芽力。生产上通过提高种子纯度，降低种子的含水量和控制环境的温度、湿度、通气条件，可以有效地控制微生物和昆虫的活动及繁殖。

（四）贮藏方法

根据种子含水的高低常将种子进行干藏和湿藏。

1. 干藏法

干藏法是将经过适当干燥的种子贮藏于干燥的环境中。该方法适于安全含水率低的种子。常用的方法有两种。

（1）普通干藏法　普通干藏法是将普通干燥方法干燥的种子装入袋、箱、缸等容器中（加放些防虫、防鼠的药物），上盖后置于消毒后的低温、干燥、通风的室内。此法适用于大多数含水率较低的园林木种子的短期贮藏。

（2）封闭干藏法　封闭干藏法是将经过精选、干燥的种子（含水率不超过 10％）装入经过消毒的密封容器内。如果在容器内放入木炭、草木灰、氯化钙等干燥剂，可延长种子的贮藏时间。用普通干藏法易丧失发芽能力的种子如杨、柳、榆等以及需长期贮藏的珍稀种子宜采用此法。

2. 湿藏法

湿藏法是将种子贮藏在湿润和较低温度的环境内，使种子保持一定含水量和通气性，以维持其生命活动。此法适应于安全含水量高的种子（一般为较大粒的种子），或休眠期长又需要催芽的种子。如苏铁、银杏、桂花、广玉兰、樟树、七叶树等树木的种子。

（1）室外埋藏　室外埋藏又称露天埋藏，在室外选择地势高燥，排水良好，土壤较疏松，背阴又背风的地方挖贮藏坑（沟）。贮藏坑宽 1m 以内，长度视种子数量而定，深度视各地土壤结冻深度和地下水位高度而定，原则上要求将种子贮藏在土壤结冻层以下或附近，地下水位以上，坑内能经常保持所要求的温度。在坑（沟）底放石子或其他利于排水物，高度约10~15cm，或铺一层石子，上面加些粗沙，再铺3~4cm厚的湿沙，其上堆放种子（种与沙的比例为1:3）。大粒种子宜分层放置，即一层种子一层湿沙，相互交替堆放，当种子堆到离地面10~20cm时为止，其上覆以湿沙，再加土堆成屋脊形。在贮藏坑中央从坑底竖立秫秸束或带孔竹筒，以便通气（通气口高出坑顶20cm）。为控制坑内温度，坑上宜覆土，厚度应根据气候条件而定。为了防止坑内积水或湿度太大，在坑周围应挖排水沟。贮藏期间要经常检查种沙混合物的温度和湿度。

（2）室内堆藏　选择干燥、通风的屋子、地下室或棚子，先在地上洒水，再铺10cm左右的湿沙，然后一层种子（大粒种子）一层湿沙交替放置；中小粒种子可将种沙混合堆放，堆至50cm左右，再用湿沙封上，或用塑料薄膜蒙盖。种子堆内每隔70~100cm放置1个通气设备，以便通气。贮藏期间如发现沙的湿度不够，应及时洒水。此法适宜于高温多湿地区的自然贮藏。

此外还可采取真空贮藏法，即将盛放种子的容器内的空气抽出，以控制种子的呼吸强度，保持种子发芽能力。但贮藏温度必须在冰点以下。此外，改变贮藏气体的成分，以二氧化碳或氮代替自然空气也可延长种子的寿命。

四、播种前的准备工作

（一）土壤的准备

根据不同园林树木种类的特性，播种必须采取相应的措施，为种子发芽、出土以及生长创造适宜的条件，促使种子发芽齐、出土快、生长健壮。

1. 整地施基肥

播种育苗均应选择地势平坦、高燥、排灌条件好的地方进行。土质以中性、微酸性的沙壤土为宜，做到湿润而不积水。每亩施腐熟农家肥4000~5000kg，深耕30~35cm，将肥料翻入土中。然后平整土地，清除杂草，再根据需要作好苗床。

2. 作床作垄

（1）高床　高床床面一般应高出地面15~20cm，宽为1~1.2m，长15~20m，过长则不便管理。两床之间设40~45cm宽步道。怕涝、发芽出土较难、需要精细管理的园林树木以及地势低、排水差、雨水多的地区应采用高床播种育苗。我国南方多适于高床育苗。

（2）低床　低床床面一般低于步道15~20cm，床宽1~1.5m，长15~20m。低床多适用于比较干旱的地区以及喜湿的园林树木的苗木。

（3）高垄　高垄的一般规格为垄距50~70cm，垄高20~25cm，垄顶宽20~25cm，垄长20~25m，垄不宜过长，否则不便于管理。中粒及大粒种子容易出苗，幼苗生长势强，播后不需精细管理时，都可采用高垄育苗。另外，进行机械化播种育苗的也有采用高垄的。垄高出地面，土质疏松，透气良好，地温较高，种子发芽早，出土快，根系发达，病虫害轻。

3. 土壤消毒

土壤消毒的目的是消灭土壤中残存的病原菌（如猝倒病）和地下害虫。生产上常用药剂进行土壤消毒，常用的药剂种类及方法如下。

（1）福尔马林（甲醛）　用40%的甲醛溶液，加水6~12L，按照50mL/m²用药。在播种前10~20天洒在播种地上，用塑料布覆盖，在播种前1周打开塑料布，等药味全部散失后再播种。

（2）硫酸亚铁　一般用浓度为2%~3%的水溶液，用量为9L/m²。而雨天可用药土法，用硫酸亚铁粉按2%~3%的比例加入细干土，制成药土，每公顷施药土1500~2250kg。

（3）五氯硝基苯混合剂　五氯硝基苯混合剂是以五氯硝基苯为主加代森锌（或苏化

911、敌克松等)的混合剂。混合比例一般为五氯硝基苯75%，其他药剂25%。施用量为4~6g/m²。将其配好后与细沙土混匀做成药土。播种前把药土撒于播种沟底，厚度为1cm，把种子撒在药土上，并用药土覆盖种子。加土量以能满足上述需要为准。五氯硝基苯对人畜无害。

（4）甲基托布津　甲基托布津常见剂型为70%可湿性粉剂，常用浓度为1000~2000倍，甲基托布津不能与含铜制剂混用，需在阴凉、干燥的地方贮存。

（5）石灰　石灰可结合整地同时施入，用量为150kg/hm²。将其均匀撒在土面，然后翻入土中。在酸性土壤上可适当增加用量。

（二）种子的准备

1. 种子的消毒

种子在播种前应进行消毒，以消除种子携带的病菌对以后萌发的幼苗的危害。常用的方法有紫外光照射、药剂浸种或拌种。

（1）紫外光照射　将种子放在紫外光下照射，由于光线只能照射到表层种子，所以种子要摊开，不能太厚，消毒过程中要翻动，每0.5h翻动一次，一般消毒1h即可。翻动时，人要避开紫外光，以免对人造成伤害。

（2）福尔马林浸种　在播种前1~2天，将种子放入0.15%的福尔马林溶液中，浸泡15~30min，取出后密封2h，然后将种子摊开稍阴干后即可播种。

（3）硫酸铜浸种　用0.3%~1.0%硫酸铜溶液浸种4~6h，取出后阴干即可播种。

（4）高锰酸钾浸种　用0.5%高锰酸钾溶液浸种2h（或3%的高锰酸钾浸种30min），取出密封半小时后，用清水冲洗数次，阴干播种。催过芽的种子和胚根已突破种皮的种子不能采用此方法。

（5）敌克松拌种　敌克松拌种的用药量为种子重量的0.2%~0.5%。先将为药量10~15倍的土和药配成药土，再进行拌种。该方法用于防猝倒病的效果较好。

此外还可用退菌特、多菌灵、托布津等浸种或拌种，以防止幼苗立枯病。

2. 种子的催芽

种子的催芽是指通过人为措施，打破种子休眠，使处于休眠状态的种子在适宜的外界条件（水分、温度、空气等）下发芽。采用催芽方法可达到出苗快、整齐、生长健壮的目的。

（1）水浸催芽法　即先将种子放入水中浸泡，使种子吸胀，软化种皮，然后根据具体情况将种子置于温暖处每天用水处理，直到种子萌动即可播种，这称为水浸催芽。浸种方法一般分为热水浸种、温水浸种和冷水浸种。用水量一般为种子重量的5~10倍。浸种时间一般以种子吸胀为度。

① 热水浸种。热水浸种适用于外壳坚硬、带油质的种子。紫藤、合欢、紫荆、元宝枫、枫杨、苦楝、紫穗槐等可用热水浸种。将种子放入初始温度为80~90℃的热水中浸种，充分搅拌使种子受热均匀，让其自然冷却，而后继续浸种，种子越小，高温处理时间应越短，浸种过24h则需换水，待种子吸胀后捞出催芽。催芽的方法有多种，如可装入蒲包中，也可用其他漏水的容器盛装用湿布或苔藓覆盖，然后放置于温暖处催芽，每天洒水，直到30%左右的种子露出胚根或裂口即可播种。

② 温水浸种。温水浸种是指用初始温度为45~50℃的温水浸种，然后充分搅拌使种子受热均匀，浸至种子充分吸胀，捞出后进行水浸催芽。海棠等适于45~50℃温水浸种24h。种子催芽后即可播种。

③ 冷水浸种。冷水浸种只需将种子用冷水浸泡，待吸胀后，捞出后进行水浸催芽。

（2）低温层积催芽法　将种子与湿润物（沙子、泥炭、蛭石等）混合放置，在0~10℃的低温下解除种子的休眠，促进种子萌发的方法称为低温层积催芽法。低温层积催芽的步骤如下。

① 种子消毒和浸种。采用低温层积催芽的种子要消毒。干种子还需浸种，可参照水浸催芽的浸种方法。

② 催芽场所的准备。低温层积催芽可在室外进行，也可在室内进行。在室外采用催芽坑层积，在室内则直接利用地面层积。场地的准备与种子湿藏中的露地坑藏和室内堆藏相同。

③ 种子层积。种子与湿润物按1:(2~3)比例进行层积，层积的具体方法同种子湿藏中的露天埋藏和室内堆藏方法。

④ 定期检查。低温层积要保持低温、湿润、通气的状态。如果发现温度或湿度不符合要求（主要是防止温度升高），要及时调节。如果层积催芽法种子的催芽程度未达到要求，在播种前1~2周（视种子情况现时定）取出种子进行高温催芽。

低温层积催芽时间的长短因树种而异。杜鹃、榆叶梅等需30~40天，海棠等需50~60天，桧柏、腊梅、玉兰、小叶女贞等需100天以上。

(3) 雪藏催芽法　雪藏催芽法适用于冬季积雪时间长的地区，此方法在这些地方是一种简单易行的催芽方法。具体方法是：土壤结冻前，选择排水良好、背阴的地方挖坑，深度一般100cm，然后将种子与雪按1:3的比例混合均匀，放入坑内，上边再盖20 cm雪，并使顶部形成屋脊状。来年春季播种前将种子取出，雪自然融化，并在雪水中浸泡1~2天，然后高温催芽，当胚根露出或种子裂口达到30%左右时即可播种。

此法适用于温度较低且有雪的地方，休眠期短的种子如牡丹、月季、蔷薇等，用雪藏催芽，可提高种子的发芽力及发芽势，幼苗出土早，抗寒能力强。

(4) 特殊处理　一些种皮特别坚硬且不透水的种子可机械磨损，使种皮破裂以利于吸水萌发。含蜡质的或油脂的种子如乌桕、黄连木等，可1%的碱水或1%的苏打水溶液浸种后去脂，以促进其发芽。硬粒种子如桃、梅、黄花夹竹桃等，可在浓硫酸中浸种5~20min。处理时，应根据种皮的厚度掌握适宜时间，捞出用清水冲洗然后播种。用300~500μL/L的溴化钾溶液处理种子24~28h，能使小叶女贞等种子顺利萌发。生产上常用植物激素如赤霉素、吲哚乙酸、萘乙酸、2,4-D等浸种，它们都有显著的发芽促进效果。

几种园林树木种子播种前的处理方法见表4-4。

表4-4　几种园林树木种子的播种前处理

名称	种子处理方法
腊梅	11月份混沙2倍，在冷室内沙藏，或播种前2周用40~50℃温水浸泡24h，捞出加沙2倍，置于室内催芽后播种。
紫薇	播前20天，用冷水浸种3~5h，捞出后混沙2倍，置室内催芽后播种。
紫荆	播种前1个月，用60~70℃热水浸种1~3h，捞出混沙2倍，置室内催芽后播种。
银杏	选出净种，混沙2倍，藏入阴凉、高燥处的沟中，直至播种。
侧柏	播前10~15天，用40~50℃温水浸种24h，捞出混沙2倍，置室内催芽后播种。

五、播种技术

1. 播种时期

播种时期直接影响苗木生长期的长短，对苗木产量和质量至关重要。适时播种是培养壮苗的关键措施之一。从全国来说，一年四季均可播种，但园林树木以春播和秋播为多，在生产中，主要根据环境条件、树种种子特性确定播种时期。不同时期播种各有其特点，以下分别介绍。

(1) 春季播种　大多数园林树木适于春播。春播要适时早播，南方在不遭晚霜危害的前提下尽早播种。北方在土壤解冻时，应抢墒播种。尽早播种，发芽早，扎根深，苗木生长壮，苗木在伏天到来之前已木质化，以免高温、多雨造成幼苗枯萎。但要注意晚霜和春寒的危害，可用塑料薄膜覆盖保护，以避免提早播种而受到晚霜和春寒危害。

(2) 秋季播种　大粒、硬皮和有蜡质的种子，如桃、梅、黄刺梅、郁李、榆叶梅及一些松柏科的观赏植物的种子发芽比较困难，可以在秋末冬初播种。北方在土壤结冻前播种，既减免了种子的贮藏工作，又兼顾种子的催芽作用，来年春季幼苗出土齐，扎根深，抗旱、抗寒能力强。但秋季播种，种子在田间时间较长，易遭虫害、鸟害、鼠害、冻害及风沙危害，需注意保护。

(3) 夏季播种　夏季成熟的种子，含水量大，失水后容易丧失发芽力，又不耐贮藏，可随采随播，如白榆、腊梅、杨、柳、桑等的播种。

(4) 冬季播种　冬播是春播的提前，秋播的推迟，具有秋播的优点，没有冻害的华南地区可采用冬播。

北方冬季寒冷，多数园林树木种类以春播为主，南方春秋皆宜，各地应根据当地的气候条件及种子的特点，选择适宜的季节播种（表4-5）。

表4-5　一些园林树种的播种时期参考

树　种　名　称	播种时期
广玉兰、十大功劳、桂花、枇杷、榆、柳、杨、檫木	夏播
雪松、女贞、侧柏、海棠、丁香、连翘、紫薇、紫藤、紫玉兰、月季、乐昌含笑	春播
桧柏、银杏、桂花、腊梅、玉兰、棕榈、山桃、山杏	秋（冬）播

2. 播种量的计算

播种量是单位面积或单位长度播种沟上播种种子的数量。播种量太大，不仅费种子，而且出苗过密，间苗费工；播种量太小，产苗量低。为节约种子，提倡科学计算播种量，不要盲目播种造成浪费。

计算播种量应有的数据包括单位面积（或单位长度）的计划产苗量；种子质量指标即净度、千粒重、发芽势；种苗的损耗系数。

播种量计算公式如下：

$$X = C \cdot \frac{A \cdot W}{P \cdot G \cdot 1000^2}$$

式中　X——单位面积实际所需的播种量，kg；
　　　A——产苗数（株/单位面积）；
　　　W——千粒重，g；
　　　P——净度，%；
　　　G——发芽势，%（因为发芽势接近场圃发芽率，而且测定需时较短）；
　　　C——损耗系数；
　　　1000^2——常数。

C值因树种、苗圃地的环境条件和育苗技术水平而异。同一树种在不同的环境里，具体数值可能不同。变化范围大致是：千粒重在700g以上的大粒种子，$C \geqslant 1$；千粒重在3～700g的中小粒种子，$1 < C \leqslant 5$,；千粒重在3g以下的极小粒种子，$C > 5$，如杨树种子$C = 15 \sim 20$。

计算播种量和栽苗数量的面积，应按"净面积"计算。"净面积"是指播种或栽苗地块所占的面积，不包括步道、水沟和垄沟。例如，苗床的净面积是指床面的面积。大田式高垄的净面积是指垄面（垄背）的面积（垄面宽×垄长）。大田平作一般为带状配置，其净面积的计算方法是带宽×带长。

3. 播种方法

各种园林树木的播种方法因其特性、育苗技术、自然条件及机械化程度的不同而不同。常用的播种方法有撒播、条播和点播等。

（1）撒播法 撒播法是将种子均匀地撒播在育苗床上。适于幼苗生长缓慢、喜遮荫和种粒较小的树种。撒播时，带有绒毛或极小粒的种子可以将其混入适量细沙或草木灰中，以便撒播均匀。撒播的优点是产苗量高。缺点是幼苗期通风透光不好，不便管理，又浪费种子。

（2）条播法 条播法即带状播种或沟播。要根据不同花木品种和当地自然条件、苗木生长速度、育苗年限和管理水平来确定条播的沟距，一般条距为10~25cm；沟深视种粒大小而定，大粒种子3~5cm，中粒2~3cm，小粒1~1.5cm。把种子均匀地播入播沟。条播中还有一种宽幅条播，播幅宽为10~15cm，在播幅中进行撒播。条播的优点是用种量比撒播少，通风透光好，出苗后管理方便，苗木生长好。

（3）点播法 点播又称穴播，即按一定的株行距挖穴点播。此法适于种粒大、发芽力强、幼苗生长壮的树种和珍贵花木的播种。如核桃、山桃、山杏、银杏、雪松、白玉兰、板栗等。为了保证出苗率，每穴可放种子2~3粒。出苗后间去多余的苗木。株行距要适宜。

少量珍贵细小的种子适于在温床或温室内播种，以便管理及保护。生产上常用浅木箱、浅盆或普通花盆点播。盆土用消毒过筛后的培养土，覆土厚度以不见种子为度，并用浸盆法给水，进行细致管理。

播种后要及时覆盖湿土，覆土的厚薄直接影响着种子的发芽、出土及幼苗的生长。具体厚度可根据种子大小而具体确定，极小粒种子如杨、柳、桉树、桦木、桤木、泡桐等种子覆土0.1~0.5cm，即隐约可见种子的程度；小粒种子如柳杉、榆、黄檗等为0.5~1.0cm；中粒种子如侧柏、樟树、刺槐、白蜡、复叶槭、元宝枫、槐树、枫杨、梧桐、乌桕、女贞、皂角、樱桃、李、黄山栾树等为1.0~3.0cm；大粒种子如板栗、山桃、山杏、银杏、苏铁等为3~5cm，在干旱条件下可达8cm。

大粒种子一般用播种地的土壤覆盖种子；中、小粒种子宜用含沙量较多的土覆盖，也可用腐殖质土、泥炭土、火烧土等覆盖；极小粒种子用过筛的细土、沙子、腐殖质土、泥炭土、火烧土，或糠皮和锯末等覆盖。

播种覆土后应及时镇压，将床面压实，使种子与土壤紧密结合，便于种子从土壤中吸水而发芽。在南方土壤较黏，播种大、中粒种子可不镇压，小粒种子播后应轻轻拍打床面以使种土密接。

以上只是介绍手工操作播种的各环节。实际生产中有手工播种和机械播种，机械播种机有床作播种机和垄作播种机，还有苗圃作业联合机，其可完成播种和移苗、中耕、除草、施肥、喷药等其他各环节。

机械化播种具有工作效率高、成本低、省力；播种的各工序（开沟、播种、覆土、镇压）几乎同时完成，有利于保证播种沟的水分；覆土适宜、播种均匀等优点。

六、播种后的管理

播种后的管理分播种地阶段的管理和育苗阶段的管理。为了培养优质壮苗，要加强管理，创造有利条件，满足种子发芽和幼苗生长发育的需要。

（一）播种地管理

播种地管理是指从播种时开始到幼苗出土时为止这段期间的管理。管理内容包括播种地的覆盖与撤除覆盖、灌溉、松土、除草、防鸟害等。

1. 覆盖与撤除覆盖

(1) 覆盖　覆盖可以保蓄土壤水分，防止土壤板结，或减少因水分蒸发而使土壤返盐碱现象。用塑料薄膜覆盖，对提高土温、保水效果显著，可缩短出苗期，提高场圃发芽率，还能防止鸟害。

覆盖材料可就地取材，一般用稻草、麦秆、茅草、苇帘、苔藓、松针、锯末以及腐殖质土和泥炭等。土壤条件较好，较小的种子或珍贵树木可用塑料薄膜覆盖。应注意的是，覆盖材料不能带来病虫害及杂草种子；覆盖材料不能妨碍幼苗出土。

用塑料薄膜覆盖，覆盖前要灌足底水，覆盖时要使薄膜紧贴床面，并用土将周围压实。用其他覆盖物覆盖，要将覆盖材料固定于床面以防风吹。覆盖的适宜厚度取决于所采用的覆盖材料和当地的气候条件，不可过薄或过厚，一般用草类覆盖的厚度以不见地面为宜。对于条播也可只覆盖播种沟。用腐殖质土覆盖厚度为 1~1.5cm。

(2) 撤除覆盖　不同覆盖物的撤除方法不同。地膜覆盖只适于点播或较稀条播的情况，可以较长时期不揭膜，幼苗出土时要及时在幼苗顶部将薄膜划一口，口的大小以幼苗能露出薄膜为准，要随即用湿土压实薄膜的出苗口，以防高温时灼伤幼苗；在生长期内追肥、松土、除草，需要打开薄膜时，要随开随压实。

当幼苗大量出土（出土率达 60%~70%）时，草类等覆盖物应分期撤出。第一次可撤草 1/3，条播可将草移到苗行间，以便保墒和保护幼苗。第二次撤出剩下的 1/2。第三次全部撤出。对于细碎覆盖物可无须撤除。

覆盖物的撤除应选阴天、晴天的傍晚。撤覆盖物时不要损伤幼苗。

2. 灌溉、除草与松土

(1) 灌溉　播种后出苗前的灌溉对种子发芽、场圃发芽率、出苗的早晚，以及出苗期的长短等都有直接影响。要保证播种地土壤处于湿润状态，以利种子萌发出土。干旱地区必须适时适量地进行灌溉，使土壤经常保持较湿润状态。地膜覆盖者，不灌溉。播种季节雨水较多的南方地区，有其他覆盖物覆盖的播种地一般不灌溉；未覆盖的播种地，土壤干时应适时灌溉，保证土壤湿润。

灌溉时注意土壤水分适宜，水分过多会烂种；幼苗出土前，应尽量防止覆土板结，以免降低场圃的发芽率；灌溉最好用细雾喷水，以防冲走覆土；幼芽刚出土时不要用漫灌法灌蒙头水。

(2) 除草与松土　在出苗期较长的播种地上，播种前未用除草剂时，播种后或喷除草剂，或人工及时除草。此外，若播种地土壤出现板结现象，要及时松土，以免影响幼苗出土。

3. 防鸟兽害

针叶园林树种幼芽带种壳出土时，常被鸟类啄食致使幼苗死亡。可采取人员看管驱赶或用声响乐器驱赶等方法来避免。

(二) 育苗地管理

播种苗的育苗地管理是指从苗木出土后至移植前的苗地管理，包括遮荫、间苗、定苗、幼苗移栽、中耕、除草、灌溉、苗期追肥、苗木防寒等一系列工作。

1. 遮荫

部分园林树种（银杏、竹柏、杨树、柳树、桉树等）在幼苗期组织幼嫩，对地表高温和阳光直射的抵抗能力弱，容易造成日灼，故要采取遮荫降温措施。遮荫降温方法主要有苗床上方遮荫，和侧方遮荫。上方遮荫透光较均匀，通风良好，效果较好。遮荫的具体高度应根据苗木生长的高度而定，一般为距床面 40~50cm。

遮荫材料可用苇帘、竹帘、遮阳网等。现在生产上采用的遮阳网的透光度不同，以透光度50%～80%为宜。生产中可根据苗木对光照的要求及本地区气候条件的不同加以选用。也可在床上插松枝或芒萁草等进行遮荫。

遮荫透光度的大小和遮荫时间的长短对苗木质量都有明显的影响。为了保证苗木质量，透光度宜大，一般的透光度应为1/2～2/3。遮荫时间宜短，具体遮荫时间的长短因树种或地区的气候条件而异，原则上是从气温较高，会使幼苗受害时开始，到苗木不易受日灼伤害时立即停止。一般是从幼苗期开始遮荫，停止期各树种各地区差异较大。南方地区，因秋季仍酷热而会死伤苗木，遮荫时间可延续到秋季。为了调节光照，如有可能时最好是每天上午10时开始遮荫，下午4～5时打开荫棚。

遮荫费工费钱，遮荫过度易使苗木质量下降，有条件的地方，对需遮荫树种在幼苗期不遮荫而应采取喷灌或间隙喷雾技术等措施以达到比遮荫更好的效果。

2. 间苗、定苗和幼苗移植

(1) 间苗及定苗　间苗又叫疏苗。苗木过密，光照不足，通风、透光不良，苗木生长细弱，还易招引病虫害，降低苗木质量。因此应进行间苗。

间苗的原则是：适时间苗，留优去劣，分布均匀，合理定苗。间苗的具体时间因树种和地区而异。间苗应分次进行，间苗次数以苗木的疏密、生长速度和抵抗力的强弱而定，一般两次，最后一次间苗为定苗。

大部分阔叶类园林树木，幼苗生长迅速，抵抗能力强，在幼苗长出3～4片真叶时即可进行第一次间苗，相间10～20天可进行第二次间苗，定苗应在苗木速生期以前完成，过晚会影响苗木生长。针叶树中生长快的树种可参照阔叶树木类。大部分针叶树种的幼苗生长缓慢，应在幼苗期进行一次间苗，当叶面重叠时，再进行第二次间苗，苗木速生初期进行定苗，高温危害的地区可推迟到高温过后再定苗。

间苗时主要间去受病虫害的、机械损伤的、生长不正常的、生长不良的幼苗。密集在一起影响生长的幼苗也要间除一部分。第一次间苗后的苗量应比原计划产苗量多50%～60%。第二次间苗后的苗量比原计划产苗量多20%～30%。最后定苗，留苗要均匀，比计划产苗量多5%～6%，以备弥补损失。要在土壤湿润的情况下进行间苗，不要伤及留苗的根系，间苗后要及时浇水，以便淤塞被拔出的苗根孔隙。

(2) 幼苗移植　幼苗移植一般适用于种子小只适宜撒播，但幼苗又生长快的树种，如桉树、黑荆树和泡桐等，以及种源很少的珍贵树种。

幼苗移植要掌握时期，当幼苗生出2～5片真叶时，阔叶树种移植的成活率较高。如柠檬桉的幼苗当出2片真叶时移植成活率高。而黑荆树幼苗当生出4～5片真叶时移植较好。移植工作应选在阴雨天进行，移植后要及时浇水，每天浇水1～2次，必要时进行遮荫直至成活。

3. 中耕、除草

中耕即松土，通过中耕可疏松土壤，减少水分蒸发，增加土壤保水蓄水能力，加速微生物的活动和根系的生长发育。中耕结合除草，还可减少病虫害。一般除草较浅，以能铲除杂草，切断草根为度；中耕则在幼苗初期浅些，以后可逐渐加深达10cm左右。雨后或灌水后都应进行中耕，以保持水分和防止土壤板结。

在苗木抚育工作中，中耕除草占有相当重要的地位，但工作量很大，有条件的应尽量使用机械操作，苗圃除草也可采用化学方法。

4. 灌溉

灌溉对于播种苗很重要，苗木所需水的来源有降水、灌溉和地下水等。灌溉是培育壮苗不可缺少的重要环节。

(1) 合理灌溉

① 根据树种苗木特性、气候及土壤条件进行合理灌溉。不同树种的苗木需水不同，有的需水较少，有的需水较多，如落叶松、油松、赤松、黑松等苗木对水的要求比水杉和杉木少。保水能力较好的土壤的灌溉间隔期较长，保水能力差的沙土，灌溉间隔期要短。气候干燥或干旱时，灌溉量宜多。

② 根据苗木的生长期进行合理灌溉。苗木生长初期，幼苗小，根系少且分布较浅，所以怕干旱，另外，幼苗期苗木的组织幼嫩，对土壤水分最敏感，此时灌水量宜小但次数应多。速生期，苗木的茎叶急剧增长，蒸腾量大，需水最多，此时灌水量应大，次数应增多。生长后期，苗木要及时停止生长，促进自身木质化以提高抗寒能力，因此，此时应注意减少灌水和及时停灌。我国北方地区一般于秋末冬初灌水封冻。

（2）灌溉方法　苗木的灌溉方法有侧方灌溉、畦灌、喷灌、滴灌和地下灌溉等。

① 侧方灌溉。侧方灌溉即水从苗床或垄的侧方渗入床或垄中。因水由侧方浸润到土壤中，灌溉后土壤不易板结。与喷灌相比，有渠道占地多，灌溉耗水量大，灌溉效率较低等缺点。只适于水充足的地区。

② 畦灌。畦灌是低床育苗和大田育苗平作常用的灌溉方法，在苗地周围作埂或利用周边高出的步道将水灌入苗地，又叫漫灌。水不能淹没苗木叶子，以免影响苗木的呼吸和光合作用。灌溉时破坏土壤结构，易使土壤板结，有灌溉耗水量大，灌溉效率较低等缺点。

③ 喷灌。喷灌已被现代苗圃广泛采用，此方法工作效率高，省工省水，便于控制灌溉量，并能防止因灌水多使土壤产生次生盐渍化。此方法还能减少渠道占地面积，能提高土地利用率，使土壤不易板结，并能防止水土流失。在春季灌溉有提高地面温度与防霜冻的作用，在高温时喷灌能降低地面温度，使苗木免受高温之害。但灌溉需要的基本建设投资较高，且受风速限制，在3～4级以上的风力影响下，喷灌不均。

④ 滴灌。滴灌是滴水灌溉。它是通过管道把水滴到土壤表层和深层的灌溉方法。滴灌的优点很多，是一种先进的灌溉方法。但因设备较复杂，现在尚未普遍推广。现在多以带孔的塑料软管放在地面代替滴灌。

⑤ 地下灌溉。地下灌溉是将灌水管道埋在地下，水从管道中通过土壤的毛细管作用上升到土壤表面，是最理想的灌溉方法。但是设置较复杂，而且需经费多，现在育苗生产使用不多。

（3）注意事项

① 灌溉要连续。育苗地的灌溉工作一旦开始，就要使土壤水分经常处于适宜状态。该灌而不灌不利于苗木生长甚至会造成死苗。

② 灌溉量。每次灌溉的湿润深度应该达到主要吸收根的分布深度。

③ 灌溉时间。应注意每次灌水时间，地面灌水宜在早晨或傍晚进行，此时蒸发量小，水温与地温差异也较小。用喷灌降温时宜在高温时进行。

④ 水温与水质。水温低对苗木根系生长不利。在北方，如用井水灌溉，要备蓄水池以提高水温。不宜用水质太硬或含有害盐类的水灌溉。

⑤ 及时停灌和灌封冻水。停止灌溉的时期过早不利于苗木的生长；停灌过晚，则会降低苗木抗寒和抗旱性。各地适宜的停灌期因树种而异，对多数苗木而言，以约在霜冻到来之前6～8周为宜。而冬季有严寒冰冻，早春又干旱少雨的地区应在封冻前灌水封冻。

5．苗期追肥

追肥是在苗木生长期间的施肥，分为土壤追肥和根外追肥两种。

（1）土壤追肥　土壤追肥一般采用速效肥或腐熟的人粪尿。苗圃中常见的速效肥有草木灰、硫酸铵、尿素、过磷酸钙等。施肥次数宜多但每次用量要少。土壤追肥主要在苗木速生期进行且在苗木速生期以追施氮肥为主。一般苗木生长期可追肥2～6次。第一次宜在幼苗出土后1个月左右进行,以后每隔半月追施一次,苗木速生期后,8月中下旬以前停止追肥,以免苗木贪青徒长,不利于安全越冬。如果基肥中没有磷、钾肥,最后一次施氮肥时最好同时施入部分磷、钾肥,以促进入冬前苗木根系的生长和木质化。追肥要由稀到浓,少量多次,适时适量,分期巧施。每次施尿素 45～120kg/hm², 或碳酸氢铵 67.5～150kg/hm², 最后一次可施过磷酸钙 67.5～225kg/hm², 应停止追施氮肥。

（2）根外追肥　根外追肥是利用植物叶片能吸收营养元素的特点,采用液肥喷雾的方法进行的追肥。对需要量不大的微量元素和部分化肥进行根外追肥,其效果较好,既可减少肥料流失又收效迅速。在根外追肥时,应注意选择适当的浓度,以免浓度过高造成肥害。一般微量元素浓度为 0.1%～0.2%；一般化肥为 0.2%～0.5%。幼苗时浓度要低,随着苗木长大浓度可稍加大。

6. 苗木防寒

在冬季寒冷、春季风大干旱、气候变化剧烈的地区,苗木特别是对抗寒性弱和木质化程度差的苗木受到的危害很大,为保证其免受霜冻和生理干旱的危害,必须采取有效的防寒措施。苗木的防寒有两方面措施。

（1）提高苗木的抗寒能力　选育抗寒品种,正确掌握播种期,入秋后及早停止灌溉和追施氮肥,加施磷肥、钾肥,加强松土、除草、通风透光等管理,使幼苗在入冬前能充分木质化,增强其抗寒能力。阔叶树苗木休眠较晚的,可用剪梢的方法控制其生长并促进其木质化。

（2）使苗木免受霜冻和寒风的危害　可采用土壤结冻前覆盖,设防风障,设暖棚,熏烟防霜,灌水防寒,假植防寒等措施。

7. 病虫防治

在生长的过程中,苗木常常会受到病虫的危害。防治病虫害必须贯彻"防重于治"的原则。如果苗圃的病虫害发展到严重的程度,不仅防治困难,而且会造成无法挽救的损失。因此,在防治上要"治早,治了"。

第二节　园林树苗的营养繁殖与培育

营养繁殖通常也称无性繁殖,即利用植物营养器官的再生能力,使之形成新的个体。自然界中,以植物的根、茎、叶、芽来繁殖新的植株的现象是常见的。常规的营养繁殖方法通常包括扦插、嫁接、分株、压条、埋根等方法。

营养繁殖得到的苗木的特点为：主根不如播种苗粗大,而侧根发达；生长较快,开花结果比播种苗早,寿命较播种苗短；能充分利用母树各部分,在短时间内繁殖出大量植株,并保持母株原来固有的性状。营养繁殖适于一些不易获得种子的品质优良、观赏价值较高的观花、观果、观叶类花木的繁殖。某些优良和有益的遗传变异,如突变、嵌合体及芽变等,可用营养繁殖的方法保存下来,以达到保存一个栽培新品种的目的。

一、嫁接繁殖育苗

（一）嫁接及其在园林生产上的应用

嫁接又叫接木,就是把一个植株的枝或芽接到另一植株（砧木）上,使它们彼此愈合生长成为一体的方法。用嫁接的方法进行繁殖叫嫁接繁殖。供嫁接用的枝或芽称为接穗；承受接穗的植株叫做砧木。以枝条作接穗者称为枝接法；以芽为接穗者称为芽接法。不论是用枝接还是芽接法繁殖的苗木统称为嫁接苗。

嫁接是园林苗木繁殖的主要方法之一。它能保持品种的优良特性、促进苗木的生长发育，并克服用其他方法难以繁殖的困难。

嫁接方法在园林上应用非常广泛。生产中，为了调节树势、增加观赏效果，用寿星桃作砧木嫁接碧桃，可以使树体矮化，有利于盆栽观赏。对于失去价值的老品种，还可用高接换头法培育出满意的树冠，以达到保存品种的目的。在雄雌异株的树体上，用枝接法可得到雄雌同株的效果。为了增强嫁接植株的适应性，提高其抗性，可选择具有较强适应性和抗性的砧木进行嫁接，如以紫玉兰作砧木嫁接广玉兰可提高嫁接植株的抗寒能力；以杜梨作砧木嫁接梨，可增强梨的抗盐碱性及抗病虫害能力。为了保存珍稀、优良品种，如对于母株少的珍贵品种，只用一个芽便可繁殖一个优良单株，进而扩大其的繁殖。在芽变选种上，常用芽接法稳定变异品种的特性。有时树木枝干因受病虫危害或严重冻害、机械创伤等而造成树势衰弱，为了恢复树势，可用桥接法修复伤口，使其恢复生机。在树木整形时，为了造型的需要，在没有枝的部位可用靠接的方法补枝造型。用嫁接法可把不同品种、不同花色的枝或芽接在同一砧木上，培养一树多色花植株以增加观赏价值，如月季花树、牡丹花树、茶花和杜鹃花树等的多品种嫁接树。此外，利用嫁接法还可进行植物病毒的潜伏与传播方面的研究。

（二）嫁接成活的原理及影响因素

1. 嫁接成活的原理

园林树木的嫁接过程中，砧木和接穗结合部位的形成层薄壁细胞在削伤的刺激下进行分裂而形成愈伤组织，使接穗与砧木紧密结合，接穗与砧木原来的输导组织相连接，从而使两者的水分、养分上下沟通，使因嫁接而暂时破坏的平衡得以恢复。接穗的分生组织长出新梢后，新梢向根系提供光合作用产物，两个植物体从此结合在一起，形成新的植株。因此，园林树木嫁接时强调砧木和接穗接合部的形成层要对准。

2. 影响嫁接成活的因素

（1）内因　影响嫁接成活的内在因素中主要有砧木、接穗的亲和力和生活力。

① 砧木和接穗的亲和力。砧木和接穗的亲和力又称为嫁接亲和力，是指砧木和接穗经过嫁接能否愈合成活和正常生长的能力，它是嫁接成活的关键因子和基本条件。一般说来，砧木和接穗的亲缘关系越近，亲和力就越强，嫁接越容易成活，嫁接苗生长发育也越好。一般情况，同品种之间的嫁接亲和力最强，同种不同品种间的嫁接亲和力良好，同属异种间的嫁接亲和力比上者差，不同属间的嫁接亲和力就更弱。但也有例外，如桂花接在小叶女贞上，就是不同属间的嫁接，且成活率很高。实践中应根据树种的特性具体运用。

② 砧木和接穗的生活力。砧木和接穗的生活力是愈合组织生长和嫁接成活的内因之一，只有在砧木、接穗都保持生长力的情况下，愈合组织才能在适宜的条件下生长，嫁接才能成活，如果砧木、接穗双方有一方失去生活力则外界环境条件再适宜也不能成活。砧木具有根系，除因病虫或其他自然灾害等的特殊影响外，其都具有生活力，切口处都能长出愈合组织。而接穗则是剪离母株的枝或芽，且在嫁接前常经过较长时间的运输和贮藏，其生活力的差异很大。因此，在生产实践，应特别注意接穗的选取和保存，应保证接穗新鲜且具有良好的生活力，这是保证嫁接成活的重要措施。

（2）外因

① 环境因素的影响。适宜的温度及湿度是形成层薄壁细胞活动的必要条件。嫁接后至砧、穗愈合前这段时间，保证接合部的湿度非常重要。如果干旱缺水、空气湿度太小，可采用埋土、接穗封蜡、套保湿罩等方法来保湿，来提高嫁接的成活率；湿度过大、雨水过多，伤口易腐烂，嫁接也很难成活。温度高低影响着愈伤组织的形成，温度太低、太高都不利愈伤组织的产生。通常因树木种类不同，适宜温度范围变化较大（13～32℃），但一般树木愈伤组织形成的适宜温度为25℃左右。光照对愈伤组织的生长有较明显的抑制作用。在生产中，创造暗条件，采用埋土或以不透光的材料包扎都有利于接合部愈伤组织的生长。

② 嫁接技术。嫁接技术的熟练程度也是影响嫁接成活率的很重要的因素。生产中，嫁接技术四点技术要点，即嫁接时，嫁接面要削平滑，能使接穗和砧木接合部贴合紧密无隙；嫁接时操作要快，以免削面失水而影响成活；嫁接时接穗和砧木两者的形成层必须对准，只有两者形成层相互密合，才能产生愈伤组织；包扎要严。操作时保证以上几条就可提高嫁接的成活率。

（三）砧木与接穗的相互影响与选择

1. 砧木和接穗的相互影响

（1）砧木对接穗的影响　砧木对接穗的影响是多方面的，最显著的影响是其对接穗品种生长和抗逆性方面的影响。生长方面的影响表现为乔化作用和矮化作用，嫁接后能促使树体生长高大的砧木为乔化砧。山桃和山杏是梅花和碧桃的乔化砧。嫁接后能促使树体矮小的砧木为矮化砧。如寿星桃是碧桃和桃的矮化砧。因此，适当选用砧木，可使同一接穗品种得到各种不同生长势的嫁接树。如西南农学院曾用矮化砧宜昌橙和枳嫁接柠檬、又用乔化砧酸柚和红橘嫁接柠檬，4年生时，后者枝梢生长总量为前者的2～3倍。

砧木对嫁接后树体抗逆性方面的影响是多方面的，砧木一般多为野生或半野生的种类，它们能抗旱、抗涝、抗寒、抗病虫和耐盐碱等，利用这些砧木可使嫁接品种的抗逆性得以提高。如毛白杨在内蒙呼和浩特一带易受冻害，很难在当地栽植，用当地的小叶杨作砧木进行嫁接，能提高抗寒能力而使其安全越冬；以海棠果作苹果的砧木进行嫁接，能使其既抗旱又抗涝。毛桃砧比山桃砧耐涝；杜梨作梨的砧木可使嫁接树抗盐碱。

此外，砧木的影响还包括对物候期的影响和寿命的影响。如在宁夏酸果子砧上接红玉和青香蕉苹果，嫁接树在春季萌芽早，落叶也早10天以上；桃用梅作砧比用桃作砧嫁接的树木的寿命要长；枇杷用石楠作砧木，80年以上的植株仍处盛果期，用本砧嫁接的树木的寿命则只有40～50年。砧木的矮化程度与寿命成负相关，即越矮化的砧木，嫁接树木的寿命就越短。

不同砧木有不同的影响。所以，因地制宜地选择适当的砧木嫁接品种是十分重要的。

（2）接穗对砧木的影响　接穗对砧木也有影响，在它们的相互影响中，接穗的影响要相对小些。主要表现为生长方面的影响。接穗品种影响嫁接植株根系的生长及分布范围。

如果将生长势弱的接穗品种接在生长势强的砧木上，砧木比原来生长得弱些。反之，如将生长势强的接穗接到生长势弱的砧木上，由于接穗的刺激，砧木的根系生长得比未嫁接的树要强，分布要广。

2. 砧木和接穗的选择

（1）砧木的选择　不同的砧木种类对嫁接树木有着不同的影响。因此，在树木嫁接繁殖时，选择适宜的砧木是十分重要的。砧木与接穗要有较强的亲和力；砧木要有较好的根系（包括实生和无性系），能适应当地的气候与土壤条件；砧木繁殖材料来源广、易繁殖；砧木不应对嫁接品种的生长、开花、结果有不良影响；砧木应有较强的抗性和适应性。

（2）接穗的选择与贮藏　接穗品种必须是当前推广的优良品种。供采穗的母树应是生长强健、无病虫害、已成年的植株，并表现出该品种固有的优良特性。如观花树木要求花形美观，层次较多，花色艳丽，具有芳香。观果树木还应具有丰产、稳产、优质、挂果时间长及抗逆性强等优良特性。同一植株上应尽量在树冠的中上部选用生长充实的1年生枝条，以芽饱满的枝段作为接穗材料，嫁接后成活率高，生长快。

少量嫁接可就近随采随接。若春季嫁接量大，可在前一年秋末冬初采回接穗，成捆进行湿沙贮藏，于春季嫁接时取出。若早春气温过高，应及时检查穗条，防止霉烂，并适当降温，保持其与砧木萌发期的一致，以免影响成活。若未能及时嫁接，可将接穗放在冰箱内（5～10℃）保存2～3周。需要贮藏1～3个月者，须降温至0℃，使穗条处于休眠状态。寒冷地区，把接穗捆好埋入排水良好的土壤冻层以下，少量珍贵树木可用蜡封接穗的方法保存。

芽接用的接穗最好随采随接，并及时剪去叶片，保留 0.5cm 长的叶柄，用湿布包裹，以减少水分蒸发。生长季节需要保存大量接穗时，应及时将其贮藏在阴凉的窖中，并覆盖湿沙；或用竹筐吊放在井内的水面上保存。需长途运输的接穗，应分品种捆好，用塑料膜包裹，装入竹篓、蒲包或湿麻袋中快件托运，避免高温、曝晒。运到目的地后，应及时解开包装，放于阴凉湿润处散热、洒水降温，贮藏备用。

为了便于一些树木接穗的贮运、嫁接时间的延长和提高成活率，可采用蜡封接穗处理，这是一个行之有效的方法。具体作法是：将采取的接穗剪成 15cm 左右（上剪口要留饱满芽），然后将石蜡装入烧杯或罐头筒内，放在热水盆里，盆水用火炉加热至 $80\sim90℃$ 时，把接穗两端分别在融化的石蜡液中蘸一下，每次蘸接穗长度的 1/2，使整个接穗蒙上一层很薄的石蜡，最后装入塑料袋内，置于低温窖内或冰箱中冷藏备用。蜡封接穗能抑制其生理活动，减少水分蒸发。

（四）嫁接时期

一般来说，一年四季都可进行嫁接繁殖（冬季在温室内进行），但选择最佳嫁接时期，可大大提高嫁接的成活率。嫁接时期应依树木的种类、生长发育状态、气候条件的不同而具体选用（表 4-6）。

表 4-6　常见园林树木接穗、砧木和嫁接时期

接穗树种	砧木树种	嫁接时期及方法	接后表现情况
梅花	山桃、山杏、野梅	3 月份切接，8 月份芽接	亲和力较强，生长良好
榆叶梅	山桃	3 月份切接，8 月份芽接	亲和力较强，生长良好
碧桃、红叶李	山桃、李	3 月份切接，8 月份芽接	亲和力强，生长良好
樱花	野樱、青肤樱	2 月下旬至 3 月切接，4 月芽接	亲和力强，生长良好
石榴	石榴	4 月中至 5 月下旬切接	亲和力强，生长良好
桂花	小叶女贞	3 月份切接，7～8 月份腹接、芽接	亲和力强，生长旺盛，抗寒
牡丹	牡丹、芍药	9 月下旬切接，根接	亲和力强，生长良好
腊梅	狗英梅、野生苗	3 月下旬至 4 月中旬切接，5 月份靠接，6、7 月份腹接	亲和力强，生长良好
山茶	山茶、油茶	3、4 月份靠接	亲和力强，生长良好
月季、木香	野蔷薇	2 月切接，6～8 月份芽接，冬季根接	亲和力强，生长良好，抗寒
白兰、白玉兰	紫玉兰	8 月份芽接，9、10 月份切接，5、6 月份靠接	亲和力强，生长良好
龙柏	侧柏、桧柏	4 月份腹接，6 月份腹接	亲和力强，生长旺盛，抗寒
五针松	黑松	生长季节髓心对接	亲和力强，生长良好
盘槐	国槐	春季高劈接，6 月份靠接	亲和力强，生长旺盛
银杏	实生共砧	3 月份切接	亲和力强，生长旺盛
紫藤	野紫藤	3 月份切接	亲和力强，生长旺盛
栗	栗	3、4 月份切接，8、9 月份芽接	亲和力强，生长良好

1. 春季嫁接

春季多用枝接，并以切接、劈接为主，春季嫁接多在树木萌芽前或正萌芽时进行，多数树木在 2～4 月份进行，最早的如月季切接，在温室内元月即可开始。五针松、山茶、梅花、木瓜等枝接可于 2 月初到 3 月上旬进行。2～4 月中旬适于桃、李、杏的枝接。具体时期与不同的地域及树木的萌芽时期有关。这一时期嫁接，枝条内部的树液开始流动，顶芽开始萌动，接口容易愈合，嫁接的成活率较高。

2. 夏季嫁接

夏季嫁接主要是芽接和绿枝接。夏季嫁接是利用当年抽生的新芽进行嫁接，如桃、月季等。或用当年抽生的新枝进行绿枝嫁接，在 5 月下旬到 7 月中旬这一时期内，树木形成层及

其附近的组织，还有皮层及髓部均能产生愈合组织，接后容易成活。此外，一些树木的靠接也可在此时期进行。

3. 秋季嫁接

秋季是芽接的适宜时期。从 8～9 月份（立秋前后），这一时期新梢已生长充实，积累了较多的养分，同时树液流动也很旺盛，多数园林树木容易离皮，因此，接后成活率高。但秋季嫁接不可过晚，否则因气温渐低，树木不易离皮，接后愈合不充分，同时易受冻害。除芽接外，秋季还可进行腹接及舌接等嫁接。

4. 冬季嫁接

冬季树木进入休眠期。落叶树木已落叶进入休眠，常绿类树木的生命活动也随之降低，露天已不适宜嫁接，若有温室或塑料大棚，可结合苗木出圃，收集残根、断桩，进行根接，嫁接完后，就地在温室内用湿沙假植贮藏，促其愈合，翌春天气转暖，再进行移栽定植，可提早成苗。

（五）嫁接方法

应用在苗木繁殖上的嫁接方法很多。根据嫁接所用接穗材料的不同，嫁接方法可区分为枝接和芽接两大类。

1. 枝接

凡是接穗为枝条的嫁接通称为枝接。根据嫁接形式和手法的不同，枝接可分为切接、劈接、腹接、插皮接、插皮舌接、舌接、靠接、髓心形成层贴接、根接等。

（1）切接法 切接是树木枝接中常用的方法之一，主要在春季进行。切接在春季顶芽刚萌动，新梢尚未抽生时进行最好，这时枝条内的树液已开始流动，接口容易愈合，嫁接成活率高。此法无论高接或低接都适用。具体方法为：选一年生充实的枝条作接穗，剪成 6～10cm 长的茎段，带 2～3 个饱满芽。然后，用切接刀在接穗基部削出大小不同的 2 个对称斜面，一面长约 2cm，根据接穗的大小可稍带木质或皮与木质之间切削，另一斜面长约 1cm。削面必须平滑。与此同时，将直径 1～2cm 的砧木，在离地面 5～10cm（或更高些）处剪断，再按照接

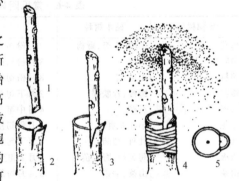

图 4-2 切接法
1—削穗；2—切砧木；3—插入接穗；4—绑缚、埋土；5—砧木和接穗结合部断面

穗的粗度，在砧木一侧，用切接刀顺木质部与皮层之间，或稍带木质部，垂直下切，深 2～3cm。把接穗的长削面向里，插入砧木的切口内，并将两侧形成层对齐（若接穗较细，则应使一侧形成层对准），最后用塑料条带把接口包严绑紧，干旱的地方可培湿土堆保护（图 4-2）。目前，生产中为了节省接穗材料，接穗只含一个饱满芽，称之为单芽切接。对于一些较幼嫩的及常绿树木的接穗，为了防止接穗接口在愈合前干萎，最好用一个塑料袋把接穗和接口一起套住，待接穗成活后再去掉。

（2）劈接法 劈接法适于砧木较粗时选用。劈接时间和切接一样，有时嫩枝劈接可在生长季节进行。劈接与切接的不同处在于，劈接的砧木粗且截面大，在砧木截面中间或 1/3 处用劈接刀垂直劈一裂口，深度约 2～3cm。接穗基部两侧的削面长短一致，最好削成一边稍厚一边稍薄的楔形，削面长与砧木裂口深度相似，将稍厚的一边对齐砧木劈口的外边插入砧木裂口内，稍露白使两者形成层紧密结合。为了提高成活率，常用两根接穗插入砧木切口的两侧，二者的外侧形成层要对齐，最后绑扎并涂以接蜡或湿泥，以免伤口干燥（图 4-3）。

图 4-3　劈接法

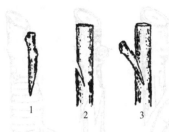

图 4-4　腹接法
1—削穗；2—切砧；3—插入接

（3）**腹接法**　腹接是在砧木的较高部位进行枝接，故称腹接，在生长期进行。常绿花木类如龙柏、翠柏等多用此法。接穗上要具有1～2芽，下端要削长，削面2～3cm，在长削面的背面削小削面，使穗下部薄便于插穗，再在砧木距地面较高的光滑处用刀以30度左右夹角向下切一斜形切口，切口长度与接穗削口一致，深度约为砧木直径的1/3，然后将接穗长斜面的一侧向内插入砧木切口，使形成层相互吻合，然后绑扎。待成活后，将接口以上的砧木剪去，即成新株（图4-4）。

（4）**插皮接**　插皮接又叫皮下接，宜在春季萌动后树液流动、木质部与皮层容易分开时采用。其可以高接也可以低接，一般在距地面5～6cm处将砧木锯断，断面要削平，用刀在断面边缘将皮层及部分木质部向上斜削一刀，宽度约0.5cm。在此切口中间再纵切一刀，长约3～5cm，深达木质部。然后把接穗下端一侧削成长约3～5cm的马耳形削面，在此削面背面的两侧各微削去一刀。再将接穗的大削面朝内在砧木切口处于皮层与木质部之间插入，最后绑扎。有的需抹泥或培土，以防干燥。高接时，断面上可同时接上3～4个接穗，均匀分布，成活后作为这一植株的骨架枝。如盘槐常用此法嫁接（图4-5）。

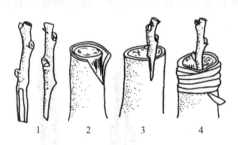

图 4-5　插皮接法（断砧）
1—削接穗；2—砧木开口；3—插入接穗；4—包扎

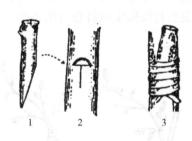

图 4-6　插皮接法（不断砧）
1—削接穗；2—砧木开口；3—插入接穗

插皮接有时也可不将砧木锯断，而只在砧木嫁接部位削一"T"形切口，深达木质部，挑开皮层，把接穗插入，待成活后再将砧木接口上部锯断，此法更为简便（图4-6）。

（5）**舌接法**　舌接法又称对接法。舌接法在砧木与接穗粗细一致时使用。具体方法是：在砧木上削成3cm左右的斜面，然后在削面上由上至下1/3处，顺势往下劈1cm左右长的刀口。在接穗下芽的背面削成3cm长的斜面，然后在削面上由下往上1/3处劈成1cm长的切口，呈舌状。最后把接穗的劈口插入砧木的劈口中，使二者的舌状部分交叉，并使形成层对准。如砧木及接穗粗细不一致，使形成层一边对准密合，再加以绑扎。该接法形成层的接触面大，成活后接口部位很牢固（图4-7）。

（6）**髓心形成层贴接**　髓心形成层贴接多用于针叶树的嫁接。其优点是接触面大，成活率高。嫁接宜在春季砧木芽膨大时进行。在秋季，砧木和接穗的当年生枝已充分木质化时也

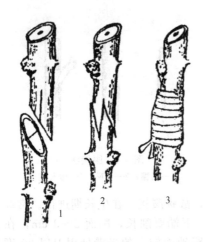

图 4-7 舌接法
1—削接穗；2—削砧木；3—插接穗

图 4-8 髓心形成层贴接法
1—削好的接穗正面；2—削好的砧木；
3—接穗与砧木贴合

能嫁接。嫁接时，在砧木主枝的一年生部位选比接穗略粗的一段，留顶端十几束针叶，其下针叶和侧芽都摘掉，摘叶部位要比接穗长一些，然后在砧木去掉叶的部位，用刀由外向内然后从上往下通过韧皮部和木质部之间切下一条树皮，露出形成层，切面呈水白色，砧木切面长、宽同接穗切面一致。与此同时，从接穗枝条上剪取 8~9cm 长的小枝，留顶芽以及以下 10 多束针叶或侧芽，此下针叶全部摘掉。然后用刀自下端通过髓心把接穗切开，直至离顶芽 1.5~2cm 处，并逐渐向外斜切一半，用带顶芽的一半作接穗。接穗的切面大小要同砧木切面一致。把接穗的切面贴在砧木的切面上，使上下、左右对准，左手托住砧木，用大拇指按住接穗下端和塑料布条的一头，用右手拿塑料布条从下往上一环扣一环地缠紧，直到切口下部，最后打结固定塑料布（图 4-8）。

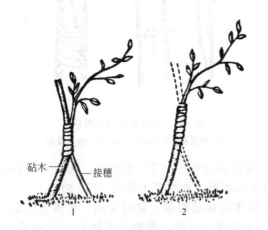

图 4-9 靠接法
1—靠接；2—断穗根和断砧头

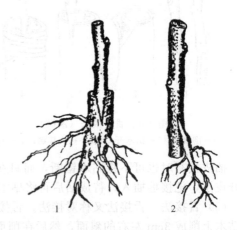

图 4-10 根接法
1—劈接；2—倒腹接

（7）靠接法　靠接法又称诱接和带根接。靠接的特点是砧木与接穗各有自己的根系，嫁接时不需剪断，对两者的养分运输无大影响，容易成活，多用于亲和力较差，用其他嫁接方法难以接活的树木。利用靠接法嫁接某些观果树种还可以当年观果。靠接法简单，容易掌握。嫁接时选用粗细相同的砧木和接穗，将两者枝条的相对的嫁接部位各削去长度相等、深度达枝条直径 1/3~1/2 的部分，再将两个削面互相靠合在一起。若削面宽度不一致，可使一侧形成层对准，然后绑扎，待愈合成活以后，将接穗自接口下剪断，砧木自接口上剪断，即成为一株新的植株（图 4-9）。

（8）根接法 根接法以不易生根的优良品种的枝条作为接穗，将其接在亲缘相近的砧木根段上，使其愈合形成新的植株（图 4-10），其方法参考切接、劈接和舌接法。

2. 芽接法

芽接是以含一个饱满芽的芽片为接穗进行的嫁接。芽接法的优点是：可以节约大量的接穗，一个芽可繁一株苗，适宜大量繁殖。芽接对砧木要求不严，一般一年生的砧苗就能嫁接，可缩短砧木的培育时间。嫁接时期长，6~9月份均可进行。技术简单，易掌握，成活率高，嫁接不活者当年还可以补接。因嫁接形式不同，芽接可分为以下几种。

（1）嵌芽芽接法 嵌芽芽接法又叫带木质芽接法。此法不受树木离皮与否的季节限制，在生产中广泛应用。操作方法为：切削芽片时，在芽的上部 1~1.5cm 处稍带木质部自上而下切至芽下 1~1.5cm，再在芽的下部 0.5cm 处向下斜切一刀与第一刀相交切断芽片，即可取下芽片，一般芽片长 2~3cm，宽度不等，依接穗粗度而定。砧木的切法是在选好的部位自上向下稍带木质部削一与芽片长宽均相等的切面，将此切开部分上部切去约 1/2。接着将芽片插入切口使两者形成层对齐，将留下部分的树皮贴到芽片上，再用塑料带绑扎好即可（图 4-11）。

（2）T字形芽接法 T字形芽接法又叫盾状芽接法，是芽接中常用的方法。砧木一般选用 1~2 年生的小苗。砧木的切法是距地面 5cm 左右，选光滑无疤部位横切一刀，深度以切断皮层为准，然后从横切口中央切一垂直口，使切口呈一"T"字形。削取接穗时先去掉叶片，留有叶柄。芽片削取可先从芽上方 0.5cm 左右横切一刀，刀口长约 0.8~1cm，深达木质部，再从芽片下方 1cm 左右连同木质部向上切削到横切口处取下芽，芽片稍带木质或不带木质部，芽居芽片正中或稍偏上一点。然后把芽片放入切口，往下插入，使芽片上边与"T"字形切口的横切口对齐（图 4-12）。最后用塑料带从下向上一圈压一圈地把切口包严，注意将芽和叶柄留在外面，以便检查成活。此方法要在树皮易剥的时期才好进行。

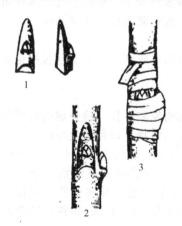

图 4-11 嵌芽芽接法　　　　　　　　　　图 4-12 T字形芽接法
1—削接芽和砧木接口；2—插入接芽；3—绑缚　　1—削取芽片；2—插芽；3—绑缚

（3）贴芽接法 此方法的具体操作为：先在接枝上削取芽片，在芽的下方 1~1.5cm 处，用芽接刀向上稍向内斜削进去，稍带木质部，在削面过芽的位置后再稍向外斜削出来，将芽片掉。要求动作快，削面光滑，芽片呈弧形，芽居正中。用同样方法在砧木上削一弧形削口，大小形状和芽片相似，立即将芽片贴上去使二者紧密吻合，形成层对准，然后绑扎即可（图 4-13）。

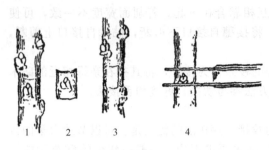

图 4-13 贴芽接法
1—削取芽片；2—取下的芽片；3—放入芽片；4—绑缚

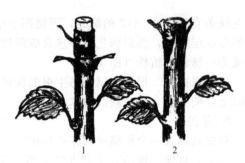

图 4-14 套芽接法
1—套芽；2—将砧披覆于接芽上

(4) 套芽接法　套芽接法又叫管状芽接。此法适于皮层容易剥离的树木，并要求砧木与接穗直径相等或相近。操作方法为：在接穗上将枝条从接芽的上方剪断，在接芽下方用刀环切一圈，把皮层切断，轻拧下圆筒状的皮层套管，上带一个接芽。再将砧木嫁接部位上方的枝条剪去。用同样方法除去一圈皮层，把接芽套管套上，绑扎即可。或者将砧木嫁接部位的皮层撕开，再套上接芽套管绑扎也可。此法多在夏末及秋季进行，因这时春梢较充实，营养物质多，有利于愈合与成活（图 4-14）。

(六) 嫁接后的管理

1. 检查成活及补接

芽接者 1～2 周后即可检查成活情况，从接芽和叶柄的状态来检查，接芽新鲜、叶柄一触即落者为成活。对于当年要萌芽生长的芽接如早夏芽接，检查未成活时，若时期仍适宜嫁接可行补接，在检查成活的同时若发现绑缚物过紧也应松绑。对于当年不萌芽者如常采用的秋季芽接，嫁接时期较长，一般未成活的应及时补接，但时期过晚则不宜再接，因过迟温度低，嫁接不易愈合成活。而且此时若采用"T"字形芽接，砧木不能离皮，也无法进行嫁接。越冬后未成活的，春季用枝接法进行补接。

枝接有先断砧后再嫁接和不断砧嫁接。断砧后枝接多在春季萌芽前进行，嫁接萌发后发现未成活者时，时期已不适宜补接，待砧木萌芽后留一健壮萌条进行秋季补接。

2. 培土防寒

冬季寒冷干旱地区，为避免接芽受冻，在封冻前应培土防寒，培土以超过接芽 6～10cm 为宜。春季解冻后应及时扒掉，以免影响接芽的萌发。

3. 剪砧解绑

当年萌发生长的芽接应及时剪砧，以免影响接芽的萌发和生长，检查成活时可剪砧或折砧而不断砧，以保证养分供给。视接芽生长快慢来解除绑缚物，以免产生缢痕影响生长。秋季芽接（接芽愈合当年不萌发），在第二年萌芽前剪砧解绑，以集中养分供芽萌发生长。剪砧不宜过早，以免剪口风干和受冻，也不要过晚以免影响芽的萌发或浪费养分。在芽片上 0.3～0.5cm 处下剪，剪口向接芽背面微向下斜，有利于剪口愈合和接芽萌发生长。在风害较大的地区，还可以采取两次剪砧的方法，第一次剪砧保留 10～15cm 砧桩，待萌发的新梢已半木化，接口牢固方可在接口上 0.3～0.5cm 处剪除砧桩。

枝接多为先断砧再接，不需剪砧。先不断砧的枝接可参照芽接的方法剪砧。

4. 除萌

剪砧后，砧木基部容易发出大量萌蘖，须及时多次地除去，以免其夺去养分而影响接芽生长。

5. 其他管理

无论是枝接还是芽接苗，在嫁接苗生长期间，应加强追肥、浇水、中耕除草的管理，后期应少浇水，并对嫁接苗轻摘心，促使枝芽充实，安全越冬。秋末落叶后，有些花木可以出圃定植，或挖出假植。

二、扦插繁殖育苗

(一) 扦插繁殖概述

扦插繁殖是用树木的营养器官根、茎、叶、芽、枝等器官或一部分作为插穗，在适宜的环境条件下，插在土壤、河沙、蛭石等基质中，利用植物的再生能力，发生新根或新芽而长成一个独立新植株。这种繁殖方法称为扦插繁殖。所得苗木为扦插苗。

1. 扦插繁殖的特点

扦插繁殖可以经济的利用繁殖材料，可进行大量育苗和多季育苗，既经济又简单，不存在嫁接繁殖中砧木影响接穗的问题，可以保持母体的优良性状，而且成苗迅速，开始结实时间比实生苗早，对不结实的或结实稀少的名贵园林树种是一种切实可行的繁殖方法。

但是，扦插繁殖在管理上要求比较精细，因插条脱离母体，必须给以最适合的温度、湿度等环境条件才能成活，因此，对一些要求较高的树种，还要采用必要的措施如遮荫、喷雾、盖塑料棚等；扦插苗比实生苗的根系浅，抗风、抗旱、抗寒能力较弱，寿命也较短。

2. 扦插繁殖的类型

扦插繁殖的种类有枝插（插条）、根插、叶插等。在育苗生产实践中以枝插即插条繁殖应用最广，根插次之，叶插应用很少。插条繁殖育苗即插条育苗。以下重点介绍插条育苗。

(二) 插条育苗

插条育苗是用苗干或树木枝条的一部分做繁殖材料，插入插壤中进行育苗的方法。用来扦插的枝条叫做插穗，用插条法培育的苗木称为插条苗。

插条育苗法较简单，成活率高，单位面积产量比其他营养繁殖法都高，适用树种比较多，所以它是园林生产上应用最广泛的一种营养繁殖育苗方法。

1. 插条生根的原理

插穗成活与否主要取决于插穗能否生根。生根快的苗木成活率高，生根慢的苗木成活率低。插穗生根的部位因树种而异。有的是以皮部生根为主（先从皮部生根），如柳树、沙棘和柽柳等，此类因生根快而成活率高；有的以下切口愈合组织生根为主（先从愈合组织生根），如悬铃木、胡枝子、柳杉、落叶松、金钱松、赤松、黑松和紫杉等，此类因生根时间较长，所以成活率低；也有皮部与愈合组织生根相当的树种，如杉木、花柏和部分阔叶树种如杨树中的毛白杨、加拿大杨、钻天杨、小叶杨、旱杨、胡枝子、紫穗槐等（表 4-7），这类树种若先从皮部生根则成活率高，如杨树，若先从愈合组织生根则成活率低，如花柏等许多针叶树及部分阔叶树种。

表 4-7 不同树种插穗根的分布情况

树 种	不同生根部位生根数所占的比例/%		备 注
	皮部生根	愈合组织生根	
毛白杨	62.8	37.2	有的幼茎生根
加拿大杨	48.2	51.8	—
钻天杨	42.2	57.8	—
小叶杨	76.6	23.4	—
旱杨	48.0	52.0	在芽的周围成丛生根
紫穗槐	61.0	39.0	—
胡枝子	0.0	100.0	—

(1) 皮部生根原理　先从皮部生根的树种在皮下有原生根原基（根原始体）。原生根原基是由特殊的薄壁细胞群所组成的。原生根原基形成的时期因树种而异，如杨、柳树从夏季到秋季（6~9月）形成。

根原基多的树种的插穗成活率高，相反则成活率低。例如毛白杨的根原基少，成活率低，北京杨的根原基是毛白杨的 3.54 倍，沙白杨是毛白杨的 3 倍，都比毛白杨成活率高。

根原基在适宜的温度与湿度条件下，经过 3~7 天即能从皮孔生出不定根（有的从皮下生根）。凡是枝条发育好的，枝条中根原基的生长发育就好，生根也快。

插穗最先生根的位置多数是在土壤温度、湿度和通气条件较适宜的深度。如杨树插条在距地表 3~8cm 处先生出 1~2 条不定根，这就保证了插穗的成活，通常称为"活命根"，从此以后，插穗的下切口也会逐渐出现愈合组织，其附近也会生出大量不定根。

（2）愈伤组织生根原理　植物受伤后都有恢复生机，保护伤口形成愈合组织的能力。园林树木插穗的下切口被切伤，因受愈伤激素的刺激，形成层和形成层附近的薄壁细胞分裂，在下切口的表面逐渐形成一种半透明不规则的瘤状突起物，是具有明显细胞核的薄壁细胞群，这就是初生愈伤组织，其作用是保护伤口，使其免受外界不良环境条件的影响，并能吸收水分和养分。初生愈伤组织将切口包合。这些愈伤组织的细胞和愈伤组织附近部位的细胞在生根过程中都很活跃，它们形成了生长点。

在温度、水分适宜的环境中，生长点或形成层中会产生出根原基，这种根原基是从愈伤组织中诱生的根原基，这些诱生根原基会生出很多不定根，这就是愈伤组织生根。此外，叶痕下的切口上的愈伤组织发育很旺盛，所以生根也很多。

植物的形成层、髓和髓射线组织的活细胞是形成愈伤组织的主要部分。插穗被切伤部分形成愈伤组织的能力和组织充实与否有关，组织愈充实，细胞所含原生质愈多，愈容易形成愈伤组织。

2. 影响插穗成活的因素

（1）内部因素

① 树种的生物学特性。不同树种的生物学特性不同，其枝条的生根能力也有很大差异。根据枝条生根的难易程度可分如下几种。

a. 容易生根的树种。如黑杨派、青杨派、柳树属、柽柳属、黄杨属、杉木、池杉、水杉、悬铃林等在一般条件下能获得较高的成活率。

b. 较难生根的树种。如刺槐、枫杨、泡桐、白蜡树、槭树、金钱松、雪松、花柏、侧柏、圆柏、落叶松、赤松等在一般条件下不经促根处理成活率低，但经一定的促根处理都能获得较高的成活率。

c. 难生根的树种。如樟树、楝树、苹果、松树、冷杉、核桃、栎树、板栗、山杨等在目前技术条件下，采用促根处理，仍难生根。

由树种的特性所决定，不同树种的插穗成活率不同，有的成活率高，有的不能成活。插穗不能生根的原因很多，有的是因为枝条内含有抑制物质。如赤松、白杨派的杨树等，在它们枝条内部含有抑制生根的物质，所以插穗生根很低或不生根。

树种生根的难易也是相对的，随着生产技术水平的提高，一些过去扦插成活率低被认为是难生根的树种，随着一些措施的改进，扦插成活率大大提高，扦插成为一种重要的繁殖方法，如桂花。

② 母树年龄。年幼的母树再生能力强。随着母树年龄的增加，抑制物质的含量也增多，因而，年龄越大的母树，其枝条生根的能力越小甚至不能生根。例如柳杉 5 年生母树枝条的成活率为 85%，25 年生母树枝条的成活率为 32.5%，200 年生母树枝条的成活率仅为 2.5%。5 年生母树枝条的成活率分别是后二者的 2.6 倍和 34 倍。试验证明，柳杉以不超过三年生母树枝条的生根率最高；水杉和池杉 1~3 年生苗的枝条的生根率最高；雪松 4~5 年生以下苗木枝条的生根率最高，10 年以内生的母树也可采条；珙桐 5~6 年生母树枝条的生根率可达 58%~65%，10 年生以上的母树枝条的生根率显著下降；日本赤松 10 年生以上母

树枝条很难生根，但用1~2年生实生苗作插穗能生根。

③ 插穗实际年龄和阶段发育年龄。枝条的年龄包含实际年龄和阶段发育年龄。枝条的年生为实际年龄，如1年生枝、2年生枝、多年生枝等。枝条的着生部位可说明其阶段年龄，枝条分枝级次越高，枝的发育年龄越大。如同一树上同是一年生枝，树冠上生长的枝条比树根和干基部萌发的枝条的阶段年龄要老。

大多数树种以一年生枝或当年生枝扦插。但不同树种具体实际年龄影响的大小有别。例如，杨树类1年生枝条成活率高，2年生枝条成活率低，即使成活，苗木的生长也较差；柳树属和柽柳属1~2年生枝条均可；杉木、水杉和柳杉1年生的条件较好，在基部也可稍带一段2年生部分；而罗汉松要带2~3年生的部分的生根率高。

不同发育阶段枝条的生根量不同，不同着生部位枝条的发育阶段不同，据报道用毛白杨树干基部萌发的枝条和树冠上的枝条进行扦插，前者生根数大大高于后者（表4-8），前者是后者的3倍以上。成活率前者是后者的4.2倍。干基萌发枝生根率虽高，但生产上来源少。所以，做插穗的枝条用采穗圃的枝条比较理想。如果无采穗圃，可用插条苗、留根苗和插根苗的苗干，其中以后二者更好。

表4-8 毛白杨枝条生长部位的插条试验

插条日期	插条所生的位置	插穗的年龄	平均生根数	平均苗高/cm
当年11月下旬	树基部萌发枝条	1	21	80
当年11月下旬	树冠的枝条	1	6	50
翌年3月下旬	树基部萌发枝条	1	25	133.3
翌年3月下旬	树冠的枝条	1	9	82.1

④ 枝条的生长状况及部位的差异。枝条生长健壮，芽饱满，扦插生根率高，因此，生产中采取插穗时，要求选取生长健壮的枝条。

树木枝条不同部位根原基的数量和贮存营养物质的量是不同的，所以，不同部位插穗的生根率、成活率和苗木生长量都有明显的差异。据报道：加拿大杨、小叶杨和二青杨3个树种都以枝条中部的插穗生根数最多、成活率最高，下部（接近基部）次之，上部最少。雪松枝条基部的生根率很高，中部和梢部的生根率都很低。而池杉、水杉、油橄榄等枝条的梢部生根率高。

⑤ 插穗长度。在一定范围内，插穗长度对其成活率和苗木生长量有明显影响。据报道：加拿大杨不同插穗长度成活率明显不同，在一定范围内，成活率随着穗长的增加而增加（表4-9）。

表4-9 加拿大杨插穗长度试验

插穗长度/cm	成活率/%	平均苗高/cm		平均地际直径/cm		侧根数
		高度	比例（以10cm插穗的苗高为100cm）	地径	比例（以10cm插穗的地际直径为100cm）	
5	0~0	—	—	—	—	—
10	32~79	260	100	1.95	100	18
15	66~98	281	108.1	2.00	102.5	18
20	92~100	306	117.7	2.32	118.9	29
30	94~100	287	110.4	2.24	114.8	33

注：地际直径即苗木根颈部或苗木地上地下交界处的直径。

不同长度的插穗成活率出现明显差异的原因有以下方面：第一，短插穗内部的根原始体数量少，生根的机会和数量少，所以成活率低。而长插穗内根原始体多，生根机会和数量就多；第二，短插穗内贮存的营养物质和水分少，因为插穗在生根之前，地上部发叶和地下部生根所需的营养物质较多，全部来自插穗内所贮存的营养物质，而短穗因贮存营养物质少，不能满足插穗生根和发叶的需要，因而影响插穗的成活率，长插穗不仅成活率高，苗木生长量也大；第三，土壤水分的影响。插穗短，入土浅，接近表层土的含水量低，插穗易干，不易生根。

⑥ 插穗直径。不同粗度的插穗所含营养物质的量不同。粗插穗积累的营养物质多，在一定范围内插穗成活率较高，苗木生长较好。插穗的适宜直径因树种而异。多数针叶树种插穗的直径在 0.3～1cm；阔叶树种在 0.5～2cm。如杨树插穗并不是越粗越好，直径在 2cm 以上的枝条，剪穗费工，以 1.0～2.0cm 比较理想，最细应在 0.7cm 以上。

⑦ 插穗的水分。从母树上采集的枝条或插穗，由于失去了正常养分与水分的供应，对干燥和病菌感染的抵抗能力显著减弱，常绿树种插穗的枯死常常是因为干燥和腐烂。插穗如果失水太多，不利于生根，降低了成活率。因此，在生产中，应注意在枝条含水高时采取，同时注意穗条的保湿。

(2) 外界条件

① 土温。插穗生根的适宜温度因树种而异。多数树种生根的最适宜温度为 20～25℃。原产热带的园林树木的扦插需要 25～30℃。耐寒性的树种稍低。然而很多树种都有其生根的最低温度，只要达到其生根的最低温度，即能开始生根。例如，加拿大杨插穗生根的最低温度为 7～8℃。为了延长苗木的生长期，应提倡早春插条，利用最低生根温度。

气温比地温稍低 2～5℃ 有利于插穗先生根再发芽。

② 土壤水分。插穗最容易失去水分平衡，因此要求土壤有适宜的水分。多数园林树木的扦插通常以 50%～60% 的土壤含水量为适宜。土壤水分过多常导致插穗腐烂。扦插初期，水分较多有利于愈伤组织的形成，愈伤组织形成后，应减少水分。土壤水分的多少又影响着土壤温度及通气状况，如气温低时扦插，如果灌水多，土壤温度低且氧气量少，不利于插穗生根。

③ 土壤的通气条件。扦插期间，插穗必须恢复生长并形成愈伤组织，生理活动同样比较旺盛，呼吸作用强烈，因而扦插基质必须有良好的透水透气能力，以保证充足的氧气，满足插条生根时的呼吸作用。若空气不足，插穗容易进行无氧呼吸，最终导致插穗窒息腐烂。所以插条育苗地的土壤应该疏松而且通透性良好。每次灌溉后必须及时松土，或采用细雾喷溉以防止土壤板结，否则会降低插穗的成活率。

④ 光照。插条生根需要一定的光照，尤其是在生长季节进行嫩枝扦插，光合作用产物（尤其是因此产生的部分激素类物质）对根的孕育及发芽生长具有十分重要的作用。在光照条件下，插穗上的叶片可以进行光合作用，制造养分，促进愈合生根。光照还可杀死一部分病菌，提高土壤温度，利于生根。但若烈日直晒，气温过高，同时不能满足水分要求，也将造成插穗失水萎蔫或灼伤，因此，要进行适度遮荫。嫩枝扦插时若采用全光照喷雾育苗，既保证了供水又不影响光照，效果更佳。

⑤ 空气相对湿度。空气相对湿度对难生根的针、阔叶树种的影响很大。例如，难生根树种的插穗在空气相对湿度为 85%～90% 的环境中比较容易生根。根据这个道理，在温度为 25～28℃，空气相对湿度 80%～90% 的环境中，再配合用生长素处理插穗，难生根的树种如银杏、榆树等都能生根。空气相对湿度对生长季节嫩枝扦插的影响更大。常绿树种必须在高湿度的环境中才能生根。

3. 促进生根的方法

为了加快插条愈合生根，除适当提高土温，根据树种特性选择好插穗外，还应在扦插之前对插条进行适当处理，以极大地提高生根效果。

(1) 浸水处理　把剪好的插条在清水或流水中浸泡8~12h后再进行扦插，可收到良好的效果。浸水处理的作用主要是通过清水或流水浸泡，不仅增加了插穗的水分，还能减少抑制生根的物质如单宁、树脂、乳汁等的量，保证插穗生根。具体做法是，将插穗按同一方向排列（最好能用绳子绑好），将下切口置入清水或流水中处理。水浸最好用流水，如无流水，要每天换水。

在硬枝扦插前，有些树木用温水浸泡（30℃以下）处理，可以激发插条本身酶的活性，促进营养物质的转化，加速了插穗的愈合生根。

(2) 切口处理　在剪枝时有些树木，往往从伤口流出大量的汁液，造成水分和养分的流失（尤其是嫩枝扦插），容易降低扦插成活率，必须进行处理。上切口的处理方法有：在插条上切口处滴蜡处理，或用烧热的金属快速烧烫伤口，使其形成一层保护膜。这种方法还能减少病菌感染。下切口的处理方法有：可对下切口进行沾草木灰或活性炭粉处理。

(3) 生长激素及生根促进剂类处理。生长类激素如萘乙酸、吲哚乙酸、吲哚丁酸、2,4-D等，生根促进剂如"ABT生根粉"系列，可以选择适当种类，采用适当的浓度进行处理。此类物质应用方法较多，生产上多采用粉剂和水剂处理。具体处理方法有浸泡法、快蘸法和蘸粉法。

① 浸泡法。先把称好的激素放入容器中，用少量酒精将其溶解，然后加入清水稀释到适宜的浓度。一般花木可采用20~100mg/L浓度，浸泡6~12h即可取出扦插。

② 快蘸法。激素配制法同浸泡法，不同的是快蘸处理时使用的浓度较高，一般树木可用300~600μL/L的浓度，将插穗基部2~3cm处放入药液中快蘸后迅速取出即可扦插。

③ 蘸粉法。先用少量的酒精溶解生长激素类物质，再用清水溶解滑石粉，然后将所溶解的激素放入盛有溶解的滑石粉的容器中，充分搅拌，置于黑暗处，保持在60~70℃的温度下，待干燥后研成细粉，装入深色玻璃瓶中密封备用。扦插时，将插穗基部的伤口蘸上粉剂，再进行扦插。此法比较简单。

(4) 增温处理　加温有多种形式，如生产中，有的可把枝条捆扎成把，放入蛭石或净沙的插床内加温，保持25~28℃，并浇水保湿，待伤口产生愈合组织后再取出扦插。

(5) 软化处理　一些树木插条内含有较多的色素、油分及松脂。这些物质能抑制植物细胞的活动，阻碍愈伤组织的形成和根的发生。如在剪取插条之前，用黑纸或泥土把枝条封裹遮光，一个月后剪下扦插，其遮光部位易形成根原始体，插后易生根。也可在早春芽萌动之前，将要选用的一段枝条用黑纸裹套，使之在发育过程中经受弱度遮荫，其遮荫部位在夏末时便形成了根原始体，秋季剪下扦插，也很容易生根。这种方法称为黄化处理又称软化处理。

4. 扦插方法

根据扦条的木质化程度，园林树木插条育苗又可分为嫩枝扦插育苗和硬枝扦插育苗等。

(1) 嫩枝扦插　嫩枝扦插又称软枝扦插或绿枝扦插（图4-15），即采用半木质化的枝条进行扦插。常规的方法是在树木生长旺盛的季节，采取当年生半木质化枝条，按2~4节为一段，每段约6~10cm剪截。保留上部1~2片（或1~2对）叶，叶片过大时可只保留叶片的1/2~1/3。将插条基部在节下1.5~3mm处削剪或斜剪（尖端部分位于叶柄下端较理想），随即扦插或处理后扦插。插前最好用略粗于插条的小枝插好一小孔，以免插条直接插入时造成插穗切口的创伤，引起发霉腐烂。插入深度依树木种类的不同以及温度湿度状况而灵活掌握，一般嫩枝扦插只能从愈伤组织内发根，应适当浅插。插壤要求较高，要用透水透气性好的细河沙、蛭石等材料。园林树木嫩枝扦插所用插条取自当年抽生并已半木化枝条，一般在5～9月份进行，此时温度较高，为了保持稳定的温度（18～27℃）和较高的空气湿度，一般应在阴棚内进行。插后应及时喷透水，同时应注意经常喷水以保持土壤湿润，生产中，除遮荫外，有些还采用塑料薄膜覆盖保湿，中午高温时打开薄膜一角换气，以防止高温、高湿造成切口发霉腐烂。有条件的地方可采用全光间隙喷雾扦插方法。适于嫩枝扦插的园林树木有山茶花、桂花、梅花、月季、雪松、橡皮树、南天竹、龙柏、铺地柏等。

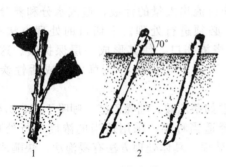

图4-15 插条育苗
1—嫩枝扦插；2—硬枝扦插

图4-16 插条处理
1—割插；2—土球插；3—踵状插

（2）硬枝扦插　硬枝扦插又称老枝扦插（图4-15）。多用于落叶树木，在落叶后至发芽前的休眠期进行。也可用于常绿树木，在停止生长后至春季树液流动前进行。南方适于秋冬插，北方适于春插。落叶树种在秋季落叶前养分已由叶片转移到枝条，此时选取的插穗养分充足，有利于生根。如此时不宜扦插，可贮藏到翌春解冻后再进行扦插。

插条可采取生长健壮、芽充实饱满和无病虫的一年生枝条作插穗。插条长度为12～15cm或更长，应根据枝条和环境条件适当应用，每插穗以保留2～3个节（即叶柄或芽）为好。插入深度为穗长的1/2～2/3，以上面留1～2侧芽（或叶片）为宜。一般来说，越是环境干旱，插穗应越长，插入土中也需越深（图4-15）。插后应及时浇水保湿。硬枝扦插可直接选用圃地疏松的砂壤土作插壤进行扦插，可根据环境条件和具体树种等确定遮荫与否。适于硬枝扦插的园林树木有木槿、紫薇、法国梧桐、夹竹桃、桂花、含笑、月季、佛手等。

一些扦插不易生根的园林树木，如白玉兰、米兰、杜鹃，以及一些松柏科的树木，可用生长激素处理，有的还可用割插、土球插、踵状插等方法处理，为插条创造更多的生根机会（图4-16）。

（三）插芽育苗

此法在繁殖优良品种时应用，一次能获得大量的苗木，并节省繁殖材料。它适于一些易生根或具有角质、蜡质叶的园林树木。如橡皮树、桂花、山茶花、葡萄等。插穗的上剪口距芽尖0.5～1cm，下口视节间长短而定，一般插穗长度不超过1cm。插穗浅插在沙床内，芽要露出沙面，所带的叶片可绑在小棍上，以支撑其直立。在插条基部发出新根以后，腋芽开始萌动，插条即可长出一株新苗（图4-17）。

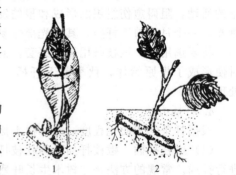

图4-17 插芽、插根育苗
1—插芽法；2—插根法

（四）根插育苗

根插育苗是利用根上的不定芽萌发而长出新的植株。此法适于根系发芽能力强、具有肥大肉质须根系或直根系的树木,如牡丹、樱桃、木瓜、泡桐、山楂、贴梗海棠、紫藤、枸杞、凌霄、紫薇、大丽花、蔷薇、海棠花属、无花果、合欢、臭椿、栾树、刺槐、毛刺槐、国槐、构树、光叶榆、小花七叶树等。

根插育苗多结合春、秋雨季对母株进行移栽或分株时进行,这时根系贮藏养分多,又未开始生长。把母株上剪下或挖断的主根截成长10~15cm的小段,按一定的株行距插入育苗床内,入土深度为其的五分之四或全部斜插入内。较细的根段,可平埋在苗床内,然后覆土2~3cm,并经常保持床土湿润,忌水分过大,以免引起烂根。但需要全光照,以提高土温,促进成苗。一些观叶的花叶嵌合体用根插育苗产生的新植株往往容易失去斑叶的性状,降低了观赏价值,繁殖时应加以注意。

根插繁殖比较简单,但根段的大小决定了繁殖效果的好坏,细嫩根及鲜根,最好在温室、大棚或温床沙上扦插,粗大的根可以露地扦插(图4-17)

三、压条繁殖育苗

(一)压条繁殖概述

压条繁殖是将生长在母树上的枝条埋入土中,或用容器装入湿润的基质(苔藓、蛭石、培养土等)将枝条包裹,为了促使生根可于包裹前将待压部位进行刻伤、剥皮、涂抹生根促进物质等进行处理,待生根后将其从母体上割离下来,成为一独立新植株的方法。

在压条过程中,枝条不与母体分离,并借助母体供给水分、养分,有利于生根。同时对压条部位进行不同的处理,使上部光合作用产物运行受阻而积累于处理点上,故压条容易生根,成活率较高。另外,压条部位经埋土及包扎遮光处理产生黄化及软化作用,这都是容易生根成活的因素。此法可培育较大苗木,开花早,简单易行,不需特殊养护条件。多用于茎节和节间容易生根的花灌木,以及扦插、嫁接不易成活的珍贵花木。但生根时间较长,繁殖量小。

压条繁殖可在秋季落叶后或早春发芽前,利用一二年生的成熟枝条进行,也可在生长季节用当年生枝条进行。

(二)压条繁殖方法

1. 普通压条法

(1)偃枝压条法 偃枝压条法多用于枝条较软的树种,一根枝条只能繁殖一株幼苗。将母株下部枝条下弯,然后埋入土内,枝梢外露,并用竹竿绑扎固定,使其直立生长。埋入土内的被压部位要扭伤、刻伤或进行环状剥皮,以促使其发根。同时用木钩或树杈把被压部位固定着,效果更好。待生根后可将其从母株上割离(图4-18)。

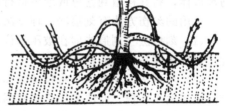

图4-18 偃枝压条法

(2)水平压条法 水平压条法多用于灌木类树种。先把母株上靠近地面枝条的节部稍稍刻伤,然后把枝条水平深埋入挖好的沟内,梢端露出地面。经过一段时间,节部萌发新根,节上腋芽也萌发出土,待幼苗木质化后,从埋土处把各段的节间切断(图4-19)。

(3)波状压条法 波状压条法适于藤本类树木。这类树木枝条很长,节部入土后多数能自然生长新根。可将枝条呈波浪状逐节埋入土内(刻伤或不刻

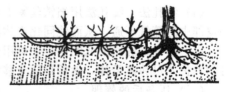

图4-19 水平压条法

伤），待其发根后把露在外面的节间部分逐段剪断。节部新根吸收的水分、养分可供腋芽萌发生长，便形成许多新的植株。如葡萄、紫藤等常用此法繁殖（图4-20）。

2. 堆土压条法

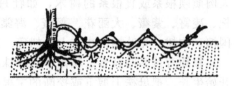

图 4-20　波状压条法

堆土压条法又称萌蘖压条，此法多用于枝条短硬，不易弯曲，枝条萌芽力强的落叶或常绿灌木。在树基部培土后可使枝条软化，促进根的形成，从而获得较多新的植株。此法可以堆埋一年生枝和当年生半木化枝。生产中多利用堆埋半木化枝条在生长旺季进行。具体方法是：在枝条基部距地面20～30cm处进行环割，然后培土，把整个株丛的下半部分埋住，经常保持土堆湿润。经过一段时间，伤口部分隐芽再生而长出新根，到来年春季扒开土堆，从新根下面逐个剪断，即可移植。黄刺玫、珍珠梅、贴梗海棠、金银木等常用此法繁殖（图4-21）。

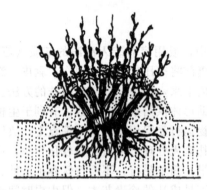

图 4-21　堆土压条法

图 4-22　高空压条法

3. 空中压条法

空中压条法常用于一些扦插不易成活，基部不生萌蘖，枝条位置过高，又不易弯曲到地面的树木的压条繁殖。如白玉兰、米兰、桂花、含笑、山茶及柑橘类等。采用空中压条法所得的新苗具有成株快，开花结果早的特点。具体方法是在春季、夏末时进行，选1～2年生枝条，在被压部位进行刻伤处理，然后可用对半开的竹筒或劈开的花盆、或聚乙烯薄膜等包裹刻伤部位，内填苔藓、腐殖土或蛭石等，并经常灌水以保持湿润。生根后，从包裹物下边剪离母体，将其移植到盆里或地里进行培养。

常用的刻伤方法有刻痕法、环剥法、扭枝法、缢扎法。

（1）刻痕法　刻痕法即在被压部位，纵向刻几道伤痕或横向刻伤一二圈，深达木质部，此法多用于容易发根的花卉。

（2）环剥法　环剥法是将枝条被压部位的树皮环状剥去宽约1cm或更宽，促使环剥上方形成层发出新根。此法多用于生根困难的花卉。

（3）扭枝法　扭枝法适用于枝条柔软、容易离皮的花卉。用手将被压部位扭曲，使韧皮部和木质部分离。此法省工省时，便于操作。

（4）缢扎法　缢扎法用细铁丝紧绑在被压部位，深达木质部，使其不能加粗生长，并使韧皮部中的筛管不通，从而使同化产物集中在绑扎处，从而刺激其生根。

以上各种方法所形成的伤口还可用生长素进行处理，以促进生根。高空压条法需要几个月的养护才可剪离母体，然后带原土移植，以另成新株（图4-22）。

(三) 压条后的管理

压条管理比较简单，主要是保持土壤的湿润。对于地面压条者要经常松土，使其透气良好，利于生根。冬季适当防寒，较大枝条生根后可分次切割，成活的可能性比较大。刚从母体分离下高空压条苗都较细弱，一定要经过圃地培养复壮，方能出圃。

四、分株繁殖育苗

分株繁殖又叫分根繁殖。它是将母株根部发出的根蘖苗分割下来成为一个独立新植株的育苗方法。分株苗带有母株的老根和须根，所以容易成活，并能当年开花。多适用于丛生性的灌木，如南天竹、牡丹等。

分株常在春秋两季进行，秋季开花者宜在春季萌发前进行，春季开花者适于在秋季落叶后进行。分株时先将母株挖起，用刀、剪、斧将母株分割成数丛。每一丛上有2~3个枝干，带有部分根系，然后进行栽植。一些萌蘖力较强的灌木和藤本植物，如金银花、凌霄等，分株时可不需挖出全株，只挖取分蘖苗进行移植培养即可（图4-23）。

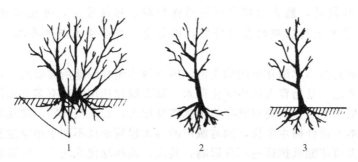

图 4-23　分株繁殖法
1—切割；2—分离；3—栽植

复习思考题

1. 苗木的繁殖方法有哪些？
2. 影响树木种子贮藏的内外因素有哪些？
3. 简述园林树木种子湿沙层积贮藏方法的步骤怎样。
4. 生产中常用的播种方法主要是哪些？各适用于什么情况？
5. 试述播种繁殖育苗的生产管理技术措施有哪些？
6. 园林树木扦插繁殖的原理是什么？
7. 什么是硬枝扦插？什么是软枝扦插？
8. 影响园林树木扦插成活的内外因素主要有哪些？如何影响？
9. 列出几种生产中促进插条生根的方法。
10. 嫁接成活的原理是什么？影响嫁接成活的主要因素有哪些？
11. 育苗生产中常用的枝接方法有哪些？常用的芽接方法有哪几种？
12. 嫁接操作的四个技术要点指的是什么？
13. 园林树木育苗中，枝接常在什么时候进行？芽接常在什么时进行？为什么？
14. 嫁接苗的特殊管理措施有哪些？
15. 什么叫压条繁殖？什么叫分株繁殖？

第五章 园林树木大苗培育

【知识目标】
　　明确育苗期间园林大苗移植、修剪的意义及其方法与技术要求；熟悉行道树、庭荫树、花灌木、绿篱、藤本类等各类大苗培育的技术要点。
【能力目标】
　　在具体苗木移植时，能合理确定移植的株行距、移植方法，并能实施苗木移植；能根据不同类型的苗木进行苗期的合理修剪，以符合各类合格大苗的要求。

　　园林树木大苗是指园林绿化所用的大苗，即指城市园林绿地所需要的大规格的苗木。园林苗圃的主要任务之一是培育大规格绿化苗木。城市绿化选用大苗有多方面的原因：首先城市环境复杂，新植树木时，人类对其影响干扰破坏很大，如人流践踏，撞摇树干，土壤情况复杂，有些地段本不适合树木生长，同时城市的高大建筑形成不利于小苗生长的各种小气候环境，只有选用大苗才能抵抗这些不良影响；其次，园林绿化选用大苗可以收到立竿见影的效果，很快满足绿化功能、防护功能等要求，起到美化环境、改善环境的作用；第三，用大苗绿化，能与城市的高大建筑相协调，成比例；第四，大规格苗木抵抗自然灾害的能力强。如抵抗严寒、干旱、风沙、水涝、盐碱等的能力强。
　　园林树木大苗要经过多年的培育，且大苗培育过程中必须经过移植和整形修剪，只有这样，才能培养出符合各种用途的大苗。

第一节　苗　木　移　植

一、苗木移植的意义

　　苗木移植是指苗木在育苗期间的移植，是在育苗期间把密度较大、生长拥挤的苗木挖掘出来，按照规定的行株距在移植区栽种下去。苗木移植是大苗育苗期间所必需进行的生产环节。苗木移植是培育大苗的重要技术措施之一。通过移植主要可起以下作用。
　　1. 扩大了株行距，能培养出姿态优美的苗木
　　在幼苗培育时期，因苗木体积小，且较喜阴或耐阴，为了提高单位面积的产苗量，一般苗圃幼苗的密度往往较大。但随着苗木的长大，对空间、营养、光照和水分的需求越来越高，如不及时进行移植，常会因生存空间狭窄，通风透光和营养条件差，造成苗木生长纤细、枝叶稀疏、株形很差，而且易患病虫害，很难长成一定规格的优质大苗。通过移植，扩大了苗木的生长空间，保证各种用途苗木的生长需要。同时移植时，苗木的根系与地上部分均被适当地修剪，抑制了苗木的高生长，缩小了苗木的茎根比，使苗木株形更趋于完整丰满，姿态更优美，提高了观赏价值。
　　2. 促进根系的发达和完整
　　苗木移植时，由于主根被切断，刺激其萌生大量侧根和须根，从而扩大了根系吸收水分和养分的能力与范围，保证了地上部水分和矿质营养的供应。同时，这些新生的侧根和须根

都处于根颈附近和土壤浅层中,生产上称为有效根系。苗木出圃时,所带根系相对较完整,即大部分根系能随苗木带走,从而为以后的栽植成活打下良好的基础。

3. 使苗木规格均衡、整齐

苗木移植时,通常分级栽植,使高度、大小接近的苗木在以后的培育中生长较均衡、整齐,分化小。出圃时苗木规格也整齐,便于在园林绿化中应用。

二、苗木移植技术

1. 整地施肥

根据移植苗木的大小选择地段和分别整地。首先进行粗整,边翻地边整平,翻耕深度因圃地、移植时期、苗木大小而异。秋耕或休闲地初耕可深些,春耕或二次翻耕可浅些;移植大苗可深些,移植小苗可浅些。翻地时要结合施基肥,保证苗木在整个生育过程中源源不断地吸收养分。基肥应以迟效性肥料为主,如猪羊粪、鸡鸭粪、湖泥、塘泥、优质堆肥等。然后作畦,进一步平整圃地。一般床宽2~2.5m,高15~20cm。依降水多少不同,也可作成平床或半高床。在作床的同时随即做好步道,理通排水系统,使之与全圃的排灌系统连通。

2. 移植季节

"植树无期,勿使树知",这说明树木的移植时期应依据树种特性和气候条件而定。树木移植时期一般在春、秋两季,即春季树木开始生长前和秋季树木生长将结束时。因为此时地下根系还在生长,移植后树木根系的伤口能逐渐愈合或发出新根,而地上部分的生长量很小,蒸腾量小,进行移植最容易成活。春季移植适宜期较短,应根据苗木萌芽的迟早合理安排移植顺序。一般萌芽早者先移植,萌芽晚者后移植。北方冬季寒冷,秋季移植应早。冬季过分寒冷和冻拔严重的地区不宜进行秋季移植。

另外常绿树种可以在雨季进行移植。此时雨水多,空气湿度大,苗木蒸腾量小,根系生长迅速,易于成活。但此期也因温度过高而降低其移植的成活率,较大常绿树苗在此期移植常采用搭遮阳网的方法来减少阳光照射,以减少树冠水分的蒸腾量。待树木恢复正常生长,逐渐去掉遮阳网,减少喷水次数,使移植成功。

我国南方冬季气候温暖,利于根的生长修复,可进行冬季移植。

3. 移植方法

(1) 裸根移植 大部分落叶树和常绿树小苗可以进行裸根移植。裸根移植掘苗省工,操作简单。圃地苗木移植时要适当修根,劈裂的根要剪除,以免烂根。过长的主侧根应略加短剪,一般保留20~25cm,也不宜过短,过短会影响苗木的成活和生长。剪口应力求光滑,以利于伤口愈合,促发大量须根,提高栽植成活率。栽植方法常用沟植法和穴植法,不论采用哪种栽植方法,一定要使苗根舒展,栽后要踏实,使根土密接。栽植深度要比原来根颈的土痕高2~3cm,以免土壤下沉而使根系外露。

(2) 带土球移植 采用裸根移植难以成活的树种可带土球移植,如常绿树种的大苗、雪松、桂花、樟树、广玉兰等。圃地较大苗木的带土球移植方法见第八章。在苗地移植时,土球的大小可小些,包扎可简单些,但以保证能带有大部分根系为度,以保证移植成活率。

不论何种移植方法,栽毕应立即浇透水,以利成活。所移苗木要按大小分级,分区栽植,使移植后苗木的生长发育均匀,减少分化现象,便于管理,提高苗木的出圃率。另外,在苗木移植过程中,要随时注意保持苗根湿润,防止失水干枯;常绿阔叶树还可剪去部分枝叶,以提高移植苗木的成活率。

4. 移植的密度与次数

移植密度与苗木的类型和用途有关。以养干为主的乔木类,如毛白杨、水杉、银杏等要密植,株行距应在40~70cm或50~60cm,以促使苗木向上生长,树干高而直立。如栽植过稀则侧枝发达，树冠加大，易发生垂头和树干弯曲现象。以养树冠为主的花灌木类如桃、梅、龙爪槐等，应适当稀疏，株行距应在100~120cm，使侧枝有发展的空间。为保持树冠圆满、枝叶茂密，常绿树的株行距以移植后2~3年树冠接近郁闭为度，如过密则苗木下部枝条光照不足，会引起自然整枝，下枝脱落，树冠上移，主干裸露，观赏价值大大降低。移植苗的密度还应该与苗木移植后培育的年限和生长速度有关。1次移植、生长快速的树种移植后第1年应明显稀疏，生长1~2年后，密度正合适，第3年经修剪整枝仍能维持1年，第4年达到出圃规格要求。生长慢、需经2次移植的树种的株行距要求稍大，当树冠枝叶相接、郁闭时，进行第2次移植，再扩大株行距，再经2~3年培育即可出圃。

培育大规格苗木要经过多年多次移植。苗木移植的次数最多为2~3次。移植次数过多会阻滞苗木的生长。培育年龄相同的苗林，移植次数越多（移植间隔期短），树冠的生长量就越少。若年年移植，树冠年生长量很小。移植的间隔期加长，苗木在原地有较长时间的生长，生长量自然增大，这说明移植间隔期越长，树冠平均年增加量越大。

移植的间隔期与生长速度有关，生长快的树种如杨、柳、悬铃木，隔年移植一次，3~4年即可出圃；生长慢的树种的间隔期长一些，如银杏、白皮松、云杉、冷杉等，播种后2~3年才能移植，以后每隔3~5年移植一次，8~10年可出圃。

在生产实际中，确定苗木移植次数和密度（行株距）的确定还应考虑节约用地、节省用工和便于耕作等因素。

5. 移植后的管理

(1) 灌水　灌水是保证苗木成活的重要措施，特别是春季干旱少雨地区。在栽后立即浇水后的3~5天浇第二次水；5~7天后浇第三次水。目的在于养根，保证苗木成活。以后即转入正常养护工作，应视天气与圃地土壤的干湿和苗木生长状况适时浇水，以满足枝叶生长对水分的需求。

(2) 扶苗　由于移植地土层疏松，几经浇水或大风后，初移植的苗木往往出现苗木歪倒倾斜现象，需要及时扶正，否则会使苗木弯曲，影响苗木的质量。扶正时可先扒开苗木根际土壤，将苗木扶正，然后再还土踏实。在春季多风地区尤需要注意。

(3) 平整床面　新移植的苗区，经过几次浇水和其他管理操作的践踏，床面会出现坑洼不平的现象，要及时进行平整，使床面平坦、整齐一致，保证每株苗木的受水量和受肥量一致，平衡生长。同时，还要做好步道的平整工作以利排水。

第二节　苗木的整形修剪

一、苗木整形修剪的意义

在园林大苗培养过程中，通过不断整形修剪，培养出符合各种园林用途的大苗所具有的树形，如行道树大苗要具有通直理想的主干和一定的健壮侧枝；常绿球形树大苗的树冠要圆满、匀称、紧凑和牢固；花灌木大苗应具有多主枝丛生紧凑等特点。通过整形修剪创造良好的通风透光的树体结构，减少病虫害发生，培养健壮、质量高的苗木。

二、苗木整形修剪的时期

苗木修剪的时期可分为生长期修剪和休眠期修剪。

(1) 生长期修剪　生长期修剪又叫夏季修剪，即树木萌芽后至新梢或副梢生长停止前的修剪，一般是3~10月份。如苗木的抹（剥）芽、除梢、摘心等措施就是在生长期进行。

(2) 休眠期修剪　休眠期修剪又叫冬季修剪，即自树木落叶休眠后至次年春季树液开始流动前的修剪，一般是12月份至次年的2月份。某一树种具体的修剪时间还要根据其萌芽开花的物候习性、伤流、抗寒等具体情况分析确定。一般落叶树种冬剪可于整个休眠期进行，但有伤流的树种早春萌芽前不能剪；常绿树种的冬剪一般以春萌前进行为宜。苗木的整形修剪如对骨干枝的剪截较多是在休眠期进行的。

三、苗木整形修剪的方法

园林树木整形修剪的方法很多，详细介绍见第十章。苗期最常用的一些修剪措施介绍如下。

1. 截干

截干是指苗期将苗干从近地面处截除，又叫做平茬，是整形修剪中的常用方法之一。多用于行道树、庭荫树的育苗修剪。目的是利用其萌芽力、成枝力较强的特点来培养理想的树干。当一年生苗木树干细弱、弯曲或有其他情况不符合要求时，常在萌芽前将其主干自基部截去，使其重新萌发许多新枝，再从中选留一直立且生长强壮的枝条培养为主干。

2. 短截

将1年生枝条剪去一部分叫做短截。短截起着局部促进、整体抑制的作用。短截时应特别注意剪口芽的质量、位置，应选留饱满、位置符合要求的芽。剪口芽的质量影响将来新生枝条的长势和长度；剪口芽的位置决定了枝条的着生方向和角度，调节着每一级分枝间的距离和组合，使冠形紧凑、圆满、整齐。短截又可分为轻短截、中短截、重短截和极重短截。苗期中较多应用中短截和重短截方法。短截程度不同，修剪效果也不同。

3. 抹芽、除梢

发芽时，树木常常有许多芽同时萌发，为了节省养分和整形上的要求，将位置不当或多余的芽及时从基部抹除称为抹芽；将萌芽抽生成的嫩枝掰除或剪除称为除梢。目的是改善树冠内的通风透光条件，并使剩下的枝芽有充足的养分供应，增强其生长势。

4. 摘心

摘心即在生长季节摘去枝梢的生长点。摘心能抑制新梢的加长生长，促进分枝，还可发生二次梢，有利于扩大冠形，使其更加丰满。摘心还能促使枝梢发育充足，促进花芽分化和二次开花，并能增加着花部位。针叶树种形成的双头、多头等，可采用摘去枝条生长点的办法加以抑制，从而达到平衡枝势的目的。

5. 去蘖

去蘖又叫做除萌，是指在生长季节除去苗木基部的根蘖或嫁接苗砧木上生出的萌蘖，使养分集中供给苗木生长。

第三节　各类大苗培育的技术要点

一、行道树、庭荫树大苗的培育

行道树和庭荫树大苗的要求为：第一要有高大通直的树干，行道树干高通常在3m以上或更高，最少不低于2.5m，庭荫树干高为1.8~2.0m以上；第二要有完整、匀称和茂密的树冠；第三要有强大的根系。其中养干是培育行道树和庭荫树大苗的关键技术。

1. 落叶乔木类大苗的培育技术

以落叶乔木类作行道和庭荫树，其大苗的培养重点为养干和培冠两方面，不同树木种类培养的技术要点不同。

顶端优势强的树种如杨树类苗木，一般采用自然冠形，主要是保持主干的顶端优势。其苗期整形修剪技术要点是：苗木小时，为促进主干的生长，应及时疏去其1.8m以下的侧枝及萌蘖枝。以后随着树的不断增高，按照定干高度的要求，逐年疏去定干高以下的侧枝，以保证干的通直。定干高度以上的侧枝作为培养树冠的基础，同时疏除树冠内的过密枝及扰乱树形的枝。

对于槐、臭椿、元宝枫、杜仲等树种，当播种苗生长良好达到2m高度后，可直接养干，随着苗木的长高，在定干高度以上选留3~5个分布均匀的枝条作为培养树冠的基础即可。若苗木长势较弱，生长高度达不到定干要求，第二年，这类苗木会萌生大量侧枝，同时分枝角度大，继续在原干上延伸养干难以养成通直的主干，故可采用移植截干养干法。其方法为：在移植后的第一年不修剪，以养根为目的。第二年春季萌芽前从近地面处截干，萌芽后选留一个健壮直立的枝条（风害严重地区可选留两个，到5月底枝条木质化后可去一留一）作为理想主干培养。并注意水肥、中耕除草、病虫害防治等养护管理，到秋季苗木高可达2.5~3m。最后结合第二次移植可选留3~5个分布均匀的枝条作主枝，第二年在这些主枝30cm处进行短截，以促使侧枝生长，此时树形基本构成可出圃树形。

柳树类作为行道树培养时，其育苗时的整形修剪技术要点为：苗小时叶片量较少，此时对萌生的侧枝应保留，以增加叶量促其生长。待苗高1~1.5m时，下部侧枝可适当疏除一部分，上部对主干有竞争的侧枝也应及时疏除。秋季掘苗时，苗高1/2以下枝可剪除。以后可按定干高要求逐年将定干高以下侧枝疏除。

作为行道、庭荫的垂枝类大苗的规格要求为：具有圆满匀称的馒头形树冠冠形，主干胸径5~10cm，树干通直，有强大的须根系。主要苗木种类有龙爪槐、垂枝红碧桃、垂枝榆等，都为高接繁殖的苗木。该类苗木培育的要点为：首先是播种繁殖嫁接的砧木，再进行高接，嫁接高度有220cm、250cm、280cm等。其次要进行修剪整形，培养圆满匀称的树冠。垂枝类一般进行冬季修剪。修剪方法是对嫁接所萌发的枝条进行高度重短截，剪口芽为向上向外生长的芽，以后每年如此剪截，经过2~3年培育即可出圃。生长季节中应注意清除接口处和砧木树干上的萌条。

2. 常绿乔木类大苗的培育技术

常绿针叶类乔木大苗培育的规格要求同样因不同树种而异。柏类多采用该树种本来的冠形，如塔形、锥形、圆头形等。树高3~6m，一般培养成自地表就分枝的树形。不缺分枝，冠形匀称。在培养过程应特别注意主梢的养护，避免出现双干、多干或主梢被破坏的现象。否则整株苗木将失去培养价值，或必须另选侧枝代替，以免影响正常育苗。侧柏、龙柏主要是短截突出的侧枝，使枝条密集，以形成圆满树冠，若不短截则树冠松散，不易保持整齐的塔形。

有明显层性的松类如油松、黑松等，每年分枝一轮，每轮可适当疏剪几个枝，保留3~4个，并使其分布均匀。一般培养成自地表就分枝的树形。在作行道和庭荫树时，该类苗木需露出主干，因此在培养苗的过程中，可在5年以后每年提高分枝一轮，待分枝点高达2m时停止。

雪松苗期的树形培养主要是扶主抑侧，防止侧枝与主枝的竞争。雪松苗期主梢柔软下垂，整形修剪时要注意扶直主梢，保持中心干优势。过多侧枝要进行适当的疏除。

常绿阔叶乔木类作行道、庭荫树时，在大苗培养过程中，要保证苗木主干的顶端优，抑制侧枝对主干的竞争。不同树木种类的培养技术要点不同。樟树苗期中心主干有明显顶芽，要保持其顶芽的生长优势。一年生樟树苗苗期较少修剪，以后进行1~2移植，移植时进行修剪。一般不短截枝顶，以确保顶芽萌发的优势。中心干上枝条过多，往往呈层性，保证每层留2~3个枝条作为主枝即可，选留的各层主枝从下至上渐次缩短，与主干竞争的枝要短截削弱，以确保中心主枝的顶端优势，促进树高的增长。随着中心主干的逐年增高，每年在主干上部增补主枝2~3个，同时逐步疏剪主干下部的主枝1~2个，不断提高枝下高。通常3~4年生时，苗木冠高比为3∶4；5~7年生时，苗木冠高比为2∶3。

二、花木类大苗的培育

花木类大苗有多种用途，应培养各式各样的树冠形状，主要有小乔木形、单干式、多干式和灌丛状等。

1. 小乔木形

小乔木形苗木要求主干高度为 0.3～1m 或 2m，直径 3～5cm；有丰满匀称的冠形，强大的根系。苗木长到要求高度时进行摘心定干，留 20～30cm 作为整形带。整形带中选留分布均匀的枝作为树冠的骨干枝培养，多余的萌芽和以下的萌芽全部清除；每年于休眠期对选留的骨干枝进行短截，促使其分生侧枝，为形成树冠打下基础。特别喜光的干性不强的树可培养成开心形冠形，主干性强的可培养成疏散分层形树冠。具体的整形方法可详见第十章。

2. 单干式

单干式树形的培育方法为：先留一个 30～50cm 的主干，其上均匀地配置 3～5 个主枝，在主枝上再选侧枝（一般选留外侧枝）。每年修剪抑强扶弱，使苗木形成丰满匀称的树冠。

3. 多干式

多干式树形的培育方法为：移植时剪去苗干，使其从地表萌生 3～5 个主枝，疏除多余枝条。到秋后将主枝留 30cm 短截，第二年再选留侧枝，形成多干式灌木。

4. 灌丛状

适于培养灌丛状树冠的主要树种有迎春、探春、珍珠梅、棣棠、玫瑰、月季等，在近地面处留 3～5 个芽进行重短剪，促使其萌发较多的枝条，尽快形成丰满匀称的灌丛状。

三、藤本类大苗的培育

常见的藤本类大苗有紫藤、地锦、凌霄、葡萄、蔷薇等，这类苗木作地被植物时可任其生长，如果用做覆盖棚架、凉廊、垣壁等，再根据用途进行整形。其大苗培育的要求是：地径大于 1.5cm，有强大的须根系；要有一至数条健壮的主蔓。修剪方法主要是重截或近地面处回缩。

四、绿篱及特殊造型大苗的培育

绿篱及特殊造型大苗一般为常绿灌木树种，主要有大叶黄杨、小叶黄杨、冬青、火棘、海桐、小叶女贞等。这类大苗的规格要求为：枝叶丰满，特别下部枝条不能光秃，形成株高 1.5m 以下、冠径 50～120cm 的灌丛，以便定植后能够进行梯形、球形、柱形、各种动物造型的修剪。因此培育时要注意从基部养出大量分枝。

复习思考题

1. 名词解释：裸根移植、带土球移植、截干、短截、摘心、抹芽、疏枝、除萌
2. 苗木移植的意义和目的有哪些？
3. 苗木移植成活的基本原理是什么？夏季应如何移植雪松？
4. 一般在什么时间进行苗木移植？如何安排不同树种的移植顺序？
5. 简述苗木移植的间隔期、苗木树冠生长和苗木密度（土地利用率）三者之间的关系。
6. 落叶垂枝类大苗是如何培育的？
7. 行道树、庭荫树大苗的规格要求有哪些？如何进行培育？
8. 花木类大苗的树形主要有哪几类？如何进行培育？
9. 绿篱类、藤本类大苗的规格要求分别有哪些？主要的培育技术要点是什么？

第六章 园林树木的几种现代育苗技术

【知识目标】

了解组培育苗、无土育苗、容器育苗等现代育苗技术在生产实践中的应用现状;掌握其概念;熟悉其基本方法与步骤。

【能力目标】

能根据组培苗培养程序进行基本操作;初步掌握无土苗、容器苗培育的基本技能。

随着生产技术水平的不断提高,现代一些先进的育苗方法已在生产中得到应用,如组培育苗,无土育苗和容器育苗等技术已在蔬菜栽培、花卉栽培中广泛应用。目前这些技术在园林树木的育苗中也有些应用。这些技术的应用,将有利于促进园林苗木的快速育苗,实现育苗工厂化、机械化与专业化。

第一节 组培育苗技术

植物组培育苗就是利用植物体离体的器官、组织或细胞(包括原生质体),在无菌和适宜的人工培养基及光、温度等条件下进行人工培养,使其增殖、生长、发育而形成苗木的方法。它是一种无性繁殖方法。

目前,我国组培繁育的植物已达四百多种。随着科学技术的发展,组培育苗技术将有着更加广阔的前景。由于组培育苗具有繁殖系数高,有时一个茎尖在一年之内甚至可繁殖出幼苗数亿株,育苗占用面积小,不受季节和环境条件限制、可周年进行工厂化生产等优点,目前已在林木、果树和花卉的育苗中得到广泛应用。

一、组培育苗在园林育苗上的意义

利用组培能快速大量繁殖优质苗木。传统的繁殖育苗因受气候、季节、基质等的影响和限制,母株利用率低,繁殖系数小,繁育时期长。而组培育苗有用材少、速度快、不受自然条件限制等优点,对于名贵品种和其他途径不易迅速繁殖的种类显得尤为重要。如可利用组培技术解决转基因青杨和个别毛白杨品种扦插不易生根的问题;当新优品种种源很少时,可用组织培养的方法进行快速繁育。

可利用茎尖组培技术获得无病毒苗。一些树木植株一旦感病毒病将直接影响苗木的生长和观赏。利用茎尖组织培养可获得无病毒苗木。一般来说,取茎尖越小脱毒效果越好,但培养难度也越大。

组培育苗存在两大问题。一是技术问题,由于组培育苗生产程序复杂,育苗中常遇见污染、外植体接种难、瓶苗分化生长不良、生根难、炼苗及移栽死亡率高、瓶苗玻璃化等问题,使得组培需较高的技术条件。虽然试验组培成功的植物已有数百种,但利用组培进行规模化生产苗木的植物种类仅有几十种。二是成本问题,组培育苗生产中所需设备和技术的投入较大,组培育苗工艺复杂,组培育苗的风险率大,成本高。上述两种原因是当前限制组培育苗进一步在生产中广泛应用的主要因素。

二、组培的基本设备与操作

（一）组培的基本设备

1. 通用化学实验室

通用化学实验室主要用于所用器皿的洗涤、干燥和保存；化学试剂的存放；培养基的配制、分装和灭菌；重蒸馏水的生产；待培养植物材料的预处理等操作。

2. 无菌操作室

无菌操作室主要用于植物材料的消毒和接种；培养材料的继代转移等，设有内外两间。外间是缓冲室，可放置工作服、工作帽、拖鞋等，一般配置紫外灯随时进行灭菌；内间是无菌操作室，要求无菌、无空气对流，每次工作前都要用紫外灯照射30min，并用70%的酒精喷雾降尘。

3. 培养室

培养室是供培养物生长的场所，主要有培养架、控温及控光设备等。培养架可分4～5层，每层有30～40W日光灯照明，每天照明10～16h，可用自动定时器控制。温度可用空调控制，一般为15～25℃。如果是液体培养还要安置摇床和转床等。

4. 温室

温室主要用于试管苗的驯化和培育，主要有制冷和加热设备、喷灌滴灌设备（自动间歇喷雾装置更好）及营养床、移植盆等。

（二）组培的基本程序与操作

1. 培养基及其配制

（1）培养基的种类　培养基是外植体生长的营养物质，通常由两部分组成。一是基本培养基，包括水、无机盐类、有机物类（若固体培养基还有琼脂），到目前为止，基本培养基的配方有几百种，常用的有一二十种，如MS、B_5、N_6、Nitsh等，其基本成分见表6-1。

表 6-1　几种培养基的主要成分　　　　　　单位：mg/L

组成成分	MS	B_5	Nitsh	N_6	改良MS
硝酸铵(NH_4NO_3)	1650	—	—	—	—
硝酸钾(KNO_3)	1900	2500	125	2.3	1900
氯化钙($CaCl_2 \cdot 2H_2O$)	440	150	—	166	440
硫酸镁($MgSO_4 \cdot 7H_2O$)	370	250	125	185	370
磷酸二氢钾(KH_2PO_4)	170	—	125	400	170
硫酸铵[$(NH_4)_2SO_4$]	—	134	—	463	—
磷酸二氢钠[$NaH_2PO_4 \cdot H_2O$]	—	—	150	—	—
碘化钾(KI)	0.83	0.75	—	0.8	0.83
硼酸(H_3BO_3)	6.2	3.0	0.5	1.6	6.2
硫酸锰($MnSO_4 \cdot 4H_2O$)	22.3	10	3	4.4	16.9
硫酸锌($ZnSO_4 \cdot 7H_2O$)	8.6	2.0	0.5	1.5	8.6
钼酸钠($Na_2MoO_4 \cdot 2H_2O$)	0.25	0.25	0.025	—	0.25
氯化钴($CoCl_2 \cdot 6H_2O$)	0.025	0.025	—	—	0.025
乙二胺四乙酸二钠(Na_2-EDTA)	37.3	37.3	—	37.3	37.3
硫酸亚铁($FeSO_4 \cdot 7H_2O$)	27.8	27.8	—	27.8	27.8
硝酸钙[$Ca(NO_3)_2 \cdot 4H_2O$]	—	—	500	—	—
柠檬酸铁	—	—	10	—	—
硫酸铜($CuSO_4 \cdot 5H_2O$)	0.025	0.025	0.025	—	0.025
蔗糖	30000	40000	20000	50000	50000
pH	5.8	5.5	6.0	5.8	5.7

二是附加成分，即根据培养目的和要求的不同，在基本培养基中，科学合理地加入生长调节物和有机附加物，其基本成分见表6-2。固体培养基和液体培养基的基本成分类似，主要区别为前者加入了一定量的凝固剂（如琼脂、明胶等），后者没有加入，具体运用应视培养目的和要求的不同而选择采用。

表6-2　几种培养基的附加成分　　　　　　　　　　　　　　　单位：mg/L

附加成分	MS	B_5	Nitsh	N_6	改良MS
肌醇	100.0	100	—	—	100
烟酸	0.5	1.0	—	0.5	0.5
盐酸吡哆醇	0.5	1.0	—	0.5	0.5
甘氨酸	2.0	—	2.0	2.0	—
激动素	—	0.1	—	0.04~10.0	—
2,4-D	—	0.1~1.0	—	—	—
盐酸硫胺等	0.4	10	—	1.0	0.1
吲哚乙酸	—	—	—	—	1.0~30.0

(2) 培养基的配制

① 母液的配制与保存。培养不同植物需要配制不同的培养基，为了减少工作量，可先把药品配制成母液（浓缩液），用时再按比例稀释混合。母液配制及保存时应注意以下几个方面。

a. 药品称量应精确，尤其是微量元素化合物应精确至0.0001g，大量元素化合物可精确至0.01g。

b. 要根据药剂的化学性质分别配成混合液。如大量元素中的硫酸镁（$MgSO_3·7H_2O$）和氯化钙（$CaCl_2·2H_2O$）要分别单独配制；植物激素一般分别配制且现配现用。

c. 配制母液浓度要适当，倍数不宜过大。如大量无机盐类可配成10倍浓度的混合母液；维生素类和微量元素类可分别配成100倍浓度的混合母液。

d. 母液需装在棕色瓶内保存于2~4℃的冰箱内，瓶上应分别贴标签注明母液号、配制倍数和日期。贮存时间一般为几个月左右，如出现浑浊、沉淀和霉菌现象，该母液就不能使用。

② 培养基配制。培养基配制的步骤为：首先要根据培养基的配方算好母液的吸取量（包括生长调节剂等附加物），并按顺序吸取，然后加入蔗糖溶液，并加入蒸馏水定容至所需体积，并用0.1%~1mol/L的HCl或NaOH调整pH值，最后加入琼脂一起加热融化。各种试剂的母液须用专用的移液管吸取。配制好的培养基要趁热分注到试管或三角瓶等培养器皿中，一般加至容器的1/5~1/4，最后封口准备消毒。

③ 培养基的消毒。培养基消毒是必不可少的一个环节，一般有高温高压消毒和过滤消毒两种方法。

a. 高温高压消毒。高温高压消毒常用高温高压灭菌锅，把装有培养基的培养器皿先放入消毒篓中（注意不能装的过满），再放入加有水的消毒锅内，装好后将锅盖拧紧，加热，并打开放气阀，待水煮沸后，放气3~5min以排出锅内的冷空气，立即关上放气阀并继续加热，使锅内压力保持在$1.1kgf/cm^2$（$1kgf/cm^2=98.0665kPa$）、温度120℃左右，大约15~20min即可，灭菌锅自然冷却后取出培养基。

b. 过滤消毒。一些易受高温破坏的成分如IAA、IBA、ZT、维生素C和酶类可经过过滤消毒后再加入到高温高压消毒后的培养基中。其原理主要是通过一定的压力或真空泵产生的抽力，使溶液通过孔径为$0.45\mu m$的过滤膜将菌类等滤去。过滤消毒操作应在无菌室或超净工作台上进行，所用有关器皿应先经高温高压消毒。

2. 外植体的建立

(1) 外植体的选取　外植体是指植物组培中的各种接种材料，一般分为两大类。一类是带芽的材料，如茎尖、侧芽、鳞芽、原球茎等，在组培过程中可直接诱导促进丛生芽的大量产生，其获得再生植株的成功率较高，变异性也较小；另一类是根、茎、叶等营养器官和花药、花瓣、花萼、胚珠、果实等生殖器官，这类外植体大都需要一个脱分化过程，即经过愈伤组织阶段再分化出芽或产生胚状体，然后形成再生植株。选择外植体最好在植物生长最适宜的时期，从生长健壮、无病虫害的植株上选取发育正常的、幼嫩的器官或组织，因为其代谢成熟，再生能力强，离体培养易成功。如苹果芽在3～6月份取材的成活率为60%，7～11月份下降到10%，12月份至次年2月份则在10%以下。

(2) 外植体的消毒　外植体消毒必须做到两个方面，既要杀灭外植体的病菌同时又不能伤害材料。由于所选材料不同，栽培条件和季节的不同，所选消毒剂种类、消毒浓度、消毒时间及处理程序也不完全相同。常用的消毒剂有：0.5%～10%的次氯酸钠（NaClO）和1%～10%的漂白粉滤液；1%的氯化汞（$HgCl_2$）；3%～10%的双氧水；70%酒精。常用的消毒方法有两种，一种为将材料冲洗干净并用滤纸吸干表面水分后，先用70%酒精迅速浸10～15s，再转移到2%～10%次氯酸钠溶液中浸6～15 min 或 10%次氯酸钙［$Ca(ClO)_2$、$CaCl_2·Ca(OCl)_2·2H_2O$］饱和上清液中浸10～20 min，取出后用无菌水冲洗2次。另一种为将材料冲洗干净并用滤纸吸干表面水分后，先用70%酒精迅速浸10～15s，再转移到1%氯化汞溶液中，视材料幼嫩程度浸1～8min，最后用无菌水冲洗3～5次。

(3) 外植体的切取与植入　将消毒后的材料用滤纸吸干，然后进行切取，其大小应根据不同材料而定。一般为0.5～1.0cm。用茎尖快速繁殖时，通常切块长度在0.5cm左右，脱毒培养的长度常在1～2mm。然后采用无菌操作，将切好的材料接入培养基中，封好容器。

3. 外植体的繁殖

外植体增殖是组培育苗的关键阶段。接种后的培养容器置于培养室中，一般每天光照16h，1500～3000lx，温度控制在25℃左右进行芽的诱导分化培养。新梢形成后可以将其切成若干小段（不需要消毒），将每一小段转入到增殖培养基中进行继代培养，以此来扩大繁殖系数。增殖培养基是在分化培养基上加以改良而形成的培养基，其附加物种类和浓度经过试验筛选。增殖培养一个月左右，可视情况决定是否进行再增殖。这样一代继一代的进行培养，大大增加了植株的数量。继代培养中外植体的分化能力会逐渐下降，所以继代培养不是无止境的。

4. 根的诱导

继代培养中形成的不定芽或侧芽等一般没有根，待新梢长到1cm以上时，必须将其转到生根培养基中进行生根培养。生根培养基一般用1/2 MS培养基，加入一定量的IAA、NAA和IBA，并增大生长素和细胞分裂素的比值，促进芽的分化。一般生根培养一个月左右即可获得健壮的根系。此外，生产中也有用根源基试管苗进行移栽的，即继代培养中形成的不定芽或侧芽只在生根培养基中培养7～10天，诱导其形成根源基或小于1mm的幼根后即用于移栽，栽后生根快，具有较高成活率。

5. 组培苗的炼苗移栽

试管苗（瓶苗）从无菌、高湿、低光照、温度稳定的环境进入田间的自然环境，从异养到自养，必须经过驯化锻炼的过程，即炼苗。先将培养室内培养的瓶苗置于外界有散射光的地方培养3～5天或更长，再打开瓶盖，置于室内自然光照下3天，然后取出，用自来水将根系上的琼脂洗干净，再栽入已准备好的基质中。基质常用泥炭、珍珠岩、蛭石、腐叶土、或适当加部分园土，使用前最好用高温或药物消毒。移植前期要适当遮荫，温度15～25℃，相对湿度在70%以下，注意基质不可积水，可以扣上小拱棚或有间歇喷雾装置更好。炼苗

4~6周，新梢开始生长，小苗转入正常管理，等育成大苗即可进行田间露地栽植。

第二节 无土育苗技术

一、无土育苗的优缺点

无土育苗是指直接用营养液或利用营养液浇灌栽培基质来培育苗木的方法，或不用任何基质，而利用水培或雾培的方式进行育苗，是现代育苗方式之一，是随植物的无土栽培（即营养液栽培）技术而发展起来的新的育苗方法。

1. 无土育苗的优缺点

（1）无土育苗的优点　无土育苗与一般有土育苗相比较，具有很多的优点：苗木产量高、品质好，移栽缓苗期短，易成活；节约水分和养分，劳动强度小；清洁卫生，杂草病虫害少；不受季节及地理条件的限制，应用范围广；便于集约化、科学化、规范化管理，实现育苗工厂化、机械化与专业化。

（2）无土育苗的缺点　无土育苗缺点是开始时投资大；营养液的配制比较复杂；一旦发生病害后传播较快。

实践证明，只要进行细心、严格地管理，随着新技术的发展，这些问题是不难解决的。

2. 无土育苗的种类

按照是否利用基质，无土育苗又可分为基质育苗和营养液育苗。基质育苗中又因基质不同而有多种方法，如蛭石培、沙培、砾培、锯末培、泥炭培、珍珠岩培、混合基质培和岩培等。

二、无土育苗的设施

无土育苗所需的设备主要包括育苗容器、育苗床和营养液供应系统。另外，较大规模的无土育苗需配置一套测定分析pH值及主要营养元素的设备，如pH计和测盐浓度的EC计等，现代化无土育苗还应有环境条件（光、温等）和营养液的监测和自动调控系统等设施。

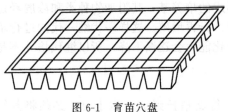

图6-1　育苗穴盘

1. 育苗容器

育苗容器有多种形式，包括无土育苗中装放基质或营养液进行育苗的容器和直接用聚氨酯泡沫、岩棉、泥炭混合纸浆等材料做成的育苗块。育苗容器种类很多，以下介绍几种。

（1）育苗穴盘　育苗穴盘由塑料加工制成，一块塑料育苗穴盘上有许多上大下小的倒梯形或圆形小穴（图6-1），常用的有50穴、72穴、128穴、200穴、392穴、512穴、648穴等，穴的大小依规格不同而不同，穴的数量多则小，一般所育幼苗株型越大、苗龄越长，所用的育苗穴孔也越大。

（2）塑料钵　育苗用的塑料钵有软质塑料和硬质塑料两种类型。软质塑料制成的塑料钵只在底部开一个孔，便于多余的水分排出，有容积为200~800mL多种规格，育苗时直接装入基质播种育苗即可；硬质塑料制成的塑料钵在底部和侧面都有孔（图6-2），容积有200~600mL不等，育苗时先放入约2/3高度的砾石，再放入约0.5cm厚的细沙或其他基质，然后再播种育苗。大规格的塑料钵还可用于培养较大的移植苗。

（3）岩棉块　商品化的岩棉块有3cm×3cm×3cm、5cm×5cm×5cm、7.5cm×7.5cm×7.5cm、10cm×10cm×5cm等多种规格，可根据植物种类和苗龄要求来具体确定。育大苗可用"钵中钵"岩棉块育苗（图6-3），它是由大小不同的2~3块岩棉块组成，小的岩棉块嵌在大的岩棉块中间，使用时首先在小岩棉块中育苗，等小苗长到一定大小后，再把小岩棉块放入大岩棉块中让苗继续生长。

（4）聚氨酯泡沫育苗块 每一块聚氨酯泡沫育苗块可分切为仅底部相连的若干个小方块，每一小方块上部的中央有一"×"形的切缝，育苗时将聚氨酯泡沫育苗块铺在不漏水的育苗盘中，将种子逐个播入切缝中，然后在育苗盘中加入营养液，直至浸透育苗块后盘内仍保持0.5~1cm的营养液层为止。待成苗后，可将每一小方块与苗一起掰下来定植。

（5）基菲（Jiffy）育苗块 基菲育苗块是由30%纸浆、70%泥炭和混入的一些肥料及胶黏剂压缩成的圆饼状的育苗小块（图6-4），直径约4.5cm、厚约7mm，外面包有弹性的尼龙网（也有没有的），最早由挪威生产使用。育苗时将其放在不漏水的育苗盘中，然后在育苗块中播入种子，并在育苗盘中浇水使其膨胀。基菲育苗块吸水保湿性较好，苗根也易穿过，待苗长大后可连同育苗块一起定植。

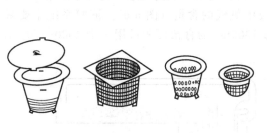

图6-2 成型的塑料
有孔育苗钵

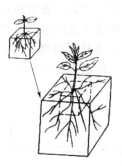

图6-3 "钵中钵"
岩棉块

图6-4 基菲（Jiffy）
育苗块

2. 育苗床

生产上用的育苗床一般是用砖、木板和塑料板等材料围成槽状，大小可依温室大棚的需求自行设计，一般槽宽1.2~1.5m，长10~15m，深约10cm，要求进出水口有高差，整个床还要有一定的斜度，以利于营养液的流动和通气。使用时，在槽底平铺聚乙烯塑料薄膜，然后在槽中放入5~8cm厚的基质，或放入育苗块或育苗钵等类似育苗容器，槽中保持2cm深的营养液，并保持循环流动，以增加氧的供应量。低温季节育苗时，为了提高根部温度，可在苗床下铺设电热丝后再放入基质（图6-5）。

3. 供液系统

供液系统包括进液管、排液管、贮液池、加氧搅拌器、水泵、母液池等。贮液池、母液池是进行营养液的配制和贮存的容器，一般采用木桶、塑料桶或用水泥和砖砌成的池，其材料及规格的确定应根据需要灵活掌握。水泵是营养液循环流动的动力控制部分，用来保证将营养液灌入种植槽，流经育苗设施后并贮积于液罐中使其可循环使用。营养液的进排管道一般为镀铸水管或塑料管。无土育苗的供液系统种类很多，常用的供液方法有以下几种。

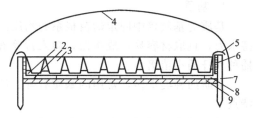

图6-5 育苗床结构示意图
1—营养液；2—电热丝；3—育苗钵；4—塑料薄膜；
5—黑色塑料薄膜；6—育苗框；7—育苗床脚；
8—河沙；9—泡沫塑料或干稻草隔热层

（1）人工浇灌系统 人工浇灌主要是人工用浇壶等器具将配好的营养液逐棵浇灌。此法能很好地控制水分和营养，具有较好的灵活性和实用性，适用于小规模的无土育苗，或用于无土育苗的试验过程，可为将来采用自动化浇灌提供必要的数据。

（2）滴灌系统　滴灌系统是指营养液在重力作用下，由高于育苗床1m以上的营养液池经过滤器，进入直径为35～40mm的管道，再通过直径为20mm的细管道到达苗木附近，最后再通过发丝滴管到达苗木根系周围。一般每1000m²的栽培面积可用一个容积为2.5m³的营养液池来供液。此系统的营养液不循环利用，最终在重力作用下被排走。

（3）喷雾系统　喷雾系统即保持一定的时间间隔，将营养液以喷雾的形式，喷洒到植物的根系上，该法既保证了水分和营养的需求，又使根系处于充足的氧气环境中。喷雾系统常在棚顶架上安装双臂移动式喷水管道进行来回喷洒水或营养液，也可安装固定式喷灌装置。

（4）液膜系统　液膜系统是先将营养液用水泵抽到高处，然后使其从育苗床较高的一端流向较低的一端，最后从设置的排液管或排水孔流回到营养液池中。液膜系统的供液方法有两种：一是美国系统，又称为下面灌水法，即营养液从底部进入育苗床，悬在培养基颗粒上和根上的老溶液以及从灌溉中来的新溶液相混合，最后又从同一条管道排回罐中；二是荷兰系统，又称为飞利浦系统或上面灌水法，即营养液借助水泵从高处悬空进入育苗床，再从底部悬空回流到营养液池，这样可以增加营养液中氧气的含量（图6-6）。液膜系统主要采用间歇供液法，通常每小时供液10～20min，每1000m²的育苗面积可用一个4000～5000L的营养液池来供液。

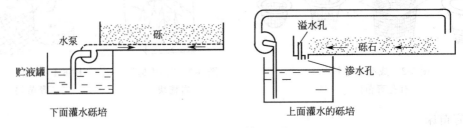

图6-6　液膜供液系统

三、无土育苗的基质和营养液

1. 基质

基质为基质培中固定幼苗根系的物质。这些物质透气性能良好，化学性能稳定，有一定持水力，且取材容易，成本低，渗入营养液后能为苗木生长发育提供氧、水及养分等。适于播种和扦插小苗培育。

基质的种类很多，常用的基质有砾、沙、锯末、泥炭、蛭石、珍珠岩等，各种基质各有特点。

（1）蛭石　蛭石呈中性反应，具有良好的缓冲性能，吸水性和保持养分的能力强，含有植物可利用的镁与钾。但蛭石不能长期使用，否则会使其本身结构遭到破坏。处理方法为可在使用2～3次后利用阳光进行曝晒，以恢复其结构。

（2）沙　清洁的河沙适用于播种或移栽。沙粒直径为0.6～2.0mm，选材以能够自由排水、灌水后不发生滞水现象、又不容易破碎为宜。

（3）砾　砾即为小石子。以花岗石为最好，一般颗粒直径不小于1.6mm，大颗粒直径不大于2cm，其中以有一半的沙砾直径大于1.3mm为宜。注意含有石灰质的砾石不能作为培育基质。

（4）锯末　锯末的成本低，质量轻，便于使用。以中等细度的锯末或加适量比例的刨花细锯末混用的效果较好，它容易使水分扩散，分布均匀，有利于幼苗的生长。含有毒素物质或刺激性、挥发性油类的树木的锯末要忌用，如侧柏等，多数松柏科植物的锯末中含有树脂、鞣酸、松节油等有害物质，对苗木生长不利。

（5）泥炭　泥炭又分为泥炭藓、芦苇苔草和泥炭腐殖质等三种。其中泥炭藓持水量高于本身干重的10倍，pH值3.8～4.5，并含有氮（约1%～2%），但不含磷钾，适于作基质使用。

（6）珍珠岩　珍珠岩持水能力强，一般能保持比本身重3～4倍的水分，呈中性，pH值6～8，无缓冲作用，不含矿质养分，颗粒结构坚固，通气性能较好。多用于种子发芽，或与沙、泥炭混合作基质使用。

（7）混合基质　混合基质是用沙、泥炭、珍珠岩、蛭石等相互组合作为基质，因所培育的苗木不同，所用的比例也各不相同。

此外，可用作无土育苗基质的材料还有岩棉、硅胶、离子交换树脂、尿醛酚醛泡沫、谷壳、炉渣、甘蔗渣等。应根据基质特性及苗木特点相应选用。

2. 营养液

（1）常见营养液配方　营养液是无土育苗中供苗木生长的营养的来源。营养液的种类很多，浓度也不相同。以下列出几种营养液的配方。

① 低铵四盐式配方。1000L 溶液中，硫酸镁（$MgSO_4·7H_2O$）500g，硝酸钙[$Ca(NO_3)_2·4H_2O$] 950g，硝酸钾（KNO_3）810g，磷酸二氢铵（$NH_4H_2PO_4$）155g。该配方使用安全，容易溶解被植物吸收。

② 多铵四盐式配方。1000L 溶液中，硫酸镁（$MgSO_4·7H_2O$）500g，硝酸铵（NH_4NO_3）32g，硝酸钾（KNO_3）810g，过磷酸钙[$Ca(H_2PO_4)_2·H_2O$] 580g。该配方中铵态氮含量高，价格较低，材料来源广。但使用时勿与幼芽接触，易产生药害。

③ 全元素三盐配方。1000L 溶液中，硝酸钙[$Ca(NO_3)_2·H_2O$] 950g，磷酸二氢钾（KH_2PO_4）360g，硫酸镁（$MgSO_4·7H_2O$）500g。该配方是用三种肥料配成的，含有6种元素，容易溶解，有利于幼苗吸收，营养全面，缺点是价格较高。

为了简化配比，还可用三要素配方，其效果基本相似。1000L 水溶液中含尿素（或硝铵）32～40g，磷酸二氢钾 360～400g。

为了满足幼苗对微量元素的需要，在以上常用的配方中，每1000L 加入以下几种微量元素：硼酸3g，硫酸铜0.05g，硫酸锌0.22g，硫酸锰2g，钼酸铵3g。此外，每隔5～7天补一次3～5mg/kg 的铁即可。

（2）营养液的酸碱度及浓度　营养液的酸碱度即 pH 值，它关系到盐类的溶解度和苗木细胞原生质膜对矿质盐类的透性，与苗木的生长发育密切相关。不同的树木适于不同的 pH 值范围，否则容易引起生长不良，出现叶片失绿，根尖发黄等现象，甚至死亡。如杜鹃花、山茶花、栀子花等适于 pH 值 4.8～5.2；而桃花等适于 pH 值 5.8～6.2；牡丹、桂花、玉兰、月季等则适于 pH 值 6.3～6.7，超出范围则生长异常。为了控制营养液的 pH 值，应定时进行测定及调整。营养液的 pH 值多用精密试纸测定，可用硫酸或氢氧化钾加以调整。另外，还需保持营养液稳定的适宜温度，这对苗木的生长发育也是很重要的。

应当指出，不同的苗木种类对养分浓度要求不同，一般营养液的总浓度不超过千分之四，通常以千分之二为好，也有为千分之一。

四、无土育苗播种与扦插的技术要点

在园林育苗中，无土育苗可应用于播种和扦插育苗，同时，也被应用于移栽苗木的培育。以下主要介绍无土育苗播种与扦插操作的技术要点。

(一) 播种育苗

1. 育苗前的准备

(1) 育苗场地、育苗容器和育苗基质的准备　育苗场地如温室、大棚和苗床等；育苗容器可选用育苗盘、育苗钵、岩棉块等。应根据实际情况选好育苗基质。

(2) 种子的处理　种子处理的目的在于促使种子快速萌发，防止病害传播。种子处理的方法因种质不同而有所不同，如温水浸种、层积催芽、药物拌种、机械处理等，前面已经讲过，如果条件适宜，一般经催芽后的种子1～3天即可萌发。较小的种子可以使其丸粒化，即选择有利于种子萌发的药料以及对种子无副作用的辅助填料，将二者充分混合搅拌，均匀地包在种子表面，使种子外表成为圆球形状，粒径增大，重量增加。这样既便于精量播种、节省人力、节约种子，同时又为种子萌发创造了有利条件。

(3) 育苗容器和基质的消毒　在播种的前几天，将选好的育苗容器和育苗基质用清水冲洗干净，再用40%甲醛100倍液均匀喷洒。然后堆起，用塑料薄膜盖好闷3～5天，再用清水冲洗净药液。

2. 基质的装填与播种

(1) 穴盘和塑料钵育苗　首先在穴盘或育苗钵内装满消过毒的育苗基质。之后浇足水或喷施稀浓度的营养液至湿润状态。然后在每穴或每钵中打一深孔，播入1～2粒准备好的种子，播后覆盖较细的蛭石或细沙约0.5～1cm。有条件的可由一套机器连续操作完成基质消毒、混拌、装盘、压孔、播种、覆盖基质、镇压到喷水等一系列作业，整个生产线由光电系统自动控制。最后放入催芽室进行催芽，保证一穴育一苗。到出苗后再入转温室或大棚内，进行环境调控下的育苗。

(2) 岩棉方块、基菲育苗块和聚氨酯泡沫育苗块育苗　首先在育苗床内铺衬塑料薄膜，将岩棉方块或基菲育苗块在育苗盘、育苗床内排好，并浇足水或稀浓度的营养液。然后在岩棉方块、基菲育苗块或聚氨酯泡沫育苗块中间切开一个十字形缝隙，将处理过的种子播入其中。

(3) 育苗床育苗　育苗床育苗可在育苗床内铺衬塑料薄膜，然后放入5～8cm厚的基质。铺平后、播种前浇水或喷施稀浓度的营养液至湿润状态，然后按一定距离播种，播后覆盖约2倍于种子大小的基质。营养液育苗如不用基质，可利用适当的容器或无纺布、遮阳网等材料，上放置泥炭和炉渣的混合物作为苗床，以固定植株，将其置于无土育苗床或育苗箱中，准备播种育苗。

3. 育苗期的营养及环境调控

(1) 营养　出苗后开始供给营养液，一般夏天气温高，每天喷水2～3次，每2天喷营养液1次；冬季可2～3天喷1次水，喷1次喷营养液。每次供液以底部稍有积液为宜。

(2) 光　冬春季节育苗，光照弱，应加大幼苗株行距，以免相互遮光，使苗细弱。必要时需要进行人工补光；夏季育苗，为降低叶温和根际温度，要进行遮阳网遮光降温或喷雾降温。

(3) 温度　出苗期温度应控制在25～30℃，空气相对湿度85%以上。出苗后温度随着苗的生长而逐渐下降，白天保持22～28℃，夜间15～18℃。定植前要降低温度进行炼苗。冬季可进行增温育苗，夏季则要降温育苗。

(二) 扦插育苗

无土扦插的原理、插穗的选取、扦插方法及类型均与一般的扦插育苗相同，这里不再赘述。在此主要简述扦插基质和插后的环境条件控制。

1. 扦插基质

无土扦插的扦插基质对插条的生根影响很大，可分为基质扦插、水插和喷雾扦插（气插)。基质扦插是应用最广的扦插方式，主要有珍珠岩、蛭石、黄沙、炉渣等材料，以选择半腐质化、较粗糙的泥炭再配上粗沙和大颗粒的珍珠岩为好，因为粗沙和大颗粒的珍珠岩有利于通气和排水，可促进植物的生根。具体可根据不同植物对基质湿度和酸碱度的要求按不同比例配制扦插基质。扦插一般植物时，珍珠岩、泥炭、黄沙的比例一般为1∶1∶1进行；酸性植物如杜鹃、山茶等植物需泥炭的比例大，珍珠岩的比例则适当减少。

水插即不用固体基质直接用稀释营养液进行扦插育苗。水插可设置流动水插床，将插条基部约1～2cm插入稀释营养液中。少量用水栽花草专用盒，即取0.6cm厚的海绵铺设在水盒内，用削尖的筷子在海绵上插孔，密度按苗距需要而定，用来固定扦插的插穗。于扦插花草专用盒内加入深度约为1.5cm的稀释营养液，再把插穗植入海绵孔内，使其下端能浸泡在盒中的稀溶液中。水插所用的稀释营养液必须保持清洁，且需经常更换。水插产生的不定根一般很脆，当其长到2～3cm时就可移栽或上盆，常用于水插的植物有栀子、桃叶珊瑚、夹竹桃、石榴等。

喷雾扦插（气插）也称无基质扦插，适用于皮部生根类型的植物，方法是将木质化或半木质化的枝条固定于插条固定架上，定时向插条喷雾。喷雾扦插能加速生根和提高生根率，但在高温高湿条件下易于感病发霉。

2. 扦插环境条件的控制

无土扦插育苗所要求的环境条件与一般扦插育苗一样，其控制方法如下。

(1) 湿度控制　湿度包括空气湿度和基质湿度，不同植物对湿度的要求不同，通常空气相对湿度以80%～90%为宜，基质含水量以50%～60%较合适，即用手抓一把基质，握紧，指缝不滴水，手松开后基质不散开或稍有裂缝。如果握紧时指缝滴水，则含水量过高，应控制喷雾；松开时基质散开，则含水量过低，应喷雾补水。国内外扦插湿度控制多采用全光照喷雾方法，尤其对嫩枝扦插，效果很好。

(2) 光照控制　夏日过强的日光会使棚室内的气温达50℃以上，对插穗的成活极为不利。若在全光照喷雾条件下扦插可不用遮荫，如果条件不允许，可根据扦插植物对光照的要求，通过选用合适密度的遮阳网遮光来满足植物的需要，并且遮阳网下应再扣塑料棚用以保湿。如在有外遮阳的塑料大棚内扦插的效果会更好。

(3) 温度控制　一般来说，春季进行硬枝扦插温度较适宜，植物的愈伤组织活动旺盛，插条较易生根；秋冬季扦插温度较低，尤其在北方，需适当加温，可在苗床下铺设电热丝或采用其他加温方法，以促进生根。夏季进行嫩枝扦插温度高，湿度大，应采取喷雾、遮阳或通风等降温措施，以防止枝条腐烂。

第三节　容器育苗技术

一、容器育苗概述

容器育苗就是利用各种容器装入科学配方的营养土或栽培基质来繁育苗木。所育的苗叫做容器苗。容器育苗开始于20世纪50年代中期，70年代大规模应用于生产，特别是芬兰、瑞典、挪威、美国等国家迅速采用。我国容器育苗开始于20世纪50年代末期，70年代也有较快发展。容器育苗广泛应用于蔬菜、花卉的栽培，同时也是园林树苗培养的好方法。目前，在园林育苗中，容器育苗主要应用在小苗培育阶段。园林树木育苗可提倡培育容器大苗，这样可以大大提高大苗绿化栽植的成活率。

1. 容器育苗的优点

(1) 充分利用种子资源　容器育苗可以充分利用有限的种子资源。特别是遗传改良的种子或珍稀树种，由于种子数量有限，利用容器育苗能得到较高的出苗率。

（2）有利于苗木的移栽　容器苗为全根、全苗移植，移植成活率几乎可以达到100%，且移植后没有缓苗期，生长快、质量好；容器苗移植不受季节限制，什么时间移植都可以，有利于合理安排用工。

（3）有利于集约化生产　容器育苗培育的苗木均匀整齐，适合机械化作业，能有效提高劳动生产率。

（4）节约土地　容器育苗由于有容器，培育时可以不占用好地。

2. 容器育苗的缺点

（1）成本高　由于技术复杂、用工量大，并且需要温室、育苗容器、自动化生产线等育苗设施，容器育苗的成本比裸根苗高。我国容器苗的成本比裸根苗高5～10倍，国外高0.5～1倍；另外容器苗的运输体积较大，运输费用高。

（2）产量低　容器育苗的单位面积产苗量低，例如培育针叶树种，裸根苗产量为300～500株/m^2，而容器苗为100～200株/m^2，如果用小径容器，产量可以提高，但苗木根系不发达，影响苗木的质量。

二、育苗容器的种类

育苗容器种类繁多，随制作材料、规格大小、形状的变化而不同，并且不断改进。归纳起来主要有两大类：一类是可栽植容器，移植时可与苗木一起栽入土中，可分解的，不伤根，成苗率高，生长快。通常是纸杯、黏土营养杯、泥炭容器、营养砖、营养杯等；另一类是不可栽植容器，一般由塑料、聚乙烯等材料制成，移栽时必须将苗木从容器中取出，然后栽植。

1. 育苗钵

育苗钵又称为营养钵，其为钵状育苗容器的统称，主要有以下几种。

（1）塑料杯　塑料杯是用聚苯乙烯、聚乙烯、聚氯乙烯制成，一般高8～20cm，直径5～12cm，四周有排水通气孔，强度高，可重复使用，在国内外应用较广。

（2）泥炭钵　泥炭钵大多是用泥炭和纸浆黏合而成的。其保水性和通气性好，有利于苗根系的生长，同时定植后苗根容易穿过容器壁而扎根土中。泥炭容器的形状、大小有许多型号。

（3）泥浆稻草杯　泥浆稻草杯是将泥浆和切碎的稻草混拌，做成高约15cm、直径10cm的圆柱形土杯。

（4）纸杯　纸杯通常用旧报纸黏合而成。纸杯和纸杯可以用溶解胶黏连形成蜂窝状，不用时可以折叠成册。

2. 育苗土块

育苗土块又称为营养砖。将培养土压制成外形为立方体，内部有孔，可装营养土用于播种或移栽的土块称为育苗土块或营养砖。所用材料为结构疏松含腐殖质较高的沙壤土或、泥炭、木屑、农作物秸秆、腐熟的树皮等，育苗土块吸水保湿性较好，移栽后苗根也易穿过。目前营养砖已实行机械化生产。

3. 育苗盘

育苗盘又称为催芽盘，其是用塑料或木板制成的，大小深浅规格很多，可是适应不同苗木和栽苗机的要求。盘的底部一般设有排水小孔。有的盘中没有纵横小格，有的有纵横小格，一般为100格左右，每格可育一株苗。

4. 穴盘

穴盘多由塑料制成，上有正方形穴、长方形穴或圆形穴等。每穴盘长宽一般为540mm

和 280mm、有孔穴 6～512 穴，深 40～200mm，每穴口径有 4～7cm² 等多种。

5. 其他育苗容器

（1）育苗格板　育苗格板是用 W 型格板组合成一排排小方格，在小方格中育苗。应这种方法可起到类似营养土块育苗的效果。

（2）育苗板　日本用特制的尿醛发泡树脂育苗板育苗，板长 57.5cm、宽 27.5cm、厚 1.6cm，这种板配有丰富的营养成分，吸水力强，有利于幼苗生长，并适于机械化定植，定植后也容易自行降解。

（3）育苗袋　用聚乙烯薄膜制成，内装泥炭等，所以也称为泥炭袋。育苗袋很轻巧，便于运输，在袋底部有很小的排水孔，有利于幼苗生长，但定植时需要除去塑料袋。

三、营养土的配制与施肥

1. 营养土的基本要求

营养土又叫培养土或基质，是苗木培育的物质基础，是育苗成败的关键之一。营养土应具备的条件有：

① 疏松通气，保水性强，排水良好，经多次浇灌不结块和板结。
② 富含有机质，肥料较全面，能为幼苗生长提供所需的营养物质。
③ pH 值弱酸性至中性，以适合大部分苗木生长需要。
④ 经过严格消毒、清理，不含病菌、害虫和杂草种子。
⑤ 质轻，便于搬运。

2. 营养土的材料

（1）自然土壤　自然土壤最好选用沙质壤土，因其土质疏松，透气性好，土温较高，并具有一定的保水能力。

（2）河沙　河沙升温快，排水性好，但保温、保水性较差，一般不单独使用。相对来说，粗沙通气性较好，细沙保水性较好。

（3）腐殖土　腐殖土又称腐叶土，是山区林下的疏松表土，也可人工制造。腐殖土土质疏松，养分丰富，腐殖质含量高，吸热保温性能良好，一般呈微酸性，适于大部分园林植物。

（4）泥炭　泥炭是由各种水生、湿生植物残体构成的疏松堆积物。pH 值为 5～6.5，在自然状态下湿度很大，含水量一般在 50% 以上，因此一旦被水饱和，通气性就较差，必须与珍珠岩、炉渣等其他材料混用。

（5）蛭石　蛭石是云母经过高温处理后膨胀而成的海绵状颗粒，含硅、铝、铁、镁等多种微量元素，呈中性，质轻，在营养土中主要起疏松作用，并使营养土保持良好的通气性和透水性。

（6）珍珠岩　珍珠岩是由火山岩浆岩经高温煅烧膨化而成的细小海绵质颗粒。最大优点是增加基质的通气性，另外持水量也较高，pH 呈中性，不含矿质养分。

（7）树皮粉　树皮资源丰富的地方可用树皮粉代替泥炭，但必须经过发酵腐熟，并且要补充氮素。因为新鲜树皮对苗木有毒害，树皮在分解时会消耗氮素，易造成苗木的失绿症。

（8）塘泥　塘泥为鱼塘中的泥土。含有鱼饲料和鱼粪等有机物，营养物质丰富，遇水不易解体，使用价值优于河泥。

（9）火烧土　火烧土是在长满杂草的荒地，铲起带土草皮，经晒干焚烧而成的泥土。其优点主要有：火烧土的已经火化，使用时无须杀虫灭菌；pH 值 7.5～9，对霉菌有一定抑制和杀灭作用；呈颗粒状，透气性能好；草皮土中有大量草根，经火化呈多孔状，所以吸水性强，保温性好。

（10）松针土　松针土是枯落的松针加少量马粪、羊粪，掺和后，再加约 1/3 的肥沃园土，堆放 1 年，松针腐解后就可应用。

（11）黄心土　黄心土是土层以下的心土，为石灰岩发育的红壤，具一定黏性，pH 值 4～6，需打碎过筛。黄心土属偏酸性，如果土壤是碱性的，而植物喜偏酸性，可以覆盖黄心土以起改良的作用；另外，黄心土是从山上挖来的，没有细菌。

（12）园土　园土是由垃圾、落叶、厩肥、秸秆等经过堆制和高温发酵而成的。

3. 营养土的配制与施肥

营养土的配制主要根据植物种类及其生长需要而进行的。常用的配方有以下几种。

① 腐叶土，园土，河沙（3∶5∶2）。
② 火烧土 78%～88%，腐熟的堆肥 10%～20%，过磷酸钙 2%。
③ 泥炭土，烧土，黄心土各 1/3。
④ 泥炭，蛭石，少量的石灰石或矿质肥料（1∶1 或 7∶3）。
⑤ 泥炭，珍珠岩（1∶1 或 7∶3）。
⑥ 泥炭，蛭石，表土混合物（1∶1∶2）。
⑦ 烧土，腐熟锯末，堆肥（1∶1∶1）。
⑧ 塘泥，粗沙，腐叶，猪粪（1∶1∶1∶1）。

如果培养有菌根的树种，营养土中还要加入菌根土 10% 左右，过磷酸钙 2%～3%。松类受菌根影响显著，例如雪松育苗中，没有菌根会导致生长不良、抵抗力下降。如果配方 pH 值不适应，可进行调整，如 pH 值低时，可用碳酸钾、苛性钠或生理碱性肥料；如 pH 值过高时，可加入磷酸或生理酸性肥料。培育针叶树的营养土 pH 值 5.0～6.0，阔叶树为 6.0～7.0。另外，在育苗过程中，由于灌水和施肥，基质的 pH 值还会发生变化，需进一步调整。

四、营养土的装填与排列

营养土装填前必须充分混匀，装填时不宜过满，以装至距容器边口 2cm 左右为度，应适当振实营养土，经播种覆土后比容器边口低 1～2cm 即可。容器排列要依据苗木生长需求情况而定，以既利于苗木生长又便于操作为宜，容器一般整齐排列为宽 1m 左右。排列紧凑不仅节省土地、便于管理，而且减少蒸发、防治干旱；但过密会形成细弱苗。容器育苗在温室、大棚或露地均宜。

五、容器育苗

容器育苗的方法与一般苗圃育苗的方法相同，可进行播种、扦插和移植。容器播种育苗应选用经过精选、消毒和发芽率很高的高质量种子，实行每穴单粒播种，以提高种子的利用率。但也难免使用发芽率不高的种子，则需复粒播种，即每穴播数粒种子。播种后应及时覆土，覆土厚度一般为种子厚度的 1～3 倍，微粒种子以不见种子为宜。覆土至出苗阶段要保持基质湿润。出苗后需间苗的应及时间苗、补苗。一些较珍贵的、难培育的苗木，如南洋杉、翠柏、雪松等，也可进行容器扦插育苗。

六、容器苗的管理

1. 间苗与补苗

幼苗出齐一周后要间除过多的幼苗，根据幼苗生长的强弱粗细，每个容器一般只留一株壮苗，间苗的同时可对缺苗的容器进行补苗。注意间苗和补苗后要随时浇水。

2. 施肥

容器苗的施肥时间和次数、肥料的种类以及施肥用量应根据树种特性和基质肥力而定。当针叶树出现初生叶，阔叶树出现真叶后，苗木进入速生期前开始追肥。原则是大量元素需求量大应多施，微量元素需求量小应少施或不施，但不能缺乏。还应根据苗木的种类、苗木各阶段生长发育的需求，不断调整 N、P、K 等肥料的比例和使用量，如速生期以氮肥为主，生长后期停止使用 N 肥，适当增加 P、K 肥，以促使苗木木质化。注意施肥后必须马上浇水。

3. 浇水

浇水是容器育苗成功的关键环节之一，浇水要适时适量。播种或移植后要随即浇透水；出苗期和幼苗生长初期需水量较少，要多次适量，保持营养土湿润；速生期需水量多，应少次多量，采用浇水和适当干旱交替的措施，以促进根系的发育和地上部茎的加粗；生长后期生长量逐渐减少，并开始越冬季，要控制浇水，防止返青，影响苗木的木质化。浇水时不宜过急，否则水从容器表面溢出而不能湿润底部营养土；水滴不宜过大，防止营养土溅到叶面而影响苗木生长。因此，一般采用喷灌或滴灌的方式。

此外，当容器苗生长到一段时期相互拥挤时，则应及时移植于圃地培养，以免影响苗木的质量。同时还需要及时除草、病虫害等修理工作。

复习思考题

1. 比较组培育苗、无土育苗、容器育苗的异同。
2. 简述组培育苗培养基的基本成分？配制培养基时应注意什么？
3. 组培育苗的外植体如何选取？选取后又该如何处理？
4. 什么叫无土育苗？其种类有哪些？
5. 无土育苗的育苗设施与基质有哪些种类？其营养液的供排方法有哪些？
6. 容器育苗中如何选择配制营养土？容器苗的基本管理措施有哪些？

第七章　园林树木的配置

【知识目标】
　　了解园林树木配置的原则；掌握园林树木的配置方法；了解配置的艺术效果。
【能力目标】
　　在具体园林规划中，能遵循园林树木的配置原则，较好地配置园林树木。

第一节　园林树木配置的原则

　　园林树木的配置是指按照树木的生态习性和园林布局要求，合理选择和搭配园林中各种乔木、灌木、藤蔓、竹类等，以充分发挥它们的观赏特性和园林功能。园林树木配置是园林植物配置的一部分。园林树木的配置包含两方面的内容：一是各种树木相互之间的配置，即树种的选择，树丛的组合，平面和立面的构图、色彩、季相以及园林意境；二是园林树木与其他园林要素如山石、水体、建筑、园路等相互之间的配置。
　　树木的配置要遵循以下原则。
　　1. 满足树木的生态要求
　　不同树种的生态习性不尽相同，不同绿地的生态条件也不一样，在树种的选择上要因地制宜，适地适树，保证树木能正常生长发育和抵御自然灾害，从而保持稳定的绿化效果。
　　在考虑满足园林树木的生态要求时，还应该注意人为活动的影响，如周围环境的污染、地下管线和架设的空中电线的影响。在这些情况下，树木根系的分布特点、树冠的高低大小、抗性强弱和生长速度就成为树种选择的重要条件。
　　2. 与绿地性质和功能相适应、与园林总体布局相协调
　　园林树木的种植要符合园林绿地的性质，满足其功能的要求。如街道两旁的行道树宜选择冠大、阴浓的速生树；园路两边的行道树宜选择观赏价值高的小乔木。卫生防护绿地要选择枝叶茂盛、抗性强的树种以形成保护"墙"，以抵御不良环境的破坏。
　　规则式风格的园林中的树种主要采用对称、整齐式栽培，并且常常把树木修剪成一定的形状。而自然式园林多借用树木的自然姿态和自然式的配置手法进行造景。
　　3. 突出地方特色
　　由于不同地域的自然条件、自然资源、历史文脉、文化差异很大，城市绿化应因地制宜，实事求是，结合当地的自然资源和历史人文资源，融合地域文化特色，体现地方风格，这样才能提高园林绿化的品位。由于环境污染的不利因素，城市绿化树种选择时应以适应性较强的乡土树种为主，大量的乡土树种不仅能较快的产生良好的生态效益，而且能体现地方特色。
　　4. 艺术性原则
　　生态园林是各生态群落在审美基础上的艺术配置。在植物景观配置中，应遵循对比与调和、均衡与动势、韵律与节奏三大基本原则。
　　在树木配置时，既要讲究树形、色彩、线条、质地和比例等都要有一定的差异和变化，以显示树木的多样性；又要保持一定的相似性，形成统一感，这样既生动活泼，又和谐统一。如种植中常用对比的手法突出主题。

在平面上或立面上表示轻重关系适当的就是均衡与稳定；在色彩、体量、数量、质地和枝叶茂密各异的树木配置时常常运用不对称的均衡手法，如一条蜿蜒曲折的园路两旁，路右如种植一棵高大的雪松，则邻近的左侧须植以数量较多，体量较小，成丛的花灌木，以求均衡，又有动势的效果。植物色彩配置也能产生平衡与动感，冷色系给人以向心收缩和退后远离的平衡感，暖色系有向外扩散和向前推进的动感。

树木配置时，把树木单体或组合进行有规律的重复，在重复中产生节奏，在节奏变化中产生韵律。一种树等距离排列称为"简单韵律"；两种树木，尤其是一种乔木与一种灌木相间排列，会产生活泼的"交替韵律"；把树木分组配置，不同的组合中配置以相似的树木，使之交替出现，这称为"拟态韵律"。

5. 经济原则

树木配置时要力求用最经济的投入创造出最佳的绿化和美化效果，产生最大的社会效益、经济效益和生态效益。如：在重要的景点和建筑物的迎面处可配置一些名贵的树种，树木配置时还可种植一些观果、观叶的经济林木。

总之，在园林树木的配置中，要力求做到生态上的科学性、功能上的综合性、布置上的艺术性、经济上的合理性、风格上的地方性。

第二节　园林树木的配置方式

一、按配置的平面关系分类

园林树木的配置一般可分为规则式、自然式和混合式三种方式。

（一）规则式

1. 左右对称

左右对称配置包括对植、列植和三角式配置（图 7-1）。

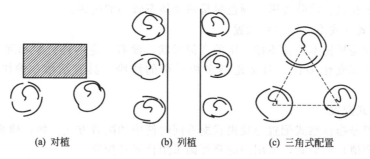

(a) 对植　　　(b) 列植　　　(c) 三角式配置

图 7-1　左右对称配置

（1）对植　对植是将两株（丛）乔、灌木按一定轴线关系进行对称或均衡对应种植。根据绿地空间布局的形式，对植可分为对称式对植和非对称式对植。对称式对植是指按一定轴线关系、左右对称地栽植。要求树种相同，树木形态大小基本一致。该法可用于公园、建筑物和广场入口等地，以构成严整的气氛。非对称式对植即在轴线两边所植的树木的树种、体型、大小和数量不同，但在重量感上却保持均衡的状态。如在轴线的一边栽一株乔木，而在另一边可种植一大丛灌木与之取得平衡，常见于园林建筑入口的两旁、桥头、登道石阶的两旁。适合对植的树种有雪松、龙柏、南洋杉、苏铁、棕竹、棕榈、紫玉兰、罗汉松等。

（2）列植　列植是将树木按一定株行距、成行成列地栽植。有用同一种树种栽植的，也有用两三种树种间植搭配的；有单行列植，也有成双行或多行列植的。树列设计的株距取决于树种特性、环境功能和造景要求等。一般乔木间距 3~8m，灌木 1~5m。树列具有整齐、严谨、韵律、动势等景观效果。常用于行道树、灌木花径、绿篱和林带的栽植。

(3) 三角式配置　三角式配置有等边三角形或等腰三角形等方式。实际上，在大片种植后会形成变体的行列式。等边三角形的配置方式有利于树冠和根系对空间的充分利用。

2. 辐射对称

辐射对称配置分为中心式、环形、多角形和多边形四类（图7-2）。

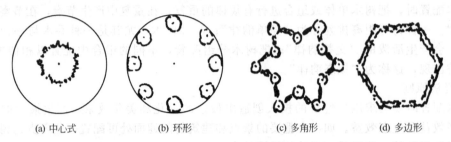

图 7-2　辐射对称配置

(1) 中心式　中心式包括单株及单丛种植，是指在园林绿地的中心或轴线的交点上进行的单株或单丛栽植，如广场中心、花坛中心。树种多选择树形整齐、生长缓慢且四季常青的常绿树。

(2) 环形　环形是指围绕某一中心把树木配置成环形、半圆形、弧形以及双环、多环、多弧等富于变化的图形。

(3) 多角形　多角形是指围绕某一中心把树木配置为单星、复星、多角星或非连续多角形等图形。

(4) 多边形　多边形是指围绕某一中心把树木配置成各种连续和非连续的多边形等图形。

圆形、多角形和多边形配置多是为了陪衬主景，如围障雕塑、建筑物、纪念碑、草坪或广场。常采用生长慢、枝叶茂密、颜色尽量暗及体态较小的树种。

(二) **自然式**（或不规则式）**配置**

自然式配置是指树木栽植不按一定的几何形状，没有一定的株行距和固定的排列方式，力求仿自然，讲究变化多样，而又遵循多相平衡的法则，具有活泼、愉快、幽雅的自然情调。

(三) **混合式配置**

混合式配置是指自然式配置与规则式配置同时使用的配置方式。如：建筑物的入口采用规则式配置（列植）的形式，而周围的草坪则采用自然式配置。

二、按配置的景观分类

中国古典园林和较大的公园、风景区中的植物配置通常采用自然式。园林植物的自然式配置方式主要有独植、丛植、聚植（集植或组植）、群植、林植和散点植等。

1. 独植

独植又称孤植，是指单株或2~3株同一树种的树木紧密地栽植在一起而具有单株种植的艺术效果的种植类型。孤植树多为欣赏树木的个体美，体形和姿态的美为最主要的方面。因此，应选择姿态优美、体形高大、冠大阴浓的树种，如雪松、白皮松、油松、黄山松、云杉、金钱松、广玉兰、玉兰、香樟、樱花、梅花、海桐、银杏、南洋杉、合欢、凤凰木、垂柳、小叶榕等。同时要注意选择病虫害少、寿命长的树种。孤植树一般设在空旷的草坪、宽阔的湖池岸边、花坛中心、道路转折处、角隅和缓坡等处。

2. 丛植

丛植通常是指由两株乃至十几株树木成丛地种植在一起，其树冠线彼此密接而形成一个整体的外轮廓线。丛植主要反映的是群体美。丛植因树木株数不同而组合方式各异，不同株数的组合设计要求遵循一定的构图法则。

（1）两株树丛的配置　按照矛盾统一的原理，两树相配，必须既调和又对比，二者成为对立统一体［图 7-3(a)］。故两树首先须有通相，即采用同一树种，或者形态和生态习性相似的不同种树木。但在姿态和体型大小上不要完全相同，这样才能有对比且生动活泼。两树栽植的距离不能与两树冠直径的 1/2 相等，须靠近，其距离要比树冠小得多，这样才能成为一个整体。

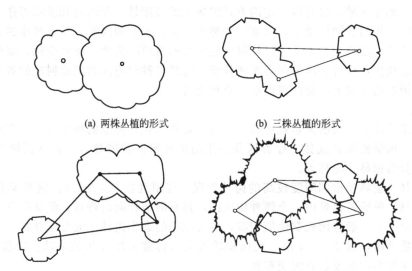

图 7-3　丛植配置形式

（2）三株树丛的配置　三株树组成的树丛，树种的搭配不宜超过两种，如为两种最好是同为乔木或灌木以及同为常绿或落叶。三株树的布置呈不等边三角形，最大和最小靠近栽植成一组，中等树稍远离成另一组，两组之间在动势上要有呼应［图 7-3(b)］。最好选择同一种而体形、姿态不同的树进行配置。如采用两种树种，最好为类似的树种，如红叶李与石楠，落羽杉与水杉或池杉，山茶与桂花，桃花与樱花等。

（3）四株树丛的丛植配置　四株树丛的配置适宜采用单一或两种不同的树种。如是同一种树，各株树要求在体形、姿态和距离上有所不同，如是两种不同的树，最好选择外形相似的不同树种，如同为乔木或灌木，但外形相差不能很大，否则就难以协调。四株树丛配置的整体布局可呈不等边四边形或不等边三角形。四株配置中，其中不能有任何 3 株成一直线排列［图 7-3(c)］。

（4）五株树丛的丛植配置　五棵树的丛植配置由一个树种或者两个树种组成。整体布局呈不等边三角形、不等边四边形或不等边五边形（图 7-3）。五棵树的丛植配置可以分为两种形式，"3+2" 式组合配置和 "4+1" 式组合配置。在 3∶2（"3+2"）配置中，要注意最大的一棵必须在三棵的一组中；在 4∶1（"4+1"）配置中，要注意单独的一组不能是最大株，也不能是最小株，且两组距离不能太远，五棵树丛植若用两种树木，株数以 3∶2 为宜，最大树木不能单独成组。

（5）六棵以上的配置

4株与2株的搭配则成6株的组合；5株与2株搭配则为7株的组合，这些都构成6株以上的树丛。

3. 聚植（集植或组植）

由二、三棵至一、二十棵不同种类的树种组合成一个景观单元的配置方式称聚植，也可用几个丛植组成聚植。聚植既能充分发挥树木的集团美，又能表现出不同种类的个性特征。在景观上是具有丰富表现力的一种配置方式。

4. 群植

将数量较多（20～30株）的乔灌木配置在一起形成一个整体称为群植。群植主要表现树木的群体美。组成树群的树种没有丛植的树种那样要求严格。树群是园林的骨干，用以组织空间层次，划分区域，也可以一定的方式组成主景或配景，起隔离和屏障等作用。树群多布置在有足够面积的开阔场地上，如宽广的林中空地，水中的岛屿，靠近林缘的大草坪，宽广水面的水滨及小山坡上、土丘上。树群内的树木的栽植距离要有疏密变化，要构成不等边三角形，切忌成排、成行、成带的等距离栽植。选择树种时应注意组成树群的各类树种的生物学习性。树群的外貌上，要注意四季的季相美观。

5. 林植

林植是指成片、成块的大量栽植树木，构成森林景观和林地的种植形式。多用于大面积公园安静区、风景游览区或休、疗养区及卫生防护林带、防风林等。根据其结构和树种不同，林植可分为密林、疏林等。

（1）密林 密林是指郁闭度较高的树林景观，郁闭度在0.7～1.0。密林又分为单纯密林和混交密林。单纯密林是由一个树种构成的，具有简洁壮阔的特点，但是没有丰富的季相变化，层次单一。一般选用观赏价值较高，生长健壮的适生树种。混交密林是一个具有多层次结构的植物群落，通常3～4层，大面积的混交密林常采用片状或块状、带状混交布置，面积较小时采用小片状或点状混交布置。

（2）疏林 疏林的郁闭度为0.4～0.6。常与草地结合，称为疏林草地。树种要求具有较高的观赏价值或形态优美多变，树冠疏朗开展。树木间距一般为10～20m，以不少于成年树树冠直径为准。

6. 散点植

散点植是以单株在一定面积上进行有韵律、有节奏的散点种植，也可以是双棵或三棵树丛植作为一个点来进行疏密有致的扩展。不是强调每个点孤植树的个体美，而是着重点与点间相呼应的动态联系。散点植的配置方式既能表现个体的特性又使它们处于无形的联系之中，好似许多音色优美的音符组成一个动人的旋律一样能令人心旷神怡。

第三节 园林树木配置的艺术效果

各种树木的不同配置组合能形成千变万化的景观，能给人以丰富多彩的艺术感受。树木配置的艺术效果是多方面的，复杂的，需要细心观察、体会才能领会其中的奥妙。下面介绍一些园林树木配置的艺术效果。

1. 丰富感

在建筑物屋基周围的种植叫"基础种植"或"屋基配置"。低矮的灌木可以用于建筑物的四周、园林小品和雕塑基部作为基础种植，其既可以遮挡建筑物墙基生硬的建筑材料，又能对建筑物和小品雕塑起到装饰和烘托点缀的作用。如网师园水院东墙面的木香，留园华步小筑的爬山虎，拙政园枇杷园墙上的络石。此外，乔木与灌木搭配能丰富园林景观的层次感，创造优美的林缘线。

2. 平衡感

平衡分为对称的平衡和不对称的平衡两类，对称的平衡是用体量上相等或相近的树木在轴线左右进行完全对称配置而产生的效果。对称均衡小至行道树的两侧对称，花坛、雕塑、水池的对称布置；大至整个园林绿地建筑、道路的对称布局。对称均衡布局有明确的轴线，在轴线左右完全对称。对称均衡布局常给人庄重严整的感觉。规则式的园林绿地中采用较多，如纪念性园林，公共建筑的前庭绿化等，有时在某些园林局部也运用。不对称的平衡是用不同的体量、质感或以不同距离进行配置而产生的效果。门前左边一块山石，右边一丛乔灌木，质感重、体量小的山石与质量轻、体量大的树丛产生不对称平衡。

3. 稳定感

园林中常可见到的一些设施物的稳定感是由于配置了树木后才产生的。例如园林中的桥头配置，在配置前，桥头有秃硬不稳定感，而于桥头以树木对植则能加强稳定感，能获得更好的风景效果。上大下小，给人以不稳定感，如在那些枝干细长、枝叶集中于顶部的乔木下面配置灌木、小乔木，使其形体加重，可造就稳定的景观。

4. 严肃与活泼

应用常绿针叶树，尤其是尖塔形的树种常形成庄严肃穆的气氛，例如纪念性公园、陵墓、纪念碑等前方往往采用松、柏对植以产生很好的艺术效果。一些线条圆缓流畅的树冠，尤其是垂枝型的树种常形成柔和轻快的气氛，例如杭州西子湖畔的垂柳。在校园主干道两侧种植绿篱，花灌木以及树姿优美的常绿灌木，使入口和主道四季常青，或种植开花美丽的乔木，间植常绿灌木，以观赏树木色彩为主，给人以整洁、亮丽、活泼的感受。

5. 强调

运用树木的树形、色彩等特点来加强周围的景物使其突显的配置方法称为强调。配置时常采用烘托、陪衬、对比以及透视线等手法。为了突出雕塑、纪念碑、建筑等景物的轮廓，常用树丛、树群、树墙等作为背景和陪衬，如为了突出广场中心喷泉的高耸效果，可在其四周种植浑圆形的乔灌木。而且在色彩和亮度方面与主体景物要有对比。如我国古建筑十之八九的屋角起翘，外观庄严，平面又多均衡对称，宜用高大乔木，而水阁游廊则配以榆、柳和芭蕉等。南方枫树到深秋变色，衬在灰色屋面与粉墙晴空下，颜色醒目。

6. 缓解

对于过分突出或线条生硬的景物，配以花木使之从"强烈"变为"柔和"，这称为缓解，其使景物与周围环境相协调统一而且可增加层次感。建筑物的角隅线条生硬，通过选择观果、观花、观叶或观干等树种丛植配置进行缓和、点缀最为有效。建筑物垂直的墙面与水平的地面之间用灌木转接和过渡，缓和了建筑物和地面之间机械、生硬的对比，达到通过植物配置进行缓和、软化的目的。

7. 富有韵味

园林树木配置所产生的韵味，往往"只可意会，不可言传"。只有具有相当修养水平的人能体会到其真谛。园林树木常常被人格化，借以表达人的思想、品格、意志，作为情感的寄托。如松柏是正义、神圣和永垂不朽的象征。狮子林上的问梅阁周围遍栽梅花，并用海棠、枸骨、夹竹桃等配置，创造出"来日绮窗前，寒梅苦花来？"的独特意境。

总之，欲充分发挥树木配置的艺术效果，除应考虑美学构图上的原则外，必须了解树木自身的生长发育规律和各异的生态习性要求及其与环境因子相互影响的规律，同时，还应具备较高的栽培管理技术知识，并有较深的文学、艺术修养，只有这样才能使配置艺术达到较高的水平。

复习思考题

1. 联系周围树木配置的实际,体会园林树木配置产生的艺术效果。
2. 园林树木的自然式配置方式有哪些?
3. 园林树木配置的原则有哪些?
4. 试述园林树木自然式配置方式中的独植、丛植、聚植、群植、林植和散点植的含义。

第八章 植树工程施工

【知识目标】

了解园林植树工程施工原则和基本程序；掌握树木栽植过程中及栽后养护管理等各环节的基本技术要求；熟悉园林建设中大树移植的意义和特点；掌握大树"断根缩坨"移植法和大树裸根移植技术。

【能力目标】

掌握树木栽植过程中及栽后养护管理等各环节的基本操作技能；能具体进行园林植树施工方案的制订并实施；能进行非适宜季节的园林树木栽植；能制订大树移植的施工技术方案并具体实施。

第一节 植树工程概述

一、植树工程的概念及树木栽植成活的原理

1. 植树工程的概念

所谓"植树工程"是就按照正式的园林设计或一定的计划，完成某一地区的全部或局部的植树绿化任务而言。园林植树工程不同于园林工程和园林绿化工程，园林工程的进程是：搬迁→整理地形→安排给、排水管→修园林建筑→道路、广场的铺设→栽植树木→种植花卉→铺设草坪。从中可以看出植树工程只是园林工程和园林绿化工程的重要组成部分之一，它与花坛施工、草坪施工也有区别。

园林植树工程也不同于林业生产上的植树造林，即不同于一般意义上的"种树"。首先园林植树工程在施工前要做好绿化设计，设计要遵循植物配置的科学性、经济性和艺术性等原则，然后再按设计种植树木。栽植过程是短暂的，但栽植是否科学、规范，技术是否恰当，将直接影响树木的成活及以后的生长和观赏。另外，栽后必须进行科学的、合理的养护管理，这才能充分体现设计意图，达到预期的绿化效果。可以说设计、（施工）栽植、栽后的养护管理是相互关联的三个环节，绿化设计是前提，施工是基础，养护管理是保证。

园林植树工程施工的程序是：整地→定点放线→挖种植坑→修剪树苗→起苗→打包→运苗→假植（如不及时栽植）→复剪→种植（如需要还要提前换土施肥）→作水堰→灌水→封水堰，其中起苗、运苗和种植是三个基本环节。将被移植的树木从土壤中连根起出的操作叫做"起苗"（掘苗），分为裸根起苗或带土球团起苗；把掘出的树木进行合理包装后用一定的交通工具（人力或机械、车辆）运到指定种植地点叫做"运苗"（搬运）；将运来的树苗按要求栽种于新地的操作叫做"种植"。种植以其目的的不同可分为移植和定植。移植是把一些树木从这一绿地搬迁到另一绿地。定植是按照设计要求将树木栽植后不再移动，使其永久性地生长在种植地。苗木运到施工地不能及时种植则须对其进行假植，假植是短时间或临时将苗木根系埋于湿润的土壤中的操作。

植树工程中的假植、移植和定植与苗圃中苗木培育过程中的假植、移植和定植在操作工序的要求上相同，但其性质及应用目的不完全一样。苗圃中的移植是培育苗木的有效根系和形成良好冠形所必需的生产程序，定植是苗木培育的最后环节。而植树工程一般是长久性的工程，

一旦栽植则要求树木长久地生活在此处，所以植树工程中的栽植绝大多数是定植，只有在某种特殊情况下才会移植如大树移植。至于假植，苗圃中，多因秋季苗木不能全部出售运走，而秋后又急需腾空土地，因此将苗木掘起集中假植，待翌年春季再出售；或是因苗木冬季安全越冬需要而进行的假植。植树工程中的假植往往是由于多种原因，或是苗木不能即时栽植，或是为了囤积苗木。假植的原因和目的不同，所用时间和方法也不同（详见本章的施工技术部分）。

2. 树木栽植成活的原理

一株正常生长的树木，在一定的环境条件下，其地上部分和地下部分保持着一定的平衡关系，尤其是根系和土壤密切结合，使树体的养分和水分代谢维持着良好的平衡。在树木的栽植过程中，随着树木的掘起、运输和栽植，这一切平衡都会遭到破坏。在掘起时，树木根系特别是吸收根遭到严重破坏，根幅、根量缩小，并且全部（裸根栽植）或部分（带土球栽植）根系脱离了原有的协调土壤环境；运输时，植物根系又基本吸收不到水分；栽植以后，即使供应充足的水分，但在新的环境条件下，根系与土壤密切关系的建立、根吸水能力的恢复、新根的发生都需要一定的时间。所以在树木栽植过程中，树木地下部分根的吸水、供水能力大大下降，而地上部分枝叶的蒸腾仍在继续，树木根系的供水和枝叶的需水出现了矛盾和不协调，如何缩小两者的矛盾，使树木的地上部分与地下部分尽快恢复水分代谢平衡是树木栽植成活的关键。如果栽植措施和方法不得力，不能迅速建立根系与土壤的密切关系，从而恢复根系与枝叶间水分代谢的平衡，树体内就会出现水分亏损，严重时会导致树木死亡。

根据树木栽植成活的原理，在植树工程中，保证树木栽植成活要做好以下方面。首先，尽最大可能做到"适地适树""适树适栽"。其次，在合理、科学的起苗、运苗、栽植的基础上，操作要尽可能快，防止根系失水过多而影响树木成活。再次，要尽可能地多带根系，并尽快促进根系伤口的愈合和新根的（伤口要平、最好涂抹生长剂）生成，短期内恢复根系的吸水、供水能力。同时还要注意，栽植中一定要将土踩实，使根系与土壤颗粒紧密接触，栽后必须及时灌水。但要注意不能过实、灌水也不宜过多，否则会造成土壤通气不良，根系因缺氧而窒息死亡。最后，一定要修剪树冠，减少枝叶量，从而减少水分蒸腾。小树一般栽后修剪，大树一般栽前修剪，栽后复剪，修剪量因树而异。这是提高植物工程的施工质量和节约成本的关键环节。

二、植树工程的施工原则

1. 必须符合规划设计要求

植树工程施工是把规划设计者的美好理想变为现实。在作规划设计时，每个规划设计者都是根据园林建设和绿化地环境的需要与可能，按照科学原则和艺术原则进行构思设计，其中往往融汇了诗情画意的形象，蕴含着一定文化和哲理。所以施工人员必须通过设计人员的设计交底，充分理解设计意图，熟悉设计图纸，严格按图施工，一切符合设计意图。如果施工人员发现设计图纸与施工现场实际不符，需变更设计时，应及时向设计人员提出，征得设计部门的同意。同时也不可完全被图纸束缚，可以在遵从设计原则的基础上创新提高，以取得最佳绿化效果。

2. 施工技术必须符合树木的生物学和生态学习性

不同树种对环境条件的要求和适应能力不同，在树木栽植时必须做到适地适树、适树适栽，这是园林树木栽植中的一个重要原则。掌握适地适树原则主要是使"树"对环境条件的要求和"地"所具有的环境条件之间能相互协调，当两者之间有较大差异时，栽植养护者能采取适当的措施进行缓解，变不适应为较适应，变较适应为适应，使树木能够良好的生长发育，从而充分发挥其观赏价值和生态价值。适树适栽是指根据各树种的生物学和生态学特性选用最适宜的栽培方法。如再生力、发根力强的树种，如杨、柳、榆、槐、椿、椴、槭、泡桐、枫杨、黄栌等栽植容易成活，一般裸根栽植即可，苗木的包装、运输也可以简单些，栽植技术要求可以粗放些。而一些常绿树及发根力、再生力均差的树种则必须带土球栽植，栽植技术要求也要严格，否则会严重影响其成活率。所以植树工程中的施工技术人员必须了解不同树种的生活习性，掌握其共性与特性，并能采取相应的技术措施，只有这样才能保证树木栽植的成活和植树工程的高质量完成。

3. 抓紧适宜的植树季节

从树木成活的基本原理来看，适宜的植树季节和植树时间是提高树木成活率的关键措施之一。我国幅员辽阔，不同地区树木适宜的种植期不相同；即使同一地区，不同树种的习性不同，施工当年的气候变化和物候期也有差别，要做到适时植树，在施工方面必须做到以下3点。

（1）选择最适宜的植树季节　一般来说是早春和晚秋，具体确定要看施工时当地的气候情况。

（2）做到"三随"　"三随"即随掘苗，随运苗，随栽苗。这要求植树前要做好一切准备工作，如人员组织培训、工具材料、土地整理等一切必要的条件，保证在最适宜的时期内，抓紧时间，完成起、运、栽各环节，再加上及时的后期养护、管理工作，这样就可以提高树木栽植的成活率。

（3）合理安排种植顺序　栽植的原则是发芽早的树种应早栽植，发芽晚的可以推迟栽植；落叶树春栽宜早，常绿树栽植时间可以晚些。

4. 加强经济核算，讲求经济效益

园林工程施工和其他施工一样，要求在施工时必须充分调动全体施工人员的积极性，发挥主人翁精神，同时要注意及时收集和记录资料，总结施工经验，争取以尽可能少的投入，获取较大的园林观赏价值、生态价值、经济价值，这是园林工程施工的最终目标。

5. 严格执行植树工程的技术规范和操作规程

植树工程的技术规范和操作规程是前人植树经验的总结，是指导植树施工的技术方面的法规。植树时各项操作都必须符合国家或地方的技术规程。

三、不同季节植树的特点

园林树木栽植应选择最适宜的季节，"反季节"、"全天候"的栽植不应提倡，因为不适宜的栽植时间必然会增加栽植和管护的难度及成本。最适宜的植树季节就是树木所处的物候状况和环境条件最有利于其根系迅速恢复，而对树木正常的生长影响又最小的时期。一般最适宜的植树季节是早春和晚秋，在冬季土壤结冻的地区即土壤化冻后至树木萌芽前以及树木落叶后至土壤冻结前。这两个时期，树木地上部分各项生理活动处于微弱状态，对水分和养分的需要量不大，对外界环境的变化不敏感，而且此时根系生长相对较活跃，有利于伤口的愈合和新根的再生，所以在这两个时期进行树木的栽植一般成活率最高。具体各地区、各树种在哪个时期最适合栽植，要根据当地的气候特点、土壤条件和树木的种类、生长状态来决定。同时还要考虑当地园林单位或施工单位的经济条件、劳动力、工程进度、技术力量等因素。同一植树季节南北方地区可能相差一个月之久，这些都要在实际工作中灵活运用。现将各季节植树的特点分述如下。

1. 春季植树的特点

春季植树实际上是指春季树木萌芽前的栽植。春植宜早，在北方，只要土壤化冻即可进行栽植。在南方，春季升温快，季节变换迅速，萌芽前半个月是栽植的好时机。此时树木仍处于休眠期，蒸发量小，消耗水少，栽植后容易达到地上部分和地下部分的生理平衡；多数地区土壤处于化冻返浆期，水分条件充足，有利于树木成活；对于土壤结冻地区，此时土壤已化冻，便于掘苗、刨坑。春植适于大部分地区和几乎所有树种，对树木的成活最为有利，故称春季是植树的黄金季节。但是有些地区不适合春植，如春季干旱多风的西北和华北部分地区,这些地区春季气候干燥,蒸发量大,此时栽树难成活。另外,西南某些地区(如昆明)受印度洋干湿季风的影响,秋冬、春季至初夏均为旱季,干旱少雨且气温高,不宜春植,宜雨季栽植。

2. 夏季(雨季)植树的特点

夏季气温高,树木生长旺盛,枝叶蒸腾量大;栽植伤根使树木的吸水远远不能满足需水,所以夏季不是适宜的植树季节,只适合于某些地区和某些常绿树种,主要是进行山区小苗造林,特别是春旱,秋冬也干旱,夏季为较长雨季的西南地区。常绿树因一年中有多次抽梢现象,可利用新梢第一次生长停止、第二次生长尚未开始的间歇时间和夏季雨季重合的机会进行栽植,此时栽植非常有利于树木的成活。但进行雨季栽植一定要掌握当地历年雨季降雨的规律,应抢在雨季前期完成栽植,一般是以下过一、两场透雨,出现连续阴天时栽植效果好。

如果植树工程需要夏季栽植,因此期温度高,树木蒸腾旺盛,大部分树种要带土球,要加大种植穴的直径,树冠要重剪。栽后要注意灌水(最好连阴雨天栽植),还要配合喷水、遮荫、喷抗蒸腾剂等措施。

3. 秋季植树的特点

秋季植树是指秋末树木落叶后的栽植。在北方此期较短,是指树木落叶至土壤封冻前栽植;在南方指树木落叶后较长时间即秋末冬初的栽植。秋季植树的优点有:树木进入休眠期,生理代谢转弱,需水少,有利于维持生理平衡;气温逐渐降低,地上蒸发量小,土壤水分较稳定;此时树体内贮存的营养物质丰富,根系有一次生长高峰,有利于断根伤口的愈合,如果地温尚高,还可能发生新根。经过一冬,根系与土壤密切结合,春季发根早,符合树木先生根后发芽的物候顺序。不耐寒、髓部中空的树木不适宜秋植,而当地耐寒的落叶树的健壮大苗应安排秋植以缓和春季劳动力紧张的矛盾。

4. 冬季植树的特点

在冬季土壤基本不冻结的华南、华中和华东等长江流域地区可以冬植。以广州为例,气温最低的一月份平均气温仍在13℃以上,故无气候上的冬季,从一月份开始就可栽植樟树、白兰花等常绿深根性树种,二月即可全面开展植树工作。在冬季严寒的华北北部和东北大部,由于土壤冻结较深,当地乡土树种可以利用冻土球栽植法进行栽植。不过由于气温低,起苗时的伤根不能及时回复生活力,要等到翌年春季温度上升后才能恢复,从而推延地上芽的萌动。

第二节 植树工程的施工技术

一、施工前的准备工作

(一)了解设计意图与工程概况

1. 了解设计意图

施工单位拿到设计单位全部设计资料(包括文字材料、图面材料及相应的图表)后应仔细阅读,看懂图纸上的所有内容,并听取设计技术交底和主管单位对此项工程绿化效果的要求。

2. 了解工程概况

(1)植树与其他有关工程的范围和工作量 植树与其他相关工程的范围和工作量包括植树、铺草坪、建花坛、土方(整地)、道路、给排水、山石、园林设施等工程的范围和工作量,需按工程进度分阶段进行。

(2) 施工期限　施工期限包括工程的总进度、起始和竣工日期。植树工程进度的安排必须以不同树种的最适栽植日期为前提，其他工程项目应围绕植树工程来进行。

(3) 工程投资和设计预算　工程投资和设计预算包括了解主管部门批准的投资数或投标的标数以及设计预算的定额依据，以备灵活运作，编制施工预算计划。

(4) 施工现场地上和地下的情况　地上情况是指地上物及其处理要求。地下情况是指管线、电缆及其他地下设施分布的深度、范围和走向。同时应了解设计单位与管线管理部门的配合情况。

(5) 定点放线的依据　定点放线的依据一般采用施工现场及附近测定标高的水准点或测定平面位置的导线点，也可以是永久性的固定物，如建筑的拐角处、道路的路沿、桥梁的柱子和电线杆等。

(6) 施工材料的来源和运输条件　施工材料的来源和运输条件主要包括苗木的出圃地点、时间、质量和规格。

(二) 踏勘现场

在了解设计意图和工程概况之后，负责施工的主要人员必须亲自到现场，按设计图纸和说明书与现场实际情况进行仔细的核对与踏勘。主要内容包括以下几方面。

① 各种地上物（如房屋、原有树木、市政、农田设施、地上堆积的废物等）的去留和须保护的地物（如古树名木）。需要拆迁的应了解如何办理手续与处理办法。

② 栽植的范围（栽植的起始点）、栽植地的土质情况、定点放线的依据。如有不符之处和需要说明的问题时（如土质与选用的树种不相适应等），应向设计单位提出，以求研究解决方案。

③ 现场内外的交通、水源、电源情况，树木的假植、材料存放地点与施工期间职工生活设施（如食堂、厕所、宿舍等）的安排。

(三) 制订施工方案

植树施工方案也叫做施工计划，应由施工单位的有关负责部门，召集相关单位开会，对施工现场进行详细的调查了解，再根据绿化工程的规模和施工项目的复杂程度来制定施工方案，内容尽量全面、细致，措施要有针对性和预见性，文字要简明扼要，抓住关键。施工方案主要包括以下几方面。

(1) 工程概况　包括工程名称、地点和设计意图、原则要求、不利条件以及工程范围、任务量、投资预算等。

(2) 施工的组织机构　大的工程要设指挥1人，副指挥2~3人，下设办公室、工程组、技术组、苗木组、政工组、后勤组、统计和质量安全员等，每一职能部门都要明确其职责范围和负责人。

(3) 施工程序和施工进度　分单项进度与总进度，都要明确工程量、起止日期、用工量、定额和进度。

(4) 劳动力计划　根据工程任务量及劳动定额，计算出每道工序所需用的劳动力和总劳动力，并确定劳动力的来源和使用时间。

(5) 苗木、工具材料的供应计划　苗木计划要明确苗木品种、规格、数量、来源和供苗日期；工具材料计划要明确工具材料名称、规格、单位和使用日期。

(6) 机械、运输计划　明确车辆名称、型号、台班和使用时间。

(7) 施工技术和质量管理措施　包括操作细则，特别是本工程的一些特殊要求；具体的质量标准和成活率；技术培训的方法；质量检查和验收办法。

(8) 施工预算　以设计预算为主要依据，根据实际工程情况、质量要求和当时市场价格，编制合理的施工预算。

(9) 安全生产制度　根据施工项目和本单位的管理体制，制定安全生产操作规程和安全生产的检查和管理办法，确保安全生产无事故。

(10) 绘制施工现场平面图　对于大型和重点工程，为了了解现场全面，便于施工的指挥，施工单位还应绘出现场平面布置图。图上用各种符号标出苗木假植地、交通路线、水源和临时工棚等。

(四) 施工现场的清理

1. 清理障碍物

根据有关部门对地上物的处理要求，在现场踏勘的基础上，对工程地界内有碍施工的地上物进行拆迁。凡能自行拆除的要限期拆除，无力清理的施工单位应安排力量统一清理。

2. 地形、地势整理

地形整理是指从土地的平面上，将绿化地界与其他用地区划分开，根据绿化设计图纸的要求整理出一定的地形。此过程要做好土方调度，先挖后垫，节省投资。地势整理主要是指为方便绿地排水而做的微地形整理。具体的绿化用地，一般不埋设排水管道，排水是依靠地面的坡度，从地表自行径流到道路旁的下水道或排水阴沟，所以绿化地界划清后，要根据其所在地的排水大趋势，将绿化地块适当填高，再整理成一定坡度，使其与所在地区的排水趋向一致，当雨季到来时不会引起积水。应注意的是洼地填土和去掉大量渣土堆积物后的回填土壤，新填土需要分层夯实，并适当增加填土量，否则会自行下沉或经雨淋后下沉，形成低洼坑而影响排水。如果树木栽植后出现地面下沉再回填土壤，树木将因深埋而死亡。

3. 地面土壤整理

地形地势整理之后，为了给植物创造良好的生长基地，必须对种植地的土壤进行整理。整地时间一般安排在栽树前3个月以上的时期内（最好经过一个雨季），因为提前整地可以发挥土壤蓄水保墒的作用，在干旱地区更为重要。整地的主要内容有根据设计要求做微地形、深翻、客土、去除杂物、碎土过筛、扒平等。不同的立地条件，整理的做法不同，见树木栽植前的整地（详见第九章第一节）。

4. 接通电源、水源，修通道路

搞好电、水、路三通，尤其水源和道路，是开工的必要条件，也是施工前准备的重要内容。

5. 根据需要搭建工棚

如果附近有可利用房屋，可物尽其用。否则要搭盖工棚、食堂等职工必须的生活设施。

(五) 苗木的准备

1. 苗木的选择

施工单位应认真阅读设计图纸和设计方案，根据绿化设计要求，按不同绿化用途，选择不同规格、不同苗龄和不同树种进行栽植，尤其是重点地方栽植的苗木，应按设计要求严格挑选苗木。把好苗木质量关，确定好苗木的具体来源。

(1) 苗木年龄及规格的选择　苗木的年龄和规格直接影响其栽植的成活率、工程成本、绿化效果和栽后养护。选用幼小苗木，其成活率高，费用低，但绿化效果差，也容易受人为活动的影响；园林大苗栽后能很快发挥较好的美化作用和生态功能，但是苗木越大，其根系分布越广，吸收根离树干越远，起苗时伤根多，为了提高成活率，通常需要带土球栽植，对起挖、运输、栽植及养护的技术要求越高，工程费用也越大。

根据城市绿化的需要、城市环境条件及树苗的大小特点，一般绿化工程多选用较大规格的幼青年苗木；为了提高成活率，方选用在苗圃经多次移植的大苗。一般快长树在苗圃经1～2次移植，培育4～6年；一般慢长树在苗圃经2 (3) 次移植、培养5～7年以上，苗径（胸径）多在4～6cm以上即可满足城乡绿化之需。

（2）根据绿化的用途选苗　园林绿化中，不同用途的树木的要求标准也不同，选苗时要根据园林用途和标准要求进行选苗。选择行道树苗木时，要求树干通直无弯曲、分枝高度一致、主干高度不能低于3m（一般较小街道可以在2.5m以上）、树冠丰满匀称、个体间高度差不能大于50cm，且无病虫危害和机械损伤。庭荫树的苗木要求枝下高不低于2m，树冠要大而开阔。独赏树要求树冠广阔、树势雄伟、树形美观。花灌木要求灌丛匀称，枝条分布合理，高度不得低于1.5m，丛生灌木枝条在4~5根以上，有主干的灌木主干应明显。绿篱用苗要求分枝点低、枝叶丰满、树冠大小与高度基本一致。绿篱苗的针叶常绿树苗高度不得低于1.2m，阔叶常绿苗不得低于50cm，苗木树型丰满，枝叶茂密，发育正常，根系发达，无严重病虫危害。选择组成树丛的苗木时要注意大小搭配，内高外低。

（3）把握好苗木的质量关　优良苗木具有的主要特征为：生长势强、无病虫害；根系发育良好，有较大的、完整的根盘；枝条充实、丰满、无机械损伤；树体骨架符合绿化要求。

（4）了解苗木的来源　不同来源的苗木直接关系到苗木的质量、苗木的准备工作、栽后的成活情况等，因此对园林绿化的苗木来源必须了解。园林绿化苗木的来源主要有以下4种。

① 当地苗圃的苗木。这是园林绿化用苗的最佳来源。因为苗木在苗圃培育期间，经过了2~3次移栽，须根多，栽植易成活，缓苗快。同时树种对栽植地的气候和土壤条件有较强的适应能力，也无需长途运输，可以做到随起苗随栽植，不仅极大地提高了成活率而且节省了工程费用。

② 外地购买的苗木。外地购买的苗木要做好以下工作：首先，需要在栽植前数月派有经验的专业人员到气候相似的地区去选苗；然后，选苗时要对苗木的种源、繁殖方法、栽培方式和时间、生态条件、苗龄、生长状况等进行详细的调查。因为目前苗木市场还不太规范，应注意避免购买到以劣充优、以假乱真的苗木。未种过的新种和品种应慎用，不宜大量使用。

③ 园林绿地的苗木。有些园林绿地，为了尽快形成绿化效果，常常在建设初期进行密植，待苗木长大后，再部分移植到别的绿地，这样既满足了前期的绿化需求，又为以后的绿化囤积了苗木。由于前期栽植过密，苗木的生长空间较小、光照也不足、局部空气湿度较大，这类苗木根系的发育受到限制，根盘小、须根少，并且枝条发育不充实，其移植到空旷地方后，易受阳光照射和旱风的影响而发生日灼和抽条现象。绿化工程中如果选用了园林绿地苗木，应根据情况做好相应的前期准备工作，否则会影响移植苗木的成活率和以后的养护管理。

④ 山野的苗木。山野里的苗木大部分是自播繁衍的，为实生苗，其主根发达而须根少，在移植前要采取相应的措施，保证移植的成活率。

2. 苗木的订购

苗木的质量是绿化效果的基础，苗木的适时供应是绿化工程顺利进行的保证。同时，这也是工程经费开支伸缩性较大的一方面，所以苗木的订购必须认真对待，要选派有经验、责任心强的专业技术人员去完成。首先，尽可能选择离施工地点较近进的苗圃，这样既可以节省运费又可保证苗木质量；其次，在确认苗木设计要求、苗木质量与来源等各方面都没有问题时才可签订购苗合同。合同中要明确苗木种类、数量、规格、供苗时间以及起苗、包扎、运输和检疫的具体要求。

二、植树工程施工的主要工序和技术

（一）定点放线

定点放线就是采用一定的方法，将设计图纸上各树木的设计位置按比例放样于地面，确定其种植点位的过程，这是植树工程中必要、首要的工序。树木的位置确定后，要用白灰点点、划线或钉木桩的方法在地面上做出标记。

1. 定点放线的一般方法

（1）仪器定点　仪器定点即用经纬仪或平板仪以地上的基点或固定物为准，按照设计图上的位置、比例，依次定出单株位置及片林的范围线，并钉木桩标明，木桩上应写清树种、棵数。此方法适于绿化要求较高的重点地方，或范围大、测量基点准确而树木较稀的地方。

（2）网格法定点　首先在图纸上找出永久性的固定点，根据设计的比例和尺寸，在图纸上作出网格，同时在地上按相应的比例放出等距离的网格。然后分别找出定点树木在图纸上和地上方格网的位置，再用比例尺分别量出此树在图纸上和地上某方格中的纵横坐标，即可较准确地确定出此树的位置。此法适用于范围大、地势平坦的公园绿地。

（3）交会法定点　交会法适用于范围小、现场内建筑物或其他标记与设计图相符的绿地。首先在图纸上找出两个固定物或建筑物边线上的两个点，量出要定点树木与两点的距离。然后在地上从相应的两个点出发，按相应的比例量出这两条线，两线的交点即为此树的种植点。

2. 行道树的定点放线

行道树的种植要求其位置准确，尤其是行位必须准确无误。因此，行道树的放线可以先定出行位，再确定点位。

（1）确定行位的方法　行道树的行位要严格按图纸中横断面设计的位置和比例放线。一般以路牙和道路的中心线为准，用钢尺准确测出行线位置，并按设计图规定的株距，大约每10株左右钉一个行位控制桩（标记），以保证种植行的笔直。注意行位控制桩不要钉在种植坑的范围内，以免施工时挖掉木桩。

（2）确定点位的方法　以行位控制桩为准，用皮尺或测绳按照图纸设计的株距，定出每棵树的位置。

3. 树丛和片林的定点放线

树丛和片林的定点放线可采用以上方法依图按比例进行。首先定出树丛和片林的范围，其次定出主景树的位置。其他树木的位置可按设计图要求的株行距采用目测法自由布点，但切忌平直、呆板，避免平均分布和距离相等。尤其是自然式种植，放线要保持自然，种植点不得等距离或排列成直线。同时还要注意层次，要有中心高边缘低或由高到低的斜冠线。

4. 种植点与市政设施和建筑之间的关系

在进行道路和居民区绿化时，为了不影响地上和地下市政设施和建筑物的安全，树木定点的位置除以设计图纸为依据外，还应遵循有关规定，遇到各种管道、收水井口、消防栓、市政设施、围墙、道路、建筑物和涵洞、各种线路、电线杆等要与其保持一定的距离（表8-1～表8-4）。如果不符合要求时，应与设计人员进行协商以变更设计，在规定变动的范围内仍有妨碍者，即可不栽。

表 8-1　路树基干中心与地下管线外缘的一般最小水平距离　　单位：m

项　目	直埋电缆	管道电缆	自来水管	污水、雨水管	煤气管	热力管
乔木	1.5	1	1	1	2	2
灌木	1	—	—	—	1.5	1.5

表 8-2　路树基干中心与地下管线、探井等边缘的一般最小水平距离　　单位：m

项　目	电信电力探井	自来水闸井	污、雨水探井	消防栓井	煤气管探井	热力管探井
乔灌木	3	1.5	1.5	2	2	3

表8-3 路树枝条与架空线（最近一根）的一般水平与垂直距离　　　　　单位：m

项目	一般电力线	电信明线	电信架空电缆	高压电力线
乔灌木	3	2	0.5	5

表8-4 路树基干中心与附近设施外缘的一般最小水平距离　　　　　单位：m

项目	道牙	边沟	房屋	围墙	火车轨道	桥头	涵洞	农田南侧	菜园南侧
乔木	0.5	0.5	2	1.5	8	6	3	2	3

（二）挖种植穴

1. 种植穴的规格

种植穴的形状一般为长方体或圆筒状，绿篱的种植穴为长方形槽，片植的小株灌木的种植穴为几何形大块浅坑。种植穴的大小一定要依据苗木的规格、树种根系的分布特点、种植地的土壤情况而定，常见各类苗木的种植穴规格分别见表8-5～表8-7。平生根系树种的种植穴要适当加大直径，直生根系树种的种植穴要适当加大深度，渣土或贫瘠、板结黏土类土壤要适当加大种植穴的规格，沙土要适当减小种植穴的规格。

表8-5 常绿乔木类种植穴的规格　　　　　单位：cm

树高	种植穴深度	种植穴直径	树高	种植穴深度	种植穴直径
150	50～60	80～90	250～400	90～110	120～130
150～250	80～90	100～110	400以上	120以上	180以上

表8-6 落叶乔木类种植穴的规格　　　　　单位：cm

胸径	种植穴深度	种植穴直径	胸径	种植穴深度	种植穴直径
2～3	30～40	40～60	5～6	60～70	80～90
3～4	40～50	60～70	6～8	70～80	90～100
4～5	50～60	70～80	8～10	80～90	100～110

表8-7 花灌木类种植穴的规格　　　　　单位：cm

冠径	种植穴深度	种植穴直径
200	70～90	90～110
100	60～70	70～90

2. 种植穴的要求

种植穴应有足够的大小，以容纳树木的全部根系并舒展开，但深度不可过深与过浅，否则都有碍树木的生长。穴或槽应保持上下口径大小一致，不应成为"锅底形"或"锥形"（图8-1）。否则在栽植踩实时会使根劈裂卷曲或上翘而影响树木的生长。在挖穴或槽时，应

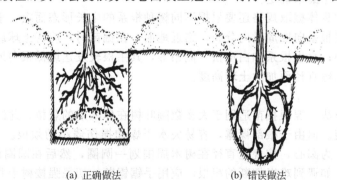

(a) 正确做法　　　　(b) 错误做法

图8-1 种植穴的要求

将肥沃的表层土与贫瘠的底土分开放置，同时捡出有碍根系生长的土壤侵入体。

3. 挖穴的方法

首先以定植点为圆心，以穴的规格的1/2为半径画圆或正方形，用白灰标记（通常用铁锹在地上顺手画圆）。然后沿圆的标记向外起挖，将圆的范围挖出后，再继续垂直向下深挖至所需的深度。切忌一开始就把白灰点挖掉或将木桩扔掉，这样穴的中心位置会平移，如果是行列式栽植，最后种植穴很难达到横平竖直，会影响栽植效果。在街道上栽植时最好随挖穴，随栽植，避免夜间行人发生危险。

在挖穴时，施工人员如果发现种植穴内土质不好有碍树木的生长，或发现电缆、管线、管道时应及时找设计人员与有关部门协商解决。部分能用的土可经过过筛和适当添加好土以备待用；如果挖出的土壤完全不适合树木的生长，就要完全换土。穴挖好后，在其底部用松土堆约10cm的土堆。经监理或专门负责人员按合格标准进行核对验收，不合格的需返工。

（三）掘苗

起掘苗木是植树工程的关键工序之一。苗木原生长品质好坏是保证掘苗质量的基础，但正确合理的掘苗操作技术、适宜的土壤湿度和包装材料、锋利的工具、认真负责的态度等却是保证苗木质量的关键。否则会使原本合格的苗木变为不合格苗木，直接影响植树的成活率和最终的绿化成果，因此，应于事前做好充分的准备工作。

1. 掘苗前的准备

（1）号苗　号苗就是按设计要求到现场选择苗木，并作出标记。所选数量应略多些，以便补充栽植时淘汰损坏的苗木。

（2）包扎树冠　包扎树冠是指将分枝点较低的常绿树、冠丛较大的灌木以及带刺树木的树冠用草绳和草席进行适当地包扎和捆拢。既便于起苗时的操作，又可以避免在掘取、运输和栽植过程中损伤树冠。

（3）浇水与排湿　为了便于起挖，也为了少伤根系，苗地如果过干，应提前几天灌水；如果过湿，则应提前开排水沟或松土晾晒。

（4）人力、工具及包装材料的准备　起苗工具必须锋利。带土球掘苗用的蒲包、草绳等要用水浸泡湿透待用。

2. 掘苗规格

掘取苗木时，根部大小或土球大小的规格可参照苗木的干径和高度来确定。落叶乔木多采用裸根起苗法，掘取根部的直径常为其树干胸径（即树木高1.3m处的树干直径）的8～10倍，深度为所取根系直径的2/3；落叶花灌木掘取根部的直径为苗木高度的1/3左右；常绿树中分枝点高的苗木掘取的土球直径为胸径的7～10倍，分枝点低的苗木，掘取的土球直径为苗高的1/2或1/3；攀缘类苗木的掘取规格可参照灌木的掘取规格，也可以根据苗木的根际直径和苗木的年龄来确定。

另外，苗木的具体掘取规格还要根据不同树种根系的生长形态而定。平生根系树木如毛白杨、雪松等，其根系向四周横向分布，临近地面，在掘苗时，应将土球或根系直径适当放大，高度适当减小；直生根系如白皮松、侧柏等，其主根较发达或侧根向地下深度发展，掘苗时要相应减小土球直径而加大土球高度。

3. 掘苗方法

（1）裸根掘苗法　裸根掘苗适用于大多数阔叶树在休眠期的栽植。此法便于操作，节省人力、运输和包装。但由于根部裸露，容易失水干燥和损伤弱小的须根。具体操作要求为：掘苗前要先以树干为圆心，按规定直径在树木周围划一圆圈，然后在圆圈以外垂直向下挖，随挖随切断侧根，如遇到难以切断的粗根，应用手锯锯断，切忌强按树干并用铁锹猛砍，造成根系劈裂。在挖至规定深度和掏底后，放倒苗木，轻轻拍打根部的外围土壤，但如根系稠密,带有护心土,则不要打除,而应尽量保存。

掘完后,苗木若有病伤劈裂及过长的主侧根都需进行适当修剪,然后应及时装车运走,如一时不能运完,可在原坑埋土假植。若假植时间较长,还要设法灌水,保持土壤及树根的适度潮湿。

(2) 带土球掘苗法 带土球掘苗法就是将苗木根部一定范围内的根系连土掘削成球状,用蒲包、草绳或其他软材料包装起出。由于土球范围内须根未受损伤,并带有部分原土,栽植过程中水分不易损失,对其恢复生长有利。但操作较困难、费工,要耗用包装材料;土球笨重,增加运输负担,耗资大大高于裸根栽植。所以凡可以用裸根栽植成活者,一般不采用带土球栽植。此法适宜常绿树、竹类和在生长季节栽植的落叶树。具体操作要求如下:

① 划线。划线即以树干为圆心,按规定的土球直径在地面上画一圆圈,以确定土球的尺寸,也作为向下挖掘土球的依据,所画圆圈的直径一般要比规定规格稍大一些。

② 去表土。表层土中根系密度很低,一般无利用价值。同时为了减轻土球重量,多带有用根系,挖掘前应将表土去掉一层,其厚度以见有较多的侧生根为准。

③ 挖坨。沿地面上所画圆的外缘,向下垂直挖沟,沟宽以便于操作为度,一般为50~80cm,所挖之沟上下宽度要基本一致,随挖随修整土球表面,一直挖掘到规定的土球高度。

④ 修坨。挖掘到规定深度后,球底暂不挖通。用圆锹将土球表面轻轻铲平,上口稍大,下部渐小,呈红星苹果状。

⑤ 掏底土。在土球四周修整完好以后,再慢慢由底圈向内掏挖。直径小于50cm的土球,可以直接将底土掏空,将土球抱到坑外包装;而大于50cm的土球的,则需将底土中心保留一部分以支住土球,以便在坑内进行包装。

⑥ 包扎。因土球大小、土质情况、运输距离远近的不同,打包工序操作繁简不一。一般土球较小、土质紧实、运输距离近的苗木可以不包扎或进行简易包扎;如果土球直径在30cm以上,且土质疏松、运输距离远则需要作较复杂的包扎。常用的简易包扎法如用蒲包片或草片铺平,把土球放入正中,然后将蒲包片从四周向树干抱起,最后在树干基部扎牢,也可在土球径向缠绕几道草绳后,再在土球中部横向扎几道即可。复杂的包扎法主要有井字式(古钱式)、五角式、橘子式,详见第三节大树移植。

(四) 运苗与假植

1. 运苗

苗木运输过程中需要注意的问题主要有两个:一是防止苗木枝干和根的表皮受到损伤;二是防止根系和枝干被吹干。因此,运输时应采取一定措施进行保护,尤其是长途运苗更应注意。

(1) 装车前的检验 苗木装车前须仔细核对其品种、规格、质量和数量等,凡不符合要求的应由苗圃方面予以更换(表8-8)。

表 8-8 待运苗的质量要求最低标准

苗木种类	质 量 要 求
落叶乔木	树干:主干不得过于弯曲,无蛀干害虫,有明显主轴树种应有中央领导枝 树冠:树冠茂密,各方向枝条分布均匀,无严重损伤及病虫害 根系:有良好的须根,大根不得有严重损伤,根际无肿瘤及其他病害。带土球的苗木,土球必须结实,捆绑的草绳不松脱
落叶灌木或丛木	灌木有短主干或丛灌有主茎3~6个,分布均匀;根际有分枝,无病虫害,须根良好
常绿树	主干不弯曲、无蛀干害虫,主轴明显的树种必须有领导干。树冠匀称茂密,有新生枝条,不烧膛,土球结实,草绳不松脱

(2) 裸根苗的装车 裸根苗的装车要按以下要求进行:车厢内应铺垫草袋、蒲包等物,

以防碰伤苗木树皮；装运乔木苗时应树根朝前，树梢向后，顺序码排；树梢不得拖地，必要时要用绳子围拢吊起来，捆绳子的地方需用蒲包垫上；装车不要超高，从地面车轮到最高处不得超过 4m，也不可压得太紧；装完后用苫布将树根盖严捆好，以防树根失水。如果要进行长途运输，还要注意随时洒水，也可在包装时加垫一些湿润物，如苔藓、湿锯末、湿稻草等，或者把苗根蘸上泥浆或用吸水剂加水配成水凝胶蘸根，以上措施均能起到较好的保水作用。

（3）带土球苗的装车　带土球的苗装车要按以下要求进行：2m 以下苗木可以立装，2m 以上的苗木必须放倒，土球向前，树梢向后并用木架或垫布将树冠架稳、固牢；土球直径大于 60cm 的苗木只装一层，小土球可以码放 2～3 层，但土球之间必须码排紧密以防摇摆；土球上不准站人和放置重物。

（4）苗木运输　苗木运输途中，押运人员要和司机配合好，经常检查苫布是否漏风。短途运苗中途不要休息，长途行车必要时应洒水浸湿树根，休息时应选择荫凉之处停车，防止风吹日晒。

（5）苗木卸车　卸车时要爱护苗木，轻拿轻放。裸根苗要顺序拿取，不准乱抽，更不可整车推下。带土球苗木卸车时不得提拉树干，而应双手抱土球轻轻放下。较大的土球最好用起重机卸车，若没有条件，则应事先准备好一块长而厚的木板斜搭在车厢上，将土球自木板上顺势慢慢滑下，但绝不可滚动土球以免散球。

2. 假植

运到施工现场的苗木最好做到及时栽植，如果由于施工量过大、施工地形没有整好、种植穴没有挖好或其他工程影响、劳力不足、气候等原因导致不能短时间内栽植完时，应根据具体情况采取不同的"假植"措施。裸根苗必须当天栽植完，其暴露时间不宜超过 8h。

（1）短时期假植　裸根苗木不超过 1 天的临时性假植，可在根部喷水后再用草席、草袋或毡布盖好即可。超过一天以上的短时期假植应选土壤湿润、排水好、背风阴凉的地方，先挖一浅横沟，将苗木按排斜放于沟内，紧靠苗根再挖一同样的横沟，并用挖出来的土将第一行树根埋严，挖完后再排放另一行苗，如此循环直至将全部苗木假植完。

带土球苗木 1～2 天的假植应选择不影响施工的地方，将苗木码放整齐，四周培土，往土球上喷水或往土球上洒些细土或稻草。并盖好以保持土球的湿润。

（2）长时间假植　裸根苗木长时期假植可事先选择避风向阳、地势较高且平坦但不影响施工的地方挖好 30～40cm 深、1.5～2.0m 宽、长度视需要而定的假植沟，假植前，若土质干燥，应在沟内先灌水湿润，然后将苗木分类码排，码一层苗木，根部埋一层土（覆土约达苗高的 1/2 处），全部假植完毕以后，还要仔细检查，一定要将根部埋严，不得裸露，最后充分灌水一次。但决不可大量灌水，使土壤过湿。

带土球苗木较长时间的假植，除需将苗木码放整齐，四周培土外，土球间隔也应填土，并根据需要经常给苗木叶面喷水。

（五）栽植时的修剪

1. 修剪的目的

（1）提高苗木的成活率　在挖掘过程中，无论是裸根或是带土球，苗木的根系都会有一定损伤，降低了植株地下部分的吸肥能力和吸水量。通过修剪可减少枝叶水分和养分的蒸发消耗，调整植株地上部分和地下部分水分和养分的平衡，从而提高树木的成活率。

（2）协调与周围环境的关系　苗木在培育地点所形成的树冠，较之在定植地点所要求的树冠会有一定的差距。绿化地点和性质不同，对树形和树冠的要求也各有不同，例如某些乔木类树木，用于道路绿化时，要求其树冠宽广、覆盖面积大，有时还要做分叉整形，以调和与架空电线的矛盾；用于一般绿地绿化时，其整形根据孤立树、群生混交林、与建筑物配置等不同环境而有不同要求。因此苗木在栽植过程中，必须经过修剪整形，培养与周围环境协调的良好树姿，以达到设计者的绿化要求。

(3) 推迟物候期和增强生长势　新栽树木根部生理活动和生理功能弱，经过修剪，植株上的花芽、叶芽和混合芽随枝条的剪下而大量减少，而剪去的芽一般都是顶芽、壮芽，留下的芽则是较弱的侧芽、腋芽、隐芽或不定芽，这类芽萌发的时间晚，可使苗木栽后，在温、湿度等条件对根部的生理活动较为有利时才开始萌动，这样就推迟了发芽日期，协调了植株地上部分与地下部分的生理活动。通过修剪还可以使当年树木的生长势增强，当年枝的年生长量比未修剪树木的生长量为大，即使是慢长树类，例如国槐经强修剪后的定植大苗，当年的枝条长度也可达1~2m。

(4) 减少伤害　剪除带病虫枝条，可以减少病虫危害。另外剪去一些枝条，减轻树梢重量，对防止树木倒伏也有一定作用，对于春季多风沙地区的新植树尤为重要。

2. 修剪的要求与操作规范

(1) 类别不同，修剪方法不同　乔木类，其中具有明显中干者，如银杏、毛白杨、雪松、水杉等苗木，应注意保护顶尖，维护其原有的高大挺拔的树形，可适当疏枝，对保留的主枝短截。无明显中干或中干较弱者，其中落叶乔木，对于胸径10cm以上的苗木，可酌情疏剪，保留其原有树形；对于胸径为5~10cm的苗木，可选留几个主枝，进行短截。而常绿乔木，树冠多呈圆头形，可适量疏剪，必须注意不要破坏原树形；叶集生于枝条上部者可不修剪。

灌木一般多在移栽后，根据其发枝力和根蘖萌发力进行疏枝、短截修剪。疏枝修剪应从根处于地平面齐平，掌握外密内稀的原则，以利通风透光，但丁香树只能疏不能截。短截枝条应选在叶芽上方0.3~0.5cm处。

(2) 园林用途不同，修剪方法不同　行道树定干高度在3m以上（小的街道可在2.5m以上），分枝点以下的枝条全部疏除，分枝点以上的可酌情疏剪或短截。庭荫树定干高度在2m以上，其他同行道树。目前有些萌芽力强的树苗为减少蒸腾提高成活率，可采用截干的方法，保留主干3m截干顶，如樟、杜英。

(3) 剪口要求　剪口芽的选取要符合今后树形发展的要求，剪口应平滑整齐、不劈不裂，剪口位置与芽的距离一般为0.5~1cm，较大的剪口应涂抹防腐剂，以使其能较快愈合。

(4) 根系修剪　裸根苗木移栽前应剪掉腐烂根、细长根和劈裂损伤根，较粗大根的截口要平滑，以有利于愈合。

(六) 定植

1. 散苗

将苗木按设计图纸或定点木桩的标注，散放在栽植坑（穴）旁边的过程称为"散苗"。散苗时应注意必须保证按图散苗，细心核对，避免散错。带土球苗木可置于坑边，裸根苗应根朝下置于坑内。同时要轻拿轻放，注意保护苗木植株与根系不受损伤。应边散边栽，减少苗木暴露的时间。

2. 栽植

(1) 裸根苗木的栽植方法　裸根苗木的栽植要先在穴底堆一个半圆形土丘，苗木置入正中，边填土边踏实，先填表土后填芯土，填土至穴高的1/2左右时轻轻向上提苗，一方面使根系自然伸展，另一方面使根系截留的土壤从根缝间自然下落，从而使二者之间密切接触，然后继续填土、踏实，直至与地面平齐。为了保持土壤中的水分，栽后应在穴表面盖一层松土，以切断土壤中的毛细管水，使穴表面成为龟背形。

(2) 带土球苗的栽植方法　带土球苗栽植时必须先踏实穴底土壤，以保证土球的高度与穴的深浅一致，然后将土球置入穴中，将土球放平稳后解开包装材料，不易腐烂的包装物必须拆除,接着分层填土,注意须随填土随夯实,但不得夯砸土球,直至与地面平齐。确定没有问题后,如果拢冠可将捆拢的草绳解开。

(3) 栽植时应注意的问题

① 核对图纸。埋土前必须仔细核对设计图纸,看树种、规格是否正确,若发现问题应立即调整。

② 调整种植穴。栽前检查种植穴的大小和深度是否合适。裸根苗木的栽植要求根系在穴中必须伸展,带土球栽植的苗木的种植穴一般比土球要大30～40cm。穴的深浅应在埋土后与原土痕平齐或略高,裸根栽植的乔木不得深于原土痕10cm;带土球树种不得超过5cm;灌木及丛木不得过浅或过深,因为栽苗深浅对苗木成活率的影响很大。

③ 注意栽后的观赏效果。栽植时应将树形及长势最好的一面朝向主要观赏方向,树身上下必须垂直,如果树干有弯曲,其弯向应朝向当地的主风方向。

行道树或行列式栽植的树木应在一条线上,相邻树木不得相差一个树干粗,可以以标杆树为瞄准依据。相邻苗木的规格应合理搭配,高度、干径、树形应近似。

绿篱栽植树行距应均匀,苗木高度、枝干粗细的搭配也要均匀,并且树形丰满的一面朝外。

此外,树木成片栽植或群植时,应由中心向外顺序栽植,也可分区进行栽植;土坡上栽植时应由上向下逐步栽植。

(七) 浇水

1. 开堰作畦

单株树木栽植完成后,在植树坑(穴)的外缘,用细土培起15～20cm高的圆形土埂称为"开堰"。浇水堰应拍平踏实,防止漏水。株距很近、成片栽植的树木,如绿篱、色块、灌木丛等可将几棵树或呈条、块联合起来集体围堰称为"作畦"。作畦时必须保证畦内地势水平,确保畦内树木吃水均匀,畦壁牢固不跑水。

2. 灌水

树木定植后必须连续浇灌三次水,以后视情况而定。第一次灌水应于定植后24h之内,水量不宜过大,浸入坑土30cm上下即可,主要目的是通过灌水使土壤缝隙填实,保证树根与土壤紧密结合,所以又称为"定根水"或"救命水"。在第一次灌水后,必须检查一次,如果发现树身倒歪应及时扶正,树堰被冲刷损坏之处要及时修整。第一次灌水后的3～5天再浇第二次水,水量和目的同第一次灌水。第二次灌水后的7～10天再浇第三次水,此次要浇透灌足,即水分渗透到全坑土壤和坑周围土壤内。进入正常的养护管理后,应根据实际情况进行灌溉。

(八) 立支架

凡胸径5cm以上的乔木,特别是枝叶繁茂且不宜大量修剪的常绿乔木、有台风的地区或风口处种植的苗木都应当立支架。目的是保证新植树木不被大风吹斜倾倒或被人流活动损坏。支架的材料一般有缆绳、金属丝、竹竿及木棍、铁管等,不同地区可根据需要和条件运用适宜的支撑材料,支撑材料既要牢固又要注意美观。支撑时捆绑不宜太紧,绑扎树木处应加夹垫物,防止损伤树皮,绑扎后树干应保持直立。

目前园林中常见的支架主要有标杆式、扁担式、三角式、牵索式等(图8-2)。具体应根据需要和地形条件来确定。

(九) 搭荫棚

应给生长季节栽植的、不易成活的树木搭建荫棚,以减少树体的蒸腾强度,防止树冠日灼。要求荫棚上方及周围与树冠间保持50cm的间距,以利于棚内空气的流通。荫棚遮荫度

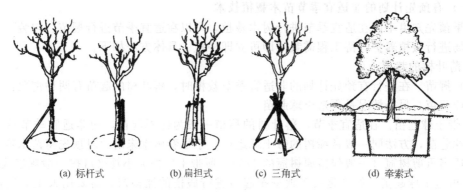

图 8-2　园林中常用的支架

为 70%左右，可让树木接受一定的散射光，保证树木光合作用的进行。

（十）其他养护管理

（1）围护　树木定植后，为避免人为损坏树木，保护城市绿化成果，特别是人为活动频繁的城镇街道、广场和路边等的绿化，可以在树木周围架设护栏。即使没有围护条件的地方也必须派人巡查看管，防止人为破坏。

（2）复剪　定植树木前一般都加以修剪，定植后还要根据情况对树木进行复剪。一般对受伤枝条和栽前修剪不够理想的枝条进行复剪，乔木基部的萌条也应剪去。当树木成活受影响时，也可加大枝叶的修剪量。修剪的剪口要平滑。大的剪口最好涂抹防腐剂。

（3）清理施工现场　植树工程竣工后（一般指定植灌完三次水后），应将施工现场彻底清理干净，其主要内容有以下几方面。

① 封堰。单株浇水的应将树堰埋平，即将围堰土埂平整覆盖在植株根际的周围，覆土高度应稍高于地面，雨季到来时雨水能自行径流排出，不在树下堰内积水。如果是秋季植树，应在树基部堆成 30cm 高的土堆，以保持土壤水分，不仅有利于树木的成活，也有利于树木越冬。

② 整畦。大畦灌水的应将畦埂整理整齐，畦内应进行深中耕。

③ 清扫保洁。全面清扫施工现场，将无用杂物处理干净，真正做到场光地净、文明施工。

（十一）验收、移交

植树工程竣工后，可按合同要求进行自查验收。然后填写绿化种植工程竣工报告表，报请绿化主管部门和建设单位申请组织验收。验收的主要内容包括是否符合设计意图和植树成活率的高低。经过验收合格后，签订正式验收证书，该绿化工程即移交给使用单位或养护单位进行正式的养护管理工作。但由于植树工程的特殊性，生产中常常需要植树施工单位继续签订合同担负栽后一年的养护工作，因此早期发芽了的苗木绝不等于已成活，还必须加强后期的灌水、施肥、中耕除草、病虫害防治以及除萌等养护管理，同时对于未成活者还应进行补植，力争达到所要求的最大存活率。经一年的养护管理后验收合格者可交使用单位。对于难成活的移植大树应进行特殊的养护管理，按合同时间可更长。

三、非适宜季节植树的技术要求

非适宜季节植树就是在不适合树木种植的季节进行植树。由于特殊任务或建筑物、道路、管线等其他工程的影响，在园林建设中经常出现非适宜季节植树的情况。为保证有较高的成活率，按期完成植树工程任务，在非适宜季节植树应掌握以下技术要点。

(一) 有预先计划的非适宜季节苗木栽植技术

如果预先知道不能在适宜季节进行树木栽植,可以在适宜季节进行掘苗、包装,并运到施工现场进行假植养护,待工程需栽时即可立即种植。具体方法如下。

1. 落叶树的栽植

(1) 掘苗 在进行有预先计划的非适宜季节栽植时,落叶树的起苗有两种情况:一是直接带土球起苗,另一情况是再造土球起苗。

① 带土球起苗。在适宜季节,落叶树的移植一般为裸根起苗,而非适宜季节移植则需要带土球起苗,方法同一般常绿树的带土球起苗,于早春树木未萌芽时预先将苗木带土球掘好,并适当重剪树冠(一般保留原树冠的1/3),所带土球的大小规格可按一般规格或稍大。

② 再造土球起苗。如果是去年秋季掘起后进行假植的裸根苗,需要用人工方法再造土球(作假土球),以便在非适宜季节起苗时,根系损伤较少,有利于提高栽植的成活率。具体方法是在地上挖一个与根系大小相应的、上大下略小的圆形底坑,将事先准备好的蒲包、草包等包装材料平铺于坑内,然后将树置于穴正中,要求保持根系舒展,分层填入湿润细土并夯实(注意不要砸伤根系),直至与地面平齐,即可形成圆形土球,再用草绳将包裹材料收拢于树干基部并捆好,至此假土球已做好。然后将假土球脱出底坑,并用草绳、草包加固包装。

无论是原带土球苗还是再造土球苗,为防止暖天假植引起包土草包等包扎材料腐烂还可装入筐、木箱或桶等容器中加以保护。苗木规格较小的可选较土球直径高度都要高大20~30cm的箩筐,先在筐底垫土,然后将土球放于筐正中,填土夯实直至距筐沿还有10cm高时为止,并沿筐边培土夯实作为灌水堰。大规格苗木最好装入木桶或木箱,方法相同。

(2) 假植 在距施工现场较近、交通方便、有水源、地势较高的地方,按树种、品种和规格划分假植区,按每双行为一组,每组间隔6~8m作卡车道。挖深度为筐高1/3的假植坑,直径以能放入筐为准,株间距以当年新生枝互不接触为最低限度,将框放入假植坑中后,填土至筐的1/2处拍实,并沿筐沿做好灌水堰,间隔数日连浇3次水,以后视干旱情况经常灌水。另外,假植期间要适当进行施肥、浇水、防治病虫、雨季排水、疏枝、控制徒长枝、去蘗等,但应避免生长过旺。

(3) 装运栽植 当施工现场具备了植树施工条件后,应及时定植,以利于成活。方法与正常植树相同。栽植前将培土扒开,停止灌水,风干土筐,使之坚固,以利于吊栽。若发现箩筐已腐烂的应用草绳捆缚加固。吊栽时,吊绳与筐间应垫木板,以免勒散土坨。入穴后,尽量取出包装物,其他要求与正常植树相同。

2. 常绿树的栽植

在适宜树木移植季节内(春季)将树苗带土球掘起包装好,提前运到假植地。装入大于土球的筐、木桶或木箱内(土球直径超过1m的应改用木桶或木箱)。按前述每双行间修行车道和按适合的株距放好,筐、箱外培土,进行养护待植。具体栽植方法按前述土球苗装运栽植方法进行。

(二) 临时特需的非适宜季节苗木栽植技术

无预先计划,因临时特殊需要在不适合季节栽植树木,可直接挖苗运载,其关键要掌握的一个"快"字,做到随掘、随运、随栽,环环相扣,争取在最短的时间内完成栽植工作。另外,必须采取有效措施以减少水分蒸腾,保证其成活。如晴热天气应对树冠枝叶遮荫并多喷水;易日灼地区应用草绳卷干;栽后为尽快促发新根,可灌溉一定浓度的(0.001%)生长素;成活后应适当追肥,并及时除去蘗枝芽;对于越冬性能差的树种,当年冬季还要注意抗寒。

不过若树木正萌发二次梢或处于旺盛生长期则不宜移植。常绿树应选择春梢已停,二次梢未萌发的树种，起苗时应带较大的土球，对树冠进行疏剪或摘掉部分叶片。落叶树要选择春梢已停长的树种，疏剪尚在生长的徒长枝以及花和果。萌芽力强、生长快的乔木、灌木可以进行重剪，最好带土球移植。如果进行裸根移植，应尽量保留中心部位的心土。

第三节　大树移植

一、大树移植概述

园林中的大树移植中的所谓大树一般常指胸径在 10～15cm 以上，或树高在 4～6m 以上，或年龄在 10～50 年或更长的树木。

在我国古代，就积累了大树移植的经验，如清代汪灏著的《广群芳谱》便记载有："大树须广留土，如一丈树留土二尺远……用草绳缠束根土……记南北，运载处；深凿穴……"。因大树移植费用较高，技术性强，所以应用较少。1954 年北京建设苏联展览馆（现北京展览馆）才开始系统的大规模应用起来，当时移植的大树为干径 15～20cm 的元宝枫、干径 10～12cm 的白皮松和干径 8～10cm 的刺槐，土球直径为 1.0 m×1.0 m、高 0.8 m。又如 1958～1959 年绿化天安门广场移栽的油松，其干径为 20～30cm，高为 5～8m，移植成活率达 99.5%；移栽的白皮松干径为 20～30cm，高为 5～6m，成活率达 100%。经过 50 多年的研究和实践，我国移植大树的规格越来越大，移植技术也不断改进，各地都积累了不少成功的经验。

随着经济和社会的快速发展，人们生活水平不断提高，对周围生活环境质量的要求越来越高。作为配套建设的城市绿化利用体量较大的大树，能够协调现代化城市气息，为居民营造一个舒适、优美的生活环境。大树移植在造园、造景中是不可缺少的，它可以充分体现园林艺术，因为园林设计师无论是以植物造景，还是以植物配景，都要通过选择理想的树形来体现设计思想，呈现艺术的景观效果，而幼树还不具备该树种完美的树形，只有选择成形的大树才能创造理想的艺术作品。由于移植大树可在较短时间内迅速呈现优良的绿化景观效果，所以在重点的或急需绿化效果的地方，常常采用大树移植来尽快满足人们对环境绿化的要求。因此，当今城市绿化特别是重点绿化工程中适当运用一些移植的大树能起到重要的作用。

需要注意的是，大树移植虽然在园林建设中具有重要意义，但它绝不是构成园林景观的主要手段，大树只是一种必不可少的绿化材料。将大树引入城市虽是一种极快的绿化方式，但要因地制宜，量力而行，不能以牺牲自然资源为代价，更不能破坏原来的生态环境。移栽工作要有强大的技术支撑和科学的管理系统，以保证大树移栽能有较高的成活率，既不浪费资源，又能在短时间内改善人居环境。大树移栽并非规格越大越好，大规格树木由于生长年限长，发育阶段老，移栽成本高，成活率低。实践经验表明，以胸径在 15～20cm 以下大树的移栽成活率较高，以 12～15cm 的为最好，因为这些树木多正处于青壮年期和生长发育旺盛期，移栽后恢复期短，萌发力强。

由于大树移植和养护的技术和成本均较高，而对生态效益的提升却有限，所以在园林建设中不可过多的、集中的运用大树。

二、大树移植的特点

由于大树具有树体庞大，根系分布深广和树龄大等特点，大树移植具有以下主要特点。

1. 改地适树

由于树木到青年期后，可塑性、适应性会大大降低，所以，在大树移植中，当栽植地的生态条件与原生长地不相符时，想通过改变大树的生态习性来适应栽植地的生态条件是比较难的。在不能完全满足其要求时，只有通过实施各种技术措施，改变栽植地的生态条件，来满足大树生长发育的要求。尽管如此，仍会出现死树的现象。如毛主席纪念堂周围的油松是从郊外的北京飞机场附近移植来的，移植不久就出现了死亡现象。经调查研究发现，其原生长地空气新鲜、污染少，同时又是成片栽植，满足了油松喜欢侧方披荫、微酸性土壤的生态要求。当移到人流集中的纪念堂周围后，虽然进行封闭式管理，但因其生长环境空气污染严重，夏季的热辐射较强烈，不适合油松生长的要求；加之个别地方底层排水不良；同时移栽时间处于结果盛期，消耗了大量营养，因而影响了根的生长。诸多原因造成了个别树木的死亡，以致不得不重新换树。

2. 成活困难

从树木一生发育规律来看，一般大树的根此时正处于离心生长缓慢或停止期，吸收根主要分布在树冠投影附近，移植时土坨内所带吸收根较少。根茎附近的骨干根木质化程度高，萌生新根的能力差。尽管有些大树移植时进行重度修剪来减少水分蒸腾以确保成活，但是有些大树过重修剪会破坏树形，从而失去大树移植的意义。所以大树移植时，如果不能采取有效的技术措施，会因根冠水分代谢失衡导致移植失败。

3. 周期长

为有效保证大树移植的成活率，一般要在移植前的1～2年即开始做准备，从断根缩坨到起树、运输、栽植以及后期的管理，要经历几个月甚至几年的时间。

4. 工程量大、技术要求高和费用高

大树规格大、移植技术要求高，需要有经验的专业技术人员指挥，还需要多种机械、车辆协同进行。在人力、物力和财力上都有巨大的消耗，大大提高了绿化的成本。

5. 限制因素多

大树移植是否成功与树种、移植前的准备工作、栽植地的状况、移植方法、养护条件、经验技术等多种多种因素有关，每一步都不容忽视。

三、大树"断根缩坨"移植法

"断根缩坨"移植法（也称回根法或盘根法）就是通过移植前的断根处理，促进大树距根茎较近的部位发生较多须根，从而缩小起挖的根系范围，减小土坨重量，提高移植的成活率。

（一）移植前的准备工作

1. 选树

苗圃中很少有大树，因此需要花费时间到各地去选，并且选好后还要断根缩坨、促发新根，所以选树工作应在施工前的2～3年进行，最短也应在一年前做好。选树首先要按照绿化设计要求的树种、规格来选，其次要考虑树木栽植地和原生长地生态环境条件的差异程度，以便于施工和养护。大树选好以后要在树上拴绳或在北侧点漆，标记出树冠原来的南北方向，以便栽植时保持原来方位不变。树木的品种、规格（高度、干径、分枝点高度、树形及主要观赏面等）要分别记入卡片以便进行移植分类和确定工序。

2. 栽植地状况调查

栽植地的地形、地势、交通、周围环境、土质、地下水位、地下管线等应调查清楚，否则，会影响到起树、包扎和运输。

3. 制订施工方案

施工单位应根据各方面的调查资料和本单位的实际情况，尽早制订施工方案和计划，其内容大致包括总工期、工程的进度、断根缩坨的时间、栽植的时间、移植的方法、劳力、机

4. 断根缩坨

在移植前1~3年的春季或秋季，根据树的移植难易、根系的分布、土壤的沙黏程度等确定断根的范围，一般以树干为中心，以5~6倍胸径（或更大）为土球直径画圆或正方形（软材包扎为圆形，硬材包扎为方形），在其相对的两个方向向外挖沟（图8-3），沟宽约30~40cm（以便于操作为准），深50~80cm（视树种根系的特点而定），在挖掘过程中会遇到许多根，应视情况留几条粗根维持其吸水功能，并有固定树体的作用，其余根全部切断，所断根断口要平滑，以利于愈合生根，其中3cm以上的根用锯锯断，伤口应涂抹防腐剂。所留的粗根要进行宽约10mm的环状剥皮，并涂抹0.001%的生长素（萘乙酸等）或ABT生长粉，有利于促生新根。然后填入肥沃的壤土或将挖出的土壤捡出石块等杂物，并加入腐叶土、腐熟的有机肥或化肥混匀后回填夯实。为缓解树冠与根部的不平衡关系，依据工程要求和土球的大小，对地

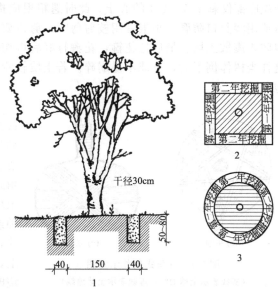

图8-3 大树断根缩坨（单位：cm）
1—纵剖面；2,3—横剖面

上枝干进行适度修剪，在保持原有树冠的基础上，按分枝角度或层次结构适当减少树冠的体量，一次去枝最多不超过总量的1/3，大伤口上要涂漆保水。同时，注意灌水、除草等养护工作。注意在断根前设好支撑保护，防止倒树。1年以后，被切断的根部会在沟内萌生出大量的须根。第二年的春季或秋季，再对其他方向的根系进行断根缩坨，操作同上。

（二）移栽的方法

根据采用的包扎材料不同，大树断根缩坨移植可分为起土球软材包扎移植法和起土球硬材包扎移植法。采用哪种方法进行移植，应根据树种、树龄、树体的大小、立地土质条件和施工单位具体情况等决定。通常起球直径在1.3m以下（或胸径在15cm以下），且土质不易散球的，采用起土球软材包扎法（包扎材料为浸湿的草绳、蒲包片、麻袋片等）。不耐移栽又珍贵的树种、年龄大或者树体过大、原栽植地土壤不易成球的大树一般采用起土球硬材包扎移植（包扎材料为木箱）。

1. 起土球软材包扎移植法

（1）挖种植穴 起土球软材包扎移植的种植穴通常挖成圆形，要求同本章第二节，首先按设计要求定好种植点，所挖树坑规格的直径应比土球大30~40cm，深度比土球高度大20~30cm。

（2）扩坨起树 先将起树、包扎等所用工具、材料准备好，然后进行挖掘包扎。

① 立支柱。固定树干，以防树木突然倾倒造成事故。当土球包扎后需要吊运时可拆除支架。

② 确定土坨范围。在原土坨外延10~20cm起挖，以保证断根后所发新根部位被掘起。

③ 起挖包扎。先将土坨范围内表层的浮土铲除，然后在土坨范围外10~20cm处起挖。所挖操作沟宽60~80cm，以便于操作，深与要求土坨高度相等。当掘到深度一半时，便向内缩，使土球上大下小，将土坨修成红星苹果状。用浸湿的草绳开始打腰绳，此时最好两人

配合边扎边用木锤慢慢敲打草绳，使草绳嵌入土球而不致松脱，每圈草绳应紧接相连，不留空隙，腰箍包扎的宽度依土球大小而定，一般从土球上部 1/3 处开始，围扎土球全高的 1/3。然后掏底土，先在土坨底部向下挖一圈沟，再从周围向土坨方向慢慢小心地铲土，直到土坨底部仅剩 1/5～1/4 的心土。此时遇粗根应掏空土后再锯断，大伤口应用硫酸铜进行消毒或用漆封口防腐；小根宜用枝剪剪断，剪口要平整，绝不能用铁锨硬砍，以免劈裂大根，也防止震散土坨。最后打花箍，花箍打好后再切断主根，此时完成全部土球的挖掘与包扎。这样当树体倒下时，土球不易崩碎。若土质较沙易散的土球应先用蒲包等材料包严再用草绳包扎。

打花箍的方式主要有五角式、井字式（古钱式）、橘子式（图 8-4～图 8-6），究竟采用哪种包扎方式比较合适，要根据运输距离、土质、树种和树体的大小决定。一般井字式、五角式适用于黏性土和运输距离不远的落叶树或土球重 1t 以下的常绿树；橘子式适用于珍贵树种或土球重 2t 以上的常绿树。不管哪种包扎方式，首先将草绳一端系于土坨的腰箍或树干上，然后按图 8-4 所示数字顺序缠绕草绳。缠绕时必须用力拉紧草绳，确保包扎结实，以免在运输和栽植时出现散坨现象，而严重影响成活率。

(a) 平面　　　　　(b) 立面

图 8-4　五角式包扎示意图
（实线表示土球面线，虚线表示土球地线）

(a) 平面　　　　　(b) 立面

图 8-5　井字式包扎示意图
（实线表示土球面线，虚线表示土球地线）

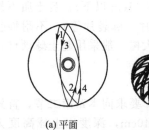 

(a) 平面　　　　　(b) 立面

图 8-6　橘子式包扎示意图
（实线表示土球面线，虚线表示土球地线）

④ 地上部分的修剪及包扎　地上部分的修剪及包扎是移栽大树过程中保证树木成活的重要措施之一。修剪的主要目的是为了减少枝叶量以减少水分蒸腾，保证移植成活，主要应根据树种的特性及移植成活的难易来确定修剪的轻重及方法。树身包扎包括拢冠和树干包扎，目的是缩小树冠的体积，有利于搬运，同时还可避免损伤枝干和树皮。具体做法为：拢冠就是用粗草绳先将比较粗的树枝绑在树干上，再分层横向捆拢整个树冠，然后纵向连牢已经扎好的横圈，注意不要折裂枝干，以免损坏树形的姿态。树干包扎是用稻草和草绳，尤其要注意包扎根颈部。树木栽完后，要将树身包扎的材料去掉，但主干和大主枝仍需包扎。

（3）装运　有条件的施工单位最好采用机械吊运，应选起吊装运能力大于树重的起重机，注意将绳子捆好，树身不可倾斜，并且绳子与土球、树体接触的地方要垫木板，以免切裂土坨或损伤树木。由于园林环境比较复杂，有时是在狭窄的空间或是在庭院起树，机械无法进去，只好用人力装运。首先是移土坨出坑，可在坑的一边修个斜坡，然后将树缓缓放倒，将土坨推滚出坑外。装车时可将一块厚的木板斜搭在车与地面之间，使其成为一个斜坡。再用绳子将土坨兜住，车上的人用力拉紧绳子，顺着斜坡向上拉土坨（为防止土坨突然下滑，可用脚踩住下面的绳子），车下的人用木板顶住土坨，使其缓缓地上升。卸车时再用此法缓缓将其卸下来。

运输途中要有专人押运，开车速度不宜太快，并要注意上空的电线、两旁的树木及房屋建筑，以免造成事故。

（4）栽植　大树的栽植技术与一般树木的栽植技术基本相同。首先调整好栽植坑。然后在坑底堆15~25cm厚的松土，使土球刚好立在土堆上。起吊树木入坑前要调整方向，将树冠最丰满、最完好的一面朝向主要观赏方向，也可按其原来的朝向放置。然后缓缓放下大树，使其直立于坑中央。土坨进坑后，应将包扎物拆除，然后填土于坑缘与土球之间分层踏实。栽植深度比原土痕高3~5cm即可。

（5）栽后的管理　大树栽后的养护管理详见裸根大树移栽后的管理。

2. 起土球硬材包扎移植法

起土球硬材包扎移植与起土球软材包扎移植在技术操作程序上基本相同，不同的是在挖种植穴、起树和包扎等方法上有所不同。

（1）挖种植穴　起土球硬材包扎移植法的种植穴为方形。穴的直径一般比大树的土台大50~60cm，深度比土台的高度大20~25cm。在坑底中央修一条与包扎箱底板方向相同、宽度与中间的底板相等的土台，其目的是为了方便卸除包扎箱的底板。

（2）起树　起土球硬材包扎移植时大树的土坨成倒梯形，又称为"土台"。应留土台和所用木箱大小一般按苗木胸径的7~10倍来确定。

起挖大树时，首先要以根颈为中心，按照比土台大10cm的尺寸画一正方形，此即为起土台范围。然后将范围内的表土铲去，在范围以外挖一宽约60~80cm左右的沟，以方便操作为准。挖到土台高度的1/2以后，开始修坨，以后一边起挖，一边修坨，最后土坨下部各边宽度应比上部各边略小10~20cm，成为倒梯形（图8-7）。倒梯形可使土坨吊运时重量分布在包扎箱四周的板壁上，土坨不会由箱底滑落下来。需要注意的是：在修土坨时要随时用木箱壁板进行校正，保证土坨每边长度较壁板略宽，以便在包扎时壁板能将土坨夹紧；土坨四面侧壁的中间可略微突出，切不可中间凹两边高，以便装上箱板时箱板能紧紧抱住土坨。

图8-7　修好后的土台

（3）包扎　包扎土台的木箱是由四块倒梯形的壁板和四条底板与2~4条盖板等部分组成的，壁板由数块横板拼成，并用三条竖向木条钉牢。木箱包扎的操作顺序和要求如下。

① 上侧板。土台四周削平整后，可以立即上侧板。其方法为：首先将土台的四个角用蒲包片包好，并将四块壁板围在土台四面，切记相临两块壁板的端部互相顶上，以免影响收紧。箱板放置的上下左右位置要合适，以保证每块箱板的中心都与树干处于同一条直线上，箱板上端边缘低于土台1cm左右，作为吊运土台的下沉系数。然后在壁板上部和下部同时用钢丝绳和紧线器勒紧（图8-8），收紧紧线器时必须两道同时进行，从而使壁板紧紧压在土台上。最后用铁皮条将相邻的两块壁板钉连牢固（箱板四角和带板之间的铁皮必须绷紧钉牢，图8-9）。此时可以旋松紧线器卸下钢丝绳。

② 挖底土和上底板。先在土台两侧同时沿壁板下端向下挖35cm深，然后用小板镐和小平铲掏挖土台下部的土。当土台下边能容纳一块底板时，就应立即上一块底板。两侧的两块底板钉好后，在底部四角处支上木桩或千斤顶，再挖中间部分的底土，然后钉上中间的两块底板（图8-10）。

③ 上盖板。上盖板前先修整土台表面，使中间部分稍高于四周，若有缺土处，应用潮湿细土填严拍实。然后在土台表面铺一层蒲包片，钉上盖板。

 　　　　　　　　　　　　　　　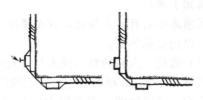

图 8-8　基尼侧板与紧线器的安装　　　　　图 8-9　钉铁皮的方法

　　　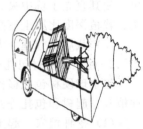

图 8-10　从两边掏土上　　图 8-11　方箱的吊装　　图 8-12　卸立垫木板　　图 8-13　木箱装车
底板（左边已上好）

　　（4）吊运　起土球硬材包扎大树移植必须用起重机吊运，另外要由有经验的工程师现场统一指挥，以免发生意外（图 8-11～图 8-13）。

　　（5）栽植　在木箱进坑前先卸去中间两块底板，入坑放到土台上后，再卸除两侧的底板和周围的壁板以及上面的盖板。然后填土并分层夯实。栽后的养护管理详见裸根大树移栽后的管理。

四、大树裸根"浅埋高培"移植技术

1. 大树裸根"浅埋高培"移植的优点

　　采用"断根缩坨"法移植大树，实际生产中有一定的局限性。如需提前 2～3 年断根，在现实生活中由于受所有权、规划等限制，实际可操作性小；多数情况不具备提前断根的环境条件，或提前断根的大树难以看管等；"断根缩坨"法移植大树加大了大树固有的重量及搬运的技术难度，生长在荒山秃顶的大树（古桩），由于受交通条件的限制，带土球大树更是无法搬运。与"断根缩坨"法移植相比，"浅埋高培"裸根移植大树，可避免"断根缩坨"法可操作性低的不足，而且大大减少了大树起挖及搬运的技术难度。由于"浅埋高培"的移植方法不是将大树深埋于地下而是将其高高隆起于地表，较好地解决了基质通气与树干护土保湿的矛盾，使其成活率较高。特别是在土壤较黏，雨水季节易积水，雨水又多的南方，"浅埋高培"裸根移植更是一种大树移植较好的方法。

2. 主要移植技术

　　（1）移植的季节与时间　正确的移植时间是保证树木成活的关键之一。通常的移植时期以落叶后至第二年早春发芽前为宜，其中晚秋（10 月中旬～11 月下旬）与早春（2 月上旬～4 月下旬）是大树移植的两个有利时期。对于一些难成活、常绿的大树古桩而言，早春移植效果最佳。如野生樟树（俗称"胡萝卜根"，被公认为难移植成活的树种）的大树移植，若在 3 月份其萌芽前半个月左右采用"浅埋高培"裸根移植，成活率是有保证的。

　　（2）树冠的重度修剪　无论是掘前或是掘后，凡被选挖的树木要进行重度修剪。对于较难移植成活或生长快萌芽力强的树种，如樟树、朴树、无患子、槐树、榆树等，采用截干式修剪为主，只留一定高度的树干（3～5m）；对于萌芽力弱的树种，如广玉兰等，采用截枝为主、截干为辅的强度修剪（截时不撕破树皮）为主，保留其骨架；对于某些针叶树种如金

钱松、雪松、圆柏等，为维持其原有树形，采用以疏剪结合截枝为主的方式进行修剪。

(3) 生根促进物质处理与"浅埋高培"栽植

① 促生根处理。先配制 500μL/L ABT 6$^{\#}$ 生根粉水溶液，然后按干重量黄泥土：生根粉水溶液＝1∶3.5 配制黄泥浆，并搅拌成稀糊浆状，用旧扫帚等蘸黄泥浆轻涂大树根部，使树根黏附一层黄泥浆（注意新挖的榆树不可浆根，否则易导致其流胶而死亡）。

② 栽植　栽植方法是：根据移植大树的大小，将栽植点稍加整理，然后在地面挖一浅碗状窝或不挖（俗称"浅埋"），栽前铺一层鲜黄土，用起重机将大树直立吊放在定植点，然后用鲜黄土掩埋树根，掩埋的高度要比大树原土痕高，由于浅埋，培土大大高出地面，一般高出地面 20～30cm（俗称"高培"），为了便于堆高，必要时四周用砖堆砌。

目前，一些苗木生产基地，将一些情况特殊需要移走的较大的树木也采用此方法栽植，即将收集的大树集中起来进行浅埋高培，以便日后供园林绿化单位选用。具体方法为：对于地径≤15cm 的大树，采取集中成片、成行种植成苗床式的栽植方式，并且挖好排水沟；对于地径≥20cm 的大树，采取单独种植但相对集中的栽植方式，以便于管理。

3. 栽后养护管理

(1) 伤口包扎与树干包裹　对于树干或大枝的锯截口，栽后（或栽前）要及时进行处理，方法有多种：如可用鲜黄心土与 1000mg/L 的多菌灵或甲基托布津水溶液调制黄泥，敷于大的锯截口，再用农膜于枝顶包扎紧密。对树干和较粗壮的分枝，用 1000mg/L 多菌灵水溶液或其他杀菌溶液进行喷洒，然后在其上缠绕经过 1000 倍液的甲基托布津或多菌素等药物浸泡处理的草绳、麻袋、苔藓等材料，严密包裹。冬季和早春除用草绳包裹外还可包裹薄膜，以防寒风和低温。初夏温度高时应去掉薄膜，否则会灼伤树皮。

(2) 固定大树与搭棚遮阳　对于高大树木，为防大风吹袭造成树干摇摆松动，要用三支式或结合大树四周的遮阳棚来固定树木。再搭建高的遮阳棚，要求全冠遮荫，荫棚上方及四周与树冠保持 50cm 左右的距离，以保证棚内有一定的空气流动，防止树冠日灼危害。遮荫度为 70% 左右，以后视树木生长及季节变化逐步撤除荫棚。

(3) 浇水保湿　做完上述工作后，土壤要及时浇一次透水。以后土壤浇水不要太勤太多，但枝干可采用一天多次喷水的方法护桩（花谚"干根湿芽"）；采用农膜缠绕干枝者，发芽后选阴凉天在芽眼部位开洞，以利于其生长。

(4) 保护新芽新梢　在苗木移栽中提倡栽后对不需要的芽和新梢进行抹除处理，但在大树移栽中，特别是裸根大树的移栽，不能急于进行抹芽，因为新芽萌发是移栽大树进行生理活动的标志。树木枝干萌发的新芽能自然而有效地刺激地下部生根，特别是移栽时进行重修剪的树体，新萌发的芽更要加以保护，让其抽枝发叶，因为刚抽的不多量的枝叶的生长刺激了树体生命顽强的机制，有利于生发多量的新根。如过早剪去了产生光合作用和制造养分的枝叶，根的生长又趋于停顿，树体即便不死，其长势也大为虚弱。

此外还应及时进行增施肥料，防治病虫害等养护工作，以利于嫩芽、嫩梢正常生长，最终保证大树移栽的成活。

五、大树机械移植

由于大树移栽工程的需要，近年来一些发达国家设计出多种型号的树木移植机械并且陆续进入市场，供专业树木栽植工作者和园林部门使用。树木移植机被安装在卡车尾部，是有四把可操作的匙状大铲组成，在移植大树时，可将挖穴、起树、运输、栽植各环节按顺序完成，极大地提高了移植效率。移植的大概程序是：

(1) 挖穴　挖穴即将四把大铲张至一定角度后向下铲挖，直至互相并合，然后抱起倒锥形土体上收，放于车的尾部，运到起树地点的周围卸下土体。

（2）起树　为便于操作，应预先把有妨碍的干基部枝条锯除，用草绳捆拢松散的树冠。将移植机停在合适起树的位置，张开四把匙铲围于树干四周一定的位置，开机下铲，直至互相并合，收提匙铲，将树抱起。

（3）运输　树梢向前，抱着土坨的匙铲在后，大树纵卧于卡车尾部，即可开车到栽植点。

（4）栽树　直接调整对准将树放入已挖好的穴中，然后填土入缝，填至穴深1/3时撤出机械铲。填平后做堰、灌水即可（图8-14）。

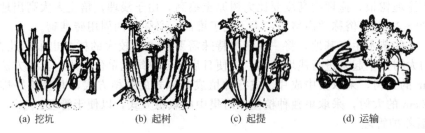

(a) 挖坑　　　(b) 起树　　　(c) 起提　　　(d) 运输

图8-14　大树移植机的操作过程

此方法主要用于交通方便、距离短、地势平坦地带大树的移植。

复习思考题

1. 名词解释
植树工程、定植、假植、移植、适地适树、适树适栽、定点放线、大树
2. 树木移植最适宜的季节有哪些？为什么？
3. 在植树施工中，要提高栽培成活率应注意哪些方面？
4. 园林绿化中的植树工程施工应遵循哪些原则？
5. 园林绿化中苗木的来源有哪些渠道？什么样的苗木才是最理想的苗木？
6. 定点放线的方法有哪些？行道树、孤植树、树丛和片林分别应如何来定点放线？
7. 苗木定植前如何进行修剪？为什么？
8. 树木栽植中如何进行挖穴和栽植？操作中主要注意事项有哪些？
9. 掘苗时如何才能保证苗木质量不会因掘苗而下降？
10. 何谓"断根缩坨"？并简述其操作过程。
11. 分别简述大树起土球软材包扎移植和起土球硬材包扎移植的基本操作程序。
12. 比较裸根大树移植与"断根缩坨"移植各有什么利弊？

第九章　园林树木的土、肥、水管理

【知识目标】
　　明确园林树木养护管理中的土、肥、水管理的内容及重要性；了解园林树木栽地条件及栽植前各类地的整地特点；掌握园林树木生长地的土壤改良及管理技术措施；了解施肥原则，掌握园林树木的施肥时期和施肥方法；掌握园林树木的灌排原则和方法。

【能力目标】
　　能根据园林树木栽植地的环境制订土壤改良措施并实施；能对园林树木进行合理施肥；能对园林树木进行合理灌溉。

第一节　土　壤　管　理

　　土壤是树木生长的基础，也是树木生命活动所需求的水分和各种营养元素的源泉。土壤的好坏直接关系着树木的生长。土壤管理的主要任务是通过各种措施，改良土壤的理化性质，提高土壤肥力，为园林树木生长发育创造良好的条件。

一、园林树木生长地的土壤条件

　　园林树木生长地的土壤条件十分复杂。园林树木生长地的土壤大致可分为以下几类。
　　1. 荒山荒地
　　荒山荒地的土壤尚未深翻熟化，肥力低。这种土壤用于栽培树木常需进行改良，一般见于防护林、片林、丘陵地区新扩城区及开发区等。
　　2. 平原肥土
　　平原肥土最适合园林树木的生长，是比较理想的栽培土壤，多见于平原地区城镇的园林绿化区，但这种条件不多。
　　3. 酸性红壤
　　在我国长江以南地区常常遇到红壤。红壤呈酸性反应，土粒细，土壤结构不良，水分过多时，土粒吸水成糊状；干旱时水分容易蒸发散失，土块易紧实坚硬，又常缺乏氮、磷、钾等元素。许多树木不能适应这种土壤，因此需要改良。如采取增施有机肥、磷肥、石灰，扩大种植面，并将种植面连通开挖的排水沟或在种植面下层设排水层等措施进行改良。
　　4. 水边低湿地
　　水边低湿地一般土壤坚实，水分多，通气不良，不利于树木根系的生长。而且北方这种条件下的土壤多带盐碱。
　　5. 沿海地区的土壤
　　滨海填筑地受填筑土的来源和海潮及海潮风影响，如果是沙质土壤，盐分被雨水溶解后能够迅速排出，如果是黏性土壤，因透水性小，盐分便会长期残留。为此，应设法排洗盐分，如"淡水洗盐"和施有机肥等。
　　6. 市政工程施工后的场地
　　城市中，由于市政工程施工，将未熟化的心土翻到表层，使土壤肥力降低。同时因机械施工，碾压土地，造成土壤坚硬，通气不良。

7. 煤灰土或建筑垃圾土

在居住区，由生活活动产生的废物，如煤灰、垃圾、瓦砾、动植物残骸等形成的煤灰土以及建筑后留下的灰槽、灰渣、煤屑、砾石、砖瓦块、碎木等建筑垃圾堆积而成的土壤不利于树木根系的生长，一般需要在种植坑换上较肥的土壤才能栽种树木。

8. 工矿污染地

由矿山和工厂排出的废水里面含有害成分，其会污染土地，致使树木不能正常生长，此类情况应用良好的土壤替换，同时注意选用抗污染能力强的树种。

9. 坚实的土壤

园林绿地常常受到人流的践踏和车辆的碾压，土壤密度增加，孔隙度降低，通透性不良，因而对树木生长发育相当不利。

10. 人工土层

建筑的屋顶花园、地下停车场、地下铁道、地下贮水槽等上面栽植树木的土壤一般是人工修造的。人工土层这个概念是针对城市建筑过密的现象，为解决土地利用问题而提出的。人工土层没有地下毛细管水的供应，同时土层的厚度受到局限，有效的土壤水分容量也小，如果没有雨水或人工浇水，土壤就会干燥，不利于树木的生长。

由于人工土壤土层很薄，受外界气温的变化影响，土壤温度的变化幅度较大。土壤容易干燥，土壤微生物的活动易受影响，腐殖质的形成速度缓慢，因此人工土层的土壤选择很重要，为减轻建筑负荷和节约成本，特别是屋顶花园，选择的土壤要轻，需要混合各种多孔性轻量材料，例如混合蛭石、珍珠岩、煤灰渣、沙砾、泥炭等。同时这种土壤上栽种园林树木也只宜选用小乔木、灌木及低矮的树木类。

除上述以外，园林绿地的土壤还有盐碱土、重黏土、沙砾土等，这些土壤在种植前都应施有机肥进行改良。

二、园林树木栽植前的整地

整地包括土壤改良和土壤管理，这是保证树木成活和健壮生长的有力措施之一。很多类型的土壤需要经过适当的调整和改良，才能适合园林树木的生长。同时，园林树木用地还应结合地形进行整理，除满足树木生长发育对土壤的要求外，还应注意地形地貌的美观。

园林树木栽植前的整地工作包括适当整理地形、翻地、去除杂物、碎土、耙平、填压土壤。具体方法应根据各种不同情况进行选择。

1. 一般平缓地区的整地

对于8°以下的平缓耕地或半荒地可采取全面整地的措施。常翻耕深度为30cm左右，以利于蓄水保墒。重点区域或深根性树种栽植区域可深翻50cm，并结合施有机肥，借以改良土壤。平地和整地要有一定倾斜度，以利于排水。

2. 低湿地区的整地

低湿地土壤紧实，水分过多，通气不良，在北方地区土质多带盐碱，即使树种选择正确，也常生长不好。采用挖排水沟的办法来降低地下水位。其方法是在种树前一年，每隔20m左右挖出一条深1.5~2.0m的排水沟，并将掘起来的表土翻至一侧培成垄台，经过一个生长季，排除积水，降低水位，使排水沟底以上的土质疏松，不积水，即可在垄台上种树。

3. 工程建筑地的整地

在工程建筑地区常留大量灰槽、灰渰、砂石、砖石、碎木及建筑垃圾等，在整地之前应全部清除，还应将因挖除建筑垃圾而缺土的地方，换入肥沃的土壤。如有经夯实或机械碾压的紧实土壤，在整地的同时应将其挖松，并根据设计要求处理地形。

4. 新堆土山的整地

园林建设中有时采用挖湖堆山的改造地形的措施。人工新堆的土山，要令其自然沉降，才可整地植树。因此，在栽树木前，人工土山至少要经过一个雨季，始行整地。人工土山多不太大，也不太陡，又全是疏松新土，因此，可以按设计进行局部的自然块状整地。

5. 荒山整地

在荒山上整地之前，要先清理地面，刨出枯树根，搬除可以移动的障碍物，在坡度较平缓、土层较厚的情况下，可以采用水平带状整地，这种方法是沿低山等高线整成带状的地段，故可称为环山水平带整地。干旱石质荒山及黄土或红壤荒山的植树地段，可采用连续或断续的水平阶整地。对于水土流失较严重或急需保持水土使树木迅速成林的荒山，则应采用水平沟整地或鱼鳞坑整地的方法，还可以采用等高撩壕整地的方法。土壤干旱、土层浅薄、坡度较大的荒山宜用鱼鳞坑整地的方法。

整地季节的早晚与完成整地任务的好坏直接相关，一般情况下，应提前整地，特别是在干旱地区，一般整地应在植树前3个月以上的时期内完成，最好经过一个雨季。如果现整现栽，效果将会大受影响。

三、园林树木生长地的土壤改良及管理

园林树木生长过程中的土地改良和管理的目的是通过各种措施来提高土壤的肥力，改善土壤结构和理化性质，不断供应园林树木所需要的水分与养分，为其生长发育创造良好的条件，同时结合其他措施，维持园林地形地貌的整齐美观，防止土壤被冲刷和尘土飞扬，增强园林景观的效果。

（一）土壤改良

园林绿地的土壤改良不同于农业的土壤改良，不可能采用轮作、休闲等措施，常采用的措施有深翻熟化、客土改良、培土、掺沙和施有机肥等，以保持园林树木正常生长几十年至几百年。

1. 深翻熟化

深翻熟化即深翻结合施用有机肥，这是改良土壤的最有效的方法，它可以改善土壤结构和理化性质，促进土壤团粒结构形成，增加孔隙度，使土壤的水分和空气条件得到改善，土壤微生物活动加强，加速土壤熟化，也可使难溶性营养物质转化为可溶性养分，相应地提高了土壤肥力。

对于一些深根性树木，深翻可促使其根系纵深发展，适时深耕可以保证供给一些重点树种随年龄增长对水、肥、气、热的需要。合理深翻、适量断根的措施可以刺激树木发生大量的侧根和须根，提高其的吸收能力，促使植株健壮，叶片浓绿，花芽形成良好。深翻还可以破坏害虫的越冬场所，有效地消灭地下害虫，减少害虫的数量。因此，深翻熟化不仅能改良土壤，而且能促进树木的生长发育。

深翻可在秋末冬初或早春进行，但以秋末冬初为宜，此时树木地上部分生长基本停止或趋于缓慢，然而根系仍有生长，深翻时造成的伤根伤口容易愈合，同时容易发出部分新根用来吸收和合成营养物质，在树体内进行积累，有利于树木翌年的生长发育；同时，深翻后经过冬季，有利于土壤风化积雪保墒。早春深翻应于萌芽前进行，此时树木地上部尚处于休眠期，根系则刚开始活动，伤根后除某些树种外也较易愈合再生。但是，春季劳力紧张，往往难以进行。深翻不需每年进行，可隔年或多年进行一次。

深翻深度与地区、土壤种类和树木种类有关，一般为60~100cm。在一定深度范围内，翻地越深效果越好，适宜深度最好距树木根系主要分布层稍深一些，以促进根系向纵向生长，扩大吸收范围，提高根系的抗逆性。黏重土壤深翻应较深，沙质土壤可适当浅些。地下水位高时宜浅，下层为半风化的岩石时则宜加深以增厚土层。地下水位低土层厚，栽植深根

性树木时则宜深翻，反之则宜浅翻。下层有黄淤土、白干土胶泥板或建筑地基等残存物时，深翻深度则以打破此层为宜，以利于透水透气。

深翻方法视树木配置方式而定，有条沟状、放射沟状和全面深翻等方法。深翻结合施肥、灌溉同时进行。深翻时将较肥的表土与肥混合填入沟下部，而将芯土覆在表层。为防止深翻时一次伤根过多，可将植株周围土壤分成四份，分两年深翻，每次深翻对称的两份。

深翻主要的适用对象为片林、防护林、绿地内的丛植树、孤植树下边的土壤。而一些城市中的公共绿化场所，有草坪或有铺装的树盘，不适宜于深翻措施，可以结合施肥采用打孔的方法松土，打孔范围可以适当扩大。

2. 培土

培土又称为壅土、压土与掺沙，这种改良方法在我国南北各地区普遍采用，具有增厚土层，保护根系，增加营养，改良土壤结构等作用。我国南方地区高温多雨，因降雨多，土壤淋洗流失严重，可把树木种在墩上，以后进行大量培土。在土层薄的地区也可采用培土的措施来加厚土层，以促进树木的健壮生长。

培土时，应根据土质确定培土基质类型，如土质黏重的应培含沙质较多的疏松肥土甚至河沙；含沙质较多的可培塘泥、河泥等较黏重的肥土以及腐殖土。培土的量和厚度要适宜，过薄起不到压土的作用，过厚对树木生长不利。"沙压黏"或"黏压沙"时要薄一些，一般厚度为5～10cm；压半风化石块可厚些，但不要超过15cm。如连续多年压土，土层过厚会抑制根系呼吸，而影响树木的生长和发育，造成根颈腐烂，树势衰弱。有时为了防止接穗生根或对根系的不良影响，可适当扒土露出根颈。

3. 调节土壤酸碱度

土壤的酸碱度主要影响土壤养分的转化与有效性、土壤微生物的活动和土壤的理化性质等，绝大多数园林树木适宜中性至微酸性土壤。然而在我国许多城市的园林绿地中，南方城市的土壤过酸，北方常偏碱，这直接影响着园林树木的栽种及生长发育。所以，土壤酸碱度的调节也是一项重要的土壤管理工作。

(1) 土壤的酸化处理　土壤酸化是指对偏碱性土壤进行的处理，使其pH值有所降低，从而适宜酸性园林树木的生长。目前，土壤酸化主要通过施酸物质来调节，如施用有机肥料、生理酸性肥料、硫磺等，通过这些物质在土壤中的转化，产生酸性物质，降低土壤的pH值。如盆栽园林树木可用1∶50的硫酸铝钾，或1∶180的硫酸亚铁水溶液浇灌来降低盆栽土的pH值。

(2) 土壤的碱化处理　土壤碱化是指往偏酸的土壤中施加石灰、草木灰等碱性物质，使土壤的pH值有所提高，从而适宜于一些碱性园林树木的生长。比较常用的是"农业石灰"，即石灰石粉（碳酸钙粉）。使用时，石灰粉越细越好（生产上一般用300～450目的石灰粉），这样可增加土壤内的离子交换强度，以达到调节土壤pH值的目的。

4. 土壤改良剂改良

土壤改良剂大致可分为有机、无机和高分子三种，其功能主要是膨松土壤，提高其的置换容量，促进微生物的活动；增加土壤的孔隙，协调其的保水与通气性、透水性；使土壤粒子团粒化。目前，我国大量使用的疏松剂以有机类型为主，如泥炭、锯末粉、谷糠、腐叶土、腐殖土、家畜厩肥等，这些材料来源广泛，价格便宜，效果较好，但使用前要先发酵腐熟，使用时需与土壤混合均匀。

5. 客土改良

所谓客土改良，就是将其他地方土质好、比较肥沃的土壤运到本地来，代替当地土壤，然后再进行栽植的土壤改良方法。此法改良效果较好，但成本高，不利于广泛应用。客土应选择土质好、运输方便、成本低、不破坏或不影响基本农田的土壤，有时为了节约成本，可以只对熟土层进行客土改良，或者采用局部客土的方式，如只在栽植坑内使用客土。客土改良也可以与施有机肥等土壤改良措施结合应用。

在以下这些情况下，土壤必须采用客土改良后才能栽植园林树木。

① 树种需要有一定酸度的土壤，而本地土质不合要求，最突出的例子是在碱性土上种酸性树木，如栀子、杜鹃、山茶、八仙花等，应将局部地区的土壤全换成酸性土，至少也要加大种植坑，放入山泥、泥炭土、腐叶土等，并混拌有机肥料，以符合酸性树种的要求。

② 栽植地段的土壤根本不适宜园林树木生长，如坚土、重黏土、沙砾土或被有毒的工业废水污染的土壤等，或在清除建筑垃圾后仍然不适宜栽植的土壤，这时亦应酌量增大栽植面积，全部或部分换入肥沃的土壤。

（二）土壤管理

土壤管理包括松土除草及地面覆盖等工作。

（1）松土除草　松土可以切断土壤表层的毛细管，减少土壤水分的蒸发，疏松土壤，改良土壤通气状况，促进土壤微生物的活动，有利于难溶养分的分解，提高土壤肥力。同时兼除杂草，可以减少水分、养分的消耗。早春松土，还可提高土温，有利于树木根系的生长，同时也能清除杂草及减少病虫害。

松土、除草应在天气晴朗时，或者初晴之后，土壤不过干又不过湿时进行，这样才可获得最大的保墒效果。

松土除草只适于树下地表裸露的情况，而一些城市中的公共绿化场所，有草坪或有铺装的树盘就不适宜于松土。对树木而言，除草范围应在树盘以内。

（2）地面覆盖与地被植物　利用有机物或活的植物体覆盖土面，可以减少水分蒸发，减少杂草生长，防止土壤板结，为树木生长创造良好的环境条件。若在生长季节进行覆盖，以后把覆盖的有机物随即翻入土中，还可增加土壤有机质，提高土壤肥力。覆盖的材料以就地取材，经济适用为原则，如杂草、谷草、树叶、树皮、锯屑、泥炭等均可应用，也可以用修剪草坪的碎草覆盖树盘附近。一般，幼龄的园林树木仅在树盘下进行覆盖，而且覆盖的厚度通常以 3～6cm 为宜，若鲜草覆盖，厚度约为 5～6cm，过厚会有不利影响，一般均在生长季节土温较高且较干旱时进行土壤覆盖。

地被植物可以是紧伏地面的多年生植物，也可以是一、二年生的较高大的绿肥作物，如饭豆、绿豆、黑豆、苜蓿、苕子、猪屎豆、紫云英、豌豆、草木樨、羽扇豆等。前者除覆盖作用之外，还可以减免尘土飞扬，增加园景的美观，又可占据地面，减少杂草，降低园林树林的养护工作。地被植物的要求是适应强，有一定的耐阴力，覆盖作用好，繁殖容易，与杂草竞争能力强，但与树木矛盾不大。同时还要有一定的观赏或经济价值。

地面覆盖与地被植物在园林树木的土壤管理中起到一定的作用，但也有一定的局限性。地面覆盖只在地面裸露且覆盖不影响其美观的情况下才可应用，城市园林绿地上应用的比较少。但在北方风沙较大的地方，城市树坑表土裸露的情况下，常采用一些不易被风吹起的树皮覆盖树坑，除了可起到减少水分蒸发，防止土壤板结等作用外，还可以防止尘土飞扬。各地城市行道树坑有多种处理方法，有的地面铺装，也有的裸露，其中有的裸露的树坑采用种植多年生草本植物（如沿阶草）加以覆盖，这种方法既管理土壤又美化环境，但要加强对树坑花草的管理。

第二节　园林树木的施肥

一、园林树木的施肥特点

根据园林树木的生物学特性和栽培的要求与条件，其施肥的特点是：首先，园林树木种类繁多，作用不一，园林用途多种多样。因而其施肥种类、用量和方法等方面有很大的差异。园林树木生长地的环境条件差异很大，如有荒山、荒地、平原肥土、水边低湿地及建筑周围等不同土地，应根据栽培环境特点采用不同的施肥方式。其次，园林树木是多年生植物，施肥应将长效与短效相结合，基肥与追肥兼施。同时，对园林树木施肥时必须注意园容的美观，避免产生恶臭气味，有碍游人的活动，应做到施肥后随即覆土。另外，园林树木中特别是大树类的根系分布范围广，然而地面已铺装，采用土壤施肥的方法受到限制。

二、园林树木的施肥原则

1. 根据树木的特性施肥

（1）树木种类不同，需肥不同　不同园林树种对营养元素种类的要求和施用时期各不同，园林树木的观赏特性和园林用途也影响其的施肥种类和施肥时间等。一般说来，观叶、观形类树木需要较多的氮肥，而观花、观果类树木对磷、钾肥的需求量较大。

不同树木施肥的时期和次数不一样。如早春开花的乔灌木玉兰、碧桃、紫荆、榆叶梅、连翘等，休眠期施肥对开花具有重要的作用，花后及时施入以氮为主的肥料可有利于其新枝的生长，而在新梢生长缓慢的花芽分化期，则应施以磷为主的肥料。一年中这两个时期的施肥对这类树木很重要。一年多次抽梢多次开花的树木如珍珠梅、木槿、月季等，一年内应多次施肥，花后施氮、磷为主的肥料，既能促生新梢，又能促花芽形成和开花。

树木还有喜肥树种和耐瘠薄树种之分，如榛树、茉莉、梧桐、梅花、桂花、牡丹等为喜肥树种；沙棘、刺槐、悬铃木、油松、臭椿、山杏等则为耐瘠薄树种。前者应多施肥，后者可少施肥，甚至极少施肥。

适酸性土壤的花木如杜鹃、山茶、栀子花、八仙花等应施酸性肥料，不能施石灰、草木灰等；有固氮作用的树木和无固氮作用的树木的需肥不同，前者如豆科类树种等可少施氮肥。

施用肥料三要素的时期也要因树种而异，如柑橘类几乎全年都能吸收氮素，但吸收高峰在温度较高的仲夏；磷素主要在枝梢和根系生长旺盛的高温季节吸收，冬季则显著减少；钾的吸收主要在5~11月间。而栗树从发芽即开始吸收氮素，在新梢停止生长后，果实膨大期吸收最多；开花后至9月下旬磷素的吸收量较稳定，11月以后急剧减少。

由此可见，不同树木的需肥特性不同，施肥时应考虑不同树种的需肥特性。

（2）不同物候期内树木的需肥不同　树木在不同物候期需要的营养元素是不同的。在水分充足的条件下，树木新梢的生长很大程度上取决于氮的供应，其需氮量从生长初期到生长盛期是逐渐提高的，树木对氮素的需求随着新梢的生长一直延续到秋季。树木在整个生长期都需要氮肥，但需量的多少是有不同的。萌芽和枝梢开始生长初期，树木非常需氮，但需要的量少；枝梢生长旺盛时期，树木需氮多；生长后期，树木对氮的需要量一般很少，此时施氮肥将促使枝梢继续生长，不利于枝梢停止生长和木化，会降低树木的抗寒能力，所以，此时应控施氮肥。

开花、坐果和果实发育时期，树木对各种营养元素的需要都特别迫切。在这些时期，钾肥的作用最为重要，在结果的当年，钾肥能加强树木的生长和促进花芽分化。

由此可见，了解树木在不同物候期对各种营养元素的需要，对调控树木的生长和发育以及制定行之有效的施肥方法都非常重要。

2. 根据栽植地的环境条件施肥

树木吸肥不仅取决于树木的生物学特性，还受外界环境条件（光、热、气、水、土壤反应、土壤溶液的浓度）的影响。光照充足，温度适宜，光合作用强，根系吸肥量就多，如果光合作用减弱，由叶输导到根系的合成物质减少了，则树木从土壤中吸收营养元素的速度也会变慢。

当土壤通气不良时或温度不适宜时，同样也会出现树木从土壤中吸肥速度慢的现象。如早春土温较低，根系活动较弱，此时，如果大量增施速效氮肥，会因根系吸收弱而造成浪费。

土壤水分的含量与肥效有密切关系。土壤干旱时，施肥有害无利。肥料不能稀释导致肥分浓度过高，树木不能吸收利用，从而遭受毒害。积水或多雨地区肥分易淋失，会降低肥料的利用率。因此，应根据当地土壤水分变化规律、降水情况或结合灌溉进行施肥。

土壤的酸碱度对树木吸肥的影响较大。如酸性条件有利于硝态氮的吸收；碱性条件则有利于铵态氮的吸收。除了对营养元素吸收有直接影响外，土壤的酸碱反应还影响某些物质的溶解度，如酸性条件可提高磷酸钙和磷酸镁的溶解度。碱性条件降低铁、硼和铝等化合物的溶解度，因而也直接影响了树木对营养物质的吸收。

3. 根据肥料的性质施肥

肥料的性质不同，施肥的时期也不同，速效肥如尿素、碳酸氢铵等宜在树木生长需肥稍前施入；迟效性肥料如堆肥、厩肥、饼肥等有机肥料，一般应于秋冬或早春作基肥施入，其养分逐渐分解释放以被吸收利用，能在较长时期中不断供应树木所需的养分。

同一肥料不同时期施用会有不同的效果。如氮肥，春季施入可促进树木萌芽、展叶、抽梢，有利于树冠的迅速扩大；若在秋季施入，将会促使树木枝梢的继续生长，使其不能及时停止生长和木化，不利于树木安全越冬。再如磷钾肥，由于其有利于园林树木根系和花果的生长，故应在早春根系开始活动至春夏之交，园林树木由营养生长转向生殖生长阶段时施入磷钾肥，可保证园林树木根系、花果的正常生长和增加开花量，提高观赏效果；同时，磷、钾肥还能增强枝干的坚实度，提高树木抗寒、抗病的能力，因此，在树木生长后期（主要是秋季）应多施磷钾肥，可提高园林树木的越冬能力。

三、园林树木的施肥时期

在园林树木的栽培管理中，施肥时期应根据肥料的种类来确定。施肥有基肥和追肥之分，在生产上，基肥施用时期要早，追肥施用要巧。

1. 基肥的施用时期

基肥是在较长时期内供给树木养分的基本肥料，所以宜施迟效性有机肥料，如腐殖酸类肥料，堆肥、厩肥、圈肥、鱼肥以及作物秸秆、树枝、落叶等，其能够逐渐分解，供给树木较长时间吸收利用的大量元素和微量元素。

基肥分秋施和春施，但以秋施为好。树木早春萌芽、开花和生长，主要是消耗树体贮存的养分，如果树体贮存的养分多，可提高其开花质量和坐果率，也有利于枝叶生长。秋季落叶前是树木积累有机养分的重要时期，这时正值根系秋季生长高峰，施肥后伤根易愈合，并可发出新根。同时此时树木吸收和制造的养分主要用于贮藏，施肥增加了树体的积累，提高了细胞液浓度，增强了树木的越冬性。此外，秋施基肥，有机质腐烂分解的时间较充分，来春可及时供给树木吸收和利用，促进树木生长。

具体的施用时期依南北气候而异，北方一些省份多在秋分前后施入基肥，南方要稍晚些。

春施基肥，因有机物没有充分分解，肥效发挥较慢，早春不能及时供给根系吸收，到生长后期，肥料才能发挥作用，往往会造成新梢的二次生长，对有些树木的生长发育不利，特别是对某些观花、观果树木的花芽分化及果实发育不利。

2. 追肥的施用时期

追肥又称补肥。根据树木一年中各物候期的需肥特点及时追肥，以促进树木的生长和发育。追肥在生产上分前期追肥和后期追肥。前期追肥可在生长高峰期前及开花前进行；后期追肥可在花后和花芽分化期进行。具体追肥时期则与地区、树种、品种及树龄等有关,要紧紧依据各物候其特点来确定。观花树种花前和花芽分化期追肥较重,以促进开花及花芽的分化;就观果树木而言,花后追肥与花芽分化期追肥较重要,既要促进树木多分化花芽,又要使其坐好果。对于观叶类树木,应以前期追肥为主,即在树木生长高峰前进行追肥,以促进其枝梢的生长和枝叶繁茂。对于一般初栽2~3年的花木、庭荫树、行道树及风景树等,每年在生长期进行1~2次追肥,至于具体时期须视情况合理安排。

四、园林树木的施肥量

1. 影响施肥量的因素

园林树木的施肥量受多种因素的影响,如树木种类、习性、树体大小、年龄、各个物候期的需肥情况、土壤的肥力、肥料的种类、施肥时期及方法等。因此,很难确定统一的施肥量。

树种不同,对养分的需求量不一样。槭树、茉莉、梧桐、梅花、桂花、牡丹等树种喜肥沃土壤,需肥量也多;沙棘、刺槐、悬铃木、油松、臭椿、山杏等则喜耐瘠薄的土壤,需肥量也少。开花结果多的大树应较开花、结果少的小树需肥要多,树势衰弱的树木也应多施肥。

树木的吸肥量与施肥量也有一定关系。在一定范围内,树木吸肥量随施肥量的增加而增加,超过一定范围,施肥量增加而吸收量下降。这说明施肥量过多,树木不能吸收。施肥量既要符合树体要求,又要以经济用肥为原则。

可以根据树木叶片的营养分析来确定施肥量,树木叶片所含的营养元素的量可以反映树体的营养状况,所以,近些年来,果树上广泛应用叶片分析法来确定施肥量。用此方法不仅能查出肉眼所见的症状,还能分析出多种营养元素的不足或过剩,更能分辨出两种不同元素引起的相似症状,而且能在病症出现前及早测知。

此外,进行土壤分析对于确定施肥量更为科学和可靠。但由于园林树木生长的土壤环境极为复杂,此方法受到限制。

2. 施肥量的计算

随着电子技术的发展,目前园林树木施肥量的计算可参照果树生产与管理上所使用的计算方法。通过下面的公式可精确地计算施肥量,但在计算前先要测定出树木各器官每年从土壤中吸收的各种营养元素的量,减去土壤供给的量,同时要考虑肥料的损失。

$$施肥量 = \frac{树木吸收肥料元素的量 - 土壤的供给量}{肥料利用率}$$

现在利用普通计算机和电子仪器等可很快测出很多精确数据。目前该方法在大面积成片栽培的果树上得到应用,但在栽培土壤环境复杂的园林树木上没有广泛应用。

五、园林树木的施肥方法

根据施肥部位的不同,园林树木的施肥方法主要有土壤施肥和根外施肥两大类。

1. 土壤施肥

土壤施肥就是将肥料直接施入土壤中,然后通过树木根系吸收,它是园林树木主要的施肥方法。

土壤施肥方法要与树木根系的分布特点相适应。把肥料施在距根系集中分布层稍深、稍远的地方,以利于根系向纵深扩展,形成强大的根系,扩大吸收面积,提高吸收能力。

理论上讲,在正常情况下,园林树木的根系多数集中分布在地下10~60cm深的范围内,根系的水平分布范围多数与树木的冠幅大小相一致,即主要分布在冠幅外围边缘垂直投影线周围内,故可在树冠的垂直投影线(或滴水线)附近挖施肥沟或施肥穴。但在实际中,园林树木常整形修剪,其冠幅大大缩小,导致难以确定施肥范围。在这种情况下,有专家建议,可以将离地面30cm高处的树干直径值扩大10倍,以此数据为半径、树干为圆心在地面画圆,圆周线位置的附近处为吸收根分布多的区域,即为施肥范围。在地面铺装的情况下,此范围不能进行土壤施肥。

事实上,影响施肥深度和范围的因素很多,如树种、树龄、砧木、土壤和肥料性质。油松、胡桃、银杏等树木的根系强大且分布较深,施肥宜深,范围也要大一些;根系浅的悬铃木、洋槐及矮化砧木嫁接的树木,施肥应较浅;幼树根系浅,根分布范围也小,施肥范围较小且浅;一般随树龄增大,施肥时要逐年加深和扩大施肥范围,以满足树木根系不断扩大的需要。

各种肥料元素在土壤中移动的情况不同,施肥深度也不一样。氮肥在土壤中移动性较强,即使浅施也可渗透到根系分布最多处;磷在土壤中易被固定,为了充分发挥肥效,施过磷酸钙或骨粉时,应与圈肥、厩肥、人类尿等混合堆积腐熟,然后施用,效果才好。基肥因发挥肥效较慢应深施,追肥肥效较快则宜浅施,以供树木及时吸收。

沙地、坡地、岩石缝易造成养分流失,施基肥要深些;追肥应在树木需肥的关键时期及时施入,每次少施,适当增加次数,既可满足树木的需要,又能减少了肥料的流失。

生产上常见的土壤施肥方法有全面施肥、沟状施肥和穴状施肥等。

(1) 全面施肥　全面施肥分为撒施与水施两种。撒施是将肥料均匀地撒在树下地面,然后再翻入土中,其优点是方法简单、操作方便、肥效均匀,但不足之处是施肥深度较浅,养分流失严重,用肥量大,并易诱导根系上浮而降低根系的抗性。水施时可将肥料溶于水中随灌水施入,施入方法可以以树根基部为圆心,向外20~50cm处作围堰,将肥水施入围堰内。该法施肥均匀,肥料利用率高,节省劳力,是一种很有效的施肥方法。

(2) 沟状施肥　沟状施肥包括环状沟施、放射状沟施和条状沟施,其中环状沟方法应用较为普遍。环状沟施是指在园林树木冠幅外围稍远处挖环状沟进行施肥,一般施肥沟宽30~40cm,深30~60cm。该法具有操作简便,肥料与树木的吸收根接近,便于吸收和节约用肥等优点,但缺点是受肥面积小,伤根较多,多适用于园林中的孤植树,同时适于树龄较小的树。放射状沟施就是在树冠下距主干一定距离向四周挖一些放射状沟进行施肥,该法较环状沟施伤根要少,但施肥部位常受限制。条状沟施是在植株行间开沟施肥,多适用于园林苗圃施肥或呈行列栽植的园林树木的施肥。

(3) 穴状施肥　穴状施肥与沟状施肥方法类似,只是将沟状施肥中的施肥沟变为施肥穴。目前穴状施肥已可进行机械化操作,把配制好的肥料装入特制容器内,依靠空气压缩机通过钢钻直接将肥料送入到土壤中,供树木根系吸收利用。该方法快速省工,对地面破坏小,特别适合有铺装的园林树木的施肥。

以上施肥方法中的沟施在城市园林绿地中应用受到限制而不能采用。

2. 根外追肥

根外追肥也叫叶面喷肥,我国各地早已广泛应用,并积累了不少经验。近年来,喷灌机械的发展大大促进了叶面喷肥技术的广泛应用。

叶面施肥是指将一定量配制好的肥料溶液,用喷雾机械直接喷雾到树木的叶面而被树木吸收的方法。叶面喷肥,简单易行,用肥量小,发挥作用快,并可避免某些肥料元素在土壤中化学和生物的固定作用。尤其是在缺水季节或缺水地区以及不便土壤施肥的情况下均可采用此法。

叶面施肥在生产上应用较为广泛。在早春树木根系恢复吸收功能前施肥;在缺水季节或缺水地区以及不便用土壤施肥的地方;适用于微量元素的施肥;树体高大、根系吸收能力衰竭的古树、大树的施肥；城市绿化中，树下铺草坪或种植其他花草树木或地面铺装等无法进行土壤施肥的情况；树木的单一营养元素的缺乏等。但是需要注意的是，叶面施肥并不能完全代替土壤施肥，二者结合使用效果会更好。

叶面喷施的肥料主要是通过叶片上的气孔和角质层进入叶片，而后运送到树木体内和各个器官。叶背较叶面气孔多，叶背较叶面吸收快，吸收率也高。所以在实际喷布时一定要对叶片进行正反两面喷雾，以有利于树木吸收。同一元素的不同化合物进入叶内的速度不同。硝态氮在喷后15min可进入叶内，而铵态氮则需2h；硝酸钾在喷后经一小时进入叶内，而氯化钾只需30min；溶液的酸碱度也可影响渗入速度，如碱性溶液的钾的渗入速度较酸性溶液中的钾的渗入速度快。此外，溶液浓度浓缩的快慢、气温、湿度、风速和树木体内的含水状况等条件都与喷施的效果有关。由此可见，必须掌握影响树木吸收的内外因素，才能充分发挥叶面喷肥的效果。

叶面喷肥最好在上午10时以前和下午4时以后进行，以免气温高，溶液很快浓缩，影响喷肥效果或产生药害。同时，以湿度大而无风或微风时喷施效果好，以免肥液快速蒸发降低肥效或导致肥害。喷施叶面肥的喷液量以液湿而不滴为宜。溶液的浓度应宁淡勿浓。为保险起见，在大面积喷施前需要做小型试验，确定不会引起药害或肥害再进行大面积喷施。另外，叶面施肥常与病虫害的防治结合进行。

第三节 园林树木的灌水与排水

一、园林树木灌水与排水的原则

1. 根据不同的气候、不同时期确定对树木的灌水和排水

不同气候条件下生长的树木的灌水和排水要求不同。

我国地域辽阔，气候多样，地区不同，气候也不同。

① 4～6月份北京地区为干旱的季节，雨水较少，也是树木发育的旺盛时期，需水量较大，在这个时期一般都需要灌水，灌水次数应根据树种和气候条件决定。而在江南地区，此期正值梅雨季节，雨水多，一般不宜多灌水，遇到雨水多时还应注意排除多余积水。

② 7～8月份为北京地区的雨季，降水较多，空气湿度大，故不需要多灌水，遇雨水过多时还注意排水，但在大旱之年，在此期也要灌水。而南方此期多高温少雨，应加强灌水，有时进行喷水降温。

③ 9～10月份是北京的秋季，此时应该使树木组织生长更充实，充分木质化，以增强抗性准备越冬。因此在一般情况下不应再灌水，以免引起徒长。但如过于干旱，可适当灌水，特别是新栽的苗木和名贵树种及重点布置区的树木，以避免树木因为过于缺水而萎蔫。南方此时多是秋旱季节，常常需要增加灌水，特别是抗旱能力弱，或易发生干旱的地段更要注意灌水。

④ 11～12月份树木已经停止生长，为了使其安全越冬，不会因为冬春干旱而受害，此期在北京应灌封冻水，特别是在华北地区越冬尚有一定困难的边缘树种一定要灌封冻水。南方大多数地区也应根据各地早霜时期及时停灌。

2. 根据树种的不同确定灌水和排水

树木不同，对水分的要求也不同，俗话说"旱不死的腊梅，淹不死的柳"就说明了这个道理。因此不同树木应区别对待，像观花树种，特别是花灌木的灌水量和灌水次数均比一般的树种要多。如月季、牡丹等名贵花木在4～6月份只要见土干就应灌水，而其他花灌木的灌水则可以粗放些。一些早春开花的花灌木如梅花、碧桃等于6月底以后要形成花芽，因

此，应在 6 月份短时间扣水（干一下），借以促进花芽的形成。喜湿润树种，如水曲柳、垂柳、赤杨、水松、水杉、池杉、棕榈、桑树、白蜡、柽柳等也应注意灌水。而柽柳、夹竹桃、枫香、檵木、丁香、紫穗槐、木槿、枸骨、石榴等耐干旱树种的灌水量和次数均少，有很多地方因为水源不足，劳力不够，则不灌水。另外，还应该了解耐干旱的树种不一定常干，而喜湿者不一定常湿，应根据四季气候不同作相应变更。同时不同树木相反两方面的抗性情况也应掌握，如最抗旱的紫穗槐的耐水力也是很强的。而刺槐虽耐旱，却不耐水湿。总之，应根据树种的习性进行科学合理的灌水。

3. 根据树木的栽植年限的不同确定灌水和排水

树木在不同的栽植年限对灌水的要求也不同。刚刚栽种的树木一定要灌 3 次水，方可保证成活。栽后灌 3 次水后，树木进入正常的养护管理，应结合实际情况进行灌溉。新栽乔木需要连续灌水 3~5 年，灌木最少 5 年，土质不好的地方或树木因缺水而生长不良以及干旱的年份均应延长灌水年限，直到树木扎根较深不灌水也能正常生长时为止。对于新栽常绿树，尤其常绿阔叶树，常常在早晨向树上喷水，有利于树木成活。对于一般定植多年，正常生长开花的树木，除非遇上大旱，树木表现迫切需水时才进行灌水，一般情况则根据条件而定。

排水也由树木的生态习性、忍耐水涝的能力决定。如玉兰、梅花、梧桐在北方均为名贵树种中耐水力最弱的树种，若遇水涝淹没地表，必须尽快排除积水。柽柳、垂柳、旱柳、紫穗槐等是耐水力最强的树种，即使被淹，短时间内不排水问题也不大。

4. 根据不同的土壤情况进行灌水和排水

灌水和排水还应根据土壤种类、质地、结构以及肥力等情况而定。盐碱地就要"明水大浇""灌耪结合"（即灌水与中耕松土相结合），最好用河水灌溉。砂土容易漏水，保水力差，应小水勤灌，并施有机肥以增加保水保肥性。低洼地也要"小水勤浇"，注意不要积水，并注意排水防碱。较黏重的土壤保水力强，灌水次数和灌水量应适当减少，并结合施入有机肥和培入河沙，以增加通透性。

5. 灌水应与施肥和土壤管理等相结合

灌水应与其他技术措施密切结合。

① 灌溉与施肥相结合，做到"水肥结合"这是十分重要的。特别是施化肥的前后，应该浇透水，使土壤湿润有利于化肥的逐渐溶解和吸收，不至于局部肥力过大、过猛，对根系造成肥害。如有的地方栽植茉莉等采取"三道水"的方法，即施肥前先浇一次水，施肥后次日上午 10 点左右浇一次大水，施肥后第三天再浇水一次，这样不仅可以使肥效充分发挥，而且也满足了树木对水分的正常要求。又如河南鄢陵花农用的"矾肥水"就是水肥结合的措施，并有防治缺绿病和地下虫害之效。

② 灌水应与中耕除草、培土、覆盖等土壤管理措施相结合。灌水后等土壤湿度适宜耕锄时再进行浅耕，锄破因灌水而结板的表土，可以减少土壤水分的蒸发消耗，达到保墒目的，以取得更好的灌水效果。如山东菏泽花农栽培牡丹时就非常注意中耕，并有"湿地锄干，干地锄湿"和"春锄深一犁，夏锄刮破皮"等经验。当地常遇春旱和夏涝，但因花农加强了土壤管理，勤于锄地保墒，从而保证了牡丹的正常发育，减少了旱涝灾害与其他不良影响。

此外，树木是否缺水，需要不需要灌水，比较科学的方法是进行土壤含水量的测定，但这种方法目前没普遍应用，生产中多凭借实践经验。例如早晨看树叶上翘或下垂，中午看叶片萎蔫与否及其轻重程度，傍晚看恢复的快慢等。还可以看树木的生长状况来确定树木是否缺水，例如树木是否徒长或新梢极短，叶色、大小与厚薄等。花农对水分不正常造成的落叶现象有这样的经验，树木落青叶是由于水分过少，落黄叶则由于水分过多。树木栽培养护时也可参考。名贵树木略现萎蔫或叶尖焦干时即应灌水并对树冠喷水，否则即将产生旱害，但也应根据具体树种的特点具体确定。如紫红鸡爪槭（红枫）、红叶鸡爪槭（羽毛枫）、杜鹃等虽遇干旱出现萎蔫，但长时不下雨也不致死亡；又如丁香类及腊梅等在灌水条件差时可以延期灌溉。

二、园林树木的灌水

1. 灌水的时期

树木的灌水时期由其在一年中各个物候期对水分的要求、气候特点和土壤水分的变化规律等决定，除新定植的树木的灌水有特殊要求外，在一般园林树木的养护管理中，灌水大致有以下几个重要时期。

（1）萌芽前灌水　萌芽前灌水是指树木萌芽前灌水或花前灌水。此时在北方一些地区容易出现早春干旱和风多雨少的现象，及时灌水补充土壤水分的不足，能解决树木萌芽、开花对水分的需求，并对以后的新梢生长和提高坐果率有促进作用，同时还可以防止春寒晚霜的危害。盐碱地区早春灌水后进行中耕还可以起到压碱的作用。灌水可在萌芽后结合前期追肥进行。南方春雨较多的地区，一般可不灌水，但在干旱年份或新植树木也应灌水。

（2）树木新梢迅速生长期灌水　树木新梢迅速生长期，如果水分不足，则抑制新梢生长。观果树木此时如缺少水分则易引起大量落果。尤其北方各地春天风多，地面蒸发量大，适当灌水以保持土壤适宜湿度，可促进新梢和叶片的生长，扩大同化面积，增强光合作用，有利于树木的旺盛生长。

（3）夏季高温灌水　一般树木在高温季节时叶面积均已达到最大，叶面的蒸腾最大，气温较高，树木对水的需求较多，北方此时正值雨季，降水较多，空气湿度大，不需要多灌水，但在大旱之年，此期也要灌水。而南方此期前半期是梅雨季节，降雨多，空气湿度大，后半期多高温少雨，应加强灌水，有时采用喷水降温，而且要多次进行。

（4）秋旱灌水　秋旱灌水即秋旱季节灌水。此时要根据各地的气候严格注意停灌时期。北方地区，由于冬季严寒冰冻，为使树木的枝梢停止生长并及时木质化，作好越冬准备，除特别干旱之外，秋季基本不灌水。而南方地区，早秋季节树木应可进行一些生长，但有霜冻的地区应注意在早霜到来的前6~8周停止灌水。

（5）秋末冬初灌水　秋末冬初灌水主要是指在我国东北、西北、华北等地，由于降水量较少，冬春又严寒干旱，一般应于秋末或冬初灌水，也称之为灌"冻水"或"封冻水"，冬季结冻，水分放出潜热可提高树木的越冬能力，并可防止早春干旱，故在北方地区，这次灌水是非常必要的。对于边缘树种、越冬困难的树种以及幼年树木等浇冻水更为重要。

实际上，各地的园林树木的灌水不同，各地应根据当地的具体气候、土壤等环境而确定。如在北京的一般年份，全年灌水6次，应安排在3、4、5、6、9、11月份各一次。干旱年份和土质不好或因缺水生长不良者应增加灌水次数。在西北干旱地区，灌水次数应多一些。南方地区一般春季和春夏之交较少灌水，夏季高温和秋旱时节灌水次数增多。

2. 灌水量

灌水量受多方面因素的影响。不同树种、品种、砧木以及不同的土质、不同气候条件、不同植株的大小、不同的生长状况等都与灌水量有关。在有条件灌溉时，一次灌透，切忌表土打湿而底土仍然干燥。一次灌水大多应令其渗透到80~100cm深处。适宜的灌水量一般应以达到土壤最大持水量的60%~80%为标准。

3. 灌水的方式和顺序

（1）灌水方法　正确的灌水方法有利于水分分布均匀，可节约用水，减少土壤冲刷，保持土壤良好的结构，并能充分发挥灌水效果。随着科学技术的发展，灌水方法不断改进，其正朝着机械化、自动化方向发展，灌水效率和灌水效果均大幅度提高。常用的灌水方式方法有下列几种。

① 空中灌水。空中灌水即喷灌。喷灌又有固定喷灌和移动式喷灌。喷灌目前已广泛用于城市园林树木的灌溉。

固定喷灌具有以下优缺点。优点是基本避免产生深层渗漏和地表径流，一般可节约用水20%以上，对渗透性强、保水性差的砂土甚至可节水60%～70%；可减少对土壤结构的破坏，保持原有土壤的疏松状态；另外，对土壤平整度的要求不高，地形复杂的山地亦可采用；有利于调节小气候，减少低温、高温、干风对树木的危害，提高绿化观赏效果；节省劳力，工作效率高。不足之处为：有可能加重某园林树木感染白粉病和其他真菌病害的发生程度；有风时，尤其是风力比较大时会造成灌水不均匀，且会增加水分的损失；喷灌设备价格和管理维护费用较高，会增加前期的投资，使其应用范围受到一定限制。

移动式喷灌一般是由洒水车改造而成的，在汽车上安装贮水箱、水泵、水管及喷头组成一个完整的喷灌系统。由于其具有机动灵活的特点，常用于城市街道绿化带的灌水。

② 地面灌水。地面是效率较高的灌水方式，水源有河水、井水、塘水、湖水等，可以进行大面积灌溉。灌溉方式可分为畦灌、沟灌、漫灌、滴灌等。

畦灌比较适宜于成行栽植的乔灌木，灌水前要先做好畦埂，待水渗完后要及时中耕松土，这个方式被普遍应用，其能保持土壤的良好结构；沟灌是用高畦地沟的方式引水沿沟底流动以浸润土壤，使水充分渗入周围土壤，不至破坏其结构；漫灌是大面积的表面灌水方式，因用水既不经济，也不科学，生产上已很少采用。

滴灌是机械化、自动化先进的灌溉技术，它是将灌溉用水以水滴或细小水滴形式缓慢地施于树木根域的灌水方法。滴灌比喷灌更节约用水。其缺点是滴灌对小气候的调节作用较差，而且耗管材多，对于水质要求严格，管道和滴头容易堵塞，建设和维护成本比较高。目前比较先进的是自动化滴灌装置，整个操作过程由电脑自动控制，广泛用于蔬菜、花卉的设施栽培生产中以及园林庭院观赏树木的养护中。

③ 地下灌水。地下灌水是借助于埋设在地下的多孔的管道系统，灌溉水从管道孔眼中溢出，在土壤毛细管的作用下向四周扩散以浸润树木根区土壤的灌溉方法。地下灌水具有蒸发量小、节约用水、保持土壤结构、便于耕作等优点，但是要求设备条件较高，在碱性土壤中应注意避免"泛碱"。

(2) 灌水顺序　由于受灌水设备及劳动力条件的限制，园林树木在干旱需要灌水时，要根据其缺水的程度和急切程度按照轻重缓急合理的安排灌水顺序。一般来说，新栽的树木、小苗、花灌木、阔叶树要优先灌溉，因为新植树木、小苗、花灌木及喜湿的树种一般根系较浅，抗旱能力较差，阔叶树类蒸发较大，其需水多，所以要优先灌水。长期定植的树木、大树、针叶树可后灌。喜湿、不耐干旱的先灌，耐干旱的后灌。

三、园林树木的排水

排水是防涝保树的主要措施。土壤水分过多，造成氧气含量不足，从而抑制根系呼吸，严重时将引起根系缺氧而进行无氧呼吸，容易使根系积累酒精而中毒死亡。特别是对耐水力差的树种更应抓紧时间排水。

当园林树木遇到以下情况时，园林工作者都应注意进行排水。园林树木生长在低洼地区，降水较多时汇集了大量地表径流，而且不能及时渗透而形成季节性涝湿地；土壤结构不良，渗水性差，特别是坚实有不透水层的土壤，水分下渗困难，形成过高的假地下水位；树木栽植地临近江河湖海，地下水位高或雨季易遭淹没，形成周期性的土壤过湿；平原或山地城市，在洪水季节有可能因排水不畅而形成大量积水；在一些盐碱地区，土壤下层含盐量高，不及时排水洗盐，盐分会随水位的上升而到达表层，造成土壤次生盐渍化，对树木的生长很不利。

常用排水方法主要有以下几种。

1. 明沟排水

明沟排水是在园内及树旁纵横开浅沟，使绿地内外联通，以排除积水。这是园林中一般采用的排水方法，关键在于做好全面排水系统。这种排水系统的布局多与道路走向一致，各级排水沟的走向以相互垂直为宜。此排水方法适用于大雨后抢排积水，或地势高低不平不易出现地表径流的绿地的排水。明沟宽窄应视水情而定，沟底坡度一般以 $2/1000 \sim 5/1000$ 为宜。

2. 暗管沟排水

暗管沟排水是在地下设暗管或用砖砌沟，借以排除积水，使地下水降到园林树木所要求的深度。其优点是不占地面，并可保持地面整齐便于交通，但设备费用较高，一般较少应用。

3. 滤水层排水

滤水层排水实际上也是一种地下排水方法，一般用于栽植在低洼积水地以及透水性极差的土地上的树木，或是针对一些极不耐水湿的树木在栽植之初就采取的排水措施。其做法是在栽植树木的土壤下层填埋一定深度的煤渣、碎石等透水材料，形成滤水层，并在周围设置排水孔，遇积水就能及时排除。这种排水方法只能小范围使用，起到局部排水的作用。如屋顶花园、广场或庭院中的种植池或种植箱，以及地下商场、地下停车场等的地上部分的绿化排水等都可以用这种排水方法。

4. 地面排水

地面排水又称地表径流排水。做法是将栽植地地面整成一定的坡度，保证多余的雨水能从绿地顺畅的通过道路、广场等地面集中到排水沟中排走。这是最经济的办法，是目前大部分绿地广泛采用排水办法。但需要设计者精心的安排，方能达到预期的效果。

复习思考题

1. 调查当地用于园林树木栽植的主要土壤类型有哪些？
2. 园林树木栽植前，不同土壤的整地要点有哪些？
3. 园林树木生长地的土壤改良方法有哪些，如何进行？
4. 园林树木的施肥原则是什么？
5. 园林树木的土壤施肥方法有哪些？各有什么优缺点？
6. 园林树木灌水和排水的主要原则有哪些？
7. 一年中园林树木有哪些重要时期？各时灌水的主要目的是什么？
8. 园林树木的主要灌水方法有哪些？各有什么优缺点？

第十章 园林树木的整形与修剪

【知识目标】
　　明确园林树木整形修剪的意义，了解其原则；熟悉园林树木整形的基本形式，掌握其常用的修剪方法和基本技能；掌握行道树、庭荫树、园林灌木、绿篱树及藤本类等重要的园林树木的整形修剪技术要点。

【能力目标】
　　能初步运用整形修剪方法对重要的园林树木实施整形修剪。

第一节　园林树木整形修剪的作用及原则

一、园林树木整形修剪的作用

　　对树木进行正确的修剪和整形工作，是园林树木一项很重要的养护管理技术。修剪和整形工作可以调节树势，创造和保持合理的树冠结构，形成优美的树姿，甚至可构成有一定特色的园景。

　　整形是指对植株施行一定的修剪措施而使其形成某种树体的结构形态。修剪是指对植株的某些器官，如茎、枝、叶、花、果、芽、根等部分进行剪截、删除或类似的机械措施。整形是通过一定的修剪手段来完成的，而修剪又是在一定的整形基础上，根据某种目的要求而实施的。因此，两者是紧密相关的，统一于一定栽培管理目的要求下的技术措施。

　　园林树木生长期很长，少则几十年，多则上千年。为维持其最佳的观赏状态，必须使树冠部分的枝群不断更新，多发新梢。欲使其主干苍老矮化，必须控制其高度的生长，发展横向优势；如果要发挥其树形的艺术美，使其有画可取，必须年年加以修剪，方能如愿。

　　树木只有经过人们修剪和整形，对树体各部精心取舍，使其姿态入画，或者使其枝序更为合理，从而"虽由人作，宛如天开"，才能充分体现自然美。即便是非常好的观赏树木，不坚持修剪，其自然美的效果也不能得到充分体现。如生活实际中常常见到一些园林绿地上的一些腊梅，因为年久不修，基部萌生枝成丛生长，营养分散，枝、干比例失调。同时，顶端优势越来越强，丛生枝下部侧枝逐年干枯死亡，出现光腿枝，花量也少而且都分布于平面上。

　　树木通过整形修剪才能体现立意要求。无论在何种绿化布局中，树木配置都有一定的立意要求。不加修剪的树木，很难达到设计者的要求。如在古典园林中，不经过长期的精心修剪，树木是很难达到古干虬曲、苍劲入画的要求的。在规则式的绿化布局中，设计者往往想通过树形的不同来达到不同的效果，如尖塔与圆球形成强烈对比，显示出整齐划一的美学效果。如果不经修剪，任其生长，树形上将不会呈现出尖塔与圆球形成的强烈对比，达不到设计者原有的意图。

　　归纳起来，园林树木进行整形修剪有以几方面的作用。

1. 美化树形

　　"花木重姿态，山石贵丘壑"，这是我国古典园林造园的要诀之一。花木的姿态在某种程度上影响到园容园貌。造园手法的运用是非常细致的，小至一棵树的修剪，大至片石的移动，都会影响风景的构图。一般来说，自然树形是美的，但因环境的变迁或人为因子的影响，树形常遭破坏，自然美的效能无以发挥并保存下来。从园林景点的需要来说，单纯的自然树形是不能满足要求的，必须通过人工整形修剪，在自然美的基础上，创造出人为干预后的自然与艺术揉为一体的美。不仅外形如画，而且具有含蓄的意境。例如，在现代园林中，规则式建筑物前面的绿化要有富于艺术美的自然树形烘托，才能使建筑物的线条美得到进一步发挥，达到曲尽画意的境界。

从树冠结构来说，经过人工整形修剪的树木，其各级枝序的分布和排列更科学、更合理。各层的主枝在主干上分布有序，错落有致，各占一定方位和空间，互不干扰，层次分明，主从关系明确，结构合理，树形美观。

树种不同，美化的标准也各有差异。例如，梅的整形修剪要注意创造曲、欹和疏。而现代园林中整形式的观赏树木皆要求修剪成外形一致，线条相同的程度，以发挥其整齐划一的几何形图案的美。

2. 协调比例

在园林景点中，某些树木只起陪衬的作用，不需要过于高大，以便和某些景点或建筑物互相烘托，相互协调，形成强烈对比，如放任其生长，往往树冠庞大而达不到这种效果，这就需要进行合理的整形修剪加以控制，及时调节其与环境的比例，以保持它在意境中固有的地位。如建筑物窗前的绿化布置，既要美观大方，又要利于采光，因此，常配置灌木或球形树。然而，在放任生长的情况下，其高度也会很快超过要求，影响室内采光，只有及时修剪，方可解决这类矛盾。

在园林假山的绿化中，常用整形修剪的方法控制树木高度，使其以小见大，衬托山体的高大。

从树木本身而言，树冠占整个树体的比例是否得体，也是影响树形艺术效果的因素之一。合理的整形修剪，可以协调冠高比例，确保园林树木艺术美的需要。

3. 调整树势

树木因环境的不同，其生长情况会有差异，如同样的树种，生长在密植的树林中，其主干高而树冠瘦长；而在孤植情况下，则树冠庞大，主干相对低矮。若要改变这种生长状况，可以采用人工修剪的方法，如使树冠矮小，可以采取一定的高度定干，促进分枝，然后又对其分枝反复剪截以促其再分枝而形成树冠。

在培养树形时，为平衡各主枝的生长势，可采用修剪的方法来调节，强枝强剪，弱枝弱剪。又如同一株树木，树体的部位不同，得到的光照不同、通风状况也各异，各枝的生长则有强有弱。为减弱一些旺枝的长势，可改变旺枝先端方向，或开扩旺枝的角度，使其处于平缓状态；或去强留弱，以达到缓和枝势的目的。

4. 增加开花结果量

正确修剪可使树体养分集中供应留下的枝梢及花果的生长，以达到修剪目的。

有人曾对腊梅进行修剪试验，发现腊梅长枝花芽数占总芽数的23.50%；而短枝上花芽数则为其总芽数的40.14%（均为三年平均数）。而当短截枝梢时，往往易抽发长枝不利于发短枝，因此修剪时，除对少数枝梢短截以促发长枝扩大树冠外，其余枝应尽量少截，使腊梅多生中庸短枝，以期从整个树冠来看，满树是花，且均集中分布于树冠内膛，外围系生长健壮的长枝。

但是，在目前园林中因不善于修剪，致使开花部位外移，内膛空虚，花量大减的现象十分普遍。

5. 改善透光条件

自然生长的树木，或者是修剪不当的树木，往往枝条密生，树冠郁闭，内膛枝条细弱老化。如园林中各种类型的球形树、绿篱等，由于采用密植型以及不断短截，造成树冠内严重郁闭的状况，致使内部相对湿度大大增加，不通风透光，为病虫害的滋生蔓延提供了条件。如果进行合理修剪，适当疏枝，使树冠通风透光，降低冠内相对湿度，就有可能减少病虫害的发生。

合理的修剪对园林树木的确起着非常重要的作用。但修剪不当或过度修剪也将造成不利影响。如过度修剪会造成树体伤口过多，树体不仅要消耗大量养分，用以愈合伤口，而且还为病虫入侵以可乘之机，从而导致树形变劣，树势早衰。如长期过度修前，反复制约使树势极度衰弱，从而形成"小老树"。

修剪不当，还会使花量减少，如对各种花果类树木的习性不甚了解，不注意花芽形成与枝条年龄的关系，以及花芽在枝条上的位置等，随意进行短截或疏剪，有的将顶部花芽大量剪除，有的则将成花母枝大量剪去，这势必导致次年花量减少。还有一种情况，在冬剪时不顾树龄大小不一，不看长势强弱，也不论树种开花习性，进行强度短截，因刺激太强，次年抽生大量新条，又粗又长，但不着生花芽（又称疯长），如梅花、樱花类的修剪中均有这种情况出现。

二、园林树木整形修剪的原则

1. 根据树种习性进行整形修剪

园林树木千差万别，种类不仅十分丰富，而且每个树种还在栽培过程中形成了许多品种，由于它们的习性各不相同，故在整形修剪中也要有所区别。如果要培养有明显中心干的树形时，不同树种的分枝习性不同，其修剪方法也不同。大多数针叶树为主轴分枝习性，中心主枝优势较强，整形时主要控制中心主枝上端竞争枝的发生，短截强壮侧枝，保证主轴顶端优势，不使其形成双杈树形。大多数阔叶树则为合轴分枝习性，因顶端优势较弱，在修剪时，应当短截中心主枝顶端，培养剪口壮芽重新形成优势，代替原中心主枝向上生长，以此逐段合成中心干而形成高大树冠。

2. 根据栽培目的和功能进行整形修剪

建筑物附近的绿化的功能是利用自然开展的树冠姿态，丰富建筑物的立面构图，改变它单一规整的直线条。因此，整形修剪只能顺应自然姿态，对不合要求、扰乱树形的枝条进行适度短截或疏枝。有的树种以观花为主，为了增加花量必须使树冠通风透光，因此整形要从幼苗期开始，把树冠培养成开心形或主干疏层形等，有利于增加内膛的光照，促使内膛多分化花芽，从而多开花。行道树既要求树干通直，还要求树冠丰满美观，在苗期培养时，要采用适当的修剪方法，培养好树干。有的树种为衬托景区中主要树种的高大挺拔，必须采用强度修剪，进行矮化栽培。

3. 根据树龄进行整形修剪

幼树以整形为主，对各主枝要轻剪，以求扩大树冠，迅速成形。成年树以平衡树势为主，要掌握壮枝轻剪，缓和树势；弱枝重剪，增强树势的原则。衰老树要复壮更新，通常要加以重剪，以使保留芽得到更多的营养而萌发壮枝。

4. 根据修剪反应规律进行整形修剪

同一树种，由于枝条不同，枝条生长位置、姿态、长势各不相同，短截、疏剪程度不同，反应也不同。如进行萌芽前修剪时，对枝条进行适度短截，往往促发强枝，若轻剪则不易发强枝；若萌芽后短截则会促进树木多萌芽。所以，修剪时必须顺应规律，给予相适应的修剪措施以达到修剪的目的。

5. 根据树势强弱决定整形修剪的强度

树木的长势不同，对修剪的反应不同。生长旺盛的树木，修剪宜轻。如果修剪过重，势必造成枝条旺长，树冠密闭，不利于通风透光，内膛枯死枝过多，不仅影响美观，而且不利于观花、观果的园林树木的开花结果。衰老树，宜适当重剪，逐步恢复其树势。所以，一定要因形设计，因树修剪，方能收效。

第二节　园林树木整形修剪的时期

　　园林树木不同时期的整形修剪，产生不同的效果。修剪时期可分为生长期修剪和休眠期修剪。生产中应根据不同的树种和修剪的目的，合理选择修剪时期。

一、休眠期修剪

　　休眠期修剪是指自秋冬树木地上部停止生长开始到第二年萌芽前的修剪，又称为冬季修剪。

　　一般说来，落叶树木的整形修剪期自晚秋至早春，即在树木休眠期的任何时间均可进行修剪。但从伤口愈合的快慢速度考虑，以早春树液开始流动，生育机能即将开始时进行修剪的伤口愈合得最快。

　　常绿树木，尤其是常绿花果树，如桂花、山茶、柑橘之类，冬季大量的营养贮藏于叶中，当剪去枝叶时，其中所含养分大量损失，对日后树木生长有影响。因此，修剪宜控制强度，使树木多保留叶片。此外由于常绿树木无真正的休眠期，其根与枝叶终年活动，代谢不止，不择时期过重修剪有可能使其遭受冻害，因此还要选择好修剪时期，力求使树木少受影响，通常在严寒季节已过，树木即将发芽萌动之前进行修剪。

　　有的落叶阔叶树，如枫杨、薄壳山核桃等，萌芽前修剪会伤流不止，营养消耗较多，树势衰弱，而且极易引起病害。为此，这类树木的整形修剪宜于生长旺盛季节进行，其伤流能很快停止。

　　在整形修时，为了促进树冠的形成，常对主枝延伸枝进行短截，此项修剪常在休眠期进行，有利于萌发强枝的延伸，尽早形成树冠。

　　冬季修剪一般采用截、疏、缩、放等方法。

二、生长期修剪

　　生长期修剪是指从树木萌芽开始到秋冬季停止生长前这段时期的修剪。在生长期间，常根据不同的培养目的，对树木采取抹芽、除萌、摘心、环剥、扭梢、曲枝、剪枝等措施加以修剪。

　　绿篱、球形树的整形修剪即在生长期间根据生长状况及时进行。为获得一部分繁殖材料，通常也会在晚春和生长季节的前期和后期进行修剪采穗。

　　有些早春开花的花木，其花芽是在上一年生长健壮的枝条上形成的，因此，冬剪宜轻，只剪去枯枝、病虫枝、纤细枝等，不对强壮枝进行修剪，以免造成花量损失，影响观花效果。一般在开花过后的1～2周进行修剪，截去已开花部位，促使下部芽发健壮枝梢，形成下年的花芽。

　　一些当年新枝分化花芽、夏季开花的花木，花期及时剪除已开过花的部分，可促使继续抽枝和二次开花，如紫薇。

　　为培养合轴分枝类树木的高干树形，除在冬剪时对其进行重截外，还可在6～7月份新梢生长旺盛时期进行剪截，以促发强枝形成合轴的中心干。

　　为了促进某些花果树新梢的生长充实，以形成混合芽或纯花芽，并使芽饱满充实，应在树木生长后期对枝梢进行摘心，有利于壮梢壮芽。具体修剪时期既要能避免再次抽枝，又要使剪口能及时愈合。

常绿针叶树类在 6~7 月的生长期内进行短截修剪，可培养紧密丰满的圆柱形、圆球形或尖塔形树冠，同时所获嫩枝可进行扦插。

树冠内的细密枝、干枯枝、病虫枝等可在一年四季中的任何时候进行修剪。

第三节　园林树木的整形

一、园林树木的整形形式

园林绿地中的树木担负着多种功能任务，所以整形的形式各有不同，但是概括起来有以下三类。

1. 自然式整形

在园林绿地中，以本类整形形式最为普遍，施行起来亦最省工，而且最易获得良好的观赏效果。

自然式整形的基本方法是：按照树种本身的自然生长特性，在保持原有植株的自然树形的基础上适当修剪，使树冠早日形成特有自然树形，只对扰乱生长平衡、破坏树形的徒长枝、冗枝、内膛枝、并生枝以及枯枝、病虫枝等加以抑制或剪除，注意维护树冠的均匀完整。

自然式整形符合树种本身的生长发育习性，因此常有促进树木生长良好、发育健壮的效果，并能充分发挥该树种的树形特点，体现该树种的自然美。

2. 人工式整形

人工式整形是根据观赏的需要，将树木强制修剪成各种特定的形状。常将树木整剪成各种规则的几何形体或非规则的各种形体，如鸟、兽、城堡等。人工式整形几乎完全不顾树木生长发育的特性，彻底改变了园林树木的自然树形，按照人们的艺术要求进行修剪。适宜这种方法修剪的树木一般要求枝叶繁茂、枝条细软、不易折损、不易秃裸、萌芽力强、耐修剪。

(1) 几何形体的整形方法　几何形体的整形方法是按照几何形体的构成规律进行修剪整形，例如正方形树冠应确定好每边的长度进行修剪；球形树冠则需确定好半径或直径来修剪等。

(2) 非几何形体的整形方法　人工式整形式的非几何形体的整形又有垣壁式、雕塑式等。

① 垣壁式。在欧洲的古典式庭园中可见垣壁式非几何体整形，常见的形式有 U 字形、义形、肋骨形、扇形等（图 10-1）。

这类整形方法是使主干低矮，在干上向左右两侧呈对称或放射状配列主枝或主蔓，并使之保持在同一平面上。

② 雕塑式。雕塑式非几何体整形是根据整形者的意图匠心，创造出各种各样的形体。整形的具体做法依修剪者的技术而定，亦常借助于棕绳或铅丝，事先需做轮廓样式而后进行

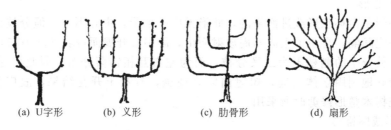

(a) U 字形　　(b) 义形　　(c) 肋骨形　　(d) 扇形

图 10-1　常见的垣壁式整形

整形修剪。但应注意，树木的形体应与四周园景谐调，线条勿过于繁琐，以轮廓鲜明简练为佳。

此类整形是与树种本身发育特性相违背的，是不利于树木的生长发育的，而且需要经常维护修剪，若长期不剪，其形体效果就会被破坏，所以在具体应用时应该全面考虑。

3. 自然与人工混合式整形

自然与人工混合式整形是由于园林绿化上的某种要求，对自然树形加以或多或少的人工改造的整形形式。常见的有杯状形、开心形、中央领导形、多领导干形、丛球形、棚架形等。

综合上述三类整形方式，在园林绿地中以自然式应用最多，既省人力、物力，又易成功。其次为自然与人工混合式整形，它依据树种的生长特点，同时又融合了人为的改造于其中，创造出人为干预后的自然与艺术揉为一体的美，它比自然式整形费工，亦需适当配合其他栽培技术措施。关于人工形体式整形，一般言之，由于很费人工，且需要具有较熟练技术水平的人员，故常只在园林局部或在要求特殊美化处应用。

二、园林树木中常见的树形

园林树木常见树形有多种，以下列出一些供生产实践中应用的树形。

1. 杯状形

杯状形树形无中心主干，仅有相当高度的一段主干。自主干上部分生3个主枝，均匀地向四周开展。3个主枝又各分生2枝而成6枝，再自6枝各分生2枝而成12枝。这种"三主六枝十二杈"的树形，因中心空如杯而得名（图10-2）。

这种几何形状的规整分枝，不仅整齐美观，而且它不允许冠内有直立枝、内向生枝的存在，一经发现必须剪除。该树形很好地解决了城市行道树种植中与上方电线通过时所发生的矛盾，故此形过去常见于城市行道整形修剪之中。但随着现代城市电线的埋入地下，这种树形的应用逐渐减少。

图10-2 杯状形

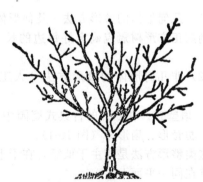

图10-3 自然开心形

2. 自然开心形

自然开心形是由杯状形改进而来的，此形无中心主干，中心不空，但分枝比较低。3个主枝分布有一定间隔，自主干上向四周放射而出，因中心开展而得名（图10-3）。

该树形主枝分生的侧枝不为二叉分枝，而为左右互相错落分布，因此树冠不完全平面化，因而能较好地利用立体空间，树冠内阳光通透，有利于开花结果，故广为园林中桃、樱、梅等观花树木整形修剪时所采用。

3. 尖塔形或圆锥形

这种树形有明显的中心主干，且主干均由顶芽逐年向上生长而成。主干自下而上发生多数主枝,下部的长,渐向上部依次缩短,树形外观呈尖塔或圆锥状(图 10-4),因此而得名。这种树形采用自然式整形即可养成,园林中重要观赏树,如雪松、水杉等的整形修剪时应用最多。

4. 圆柱形或圆筒形

圆柱形或圆筒形树形有中心主干,且为顶芽逐年向上延长生长而形成。自近地面的主干基部开始向四周均匀地发生许多枝。与尖塔形的主要区别在于主枝长度从下而上中有差别,但相差甚微,整个树形几乎上下同粗,因颇似圆柱或圆筒而得名(图 10-5)。常见于园林观赏树木,如龙柏、圆柏、铅笔柏和罗汉松等的整形修剪。

图 10-4　尖塔形

图 10-5　圆柱形

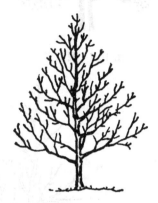
图 10-6　合轴主干形

5. 合轴主干形

大多数合轴分枝的树木,其中心主干系剪除中心枝的上端生长较弱的部分,或是顶芽开花,或顶芽自剪等,然后由下部侧芽重新获得优势代替主干向上生长,合轴主干形树形即由此而得名(图 10-6)。该种树形的主枝数目较多,但分布没有一定的规律,此类树形的树木中心主干直立生长,树体高大。这类树形多见于树冠高大的阔叶树种类。

6. 圆球形

圆球形树形在园林绿化中广为应用。其特点是有一段极短的主干,在主干上分生多数主枝。主枝多次分枝,形成较厚的叶幕层,外观呈圆球形,绿化效果好,如大叶黄杨、瓜子黄杨、杨梅、海桐等常修成此形(图 10-7)。生产中也可多株合植,然后培养成此树形,虽地面发出为多干而呈多主枝状,但上部仍为圆球形。

7. 灌丛形

园林中很多花木如紫荆、贴梗海棠、榆叶梅等都为此形。特点是主干不明显,每株自基部留主枝 9~12 个,其中保留 1~3 年生枝条各 3~4 个,每年剪去最老主枝 3~4 个,同时,当年又选留 3~4 个新萌枝条。以此类推,总保持主枝常新而强健,每年有开花结果的部分(图 10-8)。

8. 自然圆头形

自然圆头形树形多见于桂花、柑橘等常绿树,特点是有一明显的主干。苗木长至一定高度时进行短截,在剪口下选留 4~5 个强壮枝作为主枝培养,使其各相距一定距离,且各占一方向,不可交叉重叠生长。每年再短截这些主枝,继续扩大树冠,在适当距离上选留侧枝,以便充分利用空间(图 10-9)。

9. 疏散分层形

疏散分层形树形中心主干逐段合成,主枝分层,第一层 3 枝,第二层 2 枝,第三层 1 枝。此形因主枝数目较少,每层排列不密,光线通透较好,利于开花结果(图 10-10)。主

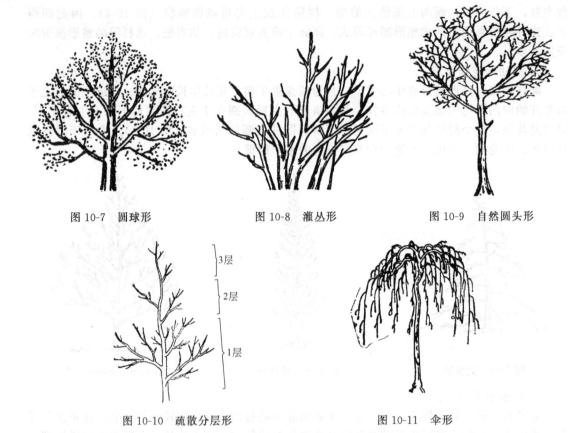

图 10-7 圆球形　　图 10-8 灌丛形　　图 10-9 自然圆头形

图 10-10 疏散分层形　　图 10-11 伞形

要为落叶花果树如苹果、梨、海棠等所采用的树形。

10. 伞形

伞形树形在园林或厂矿绿化中常用于建筑物出入口两侧或规则式绿地的出入口，两两对植，起导游提示作用。在池边路角等处也可点缀取景，效果很好。其特点是有一明显主干，所有侧枝均下弯倒垂，逐年由上方芽继续向外延伸以扩大树冠，形成伞状，如龙爪槐、垂桃等（图10-11）均为此形树冠。

11. 棚架形

棚架形树冠类型主要应用于园林树木中的藤本类植物，凡有卷须（葡萄）、吸盘（薜荔）或具缠绕习性的植物（紫藤）均可自行依支架攀缘生长，不具备这些特性的藤本（如木香、爬藤月季等）则要靠人工搭架引缚，既便于其延长、扩展，又可形成一定的遮荫面积，供游人休息观赏。其形状往往随搭架形式而定。

12. 观赏树木的特殊树形

为提高园林景点中树木形态的审美效益，可对某些树木进行艺术加工，还可造成特定的艺术造型。艺术造型种类很多，常见的有以下几种。

(1) 单干式　单干式树形主干通直，或虽弯曲，但曲中寓直，其主枝分布有层次，有参差，互为呼应，构成一个艺术整体，栽培中以直立型为好。该树形主要见于小空间庭院的乔灌木的修剪，如松、梅等（图10-12）。

(2) 双干式　双干式树形的主干系一木双干，也可是一穴双株而成。但双干切莫齐头，即在空间高度上不能等同，而要一直一斜，一俯一仰，一高一低或一前一后，总之既有变化而又统一成整体。枝叶配备应注意错落有序，立面构图应具有丰富的层次。这种树形在园林的某些景点、树丛或花灌木的修剪中采用（图10-13）。

图 10-12　单干式

图 10-13　双干式

图 10-14　迎客式

（3）迎客式　迎客式树形的主干挺拔而稍倾斜，枝叶成层，层间分明，顶平如削，上下错落有致，但下层枝叶显然伸出，似向客人欢迎致意。这种树形基本以人工构思造型为主，其水平高低取决于技工的文化艺术素养及经验。这类树形的造型难度大，但为丰富园林某些特定环境中的景色而在园林修剪中应用（图 10-14）。

第四节　园林树木的修剪方法及注意事项

一、修剪方法

园林树木的修剪方法有很多，不同的方法有不同的效果，应根据不同的目的采用不同的修剪方法。修剪方法归纳起来基本是"截、疏、伤、变、放"等，可根据修剪的目的灵活运用。

1. 截

截是指将 1 年生或多年生的枝条的一部分剪去。又根据所截枝条的年生不同分为短截和回缩。

（1）短截　短截指将 1 年生枝剪去一部分。其主要目的是刺激剪口下的侧芽的萌发，以抽发新梢，增加枝梢数量。它是园林树木修剪中最常用的方法。短截程度影响到枝条的生长。根据短截的程度可将其分为以下几种。

① 轻短截。轻短截只剪去枝条的少量枝段，一般只剪去枝条的顶梢（剪去枝长的1/4～1/3）。主要用于短枝易成花芽的花木类树木的强壮枝梢的修剪。该法去掉枝条的顶端优势，促使其下部多数半饱满的芽萌发，分散了枝条的养分，促使产生大量的短枝，以利于形成较多的花芽。

② 中短截。中短截一般剪到枝条中部或中上部饱满芽处（剪去枝长的1/3～1/2）。由于剪口芽强健壮实，养分相对集中，可刺激其多发强旺的营养枝，截后形成较多的中、长枝，成枝力高，生长势强。该法主要用于某些弱枝复壮以及骨干枝的延长枝的培养。

③ 重短截。重短截一般剪到枝条的中下部（剪去全枝条长的2/3～3/4）。由于剪掉枝条大部分，对局部的刺激作用大，对植株的总生长量有很大影响。剪后萌发的侧枝少，但由于营养供应充足，一般都萌发强旺的营养枝。该法主要用于弱树、老树、老弱枝的更新复壮。

④ 极重短截。极重短截在枝梢基部仅留 1～2 个不饱满的芽，其余剪去，此后萌发出1～2 个弱枝。该法一般用于竞争枝处理或降低枝位。

（2）回缩　回缩又称缩剪，即在多年生枝上的短截，将多年生枝的一部分剪去。其目的主要是使剪口下方的枝条旺盛生长或刺激潜伏芽萌发为徒长枝，以达到更新复壮的效果。生产实际中，当树木或枝条生长势减弱，部分枝条开始下垂，树冠中下部出现光秃现象时，为了改善光照条件和促发粗壮旺枝，以恢复树势或枝势常用缩剪方法，该法将衰老枝或下垂枝上部衰弱部分剪去，回缩到有强旺枝或背上枝处，使其生长势增强。

2. 疏

疏又称疏剪或疏删，即把枝条从分枝点基部全部剪去。疏剪可调节枝条的均匀分布，加大空间，改善通风透光条件，有利于植株内部枝条的生长发育，有利于花芽分化。疏剪的对象主要是病虫害枝、伤残枝、干枯枝、内膛过密枝、衰老下垂枝、重叠枝、并生枝、交叉枝及干扰树形的竞争枝、徒长枝、根蘖枝等。

根据疏枝强度可将其分为轻疏（疏枝量占全树枝量的10%或以下）、中疏（疏枝量占全树枝量的10%～20%）、重疏（疏枝量占全树枝量的20%以上）。疏剪强度依树木的种类、生长势和年龄而定。萌芽力和成枝力都很强的树木，疏剪强度可大些；萌芽力和成枝力较弱的树种应少疏枝。幼树一般轻疏或不疏，以促进树冠迅速扩大成形；花灌木类宜轻疏以提早形成花芽开花；成年树因生长与开花进入盛期，为调节营养生长与生殖生长的平衡，应适度中疏；衰老树因发枝力弱，枝条较少，为保持有足够的枝条组成树冠，疏剪时要小心，只能疏除必须要疏除的枝。

3. 伤

伤是用破伤枝条的各种方式来达到缓和树势及削弱受伤枝条生长势的目的的修剪方法。如环状剥皮、刻伤、扭梢等。

(1) 环状剥皮　环状剥皮是在发育期，对于不大开花结果的枝条，用刀在枝干或枝条基部适当部位剥去一定宽度的环状树皮的方法。它在一段时期内可阻止枝梢碳水化合物向下输送，有利于枝条环状剥皮以上部位营养物质的积累和花芽的形成。但弱枝、伤流过旺及易流胶的树种不宜应用环状剥皮法。环状剥皮应深达木质部，剥皮宽度以一月内剥皮伤口愈合为限，一般为枝粗的1/10左右。

(2) 刻伤　刻伤是用刀在芽或枝的附近进行切刻的方法，以深度达木质部为度。在芽或枝的上方进行切刻，养分、水分受伤口的阻隔而集中于该芽或枝条，可促使芽的萌发或枝的长势加强。在芽或枝的下方进行切刻，其生长势减弱，但由于有机营养物质的积累，能使枝、芽充实，有利于枝的加粗生长和花芽的形成。切刻愈深愈宽，其作用就愈强。

(3) 扭梢、折梢　在生长季内，将生长过旺的枝条，特别是着生在枝背上的旺枝，在中上部扭曲使其下垂，这称为扭梢。将新梢折伤而不断则为折梢。扭梢与折梢是伤骨不伤皮，目的是阻止水分、养分向生长点输送，削弱枝条长势，利于短花枝的形成。如碧桃可采用此法。

4. 变

改变枝条生长方向的方法称为变，如曲枝、撑枝、拉枝、抬枝等。其目的是改变枝条的生长方向和角度，使顶端优势转位、加强或削弱。将直立生长的背上枝向下曲成拱形，顶端优势减弱，枝条生长势减缓。下垂枝因向地生长，顶端优势弱，枝条生长不良，为了使枝势转旺可抬高枝条，使枝顶向上。

5. 放

放又称缓放、甩放或长放，即对一年生枝条不做任何短截，任其自然生长。对部分生长中等的枝条长放不剪，由于留芽数量多，枝条生长势减弱，下部易发生中、短枝，而中、短枝停止生长早，同化面积大，光合产物多，有利于花芽的形成。幼树、旺树常以长放缓和树势，促进自身提早开花结果。长放用于中庸树、平生枝、斜生枝效果更好。幼树的骨干枝、延长枝、背生枝或徒长枝不能放。弱树也不宜多用长放，因弱树越放越弱。

6. 其他修剪方法

（1）摘心　在生长季节，随着新梢的伸长，随时剪去其嫩梢顶端的措施称为摘心。具体进行的时间依树种种类、目的要求而异。通常，在新梢长至适当的长度时，摘去先端2～5cm，可使摘心处1～2个腋芽受到刺激而发生二次枝，根据需要还可以对二次枝再次进行摘心。在育苗期间常用摘心措施。

（2）剪梢　在生长季节，由于某些树木的新梢未及时摘心，枝条生长过旺，伸展过长，且木质化。为调节观赏植物主侧枝的平衡关系，或调整观花观果植物营养生长和生殖生长关系，常剪掉一段已木质化的新梢先端，即为剪梢。

（3）抹芽　抹苗在育苗中也常用到。把位置不当及多余的芽抹去称为抹芽。此措施可改善其他留存芽的养分供应状况，从而增强其的生长势。常用在培养树木通直主干或防止主枝顶端优势竞争枝的发生上。在修剪时常将无用或有碍于骨干枝生长的芽除去。

（4）去蘖　主干基部及大伤口附近经常发出嫩枝，有碍树形，影响生长。去蘖可直接用手掰掉枝条，最好在木质化前进行，可使养分集中供应植株，改善植株的生长发育状况。此外，一些树种如碧桃，榆叶梅等易长根蘖，也应及时除掉。

（5）疏花、疏果　花蕾过多会影响开花质量，如月季、牡丹等，为促进使花朵硕大，常可用摘除侧蕾的措施使主蕾充分生长。对于一些观花树木，在花谢后常进行摘除枯花的工作，这不但能提高观赏价值，而且可以避免结实消耗养分。

观花树木为使花朵繁茂，避免养分过多消耗，常将幼果摘除，例如月季、紫薇等，为使其连续开花，必须时时剪除果实。至于以采收果实为目的时，亦常为使果实肥大、提高质量或避免出现"大、小年"现象而摘除适量果实。

二、修剪中应注意的技术问题

（一）剪切口的状态

1. 小枝剪口的状态

枝条短截时，由于剪切的方式不同，剪口的大小也不等，平剪的剪口小；斜剪的剪口大。观赏树木剪枝时，剪口常有下列几种类型（图10-15）。

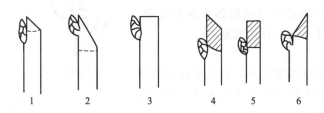

图 10-15　剪口形状与剪口芽的关系
1—稍斜剪口；2—大斜剪口；3—平剪口；4～6—留桩剪口

（1）平或稍斜剪口　平口即剪口位于侧芽顶尖上方，呈水平状态，剪口小，易愈合；稍斜剪口即剪口于侧芽对面作缓倾斜面，斜面上端略高于芽尖3～5mm。稍斜剪口伤口不致过大，也易愈合，而且剪口芽生长也好。平剪或稍斜剪是修剪中较合理的剪口类型，应用较多。

（2）留桩剪口　在侧芽上方平剪或斜剪，且留一段小桩，该种修剪方法形成的剪口即为留桩剪口，因养分不易流入这段残桩，剪口很难愈合，但为剪口芽的萌发伸展免去了障碍。第二年冬剪时应剪去残桩。

（3）大斜剪口　剪口于芽上反向下修剪于芽下方，口倾斜过急，伤口过大，水分蒸发过多，剪口芽的养分供应受阻，故能抑制剪口芽的生长，而下面一个芽的生长势加强，故该法

图 10-16　大侧枝剪口

只有在削弱树势时才应用。

2. 大侧枝剪切口的状态

大侧枝修剪，切口采取平面反而容易凹进树干，影响愈合。故宜使切口稍凸成馒头状，较有利于愈合（图 10-16）。

（二）剪口芽的位置

剪口下第一芽为剪口芽。剪口芽的强弱和选留位置的不同，生长出来的枝条的强弱和姿势也不一样，剪口芽留壮芽则发壮枝；剪口芽留弱芽则发弱枝。

如作为主干的延长枝，剪口芽应选留能使新梢顺主干延长方向直立生长的芽，同时要和上年的剪口芽方向相对，使主干延长后呈垂直向上的姿势。

如作为斜生主枝的延长枝，幼树为扩大树冠，宜选留外生芽作剪口芽，则可得斜生姿态的延长枝。当主枝角度开张过大，生长势弱时，剪口芽要留上芽（内生芽），使新枝可向上伸展，以增强枝势，维护主枝的延伸方向。

（三）一年生竞争枝的处理

树木冬剪时，由于顶端芽位置处理的不妥，或其他原因，往往在春季生长期会形成竞争枝，如不及时处理，就会扰乱树形，影响观赏效果。遇这类情况，可按下列原则进行处理。

1. 去竞争枝

当竞争枝的下邻枝较弱小，可齐竞争枝基部将竞争枝一次疏除 [图 10-17(a)]。在主枝上留下的伤口，这可以削弱主枝，而增强下邻弱枝的长势，但下邻弱枝仍不可能形成竞争枝。

当竞争枝下邻枝较强壮，可分 2 年剪除竞争枝 [图 10-17(b)]。当年先对竞争枝行重短截，抑制竞争枝的长势，待来年领导枝长粗后再齐基部疏剪，其下邻枝就不能长旺，故不再构成威胁。

2. 去原头

当竞争枝长势超过原主枝头，且竞争枝下邻枝较弱小，则可一次剪去较弱的原主枝头（也称为换头）如图 10-17(c) 所示。

当竞争枝长势旺，原主枝反而弱小，而竞争枝的下邻枝又很强，则应当分两年剪除原主枝头（也称为转头），使竞争枝当头。为此，第一年先对原主枝头重短截，第二年再疏除它 [图 10-17(d)]。

（四）多年生竞争枝的处理

多年生竞争枝的处理常见于放任管理的树木的修剪，如观花果类树木，在其附近有一定的空间，可把竞争枝回缩修剪到正下部侧枝处 [图 10-18(a)]，使其减弱生长，形成花芽而暂行观花结果。如无空间可言，则可逐年疏除 [图 10-18(b)]。

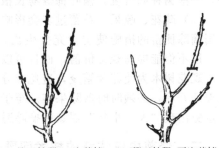

(a) 第三枝弱，一次剪掉　　(b) 第三枝强，两次剪掉

 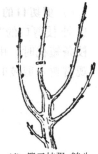

(c) 第三枝弱，换头　　(d) 第三枝强，转头

图 10-17　一年生竞争枝的处理

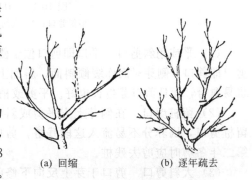

(a) 回缩　　　　　(b) 逐年疏去

图 10-18　多年生竞争枝的处理

（五）主枝配置原则

在观赏树木的修剪中，正确地配置主枝，对树木生长、调整树形以及提高观赏效果均有利。尤其是主干上多枝轮生的层性明显的树木，或是主枝多而密集的树木，常使主干自下至上布满主枝，随着树木主干的生长而增粗，间距随之缩短也成轮生状。主枝的轮生将造成主干下粗上细的明显"掐脖"现象。在幼年期整形时就要考虑好主枝的配备。其方法是，按具体树形要求，逐年剪去多余枝，每轮仅保留2～3个均匀向各方向延伸的枝。这样，切口起着对树冠产生的养分下运的阻碍效果，造成切口上部营养物质积累相对增多，致使切口上部主干明显加粗，从而解决了原来的"掐脖"问题。

在合轴主干形树木的修剪中，主枝数目虽不受限制，但为避免主干尖削度过大，保证树冠内的通风透光，要逐年疏去一些枝，以使主枝有相当间隔，且间隔要随年龄增大而加大。

在杯状形、自然开心形等树冠的整形修剪中牵涉到三大主枝的配置问题。目前常见的三大主枝有邻接三主枝或邻近三主枝两种。

（1）邻接三主枝　邻接三主枝通常在一年内选定，三个主枝的间隔距离较小，随着主枝的加粗生长，三者几乎轮生在一起。这种主枝的配置方式常见于杯状形、自然开心形树冠。因主枝与主干结合不牢，故建议在配置三大主枝时不要采用邻接三主枝的形式。

（2）邻近三主枝　邻近三主枝的配置一般是分两年配齐。通常第一年修剪，选择有一定间隔的主枝2个，第二年再隔一定间距选出第三主枝，这样，三大主枝间隔距离可依次保持20cm左右。这种配置方法，结构牢固，故为观赏树木修剪中常采用的配置方式。

第五节　不同用途园林树木的整形与修剪要点

园林绿地中栽植有各种不同用途的树木，栽植后还应根据其园林用途的不同，进行相应的修剪与整形。现将主要类型园林树木的修剪与整形要点归纳如下。

一、庭荫树的整形与修剪要点

庭荫树一般栽植在公园或庭院的中心，建筑物周围或南侧、园路两侧，具有庞大的树冠、挺秀的树形、健壮的树干，能形成浓荫如盖、凉爽宜人的环境。

一般来说，庭荫树的树冠不需要专门的整形，而多采用自然树形。但由于特殊的要求或风俗习惯等原因，也有采用人工式整形或自然和人工混合式整形的。庭荫树的主干高度应与周围环境的要求相适应，一般干高在1.8～2.0m以上。

庭荫树的树冠与树高的比例大小视树种和绿化要求而异。孤植的庭荫树树冠以尽可能大些为宜，以最大可能的发挥其遮荫和观赏效果。对于一些树干皮层较薄的种类，如七叶树、白皮松等，大的树冠可以起到防止烈日灼烧树皮的作用。一般认为，庭荫树的冠高比以1/2～2/3为宜。

庭荫树在具体修剪时，除人工形式需每年用较多的劳动力进行休眠期修剪整形以及生长期修剪外，自然式树冠则只需每年或隔年将病、枯枝，扰乱树形的枝条，基部发生的萌蘖枝以及主干上由不定芽萌发长的冗枝等一一剪除，对老、弱枝进行短剪，给以刺激使之增强生长势。

二、行道树的整形与修剪要点

行道树要求枝条伸展，树冠开阔，枝叶浓密。行道树一般使用高大的乔木树种，主干高度要求2.5～4.0m（或更高），行道树之间有架空线路通过的干道，其枝干分枝点的高度应在架空线路的下方，而为了车辆行人的交通方便，分枝点又不得低于2～2.5m。城郊公园及街道、巷道的行道树的主干高可达 3~4m 或更高。定植后的行道树，当其枝下高还未达要求高度时，要每年进行修剪，不断提高枝下高度以求达到要求，同时扩大树冠，调整枝条的伸出方向，增加遮荫保湿效果，还应考虑到建筑物的采光问题。

行道树树冠形状由栽植地点的架空线路及交通状况决定。当主干道上及一般干道上有架空线路时，行道树常采用规则形树冠，修剪整形成杯状形、自然开心形等立体几何形状。当主干道上及一般干道上没有架空线路时可采用自然式树冠。在机动车辆少的道路或狭窄的巷道内也可采用自然式树冠。行道树定干时，同一条干道上的树木的分枝点高度应一致，整齐划一，不可高低错落，影响美观与管理。

三、灌木（或小乔木）的整形与修剪要点

灌木（小乔木）的修剪整形需依据植物种类、植株生长的周围环境、长势强弱及其在园林中所起的作用而进行。按树种的园林用途及生长发育特点，可分为以下几类修剪方式。

1. 观花类的整形与修剪

观花类灌木修剪时，必须考虑树种的开花习性，花芽着生部位等。以下介绍不同开花时期的花灌类的一些修剪要点。

（1）早春开花类型　早春开花类型灌木的花芽（或混合芽）着生在上年生的枝条上，如连翘、榆叶梅、碧桃、迎春等，这些灌木是在前一年夏季高温时进行花芽分化，经过冬季低温阶段于第二年早春开花。该类灌木在休眠期只作适当的整形修剪，疏去枯枝、过密枝、病虫枝和衰老枝，对徒长枝作适当剪截，保持树形和通风透光，有利于开花。花后对已开花枝进行剪截，促发健壮的新梢，为下年形成花芽打下基础。对于具拱形枝的树种如连翘、迎春等，使老枝回缩，以利抽生健壮拱形新梢，保持其树形特点。

（2）夏、秋开花类型　夏、秋开花类灌木是在当年新梢上开花，如八仙花、木槿、珍珠梅、紫薇等。夏、秋开花的灌木的修剪一般于早春萌芽前进行，短截与疏剪相结合。为控制树高，将生长健壮的枝条进行保留 3~5 个芽的重截，剪后可使灌木萌发一些健壮的新枝，有利于形成花芽开花。对于紫薇，如希望当年开两次花，可在花后将残花及其下的 2~3 芽剪除，刺激二次枝条的发生，然后适当增加肥水则可使其二次开花。

（3）一年多次开花的花灌木　对于月季，可在休眠期对当年生枝条进行短剪或回缩，同时剪除交叉枝、病虫枝、并生枝、弱枝及内堂过枝。生长期可多次修剪，可于花后在新梢饱满芽处进行短剪（通常在花梗下方第 2~3 芽处）。剪口很快萌发抽梢，形成花蕾开花，花谢后及时再剪，如此重复。

2. 观果类的整形与修剪

观果灌木的修剪期和方法与早春开花的种类大体相同，但需特别注意及时疏除过密的枝条，确保通风透光，减少病虫害，促进果实着色，提高观赏效果。为提高结实率，一般在夏季常采用环状剥皮、疏花、疏果等修剪措施。观果类灌木种类丰富，如金银木、枸杞、火棘、沙棘、铺地蜈蚣、南天竹、石榴、构骨、金橘等。

3. 观叶类的整形与修剪

观叶灌木有观春叶的，如黄连木、山麻秆等；有观秋叶的，如黄栌、鸡爪槭、枫香等；还有常年叶色均为异色的，如金叶女贞、红叶小檗、紫叶李、金叶圆柏等。其中有些种类的花也很有观赏价值，如紫叶李。对既观花又观叶的种类，往往按早春开花种类的修剪方法；其他种类应在冬季或早春施行重剪，以后进行轻剪，以便萌发更多的枝和叶。

4. 观枝类的整形与修剪

观赏枝条的灌木如红瑞木、金枝柳、金枝槐、棣棠等，一般冬季不作修剪整形，可在早春萌芽前重剪，以后轻剪，以促使多萌发枝条，以便枝条充分体现其观赏作用的价值。这类

灌木的嫩枝颜色最鲜艳,老枝一般颜色较暗淡,除每年早春重剪外,应逐步疏除老枝,不断萌发新枝。

5. 萌芽力极强或冬季易干梢类的整形与修剪

萌芽力极强或冬季易干梢类灌木如山茱萸、胡枝子、荆条等,可在冬季自地面刈去,使其来春重新萌发更多新枝。

四、绿篱的整形与修剪要点

绿篱是选用萌芽和成枝力强且耐修剪的树种,密集呈带状栽植而成的。适宜做绿篱的树种很多,如女贞、大叶黄杨、小叶黄杨、桧柏、侧柏、小龙柏、红叶小檗、冬青、火棘、野蔷薇等。

绿篱依其高度可分为绿墙(160cm 以上),高篱(120~160cm),中篱(50~120cm)和矮篱(50cm 以下)。对绿篱进行修剪,既可达到整齐美观,以增添园景,又可使篱体生长茂盛,长久不衰。

(一)绿篱的修剪形式

根据设计意图和要求,绿篱的修剪整形应采用不同的方法,修剪形式主要有自然式和整形式两种。

1. 自然式绿篱的整形修剪

自然式绿篱一般可不进行专门的整形措施,仅在栽植管理过程中将病老枯枝剪除即可。自然式绿篱中主要是绿墙、高篱和花篱采用的较多。修剪时只适当控制高度,疏剪病虫枝、干枯枝,任枝条自然生长,使枝叶相接紧密,提高阻隔效果即可。如用于防范的枸骨、火棘等绿篱和蔷薇、木香等花篱一般以自然式修剪为主。花篱可于花开后略加修剪使之继续开花,冬季修去枯枝和病虫枝。但蔷薇等萌发力强的树种,盛花后也可进行重剪,从而使新枝粗壮,篱体高大美观。

2. 整形式绿篱的整形修剪

中篱和矮篱常用于草地、花坛的镶边,或组织人流的走向。这类绿篱需要定期进行专门的修剪整形,以控制其高度并达到整齐美观的效果,即为整形式绿篱。

(1)整形式绿篱的形式　整形式绿篱的形式各式各样。在园林绿化中多采用几何图案式的修剪整形,绿篱成形后,其断面有多种形状(图 10-19)。

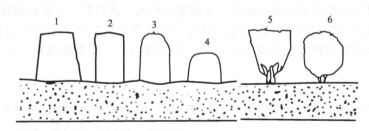

图 10-19　绿篱篱体断面形状图
1—梯形;2—方形;3,4—圆顶形;5—杯形;6—圆形

在栽植的方式上,整形式绿篱通常多用直线形,但在园林中,为了特殊的需要,例如需方便于安放坐椅、雕像等物时,其亦可栽成各种曲线或几何形。在修剪时,立面的形体必须与平面的栽植形式相和谐。此外,在不同地形中,运用不同的整剪方式亦可收到改造地形的功效,这样不但增加了美化效果,而且在防止水土流失方面亦有着很大的实用意义。

(2)整形式绿篱的整形修剪方法　绿篱种植后应剪去高度的 1/3~1/2,修平侧枝,使高度统一，侧面整齐，修剪可促使下部侧芽萌发生成枝，形成枝叶紧密的矮墙。绿篱每年修剪多次，使其不断发生新枝，更新和替换老枝。修剪时，要注意顶面与侧面兼顾，既修顶面又修侧面，保证顶侧面都生长均匀。从篱体横断面看，以矩形和基大上小的梯形较好，这两类形状绿篱的下面和侧面枝叶的采光充足，生长茂盛，不易发生下部枝条干枯和空秃现象。

在整形式绿篱的剪整中，经验丰富的工作人员可随手修剪即能达到整齐美观的要求，不熟练的工作人员则应先用线绳定型，然后以线为界进行修剪。

（二）绿篱的更新

绿篱的栽植密度很大，无论怎样的修剪和养护，随着树龄的增长，最终都无法使其在应有的高度和宽度内保持美观，从而失去规整的状态，因此绿篱需要定期更新。

对于常绿阔叶树种绿篱，其萌芽力和生枝力都很强，可以用平茬的方法来促使其萌发新梢。方法是不留主干或只留很矮的一段主干，主干一般保留30cm左右，这样抽发的新梢在一年内可以长成绿篱的雏形，两年左右即可恢复原来的篱体状态；萌芽力一般的种类也可以通过逐年疏除老干的方法来更新绿篱。常绿针叶类绿篱一般很难进行更新复壮，只能将它们全部挖掉，另植新株，重新培养。

五、藤本类的整形与修剪要点

在园林绿地中，绿化者常将藤本植物整形成各种形式，并对其作适当的修剪。藤本植物的整形修剪一般有以下几种处理方式。

1. 棚架式

卷须类及缠绕类藤本植物多用这种方式进行整形与修剪。修剪整形时，应在近地面处重剪，使其发生数条强壮主蔓，然后垂直诱引主蔓至棚架顶部，并使侧蔓均匀的分布于架上，则可很快形成荫棚。对于不耐寒的种类，需每年将病、弱、衰老枝剪除，均匀的选留侧蔓。对于耐寒的种类，如紫藤、凌霄等则只需隔数年将病、老或过密枝疏剪，一般不必每年修剪整形。

2. 凉廊式

凉廊式常用于卷须类及缠绕类植物，偶尔也用于吸附类植物。因凉廊有侧方格架，所以主蔓勿过早诱引至廊顶，否则容易形成侧面空虚。

3. 篱垣式

篱垣式多用于卷须类及缠绕类植物。将侧蔓进行水平诱引后，每年对侧枝施行短剪，形成整齐的篱垣形式（图10-20）。篱垣式可分为"水平篱垣式"和"垂直篱垣式"，"水平篱垣式"适合于形成长而较低矮的篱垣形式；"垂直篱垣式"适合于形成距离短而较高的篱垣形式。

4. 附壁式

附壁式适宜于具有吸附器官的藤本类植物。如爬山虎、五叶地锦、扶芳藤、常春藤等均用此法。这种整形方法很简单，只需将藤蔓引于墙面即可，植物依靠吸盘或吸附根而逐渐布满墙面，除非影响门窗采光，一般不修剪藤蔓。此外，在某些庭院中，在墙壁前20～50cm处设立格架，在架前栽植藤本类植物，例如蔓性蔷薇等开花种类在建筑物墙面前的栽植多采用本法。修剪时应注意使墙壁基部全部覆盖，各蔓枝在墙面上分布均匀，以勿使相互重叠交错为宜。

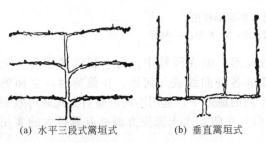

(a) 水平三段式篱垣式　　(b) 垂直篱垣式

图10-20　篱垣式修剪

在附壁式修剪与整形中，最易出现基部空虚的现象，对此，可配合轻、重修剪以及曲枝诱引等综合措施，并加强栽培管理工作。

5. 直立式

一些枝蔓粗壮的种类，如紫藤、蔓性蔷薇等，可以修剪整形成直立灌木式。此式如用于公园道路旁或草坪上，可以收到良好的效果。

六、片林的整形与修剪要点

成片树林的修剪整形，主要是维持树木良好的干性和冠形，同时使其生长良好。修剪一般比较粗放。对于由有主干领导枝的树种组成的片林，修剪时要注意保留顶梢，以尽量保持中央领导干的生长势。当出现竞争枝（双头现象）时，只选留一个；如果领导枝枯死折断，则应选择一强壮侧生枝，代替主干延长生长，以培养成新的中央领导枝。适时修剪主干下部的侧生枝，逐步提高分枝点。分枝点的高度应根据树种和树龄而定。

对于一些主干很短，分枝低，且分枝已长大，不能培养成独干的树木，可以把分生的主枝当作主干培养，逐年提高分枝高度，使其呈现多干式。

对于大面积的人工松柏林，常进行人工打枝，即将生长在树冠下方的衰弱侧枝剪除。打枝的多少应根据栽培目的及对树木正常生长发育的影响而定。一般认为打枝不能超过树冠的1/3，否则会影响植株的正常生长。

复习思考题

1. 园林树木整形修剪的概念是什么？整形与修剪两者的关系如何？
2. 园林树木整形修剪的原则是什么？
3. 园林树木整形有哪些形式？各有什么特点？
4. 园林树木整形修剪有什么作用？请举例说明。
5. 园林树木修剪的基本方法截、疏、伤、变、放是什么意思？各类中又哪些常用方法？是如何操作的？
6. 园林树木常采用的树形各有什么特点？
7. 绿篱修剪有哪些形式？
8. 几类主要的园林树木（庭荫树、行道树、灌木类、绿篱类及藤本类）整形修剪的技术要点怎样？
9. 园林树木整形修剪中，对一年生竞争枝有哪些处理方法？
10. 园林树木整形修剪中，对于小枝、大枝的剪口形式有哪些？小枝短截剪口芽如何处理？

第十一章　古树、名木的养护管理

【知识目标】

了解古树、名木的含义；明确保护古树、名木的意义；熟悉古树、名木调查登记的内容及方法；掌握古树、名木养护管理及复壮的技术措施。

【能力目标】

能结合具体古树、名木的实际情况制订出其养护管理及复壮方案并实施。

第一节　古树、名木的养护管理概述

一、古树、名木的概念

古树、名木素有"绿色活化石"、"绿色文物"的美誉。古树是指树龄在一百年以上的树木。名木是指珍贵、稀有或具有历史、文化、科学或社会意义的树木。

古树、名木应具备以下条件：树龄在百年以上的古老树木；具有纪念意义的树木；国外贵宾栽植的"友谊树"，或国外政府赠送的树木，如北美红杉等；稀有珍贵的树种，或本地区特有的树种；在风景区起点缀作用，与历史事故有关的树木。

二、保护古树、名木的意义

中国系文明古国，古树、名木树种之多，树龄之长，数量之大，是世界少有的。古树、名木是城市绿化、美化的一个重要组成部分，是一个国家文化发展的历史和文明程度的标志；古树、名木是不可再生的自然和文化遗产，是社会历史的活见证，如我国传说中的周柏、秦松、汉槐、隋梅、唐杏、唐樟等均是历史的见证者；古树是研究自然历史和环境污染史的宝贵资料，古树复杂的年轮结构，蕴含着古水文、古地理、古植被的变迁史，对研究一个地区千百年气象、水文、地质和植被的演变，具有重要的参考价值；古树、名木与山水、建筑一样具有极高的景观价值，是历代陵园、名胜古迹的佳景之一，是重要的风景旅游资源；我国的文人墨客为古树、名木所作的诗画，为数甚多，是我国文化艺术宝库中的珍品；古树对于研究树木的生理具有特殊意义；古树在园林树种规划与选择中具有参考价值，在某地生存保留下来的古树足可说明该树种经受了长期的历史考验，是适合该地的树种。因此，加强古树、名木的保护、调查、养护管理及复壮工作具有重要的历史意义和现实意义。

三、古树、名木的调查登记

古树、名木的调查是对古树、名木进行分级养护管理的依据，对于摸清古树资源，建立、健全我国的古树、名木资源档案具有重要的意义。

调查内容主要包括树种、树龄、冠幅、胸径、生长势、病虫害、生长地的环境（土壤、气候等情况）以及观赏及研究的价值、养护措施等，并搜集有关古树的历史及其他资料，如有关古树的诗、画、图片及神话传说等。还可用MIS（计算机信息管理系统）为古树资源管理提供帮助。

在详细调查的基础上，对古树、名木进行登记、拍照，并按有关规定和程序进行鉴定、确认、分级和统一编号，建立资源档案。在此基础上，根据古树、名木的树龄、价值、作用和意义等进行分级，以便对古树进行分级养护管理。同时，建立古树、名木生长情况档案，每年详细记录其生长情况及采取的各项养护管理措施，供以后参考。

第二节 古树、名木的养护管理与复壮

古树是几百年乃至上千年生长的结果，一旦死亡将无法再现。应了解古树衰老的原因，以便更好地做好古树、名木的养护管理与复壮。

一、古树衰老的原因

任何树木都要经过生长、发育、衰老和死亡等过程，这是客观规律。树木的衰老和死亡是受自身遗传因素、外界环境条件以及人为栽培管理措施综合影响的。古树也不例外。外界环境不适宜或栽培措施不当会加快古树的衰老和死亡。相反，可以延缓古树衰老的时间。因此，在古树生长发育过程中，采取合理的保护及复壮措施，创造适宜古树生长发育的环境条件，都可以延迟树木衰老及死亡的时间，从而延长树木的生命，甚至促使其复壮而恢复生机，使树木最大限度的发挥其作用。

（一）树木自身因素

随着古树寿命的越来越长，树体的生长势衰弱，自身生理机能下降，根系从土壤中吸收水分和养分的能力和新根再生的能力下降；树冠枝叶的生长速率也较缓慢，枝条的萌枝力变弱，死枝数量增多；叶片数量逐年减少，制造光合产物的能力降低；开花与结实的能力降低；伤口愈合速度减慢，抗逆性差，极易遭受不良因素的影响，直至死亡。因此，古树衰老和死亡是自身生长发育的自然规律，不以人们的意志为转移。但在一定条件下，外界环境因素对加速或延缓古树的衰老和死亡起到决定性作用。

（二）外界环境因素

1. 土壤理化性状恶化及营养严重不足

土壤是古树生存的重要基础条件之一。由于人为活动的影响造成土壤理化性状的恶化，是造成古树衰老的直接原因之一。行人在古树周围过度践踏，或在古树下面用水泥砖或其他材料铺装，或随意排放废弃物及用车辆碾压等，使土壤严重板结，土壤密实度过高，团粒结构遭到破坏，通透性能和自然含水量降低等，总之由于各种原因导致土壤的理化性状恶化，使得树木根系得不到充足的水分、养分和良好的通气条件，限制了根系的生长，造成根系的大量死亡，树体营养严重匮乏，从而使古树长势大大削弱，造成早衰，甚至死亡。

古树经过上百年的生长，树体本身消耗了大量的营养物质，而又未进行施肥，造成土壤营养严重匮乏，根系吸收养分的能力减弱。有的古树栽植地土壤裸露，表层剥蚀，水土流失严重，使土壤肥力下降，古树根系外露，易遭受干旱和高温伤害。所有这些，都不利于树体的正常生长发育，导致古树的衰老。

2. 自然灾害

自然灾害是不少地方古树衰弱的主要原因之一。主要包括大风、雷电、低温、高温、雨涝、雪压、雪淞、冰雹及地震等自然灾害。在南方，高大古树常受雷击危害，导致树头枯焦、干皮开裂或大枝劈断，使树势明显衰弱；在北方，冬季古树树冠易遭受大风、大雪危害，造成古树枝折，这些原因都会大大削弱古树的树势。

3. 人为的损害

由于对古树的保护意识不强，不少人在古树周围新建建筑物、构筑物；挖坑取土、铺设管线；堆放杂物和垃圾；倾倒有毒有害废渣、废液，排放烟气；使用明火或焚烧沥青、落叶

等;有的在树上刻划、张贴、悬挂物品;有的攀树折枝、挖根采摘果实种子,使树体受到严重破坏;有的古树由于树体高大、奇特而被人为神话,成为部分人进香朝拜的对象,成年累月,导致香火烧及树体。这些人为活动改变了古树原有的光照、水分和土壤理化性质,破坏了原有的生态环境,影响了古树的正常生长,甚至引起死亡。

4. 病虫害的侵袭

病虫危害是古树衰弱的又一重要原因之一。树体衰老时常常会诱发各种病虫害,导致各种伤残,如主干中空、破皮、树洞、主枝死亡,树冠失衡,树体倾斜等。如松柏红蜘蛛、蚜虫、松针蚧、柏毒蛾、松毛虫、小蠹甲类害虫,还有天牛类、木腐菌侵入等都会加速古树的衰老。如古松、古柏在北方常有小蠹蛾类危害,南方树木则易遭受白蚁蛀食,如重庆南山乡一株胸径50cm,树龄在百年以上的白兰花被白蚁蛀空树干形成一个大洞,对生长影响极大。

5. 大气污染

空气中酸雨及其他污染(如光化学烟雾等)对古树会造成不同程度的影响,严重时可使叶片变黄、脱落。在城市空气污染严重的地方,大量的浮尘被树体截留,特别是枝叶部位,严重影响了古树的观赏效果和光合作用。

综上所述,树木衰老死亡是一种普遍的客观规律,在摸清古树衰弱的内外因素的基础上,采取一系列养护管理及保护复壮措施,可以改善古树的内外环境条件,减缓古树的衰老和死亡的过程,延长古树的寿命。

二、古树、名木的养护管理与复壮

古树、名木的养护管理及复壮是一项综合管理。一方面国家制定相应的法律法规保护古树,保持古树原有的生态环境,同时广泛宣传,使人们明确保护古树、名木的重大意义;另一方面加强古树复壮的研究和实践,找到古树衰老的原因,根据具体情况及时采取必要的预防、养护和复壮措施,保持和增强树木的生长势,使古树、名木能延年益寿。

1. 法制法规建设

1982年3月,国家城建总局出台了《关于加强城市与风景名胜区古树名木保护管理的意见》;1995年8月,国务院颁布了《城市绿化条例》,在《条例》中对古树、名木及其保护管理办法、责任以及造成的伤害、破坏等做出相关的规定、要求与奖惩措施;2000年9月,建设部重新颁布了《城市古树名木保护管理办法》,就古树、名木的范围及分级进行了界定,并对古树、名木的调查、登记、建档、归属管理以及责任、奖惩制度等方面做出了具体的规定和要求。各省市出台了地方性的古树、名木保护管理条例,这一系列的法规条例办法加强了各城市古树、名木的保护管理工作,使古树、名木的管理走向规范保护的发展轨道。

2. 加强土、肥、水的管理

在生长季要进行多次中耕松土,加强土、肥、水的管理。在春、夏干旱季节要灌水防旱,秋冬季要浇水防冻,每次灌水后应及时松土,一方面保墒,一方增加土壤的通透性。土壤积水对树木危害极大,应开设盲沟排除积水。古树施肥应慎重,一般在树冠投影部分开沟(深0.3m,宽0.7m,长2m或深0.7m,宽1m,长2m),沟内施腐殖土加稀粪或施适量化肥增加土壤的肥力。施肥时间应根据树木的物候期及肥料种类具体确定,忌大肥、浓肥,应淡肥勤施。入冬前进行深翻,施有机肥,浇封冻水,以改善土壤的结构及透气性,使古树根系能够正常生长。

3. 整形修剪和修补树洞

古树、名木的整形修剪要慎重,注意修剪方法。一般情况下,应以保持树冠的完整为原则,尽量减少修剪量,避免增加伤口数。对弱枝、徒长枝、病虫枝、过密枝、交叉重叠枝以疏剪为主,以利通风透光,减少病虫害的滋生。但必须进行更新和复壮修剪时,可适当短剪，促发新枝。对于树干空朽，树冠生长不均衡的古树、名木，为防止被风刮倒或折断，应在树干一定的部位支撑三脚架加以保护。

当树体出现树洞对其生长发育甚至生存构成威胁时，应根据情况进行补洞，方法见第十二章。

4. 设置避雷针

古树一般树身高大，雷雨时易遭雷击。据调查千年古银杏大部分遭受过雷击，严重影响树势，有的被雷击后因未采取补救措施甚至很快死亡。因此，在高大的古树上要安装避雷针，以免雷电击伤树木。如遭受雷击，应立即将伤口刮平，涂上保护剂，并堵好树洞。

5. 防治病虫害

病虫害的防治以防为主，精心养护，增强植株抵抗病虫害的能力，而且要经常检查，早发现早处理，采取化学防治、物理防治和生物防治等综合防治措施，防止病虫害的蔓延。如北京天坛公园，针对天牛是古柏的主要害虫，从天牛的生活史着手，3月中旬抓住防治天牛的时机，给古柏喷洒二二三乳剂，称之为"封树"，保护了古柏。北京地区4、5月份是蚜虫、红蜘蛛的大发生期，9～10月份为其第二次危害高峰期，它们大量吸取古树汁液，使之枝叶枯黄而衰弱，要及时喷药加以控制。古树的蛀干害虫十分严重，可用药剂注射、熏蒸和堵虫孔的方法进行防治，或在虫孔放线虫进行生物防治。古树的病虫枯死枝应在树液停止流动的季节抓紧清理、烧毁，以减少病虫滋生的条件，并美化树体。

6. 设置围栏、堆土、筑台

在古树周围应设立围栏，隔离游人，避免践踏，防止人为的撞伤或刻伤树皮。围栏一般距树干3～4m，或在树冠的投影范围之外。在人流密度大，树木根系延伸较长地方，应对围栏外的地面作透气性的铺装处理；在古树干基堆土或筑台也可起到保护的作用，还有防涝的效果，注意应在台边留孔排水，切忌围栏造成根部积水。

在对古树、名木进行养护管理及复壮的过程中，应根据古树、名木的具体情况及时采取必要的预防、养护和复壮措施。除以上介绍的措施外，还可通过对树体加固、树干疗伤、涂白、埋条促根、地面处理、换土、化学药剂疏花疏果、喷施或灌施生物混合制剂等技术对古树、名木进行保护复壮。

复习思考题

1. 什么是古树名木？古树名木应具备哪些条件？
2. 简述古树、名木保护的意义。
3. 古树衰老的内外因素有哪些？如何延缓古树的衰老？
4. 调查当地的古树、名木，并提出相应的养护及复壮措施，写出一份调查报告。

第十二章　园林树木的其他养护与管理

【知识目标】
　　明确园林树木防治低温伤害、高温伤害、雪害、风害等自然灾害的重要性；了解低温、高温对园林树木伤害的类型、表现症状；掌握园林树木低温伤害、高温伤害、雪害、风害的防治措施；掌握树干伤口处理、树洞修补、树干支撑、树干涂白、树木维护与隔离以及树木看管巡护的方法。

【能力目标】
　　能针对园林树木的自然灾害采取相应的防治措施；能具体实施园林树木的养护管理措施。

第一节　自然灾害的防治

　　树木在生长过程中经常不可避免地受到低温、高温、雪害、风害等自然灾害的威胁，了解自然灾害发生和危害的特点，积极采取有效防御措施，是维持树木正常生长，充分发挥其综合效应的关键，是园林树木养护管理工作的重要组成部分。对于自然灾害应采取"预防为主，综合治理"的方针，在种植设计中就要考虑适地适树的原则，进行土壤改良等；在栽培管理中要加强肥水供应，对树冠进行适当修剪，增强树木的抗灾免疫能力；对受灾树体进行必要的保护和修补，使之长久地保持色艳、香浓、形佳。对树木的养护要做到目标明确、措施有效和管理科学规范。

一、低温伤害及防治

（一）低温伤害的类型

　　低温可通过对树木地上各器官和地下各器官的伤害改变树木与土壤的正常关系，最终影响树木的生长和生存。根据低温对树木伤害机理的不同，可将低温伤害分为冻害、冻旱、霜害和寒害等。

　　1. 冻害

　　冻害是指0℃以下低温使树木组织内部结冰所引起的伤害。植物组织内部形成冰晶以后，随着温度的降低，冰晶不断扩大（温度每下降1℃，其压力增加12Pa），一方面致使细胞进一步失水，细胞液浓缩，原生质脱水，蛋白质沉淀；另一方面，随着压力的增加，细胞膜变性，细胞壁破裂，植物组织损伤。树木的冻害程度与组织内水的冻结和冰晶融解的速度有关，速度越快，冻害越严重。

　　树木不同部位冻害的表现不同，以下分别介绍树木花芽、枝条、枝杈和基角、主干、根颈、根系冻害的表现。

　　（1）花芽　花芽是抗冻力较弱的器官，花芽分化越完善抗冻力越弱。花芽受冻后，其内部变褐，初期从表面看只有芽鳞松动现象，不易识别，后期芽干缩不能萌发。花芽冻害多发生在春季气温回暖时期。花芽比叶芽易受冻害，顶花芽比腋花芽易受冻害。

　　（2）枝条　在生长期，枝条的形成层对低温最敏感。在休眠期，成熟枝条的形成层最抗寒，皮层次之，木质部、髓部最不抗寒。因此，轻微冻害枝条只表现为髓部变色，中等冻害时枝条木质部变色，严重冻害时枝条才发生韧皮部冻伤。一旦形成层变色，枝条就失去了恢复能力。

枝条的冻害程度与其成熟度有关，木质化程度低的嫩梢及树冠外围枝条的先端部位易遭受冻害。

多年生枝条的冻害常表现为皮层局部冻伤，受冻部位最初稍变色且下陷不明显，用刀撬开，若形成层已变褐，则以后会逐渐干枯死亡，树皮裂开和脱落；如果形成层未受冻，则可逐渐恢复。多年生的小短枝，常在低温时间长的年份受冻，枯死后其着生处周围形成一凹陷圆圈，腐烂病通常从此处侵入。

（3）枝杈和基角　低温和昼夜温差大时，枝杈和基角处易受害，主要是因为此处进入休眠较晚，位置比较隐蔽，输导组织发育不好，通过抗寒锻炼较迟，易遭受积雪冻害和一般冻害。枝杈和基角受冻后，有的基角的皮层与形成层变褐，随后干枯凹陷；有的树皮呈块状冻坏；有的顺主干垂直冻裂形成劈枝。主枝与树干的基角越小，冻害越严重。

（4）主干　树干受冻后，主干有的形成纵裂，俗称"冻裂"，树皮常沿裂缝与木质部脱离，严重时向外翻，裂缝可沿半径方向扩展到树干中心。一般生长过旺的幼树主干易受害，受害树伤口易感染腐烂病。

（5）根颈　树木的根颈部分进入休眠最晚，解除休眠又最早，因此此处抗寒力也较弱。一旦遇到温度骤降的气候最易受冻。根颈受冻后，树皮先变色直至干枯，表现为局部的块状，也表现为环状。

（6）根系　树木根系无休眠期，所以根系比地上其他部分耐寒力更差一些。根系形成层抗寒性最差，皮层次之，木质部最强。根系虽无休眠期，但冬季的活动性明显减弱。故其冬季耐低温能力比生长期略强。根系受冻后变褐，皮部易与木质部分离。一般细根较粗根易受冻害；由于地温变化幅度大，温度低，近地面根系较下层根易受冻害；由于土壤温度变化幅度大，疏松土壤中的根系比一般土壤中的根系受害严重；由于土壤含水量少，干燥土壤中的根系比潮湿土壤中的根系易受冻害；新栽树木的根系易受冻害。根系受冻后只能靠树体积累的营养和水分发芽和生长，因此常表现为发芽较晚，生长势弱，只有待新根大量发出后才能正常生长。

2. 冻旱

冻旱是因土壤冻结根系难以从土壤中吸收水分而发生的生理性干旱，有时也称为干化。此现象多发生在冬季土壤结冻的寒冷地区。即使土壤中含有足够的水分，但由于土壤结冰，树木根系很难从结冰的土壤中吸收水分，而地上部的枝条、芽及常绿树木的叶片仍在进行着蒸腾作用，不断散失着水分。这种情况持续下去最终会破坏树木的水分平衡，导致细胞死亡，枝条干枯，甚至导致整株树木死亡。

由于叶片冬季不脱落，常绿树遭受冻旱的可能性更大。如土壤结冻的寒冷地区的松树、冬青、杜鹃等树种，在冬季或春季晴朗时，天气短期回暖，树木地上部分蒸腾加速，但土壤仍然冻结，根系吸收的水分不能弥补地上部分散失的水分，从而使其遭受冻旱危害。冻旱发生时，常绿阔叶树叶尖及叶缘焦枯，受害叶片颜色逐渐变褐。常绿针叶树的针叶完全变褐或者从尖端向下逐渐变褐，顶芽易碎，小枝易折。

3. 霜害

在生长季由于温度急剧下降至0℃甚至更低，空气中的饱和水汽与树体表面接触凝结成冰晶，使枝条幼嫩部分产生伤害的现象称为霜害。

根据霜害发生的时间及其与树木生长的关系，可以将其分为早霜危害和晚霜危害。早霜又称秋霜，如果早霜当树木不能及时停止生长，枝条不能及时成熟到来，将会使木质化程度低的枝梢遭受早霜的危害。晚霜又称春霜，它的危害是因为春季树木萌动以后，气温突然下降至0℃或更低，导致阔叶树的嫩枝和叶片萎蔫、变黑和死亡，针叶树的叶片变红和脱落。春天，低温出现的时间推迟，新梢生长量较大，伤害最严重。

4. 寒害

寒害又称冷害，指0℃以上低温对树木造成的伤害。寒害多发生在热带和亚热带地区的树种上，热带树种在0～5℃时，呼吸代谢严重受阻，如0℃以上低温可导致三叶橡胶叶黄、脱落。寒害引起树木死亡的原因不是结冰，而是细胞内核酸和蛋白质代谢受阻。喜温树种向北移栽时，寒害是其生长发育的重要限制因子。

(二) 低温伤害的防治

低温伤害的防治措施主要包括两个方面，一是预防低温伤害的措施，另一是受害树木的养护措施。

1. 预防低温伤害的主要措施

树木忍受低温的能力受多种因素的影响，但是在一定范围内可采用人为的积极预防措施，以减少低温的伤害。

(1) 选择抗寒的树种　选择抗寒树种是减少低温危害的根本措施。园林树木栽植时应主要选用乡土树种或经过驯化的外来树种，这些树种已经适应了当地的气候条件，具有较强的抗逆性。新引进的树种要经过试种，证明其有较强的抗寒性和适应能力以后才可以大面积栽植。处于边缘分布区的树种，应选择无明显冷空气聚集的地方栽植，这样可减少越冬防寒工作。对低温敏感的树种应栽植在通气、排水性能良好的土壤上，以促进根系的发育，提高树体的耐低温能力。

(2) 加强栽培管理，提高树木抗性　加强树木的栽培管理有助于树体内营养物质的积累，增强树势，提高抗寒能力。春季应加强肥水供应，合理排灌水和施肥，可促进新梢和叶片的生长，提高光合速率，增加光合产物的积累，使树体健壮；后期控制灌水，及时排涝，增施磷钾肥，加强除草，深翻土壤，可促使枝条早停止生长，有利于组织充实，延长营养物质积累的时间，提高木质化程度，增加树木的抗寒性。正确的松土施肥，不但可以增加根系的数量，而且有利于根系向土壤深处生长，有助于减少低温伤害。

此外，夏季适期摘心、冬季适当修剪、整个生长期加强病虫害防治都可以降低低温伤害。

(3) 改善小气候条件，增加温度和湿度的稳定性　通过理化或生物方法改善小气候条件，减少树体温度的变化幅度，提高空气湿度，促进上下层空气对流，避免冷空气聚集，可以树木的减轻低温伤害，尤其是霜冻和冻旱的伤害。

① 林带防护法。林带防护法主要用于专类园低温伤害的防护，如用耐寒性强的常绿针叶树或抗逆性强的常绿阔叶树营造防护林带，可提高空气湿度和树木的极限低温，此法可防止树木受低温伤害。

② 喷水法。利用喷雾设备，在发生霜冻前向树冠喷水，以防止急剧降温。因为水的热容量大，水遇冷冻结时可放出潜热提高树体附近的温度；喷水还能提高近地表的空气湿度，减少地面辐射热的散失，通过减缓降温的速度达到防止霜冻的目的。

③ 熏烟法。熏烟法是在园内每隔一定距离放置发烟堆（可用秸秆、草末、锯末等），根据当地天气预报，于最低温度到来前点火发烟形成烟幕，以减少土壤辐射热；同时烟粒可吸收湿气，使水汽凝结形成液体而放出热量，提高温度，从而减少低温伤害。当多风和温度降至-3℃以下时，此方法效果不太明显，建议选用其他方法。

近年来，黑龙江宾西果树场常采用20%的硝酸铵、70%的锯末、10%的废柴油配制的防霜烟雾剂效果很好。具体做法是将硝酸铵研碎，锯末烘干过筛（锯末越碎，发烟越浓，持续时间越长），将原料分开储藏。在霜冻来临时，按比例混合原料，放入铁桶，根据风向放置烟雾剂，降霜前点燃，烟幕可最少持续1h，可提高温度1～1.5℃。

(4) 加强土壤管理和树体保护　采用浇"冻水"和"春水"的方法可以起到防寒的作

用。冻前灌水（特别对常绿树）可以保证冬季有充足的水分供应，对防止冻旱效果明显。对于容易受冻的树种，可采用全株培土（月季）、根颈培土、束冠、涂白、喷白、卷干、搭风障等方法防寒。为防止土壤深层冻结和有利于根系吸水，可用腐叶土、锯末等材料覆盖根区或树盘。深秋或冬初对常绿树喷洒蜡制剂或液态塑料可预防树木发生冬褐现象。春季于树木展叶或开花时喷施磷酸二氢钾可增加树木抗晚霜的能力。

（5）推迟萌动期，防止晚霜伤害　利用生长调节剂或其他办法延长树木的休眠期，推迟树木的萌动，可防止早春的晚霜伤害。如用 B_9、青鲜素、乙烯利、萘乙酸钾盐溶液在萌芽前或秋末喷洒树冠来抑制萌动；或在早春多次灌返浆水（即在萌芽后至开花前灌水 2~3次），以降低地温，可延迟开花 3 天左右。涂白（7~10％石灰乳）可使树木减少对太阳辐射热的吸收，防止树体温度升高过快，可延迟发芽，从而防止树体受早春晚霜的伤害。

2. 受害树木的养护措施

对于已经遭受低温危害的树木，应采取适当的养护措施使其尽快恢复生机。

（1）合理修剪　受害植株的修剪既要将受害器官剪至健康部位，促进枝条的更新与生长，又要控制修剪量，使地上部分与地下部分保持相对平衡。实践证明，合理修剪的树木恢复生长的速度快于不剪或过量修剪的树木。对于常绿树的修剪，为了便于识别枯死枝条，修剪应推迟至芽开放时进行。

（2）合理施肥　关于受害树木的施肥问题存在两种观点。一种不主张越冬后立即施用化肥，认为对受害树木立即施用大量化肥会进一步损伤根系，减少吸收；还会促进叶量增加，蒸腾增加，使受害部位输导组织不能满足输水量增加的需要。这一观点主张在树木的某些输导组织已经恢复和形成，可以满足输水量增加的需要时再施以化肥。另一种主张越冬后对受害树木适当多施化肥，该方法能促进新组织的形成，并能提高其抗逆性。实际中，一般冻害较轻的树木可于树木开始生长时适当施以化肥，而冻害较重的树木的施肥时期可推迟。应用中应根据实际情况灵活选择施肥时间。

（3）加强病虫害防治　树木受低温危害后，树势削弱，极易受病虫害侵袭，可在防冻同时施用化学药剂以防病虫害。杀菌剂和保湿胶黏剂混合使用效果较好，其次可使用杀菌剂加高脂膜，它们混合使用都比单纯使用杀菌剂或涂白效果要好。主要原因是杀菌剂只起表面杀菌和消毒的作用，保湿胶黏剂和高脂膜既起保湿作用，又起增温作用，这些措施都有利于冻裂树皮愈伤组织的形成，从而促进伤部愈合。

（4）伤口保护和修补　对受害树木的伤口进行修整、消毒与涂漆、桥接修补或靠接换根等处理，使树木尽快恢复生活力。

二、高温伤害及防治

高温伤害是指在异常高温的影响下，强烈的阳光灼伤树体表面，或干扰树木正常生长发育而造成树木受害的现象。高温伤害常发生在仲夏和初秋。

（一）高温对树木伤害的类型

高温对树木的伤害表现为两个方面，一是对组织和器官的直接伤害（即日灼），另一是引起树木呼吸加速和水分平衡失调的间接伤害（即饥饿和失水干化）。

1. 日灼

炎热的夏秋季节，气温较高，水分不足，蒸腾作用减弱，树体温度得不到很好的调节，造成枝干的皮层或其他器官表面的局部温度过高，伤害细胞生物膜，使蛋白质失活或变性，致使皮层组织或器官溃伤、干枯，严重时导致局部组织死亡，同时，枝条表面出现横裂，负载能力下降，并且表皮出现脱落，日灼部位干裂，严重时枝条死亡。树木受日灼伤害的症状如下。

（1）灼环　灼环又称干切、颈烧。由于强烈的太阳辐射，土壤表面温度迅速升高，当地表温度不能迅速向土壤深层传导时，过高的地表温度会灼伤树木根颈部位形成层形而形成灼环。灼环可使幼苗输导组织死亡，从而导致幼苗倒伏或死亡。如柏科树木在土壤温度达40℃左右时即开始受害。灼环最容易发生在幼苗的根颈朝南方向，表现为溃伤或芽的死亡。

（2）皮烧或皮焦　由于强烈的太阳辐射，温度过高引起树木形成层和树皮组织局部坏死。皮烧与树木的种类和年龄有关，多发生在树皮光滑的薄皮成年树上，特别是耐阴树种受害更重。受害树树皮呈片状脱落或斑状死亡，也给病菌侵入提供了有利条件，从而影响树木正常的生长发育。严重时还会导致枯叶，甚至整株死亡。

（3）叶焦　叶焦是指在强光和高温的影响下，叶片叶脉间或叶缘变成浅褐色或深褐色或形成星散分布的不规则褪色区。在多数叶片褪色表现出相似症状时，整个树冠表现出一种灼伤的干枯景象。

2. 饥饿和失水干化

树木达到临界高温以后，其光合作用开始降低，呼吸作用开始增强，树木的光合净积累减少，生长量减少。高温下蒸腾速率提高，也间接加重了树木的伤害。干热风和干旱期持续使树木蒸腾失水过多，根系吸水量减少，导致叶片萎蔫，气孔关闭，光合速率进一步降低。饥饿和失水使树木的叶片和嫩梢干化，严重时导致叶片和嫩梢枯死甚至全树死亡。

(二) 高温伤害的防治

防治高温对树木伤害的方法有很多，生产中可采取以下多种措施。

1. 注意树种品种的选择

在树木栽植过程中，应选择耐高温、抗性强的树种或品种进行栽植。

2. 加强树木栽前耐高温的锻炼

树木移植前，逐步疏开树木的树冠和遮荫树，使其处于当阳环境，以便使其在移栽后能适应新环境。同时，树木移栽时应尽量保留较完整的根系，有利于根系从土壤中吸水，以提高其对高温的忍耐能力。

3. 树干涂白及保护

树干涂白可以反射阳光，防止树木白天吸热多，可减轻日灼。这种情况，涂白一般在夏季进行的。此外，树干缚草、涂泥和培土等也可防止日灼。

4. 合理修剪

在树木的整形修剪中，适当降低主干高度，多留辅养枝，避免枝干光秃裸露在强光下。在需要去头更新的情况下，应分几年进行，否则应采取必要的防护措施。在需要提高主干高度时，应有计划地对主干下部的一些弱小枝条进行遮光，以后再逐步剪除。

5. 加强肥水管理

树木生长期间增施磷钾肥，可以改善树体的营养状况，增强树体的抗性，生长季节可防止干旱，防止病虫害，避免各种原因造成叶片损伤，增加树木的长势，提高抗性。

对于已受害的树木应进行修剪，去掉枯死枝叶。对皮焦区域进行修整、消毒和涂漆，必要时还需进行桥接和靠接，并要及时灌溉、合理灌溉和增施磷钾肥，以帮助树木尽快恢复生活力。

三、雪害防治

寒冷的北方，积雪覆盖大地，可增加土壤水分，防止土温降低过猛，避免冻结过深，有利于植物越冬，因此积雪对树木一般来说是无害的。但在雪量较大的地方，常由于树冠上积雪过多而压裂或压断树木大枝，这种情况下，常绿树比落叶树受害严重，单层纯林比多层混交林受害严重。在长江流域及以南地区，由于气温不够低，常下的是"湿雪"，雪害尤为严重。2008年初，南方大多数地区发生大雪灾，特别是湖南南部，因大雪造成特大冰灾，受灾地区的园林树种损伤非常严重，大雪使很多雪松、香樟树等园林大树倒伏或枝干折断，造成相当大的经济损失。预防和减轻雪害的主要措施有以下几种。

1. 预防措施

（1）雪前预防措施　在下大雪前，对易被压断的树木大枝设立支柱，对枝量过多的树种适当进行疏枝修剪，以减少大雪时的负重，从而减轻树木的倒伏和折枝，也避免大量积雪加重冻害。

（2）雪时预防措施　下雪时，组织人员打（摇）树冠上的积雪，减轻树枝的负荷，防止枝干被压断。

2. 抢救恢复

雪后应及时采取措施对受害树木进行抢救，以恢复树势减轻大雪对树木的损害。

（1）修剪　对被雪折断的枝干，应根据树体情况进行合理的恢复修剪，修平伤口，并对大的伤口进行保护处理，伤口保护和修补的方法可见本章第二节。

（2）扶正树体及枝干　由于积雪而倾斜的树木，雪后及时进行重度修剪后并扶正，重新培土、立支撑，确保受损树木尽快恢复生机。

对压弯的主干进行扶正，可保持良好的树冠形态。对压弯的大枝进行牵引或支撑，使大枝恢复原来的伸展角度。

四、风害防治

风的强度不同，对树木的作用不同。微风能改变小气候条件，有利于树木的生长，强风会使树木偏冠和偏心，使树木遭受风害。偏冠的树木整形修剪困难，影响树木功能作用的发挥；偏心的树木易遭受冻害和日灼。当风速大于10m/s时，树木就会受到严重的机械损伤，导致叶片破碎、枝干折断，甚至整棵树被大风吹倒。大风又能使地面蒸发和树体蒸腾加剧，引起树木缺水和失水，发生旱害。花期大风会造成花朵失水而使花期明显缩短。我国东南沿海常有台风侵袭，不仅造成树木枝干折断，果实脱落，甚至会全株吹倒。阵发性的大风，对高大树木破坏性更大，许多地区常因阵发性的大风造成几十年的大树折倒。

1. 预防措施

（1）种植设计时注意树种的选择　风口处应选择深根性的树种；易发生大风的地区，高大乔木宜选深根性树种；同时为减轻风害，风口或大风发生较多地区，高大乔木类宜采用低干矮冠整形。防风林的树种应选深根性、树冠冠幅紧凑、树枝韧性强不易折枝的树种。

（2）大风前进行预防　在管理上，要根据当地的大风警报，采取积极的措施预防风害。

① 修剪树冠。对于树冠过于浓密的大树，在大风到来前应及时加以疏枝，以利于树冠透风，减小迎风阻力，减轻大风的危害。高大乔木树冠上部的过长枝条和受害虫蛀过的干性枝条也应及时修剪。

② 培土。局部地区土层过浅、地下水位高和迎风处的浅根性高大乔木，如大草坪周围的雪松等以及水边的垂柳，应于根部培土，加厚土层。

③ 支撑。大风来临前应采取支撑措施，加固树木不使其倾倒。支撑的方法是在树木的下风方向立支撑物，支撑物有木棍、钢管或水泥柱等。支撑时要注意，支撑物与树干之间要衬垫柔软的材料，如麻袋片、编织袋、人力车内轮胎等，以防擦破树皮。路边行人较多处的支撑物应涂上醒目的颜色，以防发生意外。

2. 风后恢复措施

对于遭受大风的树木，要根据受害情况积极维护处理。大风过后应立即派出专人调查树木的受害情况及对交通、电力、通信等的危害情况，以便及时采取紧急措施。然后根据树木受害程度的不同，采取相应的补救措施。

（1）树冠受损的恢复　对于部分枝条折损的树木，应及时将折断的枝条锯掉，并修整树冠以保持树体结构的合理及美观，尤其要注意大的伤口的保护处理。

（2）树体倾斜的恢复　对于被大风吹得倾斜的树木，首先应进行重度修剪，然后扶正，用草绳卷干并立支撑，加土捣实并培土。如遇夏季，必要时需搭荫棚及在中午前后向树冠喷水。

此外，对已被大风连根拔起的树木，视不同树种进行重栽和砍伐。

第二节　树体的保护与修补

一、树干伤口的处理

对于枝干上因病、虫、冻、日灼等造成的伤口，首先应当用锋利的刀刮净削平四周，使皮层边缘呈弧形，然后可用药剂如2%~5%的硫酸铜溶液，或0.1%的升汞溶液，或石硫合剂原液等进行消毒处理。然后对修好的整个伤面涂以保护剂，选用的保护剂要求容易涂抹，黏着性好，受热不融化，不透雨水，不腐蚀树体组织，同时又有防腐消毒的作用，如铅油、沥青、紫胶、接蜡、熟桐油等均可。大量应用时也可用黏土和鲜牛粪加少量的石硫合剂的混合物作为涂抹剂。还可用激素涂抹伤口，如用含有0.01%~0.1%的α-萘乙酸膏涂在伤口表面，可促进伤口愈合。由于雷击使枝干受伤的树木，应将烧伤部位锯除并涂保护剂。对于伤口较小的树干，可于生长期移植同种树的新鲜树皮。具体做法是：首先将伤口进行清理，然后切取其他同种树上与伤面大小相同的树皮，伤面与切好的树皮对好压平后，涂以萘乙酸，最后用塑料薄膜捆绑。此方法以形成层活跃期最易成功，操作时动作应尽可能快。由于风折而使树木枝干折裂的，应立即用绳索捆缚加固，然后消毒涂保护剂。目前，北京一些公园用两个半弧圈构成的铁箍加固断枝，为了防止摩擦树皮可用棕麻绕垫，用螺栓连接，以便随着干径的增粗而放松。另一种方法（外国常采用）是用带螺纹的铁棒或螺栓旋入树干，以起到连接和夹紧的作用。

二、补树洞

树木皮部伤口恶化或剧烈创伤最终会形成木质部伤口，木质部伤口形成后若不及时修补，长期经受风吹雨淋，木质部会腐朽，最后形成树洞。树洞一旦形成就会影响树木水分和养分的运输及贮存，严重削弱树势，还会降低树木枝干的坚固性和负荷力。遇到大风时，树干容易折断或倒伏，不仅树木会受到损害，有时还会伴随砸坏建筑物、车辆或砸伤行人等其他伤害。若洞口朝上，雨水直接灌入洞中，树木木质部腐烂，使树木生长不良，最后会造成树木死亡。若公园中树体下部的树洞没及时发现、修补，由于行人的疏忽不慎将烟头丢入其中，不但易引起火灾，还会造成很大的经济损失或人身伤亡。因此，树洞的修补是非常重要的，必须加以重视。补树洞可防止树洞继续扩大和发展，具体方法有三种。

1. 开放法

树洞不深或树洞过大都可以采用开放法进行修补，如伤孔不深无填充的必要时可采用刮树皮和植皮的治疗方法加以处理。如果树洞很大，为了给人以奇特感，欲留作观赏时也可采用此法。方法是将洞内腐烂的木质部彻底清除，刮去洞口边缘的死组织，直至露出新的组织为止，用药剂消毒并涂防护剂，同时改变洞形，以利于排水，也可以在树洞最下端插入排水管。以后需经常检查防水层和排水情况，防护剂每隔半年左右需重涂一次。

2. 封闭法

将洞内腐烂木质部清除干净，刮去洞口边缘的死组织，经药剂消毒后，在洞口表面钉上板条，以油灰（用生石灰和熟桐油以 1：0.35 的比例制成混合物，也可以直接用安装玻璃用的油灰俗称腻子）封闭，再涂以白灰乳胶、颜料粉面，以增加美观，还可以在上面压树皮状纹或钉上一层真树皮。

3. 填充法

填充物可以是水泥和小石砾的混合物，也可就地取材。填充材料必须压实，为加强填料与木质部的连接，洞内可钉若干电镀铁钉，并在洞口内两侧挖一道深约 4cm 的凹槽，填充物从底部开始，每 20～25cm 为一层，用油毡隔开，每层表面都向外略斜，以利排水，填充物边缘应不超过木质部，以便使形成层能在其上面形成愈伤组织。外层用石灰、乳胶、颜色粉涂抹，为了增加美观和富有真实感可在最外面钉一层真的树皮。

聚氨酯塑料是一种新型的填充材料，此材料坚韧、结实、稍有弹性，易与心材和边材黏合；质量轻，容易灌注，并可与许多杀菌剂共存；膨化和固化迅速。填充时，先将消毒处理后的树洞的出口周围切除 0.2～0.3cm 的树皮带，露出木质部后注入填料，使外表面与露出的木质部相平。

三、树木的支撑

大树或古老树木发生倾斜、粗枝因雪压负重而下垂重叠时，常进行支撑加固。支撑所用立柱或支架常用钢管、木材或钢筋混凝土制成。上端与树干承接处有适当形状的托杆或托碗，并加软垫，以免损害树皮，这种支撑称为刚性垂直支撑。还有为保持两棵倾斜树木的固定距离而采用的刚性水平支撑。此外也可以将主干壮枝的一头桥接在劈枝的中部，以增加大枝的负载量。

四、树干涂白

树干涂白起着防治病虫害、延迟树木萌芽、防冻和避免日灼危害等多种作用。据试验，桃树涂白后较对照树花期推迟 5 天。因此，在日照强烈、温度变化剧烈的大陆性气候地区，利用涂白减弱树木地上部分吸收太阳辐射热的原理可以延迟其芽的萌动期。由于涂白可以反射阳光，减少枝干温度局部的增高，可预防日灼为害。杨柳树栽完后马上涂白，可防蛀干害虫。涂白剂的配制成分各地不一，常用的配方是：水 10 份，生石灰 3 份，石硫合剂原液 0.5 份，食盐 0.5 份，油脂（动植物油均可）少许。配制时要先化开石灰，把油脂倒入后充分搅拌，再加水拌成石灰乳，最后放入石硫合剂及盐水，也可加黏着剂，其能延长涂白的期限。

五、洗尘

由于空气污染，裸露地面尘土飞扬等原因，城市树木的枝叶上多蒙有灰尘，灰尘能够堵塞气孔，这不仅影响光合作用，同时影响树木的观赏效果。在无雨少雨季节应定期喷水冲洗树冠。夏秋酷热天，该项工作宜在早晨或傍晚进行。

六、树木围护和隔离

多数树木喜欢透气性良好，土质疏松的土壤环境。因长期的人流践踏，土壤板结，这会妨碍树木根系的正常生长，从而影响地上部的生长，引起树木早衰，特别是根系较浅的乔灌木和一些常绿树的反应更为敏感。对于这类不耐践踏的树木，在改善土壤通气条件后，应用绿篱、围篱或栅栏加以围护，使其与游人隔离，防止人流践踏，但也应以不妨碍观赏视线为原则。为突出主要景观，围篱要适当低矮一些，造型和花色宜简朴，以不喧宾夺主为佳。

七、看管和巡查

为了保护树木免遭或少受人为破坏，一些重点绿地应设置看管和巡查工作人员，如吸收退休工人参加等，及时发现问题及时处理。他们的主要职责为：看护所管绿地，进行爱护树木的宣传教育，发现破坏绿地和树木的现象应及时劝阻和制止；与有关部门配合，协同保护树木，同时保证各市政部门（如电力、电讯、交通等）的正常工作；检查绿地和树木的有关情况，发现问题及时向上级报告，以便得到及时处理。

复习思考题

1. 低温伤害的类型有哪些？
2. 树木冻害主要表现在哪些方面？
3. 树木受日灼伤害的症状有哪些？
4. 风害发生的原因和预防措施有哪些？
5. 怎样治疗树干的伤口？
6. 为什么要树干涂白？怎样进行树干涂白？
7. 补树洞的方法有哪些？怎样修补？

第十三章　不同用途园林树木的选择要求、应用和养护管理要点

【知识目标】
　　了解各种类型园林树种的概念及选择条件；掌握各种用途树木在园林中的应用和养护管理技术要点。

【能力目标】
　　能根据各类园林树木的特点，对其进行日常的养护管理。

第一节　独赏树种

一、独赏树的概念及选择

1. 独赏树的概念

独赏树又称为独植树、标本树、赏形树、园景树或孤植树等。是具有较高观赏价值，在园林绿地中能独自构成景物以供观赏的树木。

2. 独赏树的选择

独赏树一般选择中型乔木，要求树体高大雄伟、树姿优美、树冠开阔宽大、枝干具有线条美，具有特色；寿命较长，生物学特性适宜孤植；开花繁茂，结果丰硕，或色彩艳丽，气味芳香；季相变化多，具有较高观赏价值，且与周围环境有强烈对比，能展示出树木独特的个体美。此外，一些枝叶优雅、线条宜人或花果美丽的小乔木也可作为独赏树。

常用的独赏树种有圆柏、雪松、南洋杉、白皮松、水杉、银杏、广玉兰、鹅掌楸、樟树、槐树、垂柳、紫薇、枫香、凤凰木、栎类、鸡爪槭、碧桃、海棠、元宝枫、紫叶李、石楠、樱花等。雪松树形优美，高大如塔；圆柏、水杉等尖塔形、圆锥形的树冠给人以庄严肃穆的感觉；龙爪槐、垂柳、垂丝海棠等垂枝类树种有优雅婀娜的风韵；白皮松的树干皮呈斑驳状的乳白色，衬以青翠的树冠，可谓独具奇观。银杏叶形如扇，秋叶金黄，临风如金蝶飞舞，别具风韵，是理想的独赏树种。凤凰木叶形如鸟羽，有轻柔之感，花大色艳，满树如火，与绿叶相映更为美丽。

二、园林应用

独赏树在园林中主要表现树木的体形美，具有独立形成景观供游人观赏的功能。

一般采用单独种植或2～3株合栽成一个整体树冠。种植地多选在大草坪上、广场、花坛中心、公园入口处、建筑物两侧、园路交叉处或斜植于湖畔侧等周围空间比较开阔的地方。栽植独赏树时，要注意树形、高度、姿态等与环境空间的大小、特征相协调，如在大草坪中心种植金字塔形的雪松，湖岸边转折处孤植的枝垂水面的垂枝柳，要留有适当的观赏距离，并以蓝天、水面、草地、单一色彩的树林作背景，以丰富风景层次；如在较小空间配置孤植树，则应避免栽在小空间的中央，而应偏离中线，与周围环境求得动态平衡；在视线焦点或构图中心处，可在中心种植。

三、养护要点

在独赏树的养护管理过程中，应注意保持自然树冠的完整性，如有较大损伤应及时施行外科手术；树冠下的土壤勿使践踏过实，如人流过多处应在树干周围留出保护距离；同时加强合理的土、肥、水管理，及时防治病虫害以及冻、霜、风等灾害。

第二节 行道树种

一、行道树的概念及选择条件

1. 行道树的概念

行道树是指种植在各种道路两侧及分车带的树木的总称。包括公路、铁路、城市街道、园路等道路绿化的树木。

2. 行道树的选择

城市街道的环境条件比园林绿地差的多，主要表现在日照时间短、土壤条件差、烟尘和有害气体的危害、行人践踏摇碰和损伤、空中电线电缆的障碍、建筑的遮荫、铺装路面的强烈辐射，以及地下管线的障碍和伤害等。因此，行道树一般选择耐瘠薄、耐高温、抗逆性强的树种。如毛白杨抗烟、抗有毒气体的能力强；旱柳具有耐旱、耐水淹、耐寒、耐盐碱等特性；樟树耐烟尘和有毒气体能力强，对 SO_2 有很强的抗性。这些都是广泛应用的行道树。

同时，行道树应具有一定的美化、遮荫及防护功能。如二球悬铃木曾是我国多数城市首选的行道树树种，也是国际公认的优良行道树树种，但由于其幼枝、幼叶上具有大量的星状毛，如吸入呼吸道会引起疾病，影响人体健康，因此不少城市已改用其他树种。理想的行道树应是：主干通直，有一定的枝下高，不妨碍车辆通行，树冠大，枝叶浓密，树形优美或花、叶、果等可供观赏；根系深，寿命较长，对土壤适应性强，耐干旱、贫瘠和管道密布的浅土层；萌芽力强，不易发生萌蘖，生长快、干性强并耐修剪；繁殖容易、易于获得大苗，大苗移植容易成活；抗污染能力强，抗逆性强，病虫害少，在污染区应作首选条件；发芽早、落叶晚且短期内能落净，叶、花、果不散放不良气味或污染空气的绒毛、种絮、残花、落果等。

常用的行道树种有悬铃木、杨树、樟树、珊瑚树、木麻黄、杨梅、楝树、旱柳、国槐、合欢、三角枫、榉树、银杏、白蜡、水杉、七叶树、枫杨、樟子松、羊蹄甲、榕树、泡桐、雪松、广玉兰、棕榈、椰子、蒲葵等。

二、园林应用

行道树是城市绿化的重要组成部分，它的主要功能是为车辆及行人庇荫，减少路面辐射热及反射光、降温、防风、滞尘、减弱噪音、装饰并美化街景。

目前对行道树的配置主要采用规则式，其中又分为对称式和非对称式两种。道路两侧条件相同时多采用对称式，也可采用非对称式。最常见的是单一树种的配置，即一条道路应用一种树种（如银杏、樟树、白蜡或杨树等），同一规格、同一株行距的行列式栽植，整齐划一，便于管理；另一种是采用多种树种（如槐树、垂柳或雪松、女贞、三角枫间隔布置）。在城市主干道上选用的树种应具有代表性，避免树种单一化，最好将常绿与落叶树种进行比例适当的搭配，既能遮去夏季的烈日，又不影响冬季的采光，同时不妨碍交通。一般将行道树配置在道路的两侧，也可集中在道路中央。

三、养护要点

在行道树的管理中应注意保持树形完美,有利于发挥美化街景和遮荫的功能,应及时剪除树干基部的萌蘖、病枯枝、过密枝和伤残枝等,在灰尘多的城市应定期喷洗树冠,在冬季多雪地区应及时进行除雪工作;为不妨碍车辆及行人通行,应控制树冠最低分枝点以下的主干高度,一般为2.5~4.0m(或更高),主干道与一般街道及园路行道树分枝点高低有所不同,但同一道路的分枝点高要求基本一致;在有架空线路的人行道上,一般要求行道树树冠宽阔舒展、枝叶浓密并与各类线路保持安全距离。对行道树进行适时地灌溉、施肥、松土、中耕除草、病虫害预防、涂白、越冬防寒等管理,以保证行道树正常的生长发育。

第三节 庭荫树种

一、庭荫树的概念及选择条件

1. 庭荫树的概念

庭荫树又称绿荫树,即在公园、庭院、广场及林荫道等地方栽植的树体高大、雄伟、冠幅较大、枝叶茂密能创造绿荫供游人休息纳凉及组织造景的树木。

2. 庭荫树的选择条件

庭荫树以遮荫为主,但选择时应注意其的观赏性,一般应选树形美观,冠幅较大,主干通直,枝叶茂密、有一定的枝下高;叶片大而浓绿,阳光辐射不易透过(北方宜用落叶树,南方宜用常绿树);具有良好的观赏价值;喜光、耐旱、生长迅速、寿命长,不易衰老;病虫害少,抗逆性强的树种。许多观花、观果、观叶的乔木均可作为庭荫树。

常见的庭荫树有梧桐、银杏、合欢、云杉、广玉兰、樟树、榕树、石楠、桉树、女贞、冬青、榉树、朴树、五角枫、无患子、黄连木、复叶槭、楝树、杨树、柳树、雪松、落叶松、槐树等。如樟树姿态雄伟,冠如华盖,是城市优良的庭荫树树种;合欢叶形雅致,绒花飞舞,枝条婀娜,是美丽的庭院树种。

二、园林应用

庭荫树的主要功能是遮荫,但在园林绿化中,应以衬托景观、提高观赏效果为主结合庇荫功能来选择和配置树种。

庭荫树一般栽植在公园中的草地中心,建筑物周围或南侧,以及园路两侧,或种在路旁、池边、廊、亭前后或与山石建筑相配。如玉兰花大、洁白而具有芳香,是我国著名的早春花木,最宜列植于堂前,点缀中亭。民间传统的宅院配置中讲究"玉棠春富贵",其意为吉祥如意、富有和权势。在住宅区和建筑物周围栽植的庭荫树应注意其对住宅及建筑物的最大遮荫面,庭院内以选落叶树种为好,而且不宜距建筑物窗前过近,以免影响采光。

三、养护要点

庭荫树一般以自然式树形为宜,可在休眠期对过密枝、枯枝和病虫枝等进行疏除,对老、弱枝进行短截,但不做过多修剪。庭荫树树干的高度应与周围环境相适应。庭荫树较多的管理措施是以促进枝叶生长为主,故可多施氮肥,促使其枝叶浓密,形成大的树冠。同时注意松土和灌溉等各项管理工作。

第四节 防护树种

一、防护树的概念及选择条件

1. 防护树的概念

防护树种是指具有防风固沙、涵养水源、保持水土、防火、抗污染等功能的树木。

2. 防护树的选择

防护树应根据防护目的来选择树种，一般选择深根性、主根发达、树冠厚大、抗风力强、抗辐射污染能力强的树种；耐干旱、耐瘠薄、耐阴性及适应性均强的树种；生长快且生长期长，寿命长的树种。

二、园林应用

防护树的主要功能是防风固沙，保土固土，涵养水源，改良土壤，改善区域生态环境，保障工农业生产持续健康的发展。一般栽植于城市边缘的主要交通要道外侧或进行荒山绿化用。

以防风固沙为目的，应选择主根发达、抗风力强、生长快且生长期长，寿命长的树种，最好选用能适应当地气候的乡土树种，或者树冠呈尖塔形或柱形而叶片较小的树种。如在东北和华北地区的防风树常用杨、柳、榆、桑、紫穗槐、白蜡和柽柳等；在南方可用马尾松、黑松、圆柏、榉树、乌桕、台湾相思、木麻黄和假槟榔等。

以涵养水源保持水土为目的，应选择根系深广，树冠厚大，郁闭度强，截流雨量能力强，耐阴性强而生长稳定和能形成富于吸水性落叶层的树种。如柳树、槭树、胡桃、枫杨、水杉、云杉、圆柏、榛、夹竹桃、胡枝子和紫穗槐等。

以防火为目的，宜选用树干有厚的木栓层和富含水分的树种，如苏铁、银杏、冬青、榕树、女贞和山茶等，一般种植在地震较多的地区或木结构建筑较多的居民区。

此外，防噪吸音树种应树形高大，树冠浓密；厂矿周围防污染的树种应具有抵抗及吸收SO_2、HF、Cl_2等有害气体的能力，如臭椿、丁香、刺槐和柽柳等。在污染源的周围种植一些具有抗辐射和污染能力强的树种，以减少放射性污染的危害，如栎属树木，既能阻隔辐射的作用，又能起到一定程度的过滤和吸收作用。在多风雪地区种植防雪林带保护道路和居民区；在沿海地区为防盐风的危害可种植防海潮风的林带。

三、养护要点

养护过程中，应根据树种的生物学特性及防护目的的不同，在适地适树的基础上，加强土、肥、水的管理及进行合理的整形修剪，及时防治病虫害，发挥防护树在园林中防护和美化作用。

第五节 花木树种

一、花木树的概念及选择条件

1. 花木树的概念

花木（或观花）树种是指具有美丽的花朵或花序，其花形、花色或芳香有观赏价值的乔木、灌木及藤本植物。

2. 花木树的选择

树木花朵（花序）的形状、大小、质地、颜色及芳香千差万别，在选择树种时注意以下条件：花香浓郁，花期长的树种；远距离观赏的应选择花形大色艳的树种，如玉兰、厚朴、山茶等，或花虽小但可构成庞大的花序的树种，如栾树、合欢、紫薇、绣球等；在人群密集、宾馆、疗养院等地方应避免选择花粉过多或花香浓烈而污染环境及影响人体健康的树种。在花木选择时还应注意不同花色的、不同开花时期的花木合理搭配，能创造月月有花开或四季有花的景观。

园林中常见的花木有白玉兰、洋玉兰、合欢、樱花、梅花、榆叶梅、月季、牡丹、玫瑰、紫薇、桂花、腊梅、丁香和山麻杆等。

二、园林应用

花木类树种在园林中应用广泛，是构成园景的主要素材，在城乡绿化和园林植物配置中占有重要地位。主要功能表现在美化装饰分车带及路缘；分割空间；装饰边缘花篱；作为连接特殊景点的花廊、花架、花门；点缀山坡、池畔、草坪、道路和丛植灌木等。

在树种配置上，花木树可独植、对植、丛植和列植。独植不仅能独立成景，而且对周围环境起到烘托、对比和陪衬的作用；花木树可植于路旁、坡面、道路拐角、座椅旁、岩石旁或与建筑物相配作基础种植用，或植于水边形成倒影；花木树还可布置各种花木专类园，形成不同色调的景区，如四季花园或各种芳香园。在园林中，有的花木树可作独赏树兼庭荫树，有的花木树可作行道树，有的花木树可作花篱等。很多花木具有多种用途，有的还能提取香精等。

三、养护要点

花木树种的养护管理是园林树种中要求最精细的一类，其中最重要的管理措施是修剪。为使花木枝繁叶茂，应根据不同花木种类生长开花的习性进行合理修剪；其次，由于各种花木每年开花量大，消耗的水肥量大，因此生产中应适时的进行灌溉、施肥，满足花木不同生长发育阶段对养分、水分的需求。

第六节 观果树种

一、观果树的概念及选择条件

1. 观果树的概念

观果树是指以其果实色泽美丽，经久不落，或果形以奇、巨、丰发挥较高的观赏效果的树木。

2. 观果树的选择

观果树的选择可从多方面考虑。果实的外形具有形状奇异、果形较大或果小而果穗较大，并具有一定的数量。如栾树的果形奇特，犹如一串串彩色小灯笼挂在树梢；铜钱树的果实似铜钱。有些果实可赏，且种子美丽极富诗意，如王维"红豆生南国，春来发几枝，愿君多采撷，此物最相思"诗中的红豆树等。

果实的颜色因色彩鲜艳、丰富，或具一定的花纹，或色泽、透明度等不同而具有较高的观赏价值。如火棘、山楂、石楠、四照花等果色十分鲜艳，可起到"引人注目"的效果。

不易脱落而浆汁较少的果实可长期观赏。如金银木、冬青、南天竹等的果实观赏期长，可经久不落，一直留存到冬季。

观果树的选择以果实的观赏价值为主，或兼有一定的经济价值，但不应选择具有毒性的种类。

园林中常见的观果树种有山楂、葡萄、石榴、金柑、金银木、栾树、冬青、南天竹、佛手、红豆树等。

二、园林应用

园林树木的果实有多种类型，具有多种用途，除观赏价值外，有些还具有食用、药用等多种价值。在园林绿化中，观果树的主要功能是观赏效果。在选择观果树种时，主要从果实的形状和颜色两方面来选择观赏价值较高的树种。此外，还应考虑果实与其他生物和人们生活的关系。

观果树在园林的配置方式亦是多种多样，可独植、对植、丛植和列植等。其不仅可独立成景，而且可与各种地形及设施物相配合而产生烘托、对比和陪衬等作用。本类树种还可依其特色布置各类专类园。

三、养护要点

根据不同树木种类的习性要求，应对观果树加强水、肥管理和进行合理的整形修剪，同时做好此类树木的越冬、过夏，以及更新复壮、防治病虫害等工作。加强结果枝的培养，促使其多形成花芽，提高坐果率，是这类树木管理的中心任务；在结果期，应控制肥水，使果实色艳，并延长其的观赏期；同时，注意树木营养生长和生殖生长的调节，保证年年有足量的果可观。

第七节 色叶树种

一、色叶树的概念及选择条件

1. 色叶树的概念

色叶树是指以叶色为主要观赏部位的树种。这些树种的叶片不为普通的绿叶或叶片颜色随季节变化而发生明显的变化，而且具有很好的观赏价值。园林中常见色叶树种有春色叶类、秋色叶类、常色叶类、双色叶类、斑色叶类等。

2. 色叶树的选择

进行色叶树的选择时，应选择叶色鲜艳，观赏价值高，或变化丰富，具有季相美，或叶片经久不落，可长期观赏的树种。

常见色叶树种有黄栌、枫香、卫矛、山楂、黄连木、地锦、元宝枫、银杏、鹅掌楸、白桦、水杉、楸树、复叶槭等。

二、园林应用

园林中最基本、最常见的色调是由树木的叶色烘托出来的。色叶树种在应用时应注意，不同颜色的树木搭配在一起能形成美妙的色感。如在暗绿色的针叶树丛前，配置具有黄绿色树冠的树种，会形成满树黄花的效果。春色叶类的树木如种植在浅灰色建筑物或浓绿色树丛前，能产生类似开花的效果。在实际应用中，秋色叶类的树种普遍受到人们重视，如我国北方深秋时节，满山遍野的黄栌红叶令游人流连忘返，南方以枫香的红叶最为著名。

色叶树种在应用时除考虑以上各种观赏特性外，还应注意叶在树冠上的排列。同时，还可利用小灌木类的色叶树种群植成大色块图案，达到很好的艺术效果。

三、养护要点

色叶类树木养护管理的主要目的是促进枝梢生长健壮，枝叶繁茂。因此，养护管理应集中在生长期，此期应加强肥水管理促进枝梢生长旺盛；应经常疏除树冠内的弱枝、病虫枝、并生枝等，有利于通风透光，使植株生长健壮、叶色鲜亮；及时控制各种病虫害的蔓延，以防止病虫害造成大量不正常落叶而影响观叶效果。

第八节 绿篱树种

一、绿篱树的概念及选择条件

1. 绿篱树的概念

绿篱指用灌木或小乔木成行密植成低矮密集的林带，组成的边界或树墙，又称为树篱、植篱、生篱、花篱等，用来种植作绿篱的树种即为绿篱树。

2. 绿篱树的选择

绿篱树应选择耐修剪整形，萌发性强，分枝丛生，枝叶繁茂；适应性强，耐阴、耐寒、对烟尘及外界机械损伤抗性强；生长缓慢，叶片较小；四季常青，能耐密植，生长力强的树种。

常见绿篱用树种有圆柏、紫杉、侧柏、大叶黄杨、女贞、珊瑚树、海桐、茶树、水蜡、榆树、九里香、桂花、栀子花、茉莉、六月雪、迎春花、锦带花、紫珠、火棘、小檗、木槿、珍珠梅、金露梅、紫穗槐、金银花、凌霄、常春藤等。

二、园林应用

在园林中，绿篱主要起到防范和保护作用；其能组织空间，装饰小品、喷泉、花坛、花境的背景，作为花坛的镶边；作为绿色屏障，美化环境；其还有防止灰尘、减弱噪音、防风遮阳等作用。

在现代园林中，绿篱种类繁多，应用十分广泛。绿篱的分类形式有多种，如按绿篱的高矮可分为高篱、中篱和矮篱；按用途可分为防护篱、边界篱和观赏篱；按观赏性质可分为观叶绿篱和观花绿篱；按整形与否可分为自然式绿篱和整形式绿篱；按所用的植物材料可分类针叶树绿篱（圆柏、侧柏）和阔叶树绿篱（大叶黄杨、女贞）等。

三、养护要点

绿篱树种的养护管理要点主要是整形修剪，保持篱面完整，防止下枝空秃。绿篱的修剪有两种，一种是整形式修剪，在生长期间按人们的意愿和需要不断修剪以形成各种规格的形状，如球形、S形、长方形等；另一种是自然式修剪，一般不做人工修剪整形，只适当地控制高度，剪除病虫枝、干枯枝，任其自然生长，使枝叶紧密成片。另外，对于衰老的绿篱应进行适时的更新。日常管理应注意控制肥水，避免大水大肥造成其生长过快而不利于保持体形完整，或增加绿篱的修剪工作。

第九节 垂直绿化树种

一、垂直绿化树的概念及选择条件

1. 垂直绿化树的概念

垂直绿化树种是指茎蔓细长、不能直立，但能依靠墙面、棚架、园门、陡坡、灯柱、园廊、篱壁、驳岸等垂直立面攀附而上的藤本植物。具有生长快、占地少、覆盖范围大的特点。

2. 垂直绿化树的选择

垂直绿化树要具有一定的观赏价值，枝繁叶茂、姿态优美、叶色艳丽、病虫害少；还应具有卷须、吸盘、吸附根等可攀附生长或具有缠绕生长的性习；花果艳丽、形色奇佳，可实用或有其他经济价值；耐旱、耐寒、抗性强、易栽培、管理方便，在垂直立面上能形成良好的植物景观。

常见垂直绿化树种有紫藤、凌霄、金银花、藤本月季、爬山虎、络石、蔷薇、葡萄、扶芳藤、北五味子、三角花、常春藤、五叶地锦等。

二、园林应用

垂直绿化树种的主要功能是用于攀缘绿化，其可充分利用空间，增加城市绿化覆盖率，减少太阳辐射，有效改善城市的生态环境，提高城市的人居环境质量。

首先选择适应当地立地条件的树种。其次根据垂直绿化地的环境条件，选择适宜的树种。如在市区、工矿企业等空气污染严重的区域，应栽种抗污染和能吸收有毒气体的树种；要在垂直绿化中增加滞尘和隔音功能，以选择叶片大、表面粗糙、绒毛多的树种较为理想。同时应根据不同的造景形式选用不同种类的藤，如附壁式造景，应选用有吸附器官类藤本，棚架式造景应选用有卷须类或缠绕类藤本。另外垂直绿化藤本在保护环境、改善环境的同时，还可通过其形态、色彩、风韵等对环境起到美化装饰的作用。

三、养护要点

垂直绿化树种生长快，根系发达，因此要求施肥量大、次数多，但忌施过多氮肥，以免引起徒长而降低抗寒能力。在抽蔓长叶期、开花期、果实膨大期要注意水分的供应，雨季要注意排水。冬季结冻的地区入冬前要灌封冻水，以有利于防寒越冬。垂直绿化植物的修剪比较复杂，一般根据不同的株形及架式选择不同的修剪方式。如藤本月季的修剪主要是保护和培育主蔓，结合重剪以促生侧蔓。对于棚架式的藤本要注意枝蔓的绑扎、引缚，使枝蔓均匀分布；对于附壁式的藤本应注意大风后的整理工作，以防止枝蔓的下垂落地。

第十节　木本地被类植物

一、木本地被植物的概念及选择条件

1. 木本地被植物的概念

园林绿化中的木本地被植物是指用以覆盖园林地面而免杂草滋生或水土流失的木本植物。也是园林中的组成部分，其株丛紧密、低矮（50cm 以下）。

2. 木本地被植物的选择

被选择的木本地被植物应具有以下特点：植株低矮，绿叶期长，株丛能覆盖地面，具有一定的防护作用；生长迅速、繁殖容易，分枝能力强，易形成密丛；耐粗放管理，适应性强，抗干旱，抗病虫害，耐瘠薄等。

园林中的木本地被类植物可分为三类：匍匐灌木类、低矮丛生灌木类及木质藤本类。以匍匐灌木类最好，此类植株低矮贴地，枝横向延伸，能长时期较矮而铺地生长，如铺地柏、沙地柏、偃柏、匍匐枸子等。低矮丛生灌木类主要有金露梅、六月雪、八角金盘、矮紫小

檗、越橘、翠竹、菲白竹等。适宜作地被类的木质藤本如常春藤、薜荔、络石、五叶地锦等。

二、园林应用

主要功能是保护环境，包括占领隙地、消灭杂草、保持水土、净化大气、调整温湿度和日光辐射等。其可供人们观赏、游憩，还有增加植物层次，陪衬园景等作用。

木本地被植物的应用极为广泛，其不仅用于小面积的绿化，而且用于较大面积的布置。一般喜光、耐践踏的种类适宜栽植于坡脚、路边等地；喜光而耐阴的种类则宜作花坛边缘或点缀于石际。

三、养护要点

木本地被植物主要用于覆盖地面，不同种类的管理不同，但在开始定植后的前期都应适当增加水肥管理，促进植物迅速生长以期尽快覆盖地面。应注意匍匐灌木类、低矮丛生灌木类枝的短截以促其分枝；木质藤本类则应不断摘心以促使其分生较多的枝蔓，同时还应整理枝蔓让其在地面分布均匀。待此类木本地被植物长满地面后，注意其维护修剪，以保证均匀整齐，还应注意控制肥水，避免大水大肥造成生长过快而增加修剪工作。注意雨季排水。木质藤本类还应注意枝蔓的更新修剪，以免因枝蔓老化下部光秃而造成地面裸露。

复习思考题

1. 各种用途园林树木的养护管理主要包括哪些内容？
2. 各种用途的园林树木如何进行整形修剪？
3. 简述行道树种的选择条件及应用。
4. 简述花木树种的选择条件及应用。
5. 通过调查，总结当地园林中独赏树种、行道树种、庭荫树种、花木树种及绿篱用树种的种类，提出应用及养护管理中存在的问题及解决办法。

第十四章 常见园林树木的栽培

【知识目标】

认识常见的园林树种；了解其生态要求及园林用途；掌握其主要栽培技术。

【能力目标】

能对这些园林树种进行繁殖育苗、合理栽种及科学养护管理。

第一节 乔 木 类

一、银杏

银杏（*Ginkgo biloba* L.）为银杏科银杏属，俗称白果、公孙树、鸭掌树，是中国特产的孑遗植物，世界著名的古生树种，被尊称为"活化石"、植物界的"大熊猫"。长期以来，被人们誉为中国的国树，是国家二级保护植物。

（一）植物形态

银杏为落叶大乔木，树干直立，高可达40m。树皮灰褐色，深纵裂。树冠广卵形，枝有长、短枝之分。叶片扇形，具长柄，无毛；叶在长枝上螺旋状散生，在短枝上3～5（8）个簇生；叶上缘有浅或深的波状缺刻，有时中部缺裂较深，成2裂状，叶脉呈叉状，叶基楔形，秋季落叶前变为黄色。雌雄异株（表14-1），雄株大枝耸立，雌株则开展或稍微下垂；雄球花为葇荑花序，淡黄色，雌球花具长梗，数个生于短枝顶端叶丛中，长梗顶端具2胚珠，风媒传粉。种子核果状，椭圆形、倒卵圆形或近球形，长2.5～3.5cm，径约2cm；外种皮肉质，熟时橙黄色或淡黄色，外被白粉；中种皮坚硬，骨质；内种皮膜质，花期为4～5月份，果期为8～10月份（图14-1）。银杏的形态见彩图1。

图 14-1 银杏
1—雌球花枝；2—雌球花示珠室和胚珠；3—雄球花枝；4—雄蕊；5—长短枝及种子；6—去外种皮种子；7—去外、中种皮的纵剖面

表 14-1 银杏雌雄株的主要区别

项目	雌 株	雄 株
树冠	较宽大，主枝与主干间的夹角较大	较瘦削，主枝与主干间的夹角较小
叶裂	叶裂较浅，未达叶的中部	叶裂较深，常超过叶的中部
秋色叶	变色期、落叶期较早	变色期、落叶期较晚
短枝	着生雌花的短枝较短，约1～2cm	着生雄花的短枝较长，约1～4cm

(二) 生态习性

银杏喜光，不耐阴；抗寒性强，冬季在-32.9℃绝对低温下可存活；耐旱，不耐积水；对土壤要求不严，在酸性土（pH4.5）、中性土或石灰性土（pH8.0）中均可生长良好，以中性或微酸性土壤最适宜，盐碱土、黏重土及低湿地不宜种植。银杏喜生于温凉湿润，土层深厚、肥沃、排水良好的沙质土壤，对大气污染有一定抗性。

银杏为深根性树种，寿命极长，可达千年以上。银杏生长慢，用种子繁殖的约需20年始能开花结果，40年生始进入结果盛期。

(三) 栽培技术

1. 繁殖方法

银杏的繁殖以播种为主，也可扦插、分蘖和嫁接等。

（1）播种繁殖 在10月份，当银杏外种皮橙黄色时及时采集，以树龄在80~100年生的母树最好；采集后堆积腐沤，使外种皮腐软，然后用水淘洗，阴干后用湿沙贮藏。当年秋播或翌年春播，但以春播为主。春播前半个月加温催芽，种子开始萌动即可播种。苗床宜选用透水性较好的沙质壤土；点播或条播，种子横放，每公斤种子数为300~340粒，发芽率80%~90%，覆土3~4 cm，播后40天左右出苗，当年苗高可达20~25cm，落叶后或次春移植。

（2）扦插繁殖 在5~6月份选当年生枝条，进行嫩枝扦插，剪成10~15cm长的插穗，上留3~4叶，插入土中，深及一半，经常喷水或用塑料薄膜保湿，及时设阴棚遮荫，保证叶片不干，约一个半月至两个月即可生根，成活率达95%。

（3）分蘖繁殖 选2~3年生根蘖，在春季3月左右切离母株，栽之即可。此法容易成活，且可提早结实，约10年左右即可开花结果。

（4）嫁接繁殖 银杏的嫁接繁殖一般用枝接法，常用的方法有皮下接、切接、短枝嵌接和劈接等，用实生银杏苗作砧木。皮下接以选2年生皮色有光泽，并带有3~4个短枝的枝作为接穗最好。在3月下旬至4月上旬嫁接的成活率较高。

2. 栽植与养护管理

（1）移植 银杏移植极易成活，裸根移植即可。在移植时，掘起植株后应将主根略加修剪，尽量不伤或少伤侧根。栽后浇透水一次，7天后再浇水一次。以在早春萌芽前移植为宜。

（2）养护管理 银杏成活后无须经常灌水，一年中主要注意在5月份和8月中旬银杏的两个生长高峰期时进行灌溉，北方地区，还应注意化冻后发芽前浇一次水，每次浇水都可结合施肥。

银杏一般在春、夏两季进行追肥，施入氮素化肥或腐熟的人粪尿即可。如果春季施肥量大，夏季可不施。若有条件可在秋季再施一次基肥。银杏也可结灌溉施肥。银杏每年中耕1~2次。

银杏一般较少修剪，因为其新梢抽发量少，即使是苗圃里的苗木，也应尽量地保持多的枝叶，以利其加速增粗。作园林观赏栽培的银杏树多培养成自然树形。

(四) 观赏特性和园林用途

银杏树干端直，树姿优美，叶形如扇，秋叶金黄，寿命长，病虫害少，是我国自古以来习用的绿化树种。在我国的名山大川、各地寺庙中常可见参天的古银杏，最适宜作庭荫树、行道树和独赏树。用于街道绿化时，应选择银杏雄株，以免其种实污染行人衣物。在大面积用银杏绿化时，可多种雌株，并将雄株植于上风带，以利于子实的丰收。

银杏也是制作盆景的优质材料，用银杏制作的盆景，干粗、枝曲、根露、造型独特、苍劲潇洒、妙趣横生；夏天遒劲葱绿，秋季金黄可掬，给人以峻峭雄奇之感，具有很高的观赏价值和经济价值；近年来日益受到重视，被誉为"有生命的艺雕"。

二、雪松

雪松（*Cedrus deodara* (Roxb.) Loud.）为松科雪松属，别名香柏、喜马拉雅雪松、喜马拉雅杉。雪松原产阿富汗、巴基斯坦、印度北部以及我国西藏。雪松树体高大，树形优美，为世界著名五大庭园观赏树种（雪松、南洋杉、金钱松、日本金松、巨杉）之一，我国自1920年起引种，目前各地广泛栽培，是我国城市园林绿化中的骨干树种（图14-2）。

（一）植物形态

雪松为常绿大乔木，高可达75m，树干挺直，树冠塔形。树皮深灰色，成不规则的鳞片状开裂。大枝一般平展，不规则轮生，小枝略下垂，姿态优美，壮丽雄伟；枝有长、短枝之分。叶针形，灰绿色，长2~5cm，叶在长枝上螺旋状散生，在短枝上20~60个簇生。雌雄异株，少同株，球花单生枝顶；雄球花椭圆状卵形，近黄色，长2~3cm，雌球花卵圆形，初为紫色，后转为淡绿色，长约0.8cm。球果椭圆状卵形，长7~12cm，径5~9cm，种鳞阔扇状倒三角形，背面密被锈色短绒毛，成熟后种鳞与种子同时散落，种子具翅。花期10~11月份，雄球花比雌球花花期早10天左右，球果翌年9~10月份成熟。雪松的形态见彩图2。

图14-2 雪松
1—球果枝；2—雄球花枝；3—雄蕊；
4—种鳞；5—种子

（二）生态习性

雪松的生态习性为：喜光，有一定耐阴能力，幼苗期耐阴力强。小苗耐寒性差，大苗可耐短期-25℃低温。较耐干旱瘠薄，不耐水湿，以年降水量600~1000mm为最好。对土壤要求不严，酸性土、微碱性土均能适应，以土层深厚、肥沃、排水良好的酸性土生长好、寿命较长；亦可适应黏重的黄土和瘠薄的干旱地。

雪松为浅根性树种，侧根系大体在土壤40~60cm深处；抗风能力较弱。雪松抗烟害能力差，幼叶对SO_2和HF极为敏感；空气中的高浓度SO_2会造成植株死亡，尤其是4~5月份发新叶时更易对其造成伤害。

（三）栽培技术

1. 繁殖方法

雪松可用播种、扦插及嫁接法进行繁殖。

（1）播种繁殖 雪松的播种在3~4月份进行，播种前，用冷水浸种1~2天，捞出阴干后即可播种，也可用45~50℃温水浸种24h，浸后用0.1%高锰酸钾消毒30min，然后用清水冲净晾干后播种。播种量为75kg/hm²。由于种子难得，故常用条状点播，株行距为5cm×15cm，播前土壤消毒，播后覆土并覆膜，约15~20天萌芽出土，1个月后出齐。出苗70%以上时可揭去覆膜，为防止刚出土的幼苗因雨淋而损失，还应在揭去覆膜后立即搭设矮层薄膜棚，同时搭高架荫棚，适当遮荫，注意薄膜棚内温度，棚内温度不能太高，要进行通风；遇外界气温在15℃以上的晴天，白天可揭开薄膜，晚上盖好。待幼苗长出真叶时拆除矮棚。一年生苗高20~30cm。

雪松也可用营养钵育苗，可节约种子，延长幼苗生长期。当年苗高约20cm。翌春移植，注意移植时勿伤主根，否则会影响发育，2年生苗高可达40cm。

（2）扦插繁殖 雪松一般在春秋两季进行扦插，但以春插为主。春插时间在3月份或清明均可。

插穗应选择 4~8 年生的实生幼龄母树中上部通风向阳面的一年生粗壮枝条，在阴天或无风有露的早晨剪取，插穗长度 15~20cm。除去下部针叶和小枝，上部针叶和顶梢不剪。剪好后的插穗基部应及时蘸 500μL/L 萘乙酸 5~6s，取出晾干后即插。插穗应随剪随插。株行距为 5cm×10cm。雪松的扦插可采用先开沟后扦插或灌水后直接插入苗床的方法，保证穗与土壤密接。扦插深度一般为 8~10cm，插后浇一次透水。雪松扦插后约 2 个月即可生根。为防止插穗在生根前萎蔫，需搭设荫棚。插穗未生根前，床面以经常保持湿润状态为宜。天气晴朗干旱时，每天早、晚用喷壶各浇一次水。生根后仍应注意控制水分，雨季要注意排涝，防止因土壤过湿而造成其烂根死亡。生根后适量追肥，除草松土，促进土壤疏松而提高苗木成活率。扦插后第二年或第三年春季可进行移栽培养。

2. 栽植与养护管理

（1）栽植　雪松的栽植应在春季萌芽前进行，应带土球栽植，2~3m 以上的大苗栽植时需立支架，防止风吹摇动；栽后及时浇水，并经常向叶面喷水。栽植地点的土壤必须疏松、湿润不积水。土质过差应换土栽植。雪松定植后应适当疏剪枝条，使主干上侧枝间距拉长，但不要疏除大枝，以免影响观赏价值。雪松的栽植成活率较高。在成活后的秋季可对雪松施以有机肥，促其发根，生长期可追施 2~3 次肥。

移植成年大树时，除采用大穴、大土球外，还应进行浅穴堆土栽植，土球高出地面 1/5，捣实、浇水后，覆土成馒头形。

（2）修剪　雪松树冠下部枝条应保留，使之自然贴近地面，显得整齐美观。年龄较小的雪松生长迅速，主干质地柔软，常呈弯垂状，应及时用细杆缚直，防止被风吹折而破坏树形。雪松顶端优势极强，修剪时要保护好顶梢，主枝不能短截，树干上部枝采取去弱留强，去下垂留平斜的修剪方法；树干下部枝只对强壮枝、重叠枝、过密枝、交叉枝采取先回缩到较好的平斜枝或下垂枝处，待势力缓和后再疏除，以使树体长势均衡、匀称、美观。

对于新移植的雪松大苗，由于树冠大，根系少，根冠比例严重失调，再加上春季干旱少雨，蒸发量大，严重影响栽植的成活率，因此，应通过修剪减少枝叶量，协调根冠比，以有利于提高成活率。具体修剪方法为：根据雪松自然生长状况，在保证其姿态优美的基础上疏除树干 50cm 以下所有主枝和树上部的部分重叠枝。

（3）病虫害防治　雪松的病虫害较少，幼苗期以防治立枯病为主，于苗床整理结束后用 25% 可湿性多菌灵粉剂 500 倍液浇透苗床并覆膜，播种后第一次浇水用 25% 可湿性多菌灵粉剂 500 倍液水浇透，以后定期用多菌灵喷浇。虫害有地老虎、蛴螬、大袋蛾、红蜡蚧等，可用甲胺磷或氧化乐果灭杀。成年后病虫较少。

（四）观赏特性和园林用途

雪松树体苍劲挺拔，主干耸直雄伟，树冠形如宝塔，大枝向四周平展，小枝微微下垂，针叶浓绿叠翠，尤其在瑞雪纷飞之时，皎洁的雪片纷纷落于翠绿的枝叶上，形成许多高大的银色金字塔，更是引人入胜。雪松是学校、机关、厂矿、公园、城市绿地的重要绿化树种，可在入口两侧列植、对植，也可成片或成行栽植，最适宜孤植于草坪中心、建筑物前庭中心、广场中心或主要建筑物的两旁及园门入口处，观赏效果极佳。雪松具有较强的防尘、减噪声与杀菌能力，也是工厂企业的优良绿化树种。但雪松对 SO_2、HF 敏感，空气中这些气体将对雪松产生毒害。

三、水杉

水杉（*Metasequoia glyptostroboides* Hu et Cheng）为杉科水杉属，水杉素有"活化石"之称。它对于古植物、古气候、古地理和地质学，以及裸子植物系统发育的研究均有重要的意义。是著名的庭院观赏树。

(一) 植物形态

水杉是落叶大乔木，高达35～41.5m，胸径达1.6～2.4m，树干通直，基部常膨大。树皮灰褐色或深灰色，裂成条片状脱落。幼年树冠窄圆锥形，随着年龄增长而变为广椭圆形。小枝对生或近对生，具下垂长枝及脱落性短枝。叶线形，扁平，柔软，几无柄，通常长1.3～2cm，宽1.5～2mm，中脉上面凹陷，下面隆起，两侧有4～8条气孔线。叶交互对生，在绿色脱落的侧生小枝上排成羽状两列。雌雄同株，雄球花单生叶腋，雌球花单生侧枝顶端。3～4月份开花，10～11月份果熟。实生苗一般25～30年开始结实，40年开始大量结实（图14-3）。水杉的形态见彩图3。

(二) 生态习性

水杉为阳性树种，喜温暖湿润，夏季凉爽，冬季有雪而不严寒的气候，在年平均温13℃，极端最低温−28℃，极端最高温39℃，年降雨量557～1400mm条件都能生长。在排水良好，土层深厚，土质肥沃湿润的山地黄壤及富含腐殖质的棕色森林土上生长良好。水杉对土壤酸碱度的适应性较广泛，酸性红壤能够生长，碱性紫色土也能适应，湖区个别地段pH值8.0也对其生长无妨。

一般10年以上的水杉大树才开始出现花蕾，但所结种子多为瘪粒。在其原产地，通常25～30年生大树始结实，40～60年大量结实，至100年而不衰。

图14-3 水杉
1—球果枝；2—球果；3—种子；
4—雄球花枝；5—雄球花；6,7—雄蕊

(三) 栽培技术

1. 繁殖方法

水杉可播种和扦插繁殖。

(1) **播种繁殖** 选35年生以上的健壮优良母树，于10月中、下旬至11月上旬种球果变黄褐色，种鳞微裂时即可进行采收。球果采回后，晾晒至种鳞开裂，脱出种子。

选择地势平坦、排灌方便、土层深厚、杂草和病虫害少的中性或微酸性的沙质壤土做育苗地，黏土、砂地、积水地均不适应。水杉种子细小，应注意细致整地。早春采用条播，条距20cm。播前种子先用0.1%的高锰酸钾溶液浸种1～1.5h。种子消毒后用清水冲洗。或于播种前，用冷水浸种约10h，捞出阴干即播。播时种子需掺2～3倍的细黄砂或碎土，使播种均匀，需用黄心土垫盖播种沟。每亩播种1～2kg，播后盖草，喷一次水，使床面均匀湿透，以后一直保持床面湿润。播种适时，一般15天幼苗即可出土。幼苗较耐阴，最好搭盖荫棚。雨后撒细土，防止土壤板结，减少水分蒸发。水杉一年生苗有两个速生期，一是6～7月份，二是9月份至落叶前。应注意6月上旬至8月上中旬追肥2～3次。抚育管理良好，亩产苗4万～6万株。一年生苗高30～50cm，个别可达1m，地径1.0cm左右，此时幼苗即可出圃或移植。

(2) **扦插繁殖** 水杉的扦插繁殖可分为硬枝扦插和嫩枝扦插。

① 水杉的硬枝扦插于惊蛰前后进行，应在生长健壮的幼龄树上采穗，最好是采用实生

苗或 1~2 年生的切干条和根际萌蘖条作插穗,最好随剪随插。选取一年生粗壮枝条,穗长 10~15cm,可用 50μL/L α-萘乙酸溶液浸 24h,或用 100μL/L α-萘乙酸和 5000μL/L 葡萄糖混合液浸 18~20h 处理以促生根。按行距 20cm、株距 7cm 插入整好的床地上,入土深度为插穗长的 1/2~2/3。5 月中下旬生根。天晴应注意灌溉保湿,雨天清沟排渍,并作好中耕除草、追肥等工作。当年苗高可达 50~100cm,地径 1cm,成活率 80% 以上,每亩能产苗 3 万~4 万株。当年出圃,或第二年春切干,枝条可再用作插穗。经过一次切干的留床苗,粗肥健壮,主干端直,一般高可达 1.5m 上下。

② 水杉的嫩枝扦插。嫩枝扦插即在生长期间利用半成熟的枝进行的扦插。插穗可取自留床、移植或定植的扦插苗、实生苗和扦插截干后的萌蘖条,侧枝梢部,在 5 月中旬至 6 月中旬进行,穗条切成 10~15cm,不要去顶,仅抹去插入土中枝条的叶片,入土深度 5~7cm,行距 10~15cm,株距 5~7cm,每亩可插 10 万株。插后可搭荫棚,浸灌条件好的,也可以不搭棚,但插后 15~20 天内需保持苗床及叶面湿润不干。一般插后 20~25 天即可发根,生根后,床面干燥仍应灌水。当年苗高 30~50cm,可出圃或移植。

无论采用哪种方法,剪取穗条的母树年龄愈幼,成活率愈高,尤以幼龄实生母树最好。插床必须选疏松沙质壤土,如土壤黏重应予以掺沙。

2. 栽植与养护管理

水杉萌动期早,应于早春芽苞未萌动时栽植,以"雨水"至"惊蛰"期间为宜。栽植时注意苗正根舒和深栽。管护应注意修剪萌蘖条,水杉树形培养应注意保持顶端优势,树形为自然树形,对无明显顶端优势的应在顶梢侧芽饱满处短截,并抹掉剪口对面和邻近的侧芽,以促进旺盛生长,形成壮直主梢。

(四) 观赏特性和园林用途

水杉树干通直挺拔,树形壮丽,叶色翠绿,入秋后叶色金黄,是著名的庭院观赏树。水杉可于公园、庭院、草坪、绿地中孤植,列植或群植;也可成片栽植,营造风景林,并适配常绿地被植物;还可栽于建筑物前或用作行道树,效果均佳。水杉对 SO_2 有一定的抵抗性,是工矿区绿化的好树种。

四、龙柏

龙柏 (*Sabina chinensis* cv. Kaizuca) 为龙柏属柏科圆柏属的一栽培变种。龙柏形态优美、高雅,其侧枝扭曲螺旋状抱干而生,别具一格,观赏价值很高,是一种名贵的庭园绿化树种,广泛应用于庭园、陵园和街头绿地。

(一) 植物形态

龙柏为常绿乔木,高可达 8m,树形呈狭圆柱形或圆锥形;树干挺直,树姿瘦削直耸,新枝绕干而生,犹如青龙缠绕,冬芽不显著,小枝密集,叶密生,鳞形,幼叶淡黄绿色,老叶(翠)深绿色。雌雄异株,球花单生短枝顶端,花期 4 月下旬;球果球形,径 6~8mm,球果次年 10~11 月份成熟,球果蓝绿色,果面略具白粉,熟时暗褐色,果内有 1~4 粒种子,卵圆形。龙柏的形态见彩图 4。

(二) 生态习性

龙柏喜阳,抗热耐寒,对气候的适应性强。喜高燥、肥沃而深厚的中性土壤,酸性和微碱性土壤上也能适应,若生长处排水不良,常会引起霉根。耐旱力强,夏秋只要将根际或苗床进行覆盖,一般不淋水也很少死苗,但为促进生长,应加强肥、水管理,其年生长量可增 50cm。

(三) 栽培技术

1. 繁殖方法

龙柏的繁殖在生产上多用扦插和嫁接繁殖，少用播种繁殖。

(1) 扦插繁殖　龙柏扦插可在 2~3 月份或 10~11 月份进行，但 2~3 月份扦插较好。扦插床应选择在利于排水、通风、透气处。床面宽应在 80cm 以内，沟宽 50cm，沟深 40cm，苗床长度可依地而定。扦插基质可用珍珠岩、细锯末、粗黄沙等作基质材料，与土掺和到一起。基质的用量应根据土壤的性质和结构而定。

插穗应取 1 年生健壮侧枝，长度一般在 15~25cm 或 2~3 年生枝条，保留枝梢生长点部分，不分段。插穗基部剪成马蹄形，剪去中下部叶片，然后进行促根处理，如用 500~1000μL/L 萘乙酸溶液或 ABT 生根粉处理。

插后应加强管理，春季扦插，由于昼夜温差较大，为了提高温度促进生根，可用封闭塑膜覆盖苗床。最高温度在 25℃ 左右，超过了要采取通风或遮阳措施。保湿最好是雾状保养，禁用大水浇。春夏之交，要特别注意干热风，苗床靠北面最好用竹帘或遮阳网遮挡一下。夏季高温季节最好搭盖两层遮阳网，第一层高 170cm，第二层比第一层高 50cm 即可。秋天要注意寒露风的影响，要特别注意保湿，叶片喷水要勤洒，白天最好 2~3h 一次。一般插后 4~5 个月便可生根。

(2) 嫁接繁殖　早春 2~3 月份可进行切接，以 2~3 年生侧柏作砧木，选母株基部生长健壮、无病虫害的 1~2 年生侧枝顶梢作接穗，进行切接。具体方法为：取穗长 5~10cm，除去下部 2~3cm 的针叶，一边直切一刀，长 2~3cm，反面斜切一刀，长 1~2cm；砧木可自接枝处剪头，然后自横断面的一边直切一刀，长 2~3cm，注意都要带少许木质部，然后将削好的接穗插入砧木，并使一边的形成层相互对齐，最后以塑料薄膜扎紧接合部。为使接穗在成活前不失水枯死，接穗上可套上一个小塑料袋。龙柏嫁接后，从开始愈合到成活都较缓慢，春接要到 5 月份才开始愈合，约 2 个月后，接穗顶芽才能萌发，即证明伤口已愈合好，即可除去套袋，进入正常管理。

此外，龙柏亦可用靠接或腹接法，或于生长期进行撕皮嵌合接，其嫁接成活率也很高。

2. 栽培养护管理

龙柏主枝延伸性强，但侧枝不向外开展而向上绕主干回旋，侧枝排列紧密，全树宛如双龙抱柱，因此下枝要妥善保存，除人工造型外，不可随意剪除或损坏，否则将影响树形，大损观瞻，所以一般不加修剪，任其自然生长。

龙柏适宜于早春带土球移植，应选高燥、肥沃、深厚的地方栽植，忌在低洼、排水不良的地方栽植。若用容器栽培，其栽培用土可用栽培介质材料 5 份、园土 3 份、细沙 2 份及少量骨粉拌匀配制。龙柏较喜肥，生长季节需多次施入腐熟充分的稀薄肥水。生长期间浇水的原则为干透浇透，亦即不干不浇，浇即浇透。

(四) 观赏特性和园林用途

龙柏形态优美、高雅、用途广泛，是一种较好的庭园树。龙柏的侧枝扭曲，螺旋状抱干而生，别具一格。龙柏的观赏价值很高，可丛植、列植、孤植、对植于庭园、陵园、街头绿地或代盆栽布置用，是优良的绿化、美化树种。

龙柏的树形除自然生长成圆锥形外，也有的将其攀揉盘扎成龙、马、狮、象等动物形象，也有的修剪成圆球形、鼓形和半球形，龙柏可单植列植或群植于庭园，更有的栽植成绿篱，经整形修剪成平直的圆脊形，可表现其低矮、丰满、细致和精细的特点。

龙柏抗有害气体、滞尘能力强，特别适合污染地区的绿化，如工厂绿化。

五、白玉兰

白玉兰 (*Magnolia denudata* Desr) 为木兰科木兰属，又名望春花。原产中国中部，现各地庭园广为种植。

（一）植物形态

白玉兰为落叶乔木，可高达 25m，径粗可达 200cm，树冠幼时狭卵形，成熟后则呈宽卵形或松散广卵形。冬芽密被淡灰绿色长毛。叶互生，倒卵状椭圆形，长 10～15cm，先端突尖。花先于叶开放，花大，白色，芳香。聚合蓇葖果圆柱形，种子心脏形，黑色。花期为 3～4 月份，果期为 9～10 月份（图 14-4）。白玉兰的花见彩图 5。

（二）生态习性

白玉兰寿命长，喜温暖、湿润的环境，喜光，幼树稍耐阴，喜肥沃、排水良好的中性或偏酸性土壤，在弱碱性土壤上也能生长；根肉质，怕积水，侧根发达，喜氮肥。

（三）栽培技术

1. 繁殖方法

白玉兰可用播种、扦插、压条及嫁接法进行繁殖。

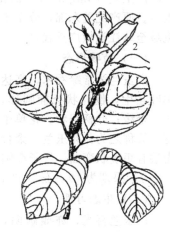

图 14-4 白玉兰
1—花枝；2—花

（1）播种繁殖　白玉兰进行播种繁殖必须掌握种子的成熟期，9月下旬，当蓇葖果转红绽裂时即采种，早采不发芽，晚采易脱落。采后将带红色假种皮的果实放入冷水中浸泡搓洗，除净外种皮，取出种子，在室内晾干，切忌日晒。然后层积沙藏，翌春播种，大田播种易遭鼠害，因此有条件的可进行温室沙床播种。其方法为：将层积的种子播于温室沙床上，密度以不重叠为准，覆盖河沙 2cm，逐日淋水，保持河沙湿润，2月下旬即开始发芽，3月中旬为盛发期。发芽后将苗移栽于纸质容器中，约 1 个月后栽植于苗圃中。

（2）扦插繁殖　扦插繁殖可在雨季进行，插穗选自幼龄树的当年生枝条；扦插基质宜用河沙，上方遮荫，每日淋水保湿，大约一个月可生根；插穗用 50μL/L 萘乙酸浸泡基部 6h 或用 100μL/L 萘乙酸浸泡基部 3h，可大大提高扦插的成活率。

（3）压条繁殖　白玉兰母株培养成低矮灌木者可于春季进行地面堆压条，约经 1～2 年与母株分离成苗。南方气候潮湿处可采用高压法。

（4）嫁接繁殖　白玉兰的嫁接繁殖可用切接、靠接、芽接等方法，砧木一般用紫玉兰、白玉兰的野生苗及实生苗，接穗选自优良植株，晚秋切接成活率较高。

2. 栽植与养护管理

白玉兰不耐移植，在寒冷地区更不宜在晚秋或冬季移植。一般以在春季开花前或花谢而刚展叶时移植为佳，秋季则以仲秋移植为宜，过迟则根系伤口愈合缓慢。移植时应带土球，并适当疏芽或剪叶，以免蒸腾过盛，剪叶时应留叶柄以便保护幼芽。对已定植的白玉兰，欲使其花大香浓，应当在开花前及开花后施以速效液肥，并在秋季落叶后施基肥。在瘠薄地栽植白玉兰时，要先换土，黏重土壤应适当掺砂以利于排水。干旱时期和夏季高温时应注意及时浇水，保持土壤经常湿润。因白玉兰的愈伤能力差，故一般多不行修剪，如必需修剪时，应在花谢而叶芽开始伸展时进行。此外，白玉兰易于进行促成栽培，以供观赏。

（四）观赏特性和园林用途

白玉兰树冠美丽，花大而香，早春先花后叶，莹洁清丽，宛似玉树，为庭园中名贵的观赏树种。自唐代以来，常被植于厅前院后、草坪角隅、洞门之旁。早春白玉兰花开，犹如雪涛云海，气象万千。白玉兰还可制作树桩盆景，以供观赏。白玉兰对有毒气体有一定的抗性，因此也适宜于厂矿绿化。

六、广玉兰

广玉兰（*Magnolia grandiflora* L.）为木兰科木兰属，别名荷花玉兰、洋玉兰、大花玉兰。原产北美东部，分布于密西西比河一带。我国于19世纪末20世纪初引种，现在长江流域至珠江流域广泛栽培。

（一）植物形态

广玉兰为常绿乔木，高达30m，树冠阔圆锥形；芽、新枝、叶背和叶柄被锈褐色绒毛，单叶互生，倒卵状长椭圆形，厚革质，叶表面深绿色有光泽，全缘；叶柄粗壮。花单生枝顶，洁白，有芳香，状如荷花，故称之为荷花玉兰。聚合蓇葖果圆柱状卵形，小蓇葖果先端有短嘴状弯曲，种子扁圆，外包有红色假种皮。花期为6月份，果期为10月份（图14-5）。广玉兰的花见彩图6。

图14-5 广玉兰

（二）生态习性

广玉兰喜光，亦颇耐阴，喜温暖湿润气候，耐夏季高温，但不耐冬季寒冷，喜肥沃、湿润且排水良好的酸性土或中性土。不耐干旱瘠薄，也不耐水涝和盐碱土壤，对SO_2、Cl_2抗性强。此外广玉兰能分泌杀菌素，抗病虫害能力强。广玉兰花朵巨大且富肉质，故花朵最不耐风害。

（三）栽培技术

1. 繁殖方法

广玉兰可用嫁接、播种、压条等方法繁殖。

（1）嫁接繁殖 广玉兰嫁接繁殖时多采用同属的紫玉兰、白玉兰、天目木兰、光叶木兰等作砧木，并且要求砧木为生长健壮的一二年生苗木。一般认为，以白玉兰作砧木，接株长势旺盛，一年生苗最大高度可达1.5m。然而白玉兰耐寒性较紫玉兰差，所以白玉兰砧木多在长江以南地区采用，而紫玉兰砧木在南北各地都较适宜。此外，紫玉兰较白玉兰繁殖更易、更经济，因此，苗木生产实践上，以紫玉兰作砧木进行嫁接的更为普遍；一般以在春季3月中旬左右切接为好。

国外常用日本辛夷（*M. kobus* DC.）为砧木。

（2）播种繁殖 广玉兰的播种繁殖可分为秋播和春播。种子用水漂洗，去其肉质假种皮，再用草木灰水溶液搓洗干净，取出种子贮藏至春季再行播种或随即播种。贮藏种子的方法为：将种子用30%河沙、70%黄土的混合物湿藏，但发芽保存能力低。

苗床要选择肥沃疏松的沙质土壤，采用条状沟播，沟深5cm，沟宽5cm，沟距20cm，每亩播种量为10kg。

广玉兰苗期生长缓慢，播种宜稍密，播后第二年移栽。除草松土要正常进行，5～7月份用充分腐熟的稀薄粪水施追肥三次。广玉兰对水分要求较严，不能过干过湿。

2. 栽植与养护管理

（1）栽植 春植宜在3月中旬根萌动前进行，秋植不应迟于10月份，均需带泥团。鉴于广玉兰根肉质化、喜肥的特性，栽植时应选择地势高、排水良好、土壤深厚、肥沃的地方。

广玉兰萌芽能力较弱且生长缓慢，大苗移植时，为保证成活，在不破坏冠形的情况下，要对树冠枝叶采取中度的修剪措施，主干可行卷干措施，定植后应及时立支柱。

（2）整形修剪 广玉兰的嫁接苗可较早开花，但要及时剪除花蕾，使剪口下壮芽迅速形成优势，向上生长，并及时除去侧枝顶芽，保证中央主枝的优势。夏季应随时剪除根部的萌蘖条，幼年期应尽量保持冠干比为 3/4～4/5，以便保持足够大的叶面积，促进树木的生长发育。

定植修剪时，应掌握冠干比不小于 2∶3，最下一层主枝为 3～4 个，应当均匀分布于主干四周，尽量不使其同出一轮。对于主干上的第一轮主枝，要剪去朝上枝，主枝顶端附近的新枝要注意摘心，降低该轮主枝及附近枝对中央主枝的竞争力。注意第二轮主枝的分布与第一轮主枝的相互错落，避免上下重叠生长，还要注意使主干上的主枝愈上愈短。对于保留的主枝，可适当回缩修剪过于水平或下垂的一级侧枝。

成年树修剪主要是按景点要求确定枝下高，调整树木的生长势，促进广玉兰枝繁叶茂。疏剪冠内过密枝和病虫枝。

（四）观赏特性和园林用途

广玉兰四季常青，花单生枝顶，硕大洁白如玉，冰清玉洁，素雅大方，为珍贵的园林绿化树种之一；其聚合果熟后开裂，露出鲜红色的种子，颇为美观。广玉兰最适宜孤植于宽广的草坪或配置成观花的树丛，也可丛植、对植、列植于纪念性园林之中，葱茏苍翠，颇为美丽，是万古长青、朴实无华的极好象征。

七、樟树

樟树（*Cinnamomum camphora* (L.) Presl.）为樟科樟属，又名香樟，是亚热带常绿阔叶林的代表树种，是重要的园林绿化树种，也是优良用材、特种经济树种。

（一）植物形态

樟树为常绿乔木，一般高 20～30m，最高可达 50m，胸径 4～5m；树冠广卵形；树皮灰褐色，纵裂；叶互生，卵状椭圆形，长 5～8cm，薄革质，离基三出脉，脉腋有腺体，全缘，两面无毛，背面灰绿色。圆锥花序腋生于新枝；花被淡绿色，6 裂；核果球形，径约 6mm，熟时紫黑色，果托盘状。花期为 5 月份；果期为 9～11 月份成熟（图 14-6）。樟树的形态见彩图 7。

（二）生态习性

樟树原产我国长江流域以南，但朝鲜、日本亦产，其他国家也有引种栽培。樟树主要分布在我国的台湾、福建、江西、两广、两湖、云南、浙江等地，尤以台湾省最多，多生于低山平原，一般垂直分布在海拔 500～600m，越往南其垂直分布越高，在湖南、贵州交界处可达海拔 1000m。

图 14-6　樟树
1—果枝；2—花枝；3—花；4—第一、二轮雄蕊；5—第三轮雄蕊；6—退化雄蕊；7—雄蕊；8—果纵剖面

樟树为较喜光的中性树种，稍耐阴，幼年能在适当庇荫的环境下生长，随着树龄的增长其需光量递增。樟树喜温暖湿润气候，适于年均温度 16℃ 以上、1 月平均气温 5℃ 以上、绝对最低气温 −7℃ 以上、年降雨量 1000mL 以上、且分布均匀的地区。樟树耐寒性不强，1～2 年生幼苗和大树枝梢在 −8℃ 低温时持续 5h 即开始受害，抗寒力随年龄增加而增强。

樟树对土壤要求不严，而以深厚、肥沃、湿润的微酸性黏质土最好，较耐水湿但忌积水（耐短期水淹），不耐干旱、瘠薄和盐碱土。在酸性至中性的沙质壤土或黄壤、红壤亦生长良好。

樟树有一定抗海潮风、耐烟尘和有毒气体的能力，对 SO_2 有很强的抗性，较能适应城市环境。

（三）栽培技术

1. 繁殖方法

樟树主要是用播种繁殖。10月下旬至11月上旬果熟时，及时进行采集处理。处理方法是：采后将果实浸泡水中2～3天，待果皮浸软后搓掉果皮，再加草木灰或洗衣粉，脱脂12～24h，再拌细砂搓揉，然后用水漂净摊开阴干（切勿曝晒，以免失水油化），再用湿度30%的细砂，按砂与种3∶1的比例用湿砂层积贮藏。

圃地应选择土层深厚、肥沃、湿润、微酸性的砂壤土、壤土，且应水源充足，排水良好。积水地、碱性土不宜选用。樟树的播种繁殖可进行冬播或春播，冬播在大小寒时播种最好，春播最迟不超过惊蛰，春播，种子以进行湿沙层积催芽为好，若播种时还未出芽可用50℃温水间歇浸种3～4天，此法可使出苗整齐、均匀，并可提早10～12天发芽。

樟树播种时采用条播，条距20～25cm，每亩播种约10～15kg。播种地可再盖稻草，保持床面湿润，促进种子发芽出土。春播后20～30天开始发芽。为促使幼苗侧根生长，可在苗木具真叶10～15片，幼根尚未木质化时进行切根，方法是：用锋利的铁铲离苗根颈10～15cm处与苗株成45°的角度切入，深度10～15cm，切断苗根，切后在切缝中充分灌水，填实切缝。半月后进行追肥，苗高10cm左右时定苗，按每米10～15株定苗，另外应加强夏季水肥管理。一年生苗高可达60～100cm，根颈粗0.8cm以上。

樟树育苗一般需1～2次移植，一般一年后第一次移栽，未进行幼苗截根的在移植时将主根保留10～15cm剪断，侧根保留，并多带宿土（上部枝叶剪去1/3～1/2），按40cm×60cm株行距移植培育3～4年后，进行第二次移栽，此时带土球，尽量少伤根，并适当剪叶疏枝，以减少水分蒸发，提高成活率，而后直至培养出圃。

2. 栽植及养护管理

（1）栽植　樟树通常在刚发芽或发芽前的半个月内栽植。园林绿地栽植樟树大苗时，要注意少伤根，带土球。生产中多采用截干移植的方法，作行道树时，一般截干高度最少不低于2.5m。大树移栽时要重剪树冠，带大土球，且用草绳卷干保湿，充分灌水和喷洒枝叶，方可保证成活。移植时间以芽刚开始萌发时为佳。栽植时注意不要过深，以平原地际位置为准。

樟树在盐碱地常易产生叶片黄化现象，严重时枝叶干枯死亡。产生这种现象时，可用 $FeSO_4$ 进行土壤或叶面喷洒处理。

（2）整形修剪　樟树生长迅速，分枝很多，如在密植的情况下，由于侧方遮荫，易形成明显主干；而在稀疏或孤植的条件下，则易形成主干低矮，树冠庞大的圆球树形。故必须进行人工整形修剪，使其形成主干明显合轴主干形树形。

① 移植修剪。樟树主根明显发达，侧根稀少，俗称胡萝卜根。播种苗若不行移植或切根，则侧根少，起苗时不易带起泥球，移植成活率低。因此，1年生播种苗一定要进行剪根移植，促发侧根，扩大吸收面积。地上部分也宜相应修剪，以保证地上部分和地下部分的平衡生长。樟树中心干顶芽明显，一般不宜短截枝顶。修剪时，应确保顶芽萌发的优势。但当侧枝强于中心干时，可选留一个强壮侧枝代替中心干延伸，注意保持新主干的生长优势。主干上的中下部侧枝，除过于强壮的需做适当短截外，一般均宜留用辅养枝，不再剪去。

随着苗木年龄的增加，对中心干上的枝条作适当处理。由于层性作用，中心干上枝条往往轮生。修剪时，保证每层留2～3个枝条作为主枝即可，且要使上下两层间的主枝互相错落分布。对于其中直立强壮的主枝，要回缩修剪到向外开展的侧枝上，以减弱其势力，抚养中心主枝的生长。

随着中心干的逐年增高,每年在中心干的上部增补主枝2~3个,同时逐步疏剪下部主枝1~2个,不断扩大枝下高。通常3~4年生时,冠高比为3:4;5~7年生时,冠高比为2:3。大的叶面积,有利于营养物质的积累,既能加速高度的生长,又能加速粗度的生长。苗期主干枝下高至少要提高到2m,方可停止修剪,任其自然生长。

② 定植修剪　樟树的大苗定植,为确保成活,目前生产上多采用保留一定干高进行截冠移栽;或是从主干下部依次向上疏除枝条,使树冠只有树高的1/4,甚至更小。这种修剪对树形确有不利的方面,但对提高栽植成活率却有重要作用。因树干上伤口过于集中,伤口面积相对过密,主次不清,从属关系混乱。因此,采用此修剪方法的树木,在栽后萌发生长的新树冠的培养时,应注意选择一生长直立的强枝作为中心干培养,以后根据冠高比规律逐步提高枝下高到3~4m(或更高),即可停止修剪,任其自然分枝。

(四) 观赏特性和园林用途

樟树树姿壮丽雄伟,枝繁叶茂,冠大荫浓,四季常青,是城市绿化的优良树种,广泛用作庭荫树、行道树、防护林及风景林。可孤植、丛植、列植、对植等,配置于池畔、水边、山坡、平地无不相宜。若孤植于空旷地,让树冠充分发展,浓荫覆地,效果更佳。在草地中丛植、群植或作背景景树都很合适。

入秋,樟树的部分叶片变红或变橙红;早春,新叶微红,红绿相间,互相掩映,非常入目,别有风韵。

樟树具有一定的吸毒、解毒能力,是厂矿区优良的绿化树种。

八、海棠花

海棠花(*Malus spectabilis* Borkh.)为蔷薇科苹果属,又名海棠。原产我国,春天开花美丽可爱,是我国著名的观赏花木。现在全国各地普遍栽培,华北华东尤为常见。

(一) 植物形态

海棠花为落叶小乔木,枝干直立,树冠广卵形。树皮灰褐色,小枝粗壮,幼时疏生短柔毛。叶椭圆形,基部宽楔形或近圆形,锯齿紧贴,表面绿色而有光泽,叶柄细长,基部有两个披针形托叶。花5~7朵簇生,伞形总状花序,未开时红色,开后渐变为粉红色,多为半重瓣,也有单瓣者,萼片5枚,三角状卵形。梨果球状,黄绿色,基部不凹陷,梗洼隆起,萼片宿存。花期为4~5月份,果期为9月份(图14-7)。海棠花的形态见彩图8。

(二) 生态习性

海棠喜光,耐寒,耐旱,不耐湿。多数种类在高燥的向阳地带最宜生长,有些种类还能耐一定程度的盐碱地。喜在土层深厚、肥沃、pH5.5~7.0的微酸性至中性土壤中生长。海棠萌蘖力强。物候期随纬度、海拔、种类不同而有差异。

(三) 栽培技术

海棠的繁殖以播种或嫁接繁殖为主,亦可分株、压条及根插。种子繁殖的实生苗生长得较慢,需10多年才能开花。用嫁接所得的苗木,可以提早开花,而且园艺品种的实生苗多数会产生变异不能保持原来的优良特性,故一般多行嫁接繁殖。

图14-7　海棠花

播种在9月份采种，堆放后熟，揉搓水洗，进行冬播或层积处理。翌年春播的海棠种子必须经时间达30~100天的低温层积催芽处理。海棠种子不能干藏。

海棠嫁接常以野海棠、山荆子等作砧木进行枝接或芽接，春季树液流动发芽前进行枝接，秋季7~9月份可进行芽接。枝接可用切接、劈接等法。接穗应选取发育充实的一年生枝，取其中段（有2个以上饱满的芽）；芽接多用"T"字形接。枝接苗当年高可达80~100cm，冬季截去顶端，促使其翌春长出3~5条主枝，第二年冬再将主枝顶端截之，养成骨干枝，之后只修过密枝、向内枝和重叠枝，以保持圆整树冠。

海棠的分株、压条和根插均在春季进行。

海棠的移栽应在落叶后至发芽前进行，中小苗留宿土或裸根移植，大苗应带土球。海棠一般多行地栽，但也可制作桩景盆栽。

（四）观赏价值与园林应用

海棠种类繁多，树形多样，叶茂花繁，丰盈娇艳，为著名的观赏花木，有"花中神仙"之美誉，各地无不以海棠的丰姿艳质来装点园林。可在门庭两侧对植，或在亭台周围、丛林边缘、水滨池畔布置，若在观花树丛中作主体树种，其下配置春花灌木，其后以常绿树为背景，其尤绰约多姿，妩媚动人。若在草坪边缘、水边湖畔成片群植，或在公园步道两侧列植或丛植，亦具特色。海棠不仅花色艳丽，其果实亦玲珑可观。又因它对SO_2有较强的抗性，故适用于城市街道绿地和厂矿区的绿化。

九、紫叶李

紫叶李（*Prunus cerasifera* Ehrh. cv. *Atropurpurea* Jacq.）为蔷薇科梅属，别名红叶李。原产亚洲西南部，在我国各地园林中广为栽植。

（一）形态特征

紫叶李为落叶小乔木，高可达8m，树皮近紫灰色，不裂，小枝暗紫色，光滑，树冠圆形。单叶互生，叶卵圆形或倒卵形，长5~7cm，宽2.5~4cm，叶先端急尖，基部近圆形，边缘具细锯齿，老叶紫红色，嫩叶鲜红色，上面无毛，背面中脉基部有柔毛；叶柄长1cm，无毛，无腺体。花单生叶腋或2~3朵簇生，粉红色，几乎与叶同时开放，花径2~2.5cm。核果近球形，径2~3cm，暗红色。花期为4~5月份，果期为7~8月份，但通常不坐果（图14-8）。紫叶李的形态见彩图9。

（二）生态习性

紫叶李为暖温带树种，喜光，稍耐荫蔽，较耐寒和潮湿，但在荫蔽环境下叶色不鲜艳。对土壤要求不严，喜肥沃、湿润的中性或酸性土壤，稍耐碱，可在黏质土壤上生长，以沙砾土为好。根系较浅。萌生力较强，耐修剪。

（三）栽培技术

1. 繁殖方法

紫叶李主要用嫁接繁殖，也可压条及扦插。

紫叶李嫁接以同属的近亲种如山桃、毛桃、山杏、李、梅等实生苗作砧木，李砧耐涝，杏、梅砧寿命长。

图14-8 紫叶李

枝接于春季芽即将萌动时进行，用切接、劈接、腹接、插皮接等方法。芽接于8~9月份进行，常用"T"字形芽接，"T"字形芽接方法为：用芽接刀在芽下2cm处稍带木质向上削至芽位上1cm处,然后在芽位上方(1cm处)横切一刀,将接芽轻轻取下,再在砧木距地5~7cm处,用刀在树皮上切一个"T"字形切口,将芽插入其中,使接芽与砧木紧密结合,再用塑料条绑好即可。嫁接后,嫁接苗1~2年即可出圃定植。

2. 栽植及养护管理

(1) 栽植　紫叶李进行春移、秋移均可,中小苗可裸根移植带土移栽,大苗应尽量多带土球。定植时坑内施以经腐熟发酵的圈肥,栽后浇透水。苗木成活后加强水肥管理,保持土壤湿润,适时松土除草。每年秋施1次腐熟的有机肥或开春时施用一些有机肥,可使植株生长旺盛,花多色艳。北方春季萌动前和秋后霜冻前各浇一次开冻水和封冻水,南方注意夏季高温和秋旱灌水,平时如天气不是过旱,则无须浇水。紫叶李不耐水淹,雨后应及时做好排水工作,以防因烂根而导致植株死亡。

(2) 整形修剪　紫叶李修剪一般多在冬季落叶后进行,主要剪去植株的枯死枝、病虫枝、内向枝、重叠枝和交叉枝,要注意剪除砧木的萌蘖,还要结合造型,对于放得过长的细弱枝,应及时回缩复壮,使植株冠形丰满。

(3) 病虫害防治　紫叶李的主要病虫害有流胶病及膛形毛虫、桃粉蚜、李叶甲、刺蛾、大袋蛾等危害叶片;桃蛀螟危害果实;红颈天牛危害树干,应注意防治。

(四) 观赏特性和园林用途

紫叶李以叶色闻名,嫩叶鲜红,老叶紫红,春秋两季叶色更艳。春季花开繁茂,粉红泛白,花瓣凋落时,好似雪花飘舞;若与常绿树如雪松、女贞等间植,红绿相映成趣,尤为悦目。宜配置于庭园中、屋旁、窗前、大门、广场等地,草坪上也可丛植,是园林中广泛栽植应用的色叶树种。

十、红花羊蹄甲

红花羊蹄甲(*Bauhinia blakeana* Dunn)为苏木科羊蹄甲属,别名红花紫荆、洋紫荆、羊蹄甲。

(一) 植物形态

红花羊蹄甲为常绿乔木,高达15m。树冠广卵形,小枝细长下垂,被毛。单叶互生,革质,叶近圆形或阔心形,长8~13cm,顶端2裂至叶全长的1/4~1/3,裂片顶端圆。总状花序顶生或腋生,花冠紫红色,几乎全年均可开花,盛花期在春、秋两季,通常不结果(图14-9)。红花羊蹄甲的形态见彩图10。

(二) 生态习性

红花羊蹄甲喜光,喜温暖湿润气候,适应性强,耐寒,耐干旱和瘠薄,抗大气污染,对土壤要求不严,以排水良好的砂壤土最好。萌芽力强,移植成活率高。但不抗风,适栽植于阳光充足的避风处。

(三) 栽培技术

1. 繁殖方法

(1) 扦插繁殖　红花羊蹄甲的繁殖以扦插繁殖为主,一般在3~4月份进行,选择一年生健壮枝条剪成长10~12cm,并带有3~4个节,仅留顶端两个叶片的插穗,将其插入沙床中。插后及时喷水,搭设荫棚遮荫,再用塑料膜覆盖保湿。成活约1年后,苗木即可达1m左右,于翌春移栽于圃地培育。

图14-9　红花羊蹄甲

(2) 嫁接繁殖　红花羊蹄甲的嫁接繁殖常用芽接方法，利用羊蹄甲的1～2年生实生苗作砧木，进行高位嫁接。嫁接宜在春季苗木萌芽前进行。嫁接时，选取一年生已木质化的粗壮枝条上饱满的腋芽作接穗，接于截干高约1～1.5m的羊蹄甲砧木上，约经15天后便可愈合成活。再过半年后便可移床栽植。

(3) 压条繁殖　红花羊蹄甲的压条繁殖常采用空中压条繁殖。宜于3～5月份，选取直径3～5cm或6～8cm的健壮而较直的枝条进行压条。20～25天后压条开始生根，40天后可将其割离母株置于圃地假植或直接定植。

2. 栽植及养护管理

红花羊蹄甲宜春季移栽。小苗移栽易成活，大苗移栽需带土球。定植后的幼苗应进行轻度短截，以促其多生分枝。第二年早春，进行重短截，使其发出3～5个强健的一年生枝。生长期施液肥1～2次。越冬温度不宜低于10℃。生长期宜适当摘心、剪梢。避免夏季修剪，以免影响花芽的形成。

红花羊蹄甲栽植成活后应及时而适当地除去过多的萌枝及修剪大枝，利其长成良好的树冠，以及避免妨碍行人和交通。一般每年修枝两次，常在花后进行。

红花羊蹄甲的病虫害较少，常见的是棉古毒蛾等食叶性虫害，可用敌百虫和乐果3∶1混合稀释成800～1000倍水溶液，进行喷杀防治。

（四）观赏特性和园林用途

红花羊蹄甲为美丽的木本花卉，有春、秋季两次盛花期，繁花满树，极富色彩美，树姿婆娑，富有热带特色，在世界热带地区广为栽培，为优良的观赏树种。公园、庭园、行道、工厂和学校均可栽植，丛植、行植和片植均可。

十一、悬铃木

悬铃木（*Platanus acerifolia* Willd.）为悬铃木科悬铃木属。悬铃木属分三种，分别为一球悬铃木、二球悬铃木和三球悬铃木，俗称分别是美国梧桐、英国梧桐和法国梧桐。此处所介绍的是二球悬铃木，是三球悬铃木（P. orientalis）与一球悬铃木（P. occidentalis）的杂交种。世界各国多有栽培，中国各地栽培的也以本种为多。

（一）植物形态

二球悬铃木为落叶乔木，高可达35m；枝条开展，树冠广阔，呈长椭圆形；树皮灰绿色，不规则片状剥落，剥落后呈粉绿色，光滑。柄下芽。单叶互生，叶大，叶片三角状，长9～15cm，宽9～17cm，5～9掌状分裂，边缘有不规则尖齿和波状齿，基部截形或近心脏形，嫩时有星状毛，后近于无毛。头状花序球形直径2.5～3.5cm，果下垂，通常2个一串，状如悬挂着的铃；花期为5月份，果期为9～10月份，坚果基部有长毛（图14-10）。悬铃木的形态见彩图11。

（二）生态习性

二球悬铃木为阳性树种，喜温暖气候，有一定的抗寒力，对土壤的适应能力极强，能耐干旱、瘠薄，在酸性土、碱性土、垃圾地、沙质地、石灰地、潮湿的沼泽地等均能生长；萌芽性强，很耐重剪；抗烟性强，对SO_2、Cl_2等有毒气体有较强的抗性。本种树干高大，枝叶茂盛，生长迅速，易成活，耐修剪，但根系分布较浅，台风时易受害而倒斜。

（三）栽培技术

1. 繁殖方法

图14-10　二球悬铃木

二球悬铃木的繁殖方法可为播种和扦插。

(1) 播种繁殖　若要进行悬铃木的播种繁殖则要在秋季采种然后将其干藏，翌年4月初进行低床撒播，播前用冷水浸种催芽。

(2) 扦插繁殖　悬铃木的扦插繁殖以选择生长旺盛、芽眼饱满、无病虫害的当年苗作种条最佳。因条件限制，也可以从2～3年生树上选择，但以经过当年修剪后萌发的壮枝条为宜。

采条剪穗时间宜在12月初左右。其插穗应比其他树种稍长，长度在20cm左右，在剪穗段芽眼顶端保留2cm，避免受伤组织伤害芽眼，并注意剪口平滑。

由于悬铃木生根速度慢，故种条需贮藏，时间应在2个月左右。方法是将剪好的种条按上下、粗细的顺序过数后均匀打捆，采用挖窖沙藏法贮藏，挖窖深度一般在50～70cm。

扦插圃地应选择灌排方便、土壤肥沃、土质疏松的田块，土壤酸碱度的范围宜在pH值7.0～8.0。

悬铃木种条经过一定时间的贮藏，待插穗基部形成愈伤组织，达到形成不定根的程度时，即可进行扦插。为促生根成活可采用地膜覆盖，能使扦插时间提前一个月。扦插完后，灌足水，然后进行地膜覆盖。地膜覆盖具有保温保湿等特点，其能使悬铃木发芽快，生根迅速，成活率可达到95%以上。

在芽萌动后先捅破薄膜，俗称"放风"，待芽形成叶后，再破膜露苗。破膜露苗一切完成后，应及时灌水，以后注意灌水，始终保持圃地湿润。树苗成活后，初期宜采用叶面追肥，并注意防治病虫害。以后为增加土壤的通透性，促进根系发育，增强其吸肥吸水的能力，随着苗木生长可去掉薄膜进行中耕松土，清除杂草及追加肥料。

2. 栽植及养护管理

用作行道树的悬铃木，树形采用杯状形和自然开心形，栽植当年冬季进行修剪，选择3～4个生长健壮、分布均匀和斜向生长（与主干大约呈45°角）的枝条做主枝，其余枝条全部剪去。在第二年生长季节有目的的培养主枝，除去竞争枝和萌蘖枝。每年冬季修剪要注意培养主枝优势，剪除直立枝、竞争枝和重叠枝。经过3～4年的培养，树冠基本形成。

悬铃木的主要害虫有大袋蛾、刺蛾、黄斑椿橡等，可在害虫为害期喷敌杀死3000～3200倍液进行防治，效果很好。

(四) 观赏特性和园林用途

悬铃木生长迅速，树形端整，叶大荫浓，耐修剪，抗烟尘，被誉为"世界行道树之王"，也是良好的庭荫树及厂矿区绿化的好树种。但是，由于其幼枝叶、球果上的刺（微）毛逐渐脱落，如吸入呼吸道会引起疾病，故在幼儿园等处勿用。在夏季修剪时，园林工人应注意劳动保护，应戴风镜、口罩、耳塞，以免进入口、眼、鼻、耳内。

十二、毛白杨

毛白杨（*Populus tomentosa* Carr.）为杨柳科杨属，别名大叶杨。毛白杨为我国特产种，分布广，北起辽宁，南达江浙，西至甘肃、宁夏等省区都有栽培，以黄河中、下游较多。

(一) 植物形态

白毛杨为落叶大乔木，高可达30m。树冠卵圆形或卵形，树干挺直，树皮青白色，平滑，皮孔菱形。叶三角状卵形，先端渐尖，基部心形或截形，缘具缺刻或锯齿，表面光滑或稍有毛，背面密被白绒毛。雌雄异株，花序为柔软下垂的葇荑花序，花期为2月下旬至3月中下旬，叶前开放。蒴果呈小三角形，2裂；种子具长白色纤毛（图14-11）。毛白杨的形态见彩图12。

（二）生态习性

白毛杨喜光，耐寒，喜凉爽湿润气候。对土壤要求不严，在酸性至碱性土壤上均能生长，但在深厚肥沃的土壤上生长最好，其不宜于在特别干旱、瘠薄或低洼积水处种植，不耐盐碱。抗烟性和抗污染能力也较强。

（三）栽培技术

1. 繁殖方法

毛白杨的种子稀少，仅在分布中心可采到，并且播种后出苗也不齐，故很少采用播种育苗。常用扦插、埋条、留根和嫁接等法繁殖，其中嫁接繁殖成活率可高达90%。

图14-11　白毛杨

（1）扦插繁殖　白毛杨扦插的插条应采自树形良好、生长健壮、无病虫害的母树上的一年生萌条，也可将一年生苗截干，取其上部苗干，插穗长20cm左右。插穗沙藏至翌春扦插，插前浸水3~7天（白天泡水，夜间捞起），可提高生根率。扦插时将不同粗度和部位的插穗要分开扦插，以求苗木生长整齐。从扦插至6个月前是毛白杨自养及生根阶段，应加强管理，促使其提早生根。由于毛白杨根的蘖生能力很强，也可用留根的方法获取新株。

（2）嫁接繁殖　毛白杨自然变异很大，要想保持母本的优良性状，可行嫁接繁殖。砧木多用加杨、小叶杨、钻天杨等，采取伐根嫁接、根茬嫁接和芽接等不同方法进行嫁接，其中伐根嫁接和芽接的成活率较高。伐根嫁接的砧木为中龄林或近成熟林，伐根的时间应在冬季或早春，以免根部水分蒸发。伐根高度在5~10cm。伐根低，易培土，不易风折。芽接应在砧木树液流动后，皮层和木质部已经能够分离，即用手能捏开树皮时可开始进行嫁接。

2. 栽植及养护管理

毛白杨适应性强，生长快，管理方便，春秋两季皆可栽植。栽时将侧枝从30~50cm处截去，宜稍深栽，栽后充分浇水，并固定树干。栽后应注意加强肥水管理及病虫害防治。毛白杨常见病虫害有毛白杨锈病、破腹病、根癌病、杨树透翅蛾、潜叶蛾、天牛、蚜虫等，应注意及时防治。

（四）观赏特性和园林用途

毛白杨树干灰白端直，树冠高大广阔，叶片形大色绿，是优良的行道树种，亦适于孤植、丛植在空旷地及草坪上，更能显出其特有的风姿，还可作为农田林网化和厂矿绿化的树种。但因其开花时花絮飘扬，污染环境，在居民区绿化时以选雄株为好。

十三、垂柳

垂柳（*Salix babylonica* L.）为垂柳属于杨柳科柳属植物，又名水柳，垂枝柳。其适应性强，树形优美，枝柔下垂，繁殖容易，是优美的风景树、庭荫树种，也是河岸、湖边防风固沙、维护堤岸的重要树种。

（一）植物形态

垂柳为落叶（亚）乔木，高达12~18m，树冠倒卵形或长卵形；小枝细长通常下垂，但也有枝条直立的，褐色、淡褐色或淡黄褐色，叶披针形或线状披针形，先端渐长尖，基部楔形，叶缘具细锯齿；雌雄异株，葇荑花序，一般2月下旬到3月中旬开花；蒴果，3月下旬到4月中旬果实成熟，成熟种子细小，种子千粒重0.1g（图14-12）。

垂柳的雌雄株在形态上有明显的差异，一般雄株枝条粗壮，花芽大，吐芽开花比雌株早3~5天。垂柳的形态见彩图13。

（二）生态习性

垂柳喜光，不耐阴，喜温暖湿润的气候，耐寒，对温度适应性强，在气温-40℃或40℃地域均可正常生长。垂柳喜潮湿、肥沃和深厚的酸性及中性土壤，耐盐碱，在含盐量不高于0.2%的土壤上能正常生长。垂柳特耐水湿，在河边、湖岸、堤坝生长最快，大树被洪水淹没，其能从树干上长出大量不定根，近水面碇根的数量较多，由于这一特性，垂柳常用来做防洪护堤树种。垂柳亦耐旱，在地势高燥的地方也生长良好。

垂柳的萌芽性强，亦耐修剪。根系较深且发达，有较强的抗风能力。

（三）栽培技术

1. 繁殖育苗

图14-12 垂柳

垂柳以扦插繁殖为主，也可播种和嫁接繁殖。扦插极易生根，有"无心插柳柳成荫之说"。扦插于早春进行，选择生长快、无病虫害、姿态优美的雄株作为采条母株，剪取2~3年生的粗壮枝条，截成15~17cm长的径段作为插穗。直接扦插，插后充分浇水，并经常保持土壤湿润，该法成活率极高。

柳树苗期应注意树形培养，主要是合理修剪。一年生苗如果不到1m或形状不好，翌年早春应短截成10cm左右，只留一个主枝，其余萌枝全部剪除。一年生苗长至1.5m以下时，一般不能剪除下部的侧枝。二年生苗可逐渐剪除下部的侧枝，上部的侧枝宜进行短截。

2. 栽植与养护管理

垂柳特别适宜于栽在湖泊、池塘四周和河流、渠道两旁。进行"四旁"绿化时要选用大苗，即2~3年生的扦插苗或实生苗，高2.5~3m，地径3.5cm以上。或者是用带梢的高插干，干高3m以上，粗3~5cm，单行栽植可采用4~6m的株距。因为垂柳发芽早，栽植时间适宜在冬季，所谓"三九、四九河边插柳"。

垂柳栽后的生长需大量的水分和肥料，所以应勤施肥，多浇水，一般一年可长2m左右。

在进行公园、城市或居民点绿化时，要选择雄株，因为雌株在春天产生大量柳飞絮，不利于环境卫生。

（四）观赏特性和园林用途

垂柳主干明显、通直、刚劲，枝条金黄，柔软下垂，随风飘舞，姿态婆娑潇洒，妩媚动人，具有独特的观赏价值，植于河岸及湖池边最为理想，自古即为重要的庭园观赏树。

垂柳不仅是优美的风景树、庭荫树，也是防风固沙、维护堤岸的重要树种，尤其是春天不飞絮的雄性垂柳，更是造林、绿化的首选树种之一。

垂柳对有害气体抵抗力强，并能吸收SO_2，故也可用于工厂绿化。

十四、小叶榕

小叶榕（*Ficus microcarpa* L. f.）为桑科榕属，别名细叶榕、榕树和榕。

（一）植物形态

小叶榕为常绿大乔木，高可达25m。分枝多，树冠广展，气根多，延伸至地面时形成支柱根。单叶互生，革质，椭圆形、卵状椭圆形或倒卵形，叶面暗绿色、亮泽，背面淡绿色。隐花果，扁球形，成熟时淡红色。花期为5~6月份，果期为7~10月份（图14-13）。小叶榕的形态见彩图14。

（二）生态习性

小叶榕喜光，喜温暖湿润的气候，不耐寒，冬季气温不能低于0℃。耐水湿，喜疏松、肥沃的酸性土壤。对H_2S、SO_2、氟化物、粉尘、酸雨、酸雾等有害气体有较强抗性。

（三）栽培技术

1. 繁殖育苗

（1）播种繁殖　小叶榕10月份至翌年4月份均有果实成熟，在果实淡红色时采收。将果实晾干碾碎，筛取种子；或将果实捣烂，洗去果皮肉，淘取种子，晾干，所得种子即可播种或干藏。播种时间为3～4月份或8～10月份。播种前用0.3%～0.5%的高锰酸钾溶液对土壤进行消毒，用过筛的草木灰与种子混匀，然后均匀撒于畦面，不再覆土，搭防雨、遮荫棚，播种量为0.9～1.2g/m²。播种后，每天早晚用喷雾器喷水各1次，保持土壤湿润。苗高2～3cm时，应追施1%～2%的人粪尿或0.1%的尿素溶液，每月2～3次。当苗高4～5cm时移入袋内，并搭50%透光度的荫棚。苗高40～50cm时，再次移植培育大苗。

图14-13　小叶榕

（2）扦插繁殖　小叶榕扦插繁殖的苗圃地要深耕翻土，打碎作畦，畦宽1.0～1.2m，高20～25cm，畦面平整细致，稍压紧，洒水湿透床面。

① 大枝扦插。小叶榕大枝扦插时应选择采种树上较直的枝干为插穗，一般径粗6～10cm，长2～2.5m，修去全部枝叶，上端截平，用稻草拌黄泥浆包好，再用薄膜包扎，下端削成马耳形切面，要求切面平滑勿撕裂；大枝扦插时应挖树坑，规格一般为长宽高50cm×50cm×60cm。将备好的大枝直立埋入坑底，埋入地面0.5m，然后填土压实，并淋水保湿。

② 小枝扦插。小叶榕小枝扦插时应选择采种树上2～3年生枝条，径粗2～4cm，长10～15cm，要求切口平滑勿撕裂。按20～30cm的株行距扦插，插枝露出土面1cm，培土压实，并搭50%透光度的遮荫棚。每天早晚用喷雾器喷水各1次，保持土壤湿润。扦插1个月后应追施1%～2%人粪尿或0.1%的尿素溶液，每月2～3次。做好除草、松土等管理工作。扦插苗保留1条健壮通直的萌条，其他萌条均除去。

以上播种繁殖和小枝扦插繁殖苗木需经多次移植，直至符合种植要求，具体视培育目标而定。在分床间苗时可全面移栽，一般1年进行1～2次，以春、秋季为宜。为使苗木干形达到应用要求，必须对其进行整形修剪，控制好苗木的枝下高和树冠。对于主干不通直或生长不良的苗木，可采用截干养干法培养通直主干，一般经过2～5年的培育即成大苗。

大枝扦插苗1～2年即可带土球出圃栽植。

2. 栽植及养护管理

小叶榕一年四季均可栽植，以3～4月份或8～10月份进行较适宜。株行距应根据具体应用而定。道路绿化，株行距为5～6m；庭园绿化及其他园林绿地绿化、山地绿化，可根据设计而定，一般株行距应在3～4m以上。

栽植前应先往植穴内垫些松土，然后将土球与穴壁间的空隙用土填满、捣实，栽植深度与原来深度一样。

栽植后应做好施肥、除草、松土等管理工作，并视其生长情况进行整形修剪，剪去过密枝叶和病梢。

危害小叶榕的主要有榕管蓟马和灰白蚕蛾2种害虫。榕管蓟马可用鱼藤精乳剂（含鱼藤酮2.5%）或50%杀螟松乳剂2000倍液等喷洒。灰白蚕蛾可用含活芽孢100亿/克菌量的杀螟杆菌 1000 倍液喷洒，或于幼虫孵化盛期用 80％敌敌畏乳剂 1000 倍液或 90％敌百虫 800 倍液喷洒。

（四）观赏特性和园林用途

小叶榕树姿优美，叶色翠绿，隐花果自夏至秋色彩多变，观赏效果佳，生长在土壤、空气潮湿环境中的老年植株可形成"独木成林"的奇特景观，是我国南方沿海城乡广为栽植的树种，可作为庭荫树、行道树、园景树、防火树、防风树、绿篱树或进行修剪造型。小叶榕在各类庭园、公园、游乐区、庙宇等均可单植、列植和群植。

十五、木棉

木棉（*Gossampinus malabarica*（DC.）Merr.）为木棉科木棉属，别名英雄花、红棉、攀枝花。原产中国、越南、缅甸、印度至大洋洲。热带地区普遍栽植。

（一）植物形态

木棉为落叶大乔木。高达 30～40m，胸径达 1m 以上。主干挺拔直立，树冠伞形。幼树干和老树粗枝有短而大的圆锥形皮刺。枝轮生，平展。掌状复叶，互生。小叶具叶柄，薄革质，矩圆形或椭圆形，两面均无毛。花大，红色，直径约 12cm 或以上；花瓣肉质，矩圆形。蒴果木质，果瓣内有棉毛。花期为 2～4 月份，果期为 6 月份（图 14-14）。木棉的形态及花见彩图 15。

（二）生态习性

木棉喜光，喜高温、湿润气候，适应性强，耐干旱瘠薄，抗风，抗污染，对土壤选择不严。在日照充足、排水良好和较肥沃的土壤上生长快。

（三）栽培技术

1. 繁殖方法

木棉主要用播种繁殖，也可进行扦插繁殖。

（1）播种繁殖　木棉种子应在蒴果接近成熟但未开裂之前及时采集。果实采回后摊于阳光下曝晒几天，蒴果开裂，种子随棉絮而出。用 50℃温水浸种 24h（自然冷却），即可播种；也可干藏至次年春播。随采随播有利种子的发芽和幼苗的生长。木棉的插种繁殖可用条状点播法播种，具体操作为：每隔 30cm 开一条播种沟，深 3～4cm，把种子点在沟内，粒距 1cm，覆土 1 cm，播后保持苗床土壤湿润。也可撒播于沙床，待次年春苗高 60～70cm 时，再将其移至圃地培育，株行距 (70～80)cm×(100～120)cm。幼苗生长期，每季度除草施肥 1 次，培育 2～3 年苗高 1.5～2m，即可出圃定植。

图 14-14　木棉
1—叶枝；2—花枝；3—花纵剖面；
4—果；5—子房纵剖面

（2）扦插繁殖　木棉花的扦插可在早春未开花抽芽之前，采集健壮的 1～2 年生冬芽饱满的枝条，剪成 20cm 长的插条，插于沙床，淋水保温，待其长叶发根后移入苗床培育。也可用较粗大（径 5～10cm）的枝桠进行大干埋插，干长 80～100cm，株距 80cm，坑深 30cm。先在坑底灌水，拌成泥浆，将干插于穴中，再填满土踩实，切忌硬插，以免损坏或折断插条影响成活。埋插后需经常淋水保湿，成活后需要注意除去过多的萌条和腋芽，保留 1 条健壮的萌条向上生长，使之形成优良主干，培育 1～2 年即可出圃定植。

2. 栽植及养护管理

木棉可在春秋两季移栽。一般孤植或列植。株行距 8m×10m 或者更疏。定植时需挖大穴，施足基肥，带土团定植，浇足定根水；移栽时只要摘掉 2/3～3/4 的叶片。前 3 年每年施肥 2~3 次。开花后适量修剪。需注意防治木棉织蛾的危害。

(四) 观赏特性和园林用途

木棉主干通直挺拔,枝条平展,树冠伞形。先花后叶,花大,鲜红似火。花期整个树冠远远望去好似用红花铺成,极为壮观。翠绿的掌状复叶也很美观。可观花、观枝、观干及观叶,为广州市市花,是优美的园景树和行道树。木棉在各式庭园、公园、游乐区、庙宇等均可单植、列植或群植。

十六、元宝枫

元宝枫(*Acer truncatum* Bunge)为槭树科槭树属,别名平基槭。主要分布于黄河中下游各地以及东北地区的南部和江苏北部、安徽南部。多长于海拔 800m 以下的低山丘陵与平地,在山西南部海拔 1500m 处也可见野生枫树。

(一) 植物形态

元宝枫为落叶小乔木,高达 10~13m,树冠伞形或倒卵形。单叶互生,掌状 5 裂,全缘,叶基通常截形。顶生伞房花序,黄绿色,杂性,雄花与两性花同株。双翅果扁平,两翅展开约成直角,果翅与果等长或略长。花期为 4~5 月份,果期为 10 月份(图 14-15)。元宝枫的红叶见彩图 16。

(二) 生态习性

元宝枫为弱阳性植物,喜温暖、湿润及半阴环境,植于背风、湿润和有侧方遮荫处更好。喜肥沃、排水良好的土壤,有一定的耐旱能力,但不耐涝,雨季应注意排水,积水会导致其烂根。元宝枫的萌蘖力强,寿命长。深根性,抗风雪能力较强。元宝枫具有极强的抗病虫害能力。

图 14-15 元宝枫

(三) 栽培技术

1. 繁殖方法

元宝枫的繁殖常用播种、嫁接和扦插的方法,以播种方法为主。

(1) 播种繁殖 秋天,当元宝枫的翅果由绿变黄时即可采收,将其晒后除去果皮,收取种子即可播种,也可干藏越冬,翌年春播。播前用 40~50℃ 的温水浸种 2h,捞出洗净后与粗砂 2 倍量掺拌均匀,堆置室内催芽,其上用湿润草帘覆盖,每隔 1~2 天翻动 1 次,约 15 天左右,待种子有 1/3 左右发芽时即可播种。一般采用大田开沟垄播,垄距为 60~70cm,播后覆土 2cm,稍加镇压,覆草保持垄土湿润,半月后便可出苗。幼苗出土 3 周后间苗,6~7 月份抹侧芽 1 次。1 年生苗木可高达 1m 左右。在寒冷地区的冬季,为防枝梢冻害,需在秋季落叶前将苗木移入假植沟中越冬;春季移栽后要注意主干的培养,及时剪去侧枝。一般 4~5 年生苗可出圃定植。

(2) 嫁接繁殖 元宝枫的优良品种可用嫁接法繁殖,砧木可用 4~5 年生槭树类实生苗,春季芽膨大时靠接易成活,切接在 3~4 月份进行,芽接在 5~6 月份或 9 月中下旬进行,此时接口易愈合。

此外,元宝枫的扦插繁殖可用半木化枝条扦插,其易于生根。

2. 栽植及养护管理

元宝枫春、秋季均可栽植,晚秋栽植成活率较高,4 年生以上大苗移栽时需带土坨。元宝枫的侧枝多，干形较差，栽植不宜过稀。株行距为 1m×1.5m 或 1m×2m，作为行道树树种栽植时可采用 4~6m 的株距。栽植时，栽植穴内施 1~1.5kg 腐熟堆肥或厩肥，栽后浇足定根水，以后每隔 1~2 年追施有机肥 1 次。休眠期适当定冠修剪，待植株长到 3m 以上后则不必再行修剪。

（四）观赏特性和园林用途

元宝枫树姿优美，叶形秀丽，嫩叶红色，秋叶橙黄色或红色，是我国北方著名的秋色叶树种之一。其可作庭荫树、行道树或与不同种类的常绿树配置或片植，金秋时节叶色红黄，层林尽染。另外，元宝枫能耐烟尘及有害气体，可用于城市及工矿区的绿化。

十七、桂花

桂花（*Osmanthus fragrans*（thunb.）lour.）为木犀科木犀属，是我国十大传统名花之一。原产我国西南部，现广泛栽培于长江流域各省区，华北多行盆栽。

（一）植物形态

桂花为常绿小乔木或灌木，高可达 12m，自然圆头形。树皮灰色，粗糙，皮孔明显，不裂，2~3 芽叠生于叶腋，单叶对生，叶革质，叶椭圆形或椭圆状披针形，先端渐尖，基楔形，幼树及萌条上的叶的边缘有疏生锯齿，大树上的叶全缘或上半部有细锯齿。花期 9~10 月份，花小，黄白色，浓香，2~5 朵组成聚伞状花序、腋生。核果椭圆形，紫黑色，第二年 4~5 月份成熟（图 14-16）。桂花的形态见彩图 17。

桂花的栽培类型和变种主要有丹桂（var. *aurantiacus* Makino），花橘红色或橙黄色；金桂（var. *thunbergii* Makino），花黄色至深黄色；银桂（var. *latifolius* Makino），花近白色；四季桂（var. *semperflorens* Hort.），花白色或黄色，花期为 5~9 月份，可连续开花数次。

图 14-16　桂花
1—花枝；2—果枝；3—花冠展开（示雄蕊）；
4—雄蕊；5—去花冠及雄蕊之花

（二）生态习性

桂花为中性偏阳性树种（幼树较耐阴，中年以后较喜光），喜温暖湿润和通风良好的环境，不耐烈日干风，不耐严寒和干旱。适宜深厚、肥沃、湿润而排水良好的酸性沙质壤土，及稍有庇荫、背风的地方。忌涝地、碱地和黏重土壤；怕积水，在风口、迎风面或土壤干燥、贫瘠、土层较薄的地方生长不良。对 Cl_2 和 SO_2 有中等抗性，但不耐烟灰。

（三）栽培技术

1. 繁殖方法

桂花繁殖常用方法有扦插、嫁接和播种等。

（1）扦插繁殖　自 20 世纪 80 年代初期采用了高低层双重荫棚和封闭扦插以及全光照喷雾扦插育苗技术以后，桂花扦插成活率大大提高，于是，扦插育苗就得以广泛应用。

桂花扦插的具体方法为：6 月中旬左右，剪取树冠中上部向阳且生长健壮的半木化枝条作插穗，穗长一般为 8~10cm、粗度为 0.3~0.5cm。打去顶梢，剪留两片半叶，然后用生根促进物质进行促根处理。扦插深度为插条长度的 1/2~2/3，插时要求均匀整齐，叶片的朝向一致，以保证通风透光和扦插数量。扦插一般密度为行距 10~12cm，株距 3~5cm。插后及时遮阳，否则其难以发根成活。遮阳材料可选择遮阳网或芦帘、稻草等。在扦插初期可使用双重荫棚，即搭一个高 2m 的高荫棚，在其上方和四周盖上或挂上帘子，再在高荫棚下，按每床规格，各搭盖 0.7m 高的低荫棚。桂花插条要求阴凉、湿润、少风，扦后应特别加强水分、温度和光照的控制和调节，水分调控是影响桂花扦插成活的关键。

此外，生产中采用在遮荫条件下再用塑料薄膜全封闭式扦插法或全光照间歇喷雾扦插法，特别是全封闭式扦插法具有插后养护管理简单、成活率高等优点。

(2) 播种繁殖　桂花的果实在每年 4～5 月份成熟，当果皮变为紫黑色时，即可将其采收。采收后，洒水堆沤果实使果皮软化，然后洗净果皮，取得种子后阴干。随即播种或及时进行混沙贮藏至当年 10 月份秋播或次年春播。但以秋播和春播为好。如夏播，当年发芽率很低（待到第二年甚至第三年仍有发芽）。秋播可不行催芽。春播可直接用湿沙层积催芽种子后播种，或于春播前，将消毒后的种子放入 50℃ 左右的温水中，浸种 4h，然后取出放入箩筐内，用湿布或稻草覆盖，放置在 18～24℃ 的温度条件下催芽。待有半数种子裂嘴或稍露胚根时即可以进行播种。

桂花的播种繁殖一般采用条状点播，条距 20cm 左右，在播种沟内每隔 6～8cm 播种一粒。还可采用宽幅条播，行距 20～25cm，幅宽 10～12cm，播种量为 300kg/hm²。

桂花幼苗生长较慢，比较耐阴。当进入夏季高温季节时，应及时搭棚遮荫，保持荫棚的透光度为 40% 左右，到 9 月上中旬，可拆除荫棚。

(3) 其他繁殖方法　除上述两种繁殖方法外，也可应用嫁接、压条繁殖方法来培育桂花苗木。其中，嫁接繁殖可利用本砧即桂花播种苗，以取代女贞或小叶女贞等桂花异种或异属砧木。在本砧上嫁接优质品种桂花，可提高砧穗的亲和性，稳定开花品质，提早和缩短桂花的始花年龄。

2. 栽植及养护管理

桂花栽植时应选择不积水的地方，要求土壤为肥沃的酸性沙质土壤。桂花移植时一定要带土球，并于新梢发芽前或秋季新梢停止生长、新芽形成之后进行，移植季节最好在秋季花后半个月至一个月期间。桂花的大树移植则需在 3 月中旬以前进行，若移植不当，常会在以后的 3～4 年内生长势衰弱，不会开花，故需特别注意。

桂花有两次生长的习性，但以春梢生长占明显优势（前期生长型），来年春季发芽早，故宜于 11～12 月份冬施基肥，使其翌年枝叶繁茂，有利于花芽分化；夏季 7 月份，二次枝未萌发前进行追肥则有利于其二次枝的萌发，使秋季花朵繁茂。

桂花幼年树形宜为合轴主干形。幼株定植后，应选一与主干直顺生长的当年生枝梢，约剪梢端，剪口下留下一个健壮芽（损伤与其对生的另一芽），使其抽新梢作为主干延长枝，以后以此类推。对于主干中下部的一些粗壮枝，可视其在主干上的具体分布情况进行选留，使上下枝条互相错落着生；主干基部如有萌芽枝，则宜尽早剪除，以免造成多干影响树形。

随着树体不断增高，枝下高也应逐年提高，待其枝下高达 1.5m 时，即可将桂花主干顶梢除去，主干上仅保留 4～5 个大主枝，即形成自然圆头形树冠。以后的修剪即维护自然圆头形树冠，一方面要逐年对树冠内的枯死枝、重叠枝等进行疏除，另一方面则要视枝条的具体着生位置、分布数量等情况进行适当的回缩修剪，也就是要把放得过远的主枝或侧枝，选其中后部有强健分枝处进行剪截，以缩短枝条与主干的距离，改善其营养条件，从而使其复壮。

(四) 观赏特性和园林用途

桂花树冠圆整，叶大浓绿，四季常青，是我国十大传统名花之一。金桂飘香，恰逢中秋佳节，因此，古往今来，诗人为之作赋，画家为之挥毫。园林中，常将两桂对植庭前，即"两桂当庭"，是传统配置手法。桂树还可植于路侧、假山之旁，凉亭亭际。如与松树配置，则"丹葩间绿叶，锦绣相重叠"。桂树用于丛植，则有"清风一日来天阙，世上龙诞不敢香"；片林用四季桂更是"一月一开花，四时香馥馥"。桂树还可做球形树，植于花坛、路旁、草坪，效果均好。

桂花于秋末浓香四溢，香飘十里，是极好的景观；与秋色叶树种同植，有色有香，是点缀秋景的极好树种；淮河以北地区常桶栽、盆栽桂树，用布置会场和大门。

十八、棕榈

棕榈（*Trachycarpus fortunei*（Hook.f.）H. Wendl.）为棕榈科棕榈属，别名棕树、山棕。

（一）植物形态

棕榈为常绿乔木，高可达 25m，茎单干直立，圆柱形，具环状叶柄痕，树干常残存老叶柄及密被棕褐色网状纤维叶鞘。树冠伞形或圆球形。叶近圆形，簇生茎顶，掌状深裂成多数狭长的裂片，裂片先端硬挺不下垂。棕榈通常雌雄异株，核果阔肾形，蓝褐色，被白粉。花期为 3～5 月份，果期为 12 月份（图 14-17）。棕榈的形态见彩图 18。

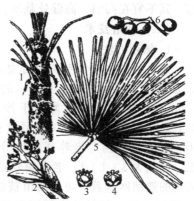

图 14-17　棕榈
1—树干顶部；2—花序；3—雄花；
4—雌花；5—叶；6—果

（二）生态习性

棕榈为半阳性树种。喜温暖湿润的气候，肥沃、深厚、湿润且排水良好、中性、石灰性或微酸性黏质壤土。其耐寒，为世界上最耐寒的棕榈科植物。生长慢，根系浅，栽培管理较易。

（三）栽培技术

1. 繁殖方法

棕榈主要采用播种繁殖。10～11 月份果熟，应及时采收。最好随采随播，如需翌年春播，应于高燥处湿沙贮藏。春播宜于 3～4 月份进行。播种前应将种子用草木灰温水（灰水比为 2∶8）浸泡 5～7 天，以利于种子吸水萌发。育苗地要求土层深厚、排水良好、质地疏松。苗床需做成高床。应适量施入基肥。棕榈的播种繁殖采用条播，条距 25cm，播种量为 600kg/hm²，播种后覆盖细土 2cm，最后遮盖稻草，播后约 50 天左右发芽出土，播种当年要进行 3～4 次中耕除草和追施肥料。苗初期生长缓慢，当年苗仅高 3cm，次年留床，第三年分栽。用于绿化的苗需培育 7 年以上。

2. 栽植及养护管理

棕榈宜在春夏间移栽，大苗移栽需带土球，栽种不宜过深，栽时应疏剪一半叶片，以减少水分蒸发。棕榈移栽时采用大穴整地，穴直径 70cm、穴深 60cm，片植的穴距为 2m×3m，零星栽植的穴距宜大些。挖穴时要捡去石块、树根和树枝，且要回填表土，适当施有机肥作基肥。整地必须在栽植前 2 个月完成，以使回穴土壤在栽前陷实。每穴栽 1 株。立支柱以防风倒。棕榈苗栽植后的前 3～5 年内，每年必须中耕除草和追肥 2 次，穴内宜浅耕在 6cm 左右，穴外可深耕在 20cm 左右。移植后，棕榈萌生新叶，若有老叶下垂枯萎应及时剪去。

（四）观赏特性和园林用途

棕榈树干挺拔，叶形如扇，树姿优美，宜列植于建筑物旁及入口、庭前路边或群植于草地、池边与庭园中。

十九、老人葵

老人葵（*Washingtonia filifera* H. Wendl.）为棕榈科丝葵属，别名丝葵、华盛顿

椰子。

（一）植物形态

老人葵为常绿大乔木，茎单生，高15～20m，基部稍膨大，灰色，有纵裂纹或皱纹。单叶近圆形，掌状中裂，裂片线状披针形，长30～40cm，劲直，老叶先端稍下垂，边缘、先端及裂口有多数细长、下垂的丝状纤维；叶柄边缘有红棕色扁刺齿。肉穗花序生于叶丛中，花期为6～8月份。核果椭圆形，长1～1.5cm，熟时黑色，微有皱纹（图14-18）。老人葵的形态见彩图19。

（二）生态习性

老人葵喜温暖、湿润、向阳的环境，较耐寒，-5℃的短暂低温，不会对其造成冻害。老人葵喜阳，亦能耐阴，抗风抗旱均很强，喜湿润、肥沃的黏性土壤。其不宜在高温、高湿处栽培。

（三）栽培技术

1. 繁殖方法

老人葵的主要繁殖方法是播种繁殖。种子采收后，除去果皮，用水洗净，用2‰的多菌灵溶液消毒5～10min，置于河沙中贮藏。于沙床内播种，保持温度25℃，湿度75%，约20天可发芽。种子露白后选出，用容器培育幼苗，培养基质成分为熟土、塘泥和有机肥，比例为3∶1∶1。老人葵幼苗定植到营养杯时需用50%的遮荫网遮盖，防止幼苗被强光晒伤。定植后每隔30天施水肥。肥料浓度可逐渐增加，但不可超过2%。

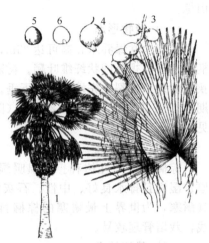

图14-18　老人葵
1—植株；2—叶；3—果序；
4—果实；5—种子；6—种子纵剖

幼苗如出现病虫害，应及时喷洒农药，主要用500倍百菌清或800倍多菌灵等农药喷洒。幼苗遭鼠害时，应及时灭鼠。

苗圃定植在春末或夏初进行。株行距可采用1.5m×2m。应施足基肥，基肥为200g有机肥。定期除草。干旱季节，要多浇水。施肥应根据苗木的生长而定。栽培前可在基肥中加施磷肥，幼苗栽培成活后20天可追肥1次。碳氨、磷肥、有机肥比例为1∶2∶15。其后春季施肥1～2次，夏季2～3次，秋季1次。

2. 栽植及养护管理

老人葵的移栽宜在春、夏间进行。小苗多带宿土，大苗应带土球。栽植后应及时松土除草，每年松土除草1～2次。栽植的头几年应进行深翻扩穴，施肥2～3次。刚种植植株适应性差，容易受烈日暴晒、强风吹袭及水分补充不足等因素的影响而造成植株易受伤害及坏死，应及时补充水分。

（四）观赏特性和园林用途

老人葵树冠优美，叶大如扇，生长迅速，四季常青，是热带、亚热带地区重要的绿化树种。干枯的叶子下垂覆盖于茎干之上形似裙子，叶裂片间特有的白色纤维丝，犹如老翁的白发，奇特有趣。宜孤植于庭院之中观赏或列于植于大型建筑物前及道中两旁。

二十、大王椰子

大王椰子（*Roystonea regia*（Kunth.）O. F. Cook）为棕榈科大王椰子属，别名王椰。著名的热带观赏植物。

（一）植物形态

大王椰子为常绿高大乔木，高达20m，胸径30～40cm，单干，茎灰白色有环纹，中部常膨大。叶鞘绿色，光滑，叶长 3～4m，羽状裂，裂片软而狭长，不在同一平面上排列。花单性，雌雄同株，肉穗花序分枝多而短，肉黄色，长 40～60cm。果球形，成熟后红褐色至紫黑色。花期为 3～4 月份。果期为 10 月份（图 14-19）。大王椰子的形态见彩图 20。

（二）生态习性

大王椰子为阳性植物，需强光。喜温暖、潮湿、光照充足的环境，土壤要求排水良好、土质肥沃、土层深厚。大王椰子的生长适温为 28～32℃，安全越冬温度为 10～12℃。其生长速度缓慢。

（三）栽培技术

1. 繁殖方法

大王椰子的繁殖方法主要是播种繁殖。采树龄 20 年以上充分成熟的果实，浸沤或用稻草堆沤 1 周，待果皮松软后，用水洗净种子上的果肉。种子忌脱水，宜随采随播或置于沙中贮藏。夏至秋季为大王椰子的播种适期。播种方法为：将种子播于沙床上，覆土深度以种子高度的 1/2 即可，经 40～50 天即可发芽。当苗长到 10～15cm 高时，

图 14-19　大王椰子

选择阴雨天气将苗移植到营养袋中进行培育，营养土的配比为 7 份表土、塘泥与 3 份草皮泥，再按 1% 的比例加拌磷肥。从沙床起苗时，要用黄泥浆根，以保证移植苗木的成活率，并将苗木置于荫庇处。在苗木生长过程中要经常保持土壤湿润，每半月施尿素水肥一次，浓度为 3‰～5‰，冬季一定要防寒。营养杯苗培育 1～2 年，苗高 70～80cm 时，选择阴雨天气带杯土移植于畦地，畦地应选择土层深厚、肥沃、湿润的沙壤土冲积土特别是填方土。株行距视苗木大小而定。一般以 1m×1m 或 80cm×80cm 为宜，大王椰子宜浅栽，栽植后一般要连续培育 2～3 年，旱时浇水，于生长季节每月追施氮肥 1 次，开沟浅施或水施，9 月份以后增施钾肥；栽植 1～2 年内夏季需遮荫，冬季需防寒。一般经过 5 年的培育，苗高可达 4.5～5.5m，地径可达 40～60cm。

2. 栽植及养护管理

大王椰子的苗木移栽宜在 4～6 月份间进行。小苗需用营养袋苗，中大苗需带土球。大苗或大树种植需提前 3～4 个月作"断根"处理。株行距为 1.2m×2.0m。中、大苗栽后必须适当疏剪老叶。定植时需挖大穴且要施足基肥，定植后应立支柱，防止摇动。

栽植后一般要连续抚育 4～5 年，进行松土、扩穴、培土，每年 1～2 次，分别在 5～6 月份和 7～8 月份进行。开花结实期后要加强施肥。常见病害为干腐病，多发生于 4～10 年生大树上，雨季发病最重。发病前喷洒 1：1：100 波尔多液保护，发病后喷 40% 乙磷铝 200～300 倍液进行防治。

（四）观赏特性和园林用途

大王椰子树干粗壮，高大挺直，姿态优美，为世界著名的热带风光树种。适宜列植作行道树、或群植作绿地风景树。

第二节　灌　木　类

一、含笑

含笑（*Michelia figo* (Lour.) Spreng.）为木兰科含笑属，别名含笑梅、山节子、香蕉花、含笑花、酒醉花。

(一) 植物形态

含笑为常绿灌木或小乔木。分枝多而紧密，树冠圆形，树皮和叶上均密被褐色绒毛。单叶互生，叶椭圆形，绿色，光亮，厚革质，全缘。根肉质。花单生叶腋，花形小，呈圆形，花瓣 6 枚，肉质淡黄色，花香袭人，有香蕉气味，花常不开全，花瓣半开，含而不放，有如含笑之美人，故名。蓇葖果卵圆形，先端呈鸟嘴状。种子红色。花期为 3～5 月份。果期为 9 月份（图 14-20）。含笑的形态见彩图 21。

(二) 生态习性

含笑为暖地木本花灌木，性喜温湿，不甚耐寒，长江以南背风向阳处能露地越冬。夏季炎热时宜生活于半阴环境，不耐烈日曝晒。不耐干燥瘠薄，但也怕积水，要求排水良好，疏松肥沃的微酸性壤土或中性土壤。含笑花性喜暖热湿润，不耐寒，适半阴，因此在环境不宜之地均行盆栽，可于秋末霜前移入温室，在 10℃左右温度下越冬。一般 4～6 月份生长较慢，7 月份生长中等，8～10 月份期间生长最快，11～12 月份生长较慢并停止生长。

图 14-20 含笑

(三) 栽培技术

1. 繁殖方法

含笑的繁殖以扦插为主，也可嫁接、播种和压条。

（1）扦插繁殖　含笑的扦插繁殖于 6 月间花谢后进行，扦穗剪成长 10cm 左右，保留先端 2～3 片叶，床土宜用排水良好的偏酸性疏松沙质壤土或泥炭土，扦插后需将土压实保湿，并喷苗且需在苗床上方需搭棚，以遮阳降温。同时，可在插床上覆盖塑料薄膜保湿，注意经常保持插床内的湿润状态，约 40～50 天可生根。

（2）嫁接繁殖　含笑的嫁接繁殖可用紫玉兰作砧木，于 3 月上、中旬进行腹接或切接。

（3）压条繁殖　含笑的压条繁殖可于 5 月上旬进行高枝压条，在所选枝条的适当部位作环状剥皮，然后以塑料薄膜装入酸性砂土或苔藓包于环剥处，以保证膜内材料湿润，约 7 月上旬发根，9 月中旬前后可将其剪离母体进行移植。

（4）播种繁殖　选择土层深厚，排水良好，疏松肥沃富含腐殖质的土壤育苗，种子于秋季成熟后可随采随播或翌年春插。随采随播时，可待种子阴干，用浓度为 0.5% 的高锰酸钾溶液浸种消毒 2h，再用温水浸种 24h，待种子吸水膨胀后捞出放于竹箩内稍晾干，然后用钙镁磷肥拌种即可播种。若要进行春播则将种子采集调制后立即进行湿沙层积储藏，时间约 2.5～3 个月，储藏期间要严防老鼠等啃食危害种子。

含笑的播种量为 120～150kg/hm²。播种后用焦泥灰覆盖种子，厚度约为 1cm，然后盖黄心土 1～2cm。为保持苗木土壤疏松、湿润，有利于种子发芽出土，还需覆盖稻草，其厚度以不见泥土为度。播种后要加强苗圃的田间管理，及时做好雨天清沟排水和干燥天气的洒水保湿工作。4 月初，当平均气温在 15℃ 左右时，种子开始破土发芽。在 70%～80% 的幼苗出土后就可在阴天或晴天傍晚揭去盖草，揭草后第 2 天开始用 0.5% 等量式波尔多液交替喷雾 2～3 次，前后两次应相隔 7～10 天。

夏季阳光强烈时应设荫棚，注意浇水，及地面洒水保持环境湿润。生长期间应每半月施用稀薄的腐熟液肥一次，以促使枝叶旺盛。9 月初至 10 月中旬每 7 天喷施磷酸二氢钾 1 次。10 月中旬至 12 月中旬每隔 7 天喷施 0.1%～0.3% 的硼酸液 1 次，以促进苗木健壮，增强抗寒性。盆栽植株应二年翻盆一次更换新土。

含笑花常有介壳虫及煤污病为害，发现介壳虫可立即刷除，煤污病喷洗保洁自会消灭。

冬季-5℃低温来临前，苗床应采取覆盖薄膜的保护措施，使苗木安全越冬。

2. 栽植及养护管理

含笑移植宜在3月中旬至4月中旬进行，秋季也可，应带土球移植，并要适当疏剪枝叶。含笑喜温暖半阴，故栽植地应选避风、适当庇荫、向阳温暖处。花后应剪去残花，并适当修剪过密枝，使其内部通风透光良好。为避免冻害，宜及时停止施氮肥。

(四) 观赏特性和园林用途

含笑是著名的香花之一，树冠浑圆，叶片苍翠浓绿，四季常青，其"花开不张口，含羞又低头，拟似玉人笑，深情暗自流"，开花时节，苞润如玉，浓香扑鼻，深受人们喜爱，为中国名贵观赏花木。含笑适于在江南公园及私人庭院内丛植，也可配置于草坪边缘及林下，由于其抗Cl_2，也是工矿区绿化的良好树种。其性耐阴，可植于楼北、树下、疏林旁，北方多盆栽室内观赏。花蕾可供药用，花含芳香油，可提取香精及入药。

二、石楠

石楠（*Photinia serrulata* Lindl.）为蔷薇科石楠属，别名千年红、扇骨木、石眼树、将军梨、石纲、凿角。主产长江流域及秦岭以南地区，华北地区有少量栽培，日本、菲律宾、印度尼西亚有分布。石楠是著名的庭院绿化树种。

(一) 植物形态

石楠为常绿灌木或小乔木，树形端正，干皮块状剥落。幼枝绿色或灰褐色，光滑；单叶互生，厚革质，长椭圆形至倒卵状椭圆形，先端尖，基部圆或楔形，边缘疏生具腺细锯齿，叶脉羽状，叶表面绿色，幼叶红色，中脉微具毛，叶柄粗壮，长2～4cm。顶生复伞房花序，花两性，花部无毛，花白色，冠径6～8mm。梨果球形，径5～6mm，熟时红色。花期为4～5月份，果熟为10月份（图14-21）。石楠的形态见彩图22。

(二) 生态习性

石楠喜温暖湿润的气候，能耐短期-15℃的低温，抗寒力不强，喜光稍耐阴，对土壤要求不严，但以肥沃湿润的砂壤土最为适宜，耐干旱贫瘠，能在石缝中生长，不耐涝。石楠的萌芽力强，耐修剪，对烟尘和有毒气体有一定的抗性。石楠多呈灌木状，然山东徂徕山国家森林公园中有高达5～6m者，生长良好。

图14-21 石楠

(三) 栽培技术

1. 繁殖方法

石楠的繁殖以播种为主，亦可用扦插和压条繁殖。播种于11月份采种，将果实堆放捣烂漂洗，取籽晾干，层积沙藏，翌春播种。播种后注意浇水和遮荫管理，出苗率高。扦插繁殖于梅雨季节进行，剪取当年健壮半熟嫩枝为插穗，长10～12cm，基部带踵，上部留2～3叶片，每叶剪去2/3。插后及时遮荫，保持床土湿润。石楠扦插易生根。南方以石楠为绿篱，常直接插条形成。

2. 栽植及养护管理

石楠的栽植宜在春季进行，小苗栽植多带宿土，大苗栽植须带土球，并要剪去部分枝叶，以减少水分蒸发。石楠树型端正，但栽植时要注意保护下部枝条，使树型圆满美观。石楠萌芽力强，适于造型，可修成各种形态，也可用于绿篱。

（四）观赏特性和园林用途

石楠树冠圆整，叶片光绿，初春嫩叶紫红，春末白花如银，秋日红果累累，极富观赏价值，是著名的庭院绿化树种。石楠可孤植、列植、对植于绿地、庭园、路边、花坛等地。石楠对 SO_2、Cl_2 有较强的抗性，且具隔音功能，叶和根可入药，具有祛风补肾之功效。石楠在南方地区常用作嫁接枇杷的砧木。

三、榆叶梅

榆叶梅（*Prunus triloba* Lindl.）为蔷薇科梅属，别名小桃红、榆叶鸾枝。因其叶似榆，花如梅，故名"榆叶梅"，又因其变种枝短花密，满枝缀花，故又名"鸾枝"。原产我国华北，现各地均有栽培，是中、北部地区春季重要观花树木之一。

（一）植物形态

榆叶梅为落叶灌木或小乔木，高达 3～5m；叶片宽椭圆形至倒卵形，先端渐尖或为3浅裂，基部宽楔形，边缘有不等的粗重锯齿；花粉红色或近白色，花柄极短，1～2朵紧贴生在叶腋处，常于4月上、中旬先叶开放（北方适当推迟），单株花期10天左右；核果多于7月份成熟，橙红色，近球形，直径1～1.5cm，有毛，味酸苦。重瓣或半重瓣两个品种因花的雄蕊与雌蕊退化而一般不结果（图14-22）。榆叶梅的形态见彩图23。

图 14-22 榆叶梅

（二）生态习性

榆叶梅喜光不耐阴，耐寒性强，在北方寒地的大部分地区均能露地越冬。对土壤要求不严，但以中性至微碱性且疏松肥沃的沙壤土为最佳。根系发达，耐旱力强，不耐水涝。生长快，病虫害少，抗污染能力强。

（三）栽培技术

1. 繁殖方法

榆叶梅可采取嫁接、播种、压条等方法繁殖。

（1）嫁接繁殖　园林中常用重瓣榆叶梅，而重瓣榆叶梅中有些优良品种不结实，或很少结实，扦插生根又有一定困难，繁殖率较低，所以榆叶梅的繁殖一般用嫁接法育苗。嫁接方法主要有枝接和芽接两种。嫁接砧木多选用1～2年生的毛桃、山杏或榆叶梅实生苗。枝接宜在春季芽萌动前采用切接、劈接、腹接等方法进行；芽接可在7～8月份采用"T"字形芽接。如欲将榆叶梅培养成小乔木状，可在山杏等砧木的主干上进行高接，使树冠的位置提高。

（2）播种育苗　榆叶梅的播种育苗可在7～8月间种子成熟后秋播，亦可将种子沙藏至翌年春季催芽后播种。播种时可床作或垄作。床作，可按25～30cm行距开沟条播，用种量为 $100g/m^2$ 左右；垄作，垄距为50～70cm，小垄单行、大垄双行点播，穴距10～15cm。

（3）分株育苗　榆叶梅生长快，根系发达，可用分株法获得栽植苗木，分株繁育在春、秋两季均可进行。

2. 栽植及养护管理

（1）移植　榆叶梅的栽植可在秋季落叶后至早春芽萌动前进行。对于大苗移栽，可在前一年的7～8月间，以保留根系完好为度，在移植前于苗的两面或三面施以断根，可以使其多长须根，对栽后成活有利。

栽培中需注意修剪和花后施肥。在幼龄阶段，每当花谢以后应对花枝适当短截，以促使腋芽萌发多形成一些侧枝。植株进入成年以后，株丛已长得相当稠密，这时应停止短截，将丛内过密的枝条疏剪掉一部分。花谢后要及时摘除幼果，以免消耗营养而影响来年开花。如果榆叶梅定植以后修剪成小乔木状，由于这种小乔木形树冠要求主干上的侧枝稠密适度，营养分配更加合理，此时不必再摘除幼果，让成串的果实挂满枝头，鲜红美丽，具有一定的观赏价值。榆叶梅花后需追肥，以利花芽分化，使来年花大而繁。如为盆栽或孤植，应注重其姿态和神韵。

（2）浇水施肥　榆叶梅喜湿润环境，但也较耐干旱。移栽的头一年应特别注意水分的管理，在夏季要及时供给植株充足的水分，防止因缺水而导致苗木死亡。在进入正常管理后，北方地区要注意浇好三次水，即早春的返青水，仲春的生长水，初冬的封冻水；在南方多雨地区，一般于夏秋高温干旱时注意灌溉即可。

榆叶梅喜肥，定植时可施1~2kg腐熟的牛马粪做底肥，第二年进入正常管理后，可于每年春季花落后，夏季花芽分化期和入冬前各施一次肥。在早春开花和展叶后，榆叶梅消耗了大量养分，此时对其进行追肥非常有利于植株花后的生长，可使植株生长旺盛，枝繁叶茂；夏秋的6~9月份为榆叶梅的花芽分化期，此时应适量施入一些磷钾肥，这次肥不仅有利于花芽分化，而且有助于当年新生枝条充分木质化；入冬前结合封冻水再施一些圈肥，这次肥可以有效提高地温，增强土壤的通透性，而且能在翌年初春及时供给植株需要的养分，这次肥宜浅不宜深，施肥后应注意及时浇水，可以采取环状施肥。

（3）修剪整形　榆叶梅在园林中最常用的树形是"自然开心形"。保留下来的侧枝也应当适当短截，逐步培养成开花枝组，开花枝组在主干上的间距应不小于30cm。花枝组培养过程中要注意中长枝和短枝相结合，这样做才可最大限度地使其着生花芽。

树冠基本培养形成后的修剪主要分为夏季修剪和冬季修剪。夏季修剪一般在花谢后的6月份进行，主要是对过长的枝条进行摘心，还要将已开过花的枝条剪短，只留基部的3、4个芽，以使新萌发的枝条接近主干枝，利于植株造型；冬季修剪一般在12月份到翌年的2月份进行，主要是剪去植株的过密枝、交叉枝、重叠枝、下垂枝、内膛枝、枯死枝和病虫枝，还可对一些过长的开花枝进行短截，一些过密枝的辅养枝和不做预备开花培养的上年生枝条要进行疏除。需要注意的是：花凋谢后应及时将残花剪除，以免结果而消耗养分，这一点常因人力所限而被疏忽，其实剪除残花是十分必要而且有意义的。

（4）病虫害防治　榆叶梅常见的病害有黑斑病和根癌病。

① 黑斑病防治黑斑病的防治措施主要为加强水肥管理，提高植株的抗病能力，秋末将落叶清理干净，并集中烧毁；春季萌芽前喷洒一次5波美度石硫合剂进行预防，如有发生可用80％代森锌可湿性颗粒700倍液，或70％代森锰锌500倍液进行喷雾，每7天喷施一次，连续喷3~4次可有效控制病情。

② 根癌病防治榆叶梅根癌病主要发生在根颈处，病菌从破损处侵入组织。高温高湿最利于植株发病。防治方法主要用经过消毒的刀将瘤状物切除，并涂抹波尔多液。

③ 常见害虫防治榆叶梅常见的虫害有蚜虫、红蜘蛛、刺蛾、介壳虫、叶跳蝉、芳香木蠹蛾和天牛等。如有发生，可用铲蚜1500倍液杀灭蚜虫；40％三氯杀螨醇乳油1500倍液杀灭红蜘蛛；用Bt乳剂1000倍液喷杀刺蛾；用2.5％敌杀死乳油3000倍液杀灭叶跳蝉；杀灭芳香木蠹蛾可用锌硫磷400倍液注入虫道后用泥封堵虫孔，以熏杀幼虫，也可采取根部埋施呋喃丹的方法来灭杀；可用绿色威雷500倍液来防治天牛。

（四）观赏特性和园林用途

榆叶梅枝叶茂密，花繁色艳，是北方园林的主要早春观花木之一。宜栽于公园草地、路边或庭园中的墙角、池畔，可配置于常绿树前、假山石旁，或与连翘、迎春搭配种植，均能产生良好的观赏效果。榆叶梅也适宜盆栽和做切花。

四、腊梅

腊梅（*Chimananthus praecox* (L.) Link.）为腊梅科腊梅属，又名黄梅花、香梅，也作"蜡梅"。原产我国中部，黄河流域至长江各地均有分布。现各地均有栽培。

（一）植物形态

腊梅为落叶灌木，高1~3m。大枝二歧状，小枝对生，嫩枝黄绿色，2年生枝灰褐色。叶对生，半革质，宽椭圆形或宽卵状椭圆形，长7~15cm，先端渐尖，基部圆形或广楔形，边缘具不整齐微锯齿或近全缘，叶表面有硬毛。花单生枝顶，径约2.5cm；花被片螺旋状着生，外轮蜡黄色，中轮有紫色条纹，有浓香。果托坛状，瘦果扁平或有棱，椭圆形，褐色。花期为12~3月份，远在叶前开放，果期为8~9月份（图14-23）。腊梅的形态见彩图24。

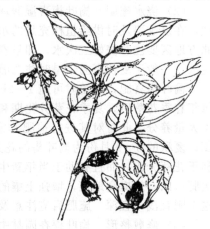

图14-23　腊梅

（二）生态习性

腊梅是我国特有的珍贵花木，常于寒冬腊月开花。腊梅喜光而又耐阴，较耐寒，冬季气温不低于－15℃时，其就能露地安全越冬，但开花时如遇到－10℃的低温，开放的花朵易受冻害。腊梅耐旱，有"旱不死的腊梅"之说，但仍以半墒为佳。其怕风，忌水湿，宜种在向阳避风处。腊梅喜疏松、深厚、排水良好的中性或微酸性沙质壤土，在黏土和盐碱土上生长不良。其发枝力强，耐修剪，有"腊梅不缺枝"的说法，根颈处易萌生旺盛的蘖枝。

（三）栽培技术

1. 繁殖方法

腊梅的繁殖以嫁接为主，也可进行分株和播种繁殖。

(1) 嫁接繁殖　腊梅嫁接繁殖的主要方法是切接和靠接。

① 切接。腊梅切接时间较短，应在春季腊梅叶芽萌发到麦粒大小时进行，芽大则不易成活。接穗要选取粗壮而较长的1年生枝条，尤以取自接后2~3年树上的枝条最好。切接前1个月左右，将要做接穗的枝条顶梢剪掉，使养分集中供应枝条中段的芽。接穗长6~7cm，留1~2对芽。砧木粗度应与接穗相近或粗于接穗，离地面3~6cm处剪断后进行切接，接后包扎好。北方地区为了保湿可于接好后绑缚，并用疏松的、半湿的土培成土堆，埋住接穗，一个月后扒开封土，除去砧木上的萌蘖，然后再将土轻轻封严，以免刚嫁接成活的嫩芽受日晒而死。随着嫩芽的生长，应逐步除去壅土。

② 靠接。腊梅的靠接在春、夏、秋三季均可进行，方法是把砧木与接穗容易靠近的地方的树皮各削去3~5cm，削深以去掉木质部的1/3左右为宜，再将两个切面紧贴一起，用塑料薄膜捆紧、绑严，50~60天可愈合。待二者充分生长在一起后，再将砧木上部和接穗下部剪去，即成一独立植株。

(2) 分株繁殖　腊梅的分株繁殖宜在春季萌芽前进行。用铁锹将腊梅掘出，用利刀把其分成带有2~3个枝条一丛的若干小株，把每小株分栽后离地面10~15cm截干，以减少蒸腾量，集中养分于根部。该法成活率高。

(3) 播种繁殖　腊梅的播种繁殖多用于培养砧木和培育新品种。种子在成熟后采收，阴干贮藏到翌年3月份播种。播前用60℃温水浸种24h，播于苗床，当年生苗可长高至20cm，培养3年即可开花。

2. 栽植及养护管理

腊梅栽植在春季发芽前或秋季落叶后进行，春季裸根栽植即可，但要随起随栽，裸根时间不宜太长，栽植深度与原痕齐平或略深1~2cm。腊梅忌水湿，应栽植在向阳而不积水的地段，栽植土壤欠佳时要进行客土调剂。腊梅喜肥，应在每年开花后施腐熟的有机肥，施后浇水。

为使腊梅多开花，且形成良好的树形，还应注意修剪和整形。腊梅有两种树冠形状，即实生苗的丛生型和嫁接苗的单干型。丛生型分枝多，开花量多，但通风透光差，宜适当疏剪整形。单干型树冠姿态美观，通风透光好，但开花量少，修剪时要因树制宜，随枝造型。为促使腊梅多开花，除了剪枝外，还应摘心。在6~7月间，当年生枝条长至20cm时，只留基部2~3个芽，将其余部分剪除，待保留的2~3个芽萌发并长出新枝条后，再在基部只留2~3个芽摘心。此后抽出的新枝能多形成花芽。此外，为了使腊梅养分集中，年年花繁，要在花谢后及时摘除残花和幼果，避免因结实而消耗养分。

（四）观赏价值与园林应用

腊梅枝繁叶茂，寒冬腊月，数九寒天，百花凋谢，唯有腊梅迎霜破雪，冲寒吐秀，冷香远溢。腊梅是中国园林独具特色的冬季典型花木，可以孤植、对植、丛植、列植于花池或台地中，也可栽植于建筑物前、草坪、水畔、道路之旁。腊梅如与南天竹配置，隆冬呈现"红果、黄花、绿叶"交相辉映的景色。如以苍翠的常绿树或竹类为背景，在漫雪飞舞的季节，更显出其刚毅顽强、坚韧不拔的风韵。腊梅还是冬季室内插花的优良品种，花期长达数十天之久。腊梅寿命长，生长缓慢，又是制作盆景的好材料。

五、红檵木

红檵木（*Lorpetalum chinense* var. *rubrum* Yieb.）为金缕梅科檵木属，又名红花檵木，系白檵木（*L. chinese*）的变种，是1982~1985年湖南省林业种源普查时发现的一种特产于湘东山区的野生木本花卉。经过二十多年的开发利用，现已成为一种珍贵的盆景素材和观花赏叶的园林花木树种。

（一）植物形态

红檵木为灌木或小乔木，多分枝，小枝有星毛。叶革质，卵形，长2~5cm、宽1.5~2.5cm，先端尖锐，基部钝，全缘，叶色深绿色、绿色、紫红色、深红色或肉红色。花4~8朵簇生，头状或短穗状花序，春花比新叶先展开，或与新叶同时开放；秋花比新叶后展开，花瓣4~5瓣，带状，红色、深红色、浅紫色或紫红色。蒴果卵圆形，长7~8mm、宽6~7mm，被褐色星状绒毛，种子卵圆形，长4~5mm（图14-24）。红檵木的形态见彩图25。

红檵木从叶色、春花上大体可分为三种品种类型。

(1) 早花型 早花型红檵木嫩叶淡红色，渐变为暗红色，越冬期变成墨绿色，叶片稍大且质厚。

(2) 中花型 中花型红檵木叶片由淡红变为暗红，越冬期变为褐红色，叶状较第一种小而尖，叶面星毛明显，越老越显干枯，花数较第一种少。

(3) 晚花型 晚花型红檵木叶片由嫩红变紫红，常年红色不减，叶片圆小而柔嫩光泽，花色更红艳，花朵较大，花数较前两种略少，是红檵木的上品。

表14-2为3种红檵木品种的特征比较。

图14-24 红檵木

表 14-2　红檵木品种类型的划分

品种类型	叶色	花色	春花期	春花天数
早花型	嫩叶淡红、老叶墨绿色	粉红色	2月中旬～4月上旬	40～50
中花型	嫩叶淡红、老叶褐色	玫瑰红	3月上旬～4月中(下)旬	35～45
晚花型	常年紫红	玫瑰红	3月下旬～5月上旬	30～40

（二）生态习性

野生状态的红檵木生长于半阴环境，属中性植物，但在光照条件良好的条件下，叶色、花色更红艳、开花数更多。如果减少光照，使其长期处于荫蔽的条件下，叶片颜色会变浅，有的品种会加速返青，花也减少。红檵木喜温暖湿润的气候，同时又具有较强的耐高温和耐寒能力，在45℃高温环境能安全生存，但有些品种叶色会返青（高温对叶色有一定的破坏）。红檵木同时能抗－12℃的低温。红檵木对土壤的适应性强，耐干旱瘠薄，但喜酸性土壤，在 pH 值 5.8～6.5 的酸性土壤生长良好。

不同变异类型的红檵木花期长短不一，单花开放时间的长短因气温和湿度的影响而有所不同。

（三）栽培技术

红檵木坐果率低，春季开花的植株只有极少数成果，约为 1.78%，其他季节开花的一般不结果，故生产上不采用播种繁殖。当前红檵木繁育的大体情况是：绿化苗木以嫩枝扦插繁育为主，白檵木野生树桩改红檵木及红檵木品种的改良以嫁接繁育为主。

1. 繁殖方法

（1）扦插繁殖　红檵木扦插繁殖以嫩枝为主、硬枝为辅。扦插基质以黄心土为宜。嫩枝扦插时期以 5～8 月份为主，插后 45～60 天即可大量生根（红檵木插条在温暖湿润条件下，20～25 天形成红色愈合体，一个月后即长出 0.1cm 粗、1～6cm 长的新根 3～9 条）。若采取薄膜密封及遮荫的方式（俗称高温高湿扦插），管理方便，成活率高达 90%～95% 以上。6月份扦插的苗木次年春季可出圃。硬枝扦插在生产实践上不采用，湖南省林科院的试验表明，其成活率为 20%～40%。

（2）嫁接繁殖　红檵木扦插法繁殖系数大，但长势较弱，出圃时间长，虽多头嫁接苗木生长势强，成苗出圃快，却较费工。

红檵木的嫁接多用在大型的白檵木树桩改造为红檵木盆景中，目前也开始用在红檵木盆景的品种改良上（高接换头）。嫁接方法较多，春季以切接为主，时期以 2 月中旬至 3 月中旬为宜；9～10 月份的芽接成活率也较高。

以白檵木中、小型植株为砧木进行多头嫁接，嫁接后加强水肥和修剪管理，嫁接苗木一年内可以出圃。

2. 栽植及养护管理

（1）栽植及水肥管理　红檵木可秋植和春植，但以春植为好。选择阳光充足的环境栽培，有利于使花色、叶色更加艳丽。红檵木移栽前，要选施以腐熟有机肥为主的基肥，结合撒施或穴施复合肥，注意充分拌匀，以免伤根。生长季节，用中性叶面肥的稀释液进行叶面追肥，每月喷 2～3 次，以促进新梢生长。南方梅雨季节，应注意保持排水良好，高温干旱季节，应保证早、晚浇水两次，中午结合喷水降温；北方地区，土壤、空气干燥，必须及时浇水，保持土壤湿润，秋冬及早春注意喷水，保持叶面清洁、湿润。

（2）修剪　红檵木具有萌发力强、耐修剪的特点，在早春、初秋等生长季节进行轻、中度修剪，配合正常水肥管理约一个月后即可开花，且花期集中。这一方法可以促发新枝、新叶，使树姿更美观，还可延长叶片红色期，并可促控花期，尤其适用于红檵木盆景。

生长季节中，摘去红檵木的成熟叶片及枝梢，经过10天左右的正常管理，即可再抽出嫩梢，长出鲜红的新叶。

（3）病虫害防治　红檵木病害极少，主要虫害是蜡蝉、天牛和褐天牛。防治蜡蝉的方法为：加强管理，铲除杂草，结合修剪，剪除被害枝；若虫成虫发生期喷洒40%乐果乳剂1000倍液，80%敌敌畏1500倍液；成虫为害期可用灯光诱杀等。天牛防治方法：捕杀成虫，在6～7月份中午，或闷热的夜晚8～9点时进行人工捕杀；6月份成虫产卵及幼虫孵化时清除虫卵；用棉球蘸杀虫威或敌敌畏或氧化乐果1∶5（药水比）溶液，塞进蛀孔，并封口；或用带钩钢丝伸进虫蛀道钩杀。

（四）观赏特性和园林用途

红檵木花叶俱美，四季景象变化丰富，既可用于规则式园林，如模纹花坛、规则式造型树，又可孤植、丛植，展现其自然美，同时还是优良的盆景树种，因而有很高的园林应用价值。由于红檵木花色均以红色为基调，在园林应用中主要考虑叶色及叶的大小两方面因素带来的不同效果。

（1）小叶型的红檵木　小叶型的红檵木适宜于盆景制作，一方面因其枝叶分布均匀、一致，有利于绑扎造型，另一方面其生长相对较缓，修剪量小，可减少修剪次数，便于维持枝叶均匀、整齐，可赏花和观叶。这类盆景观赏效果好，观赏期长。红檵木的盆景制作有两条途径：用红檵木扦插苗造型培养小型盆景；用白檵木木桩嫁接并造型培养中型、大型甚至超大型盆景。

（2）叶色常年为红色的红檵木　叶色常年为红色（即叶色从新叶到成熟叶均为红色）的红檵木类型适宜作"常红"植物，其有别于秋色叶树种，常用于园林绿化中的色彩处理，主要是模纹花坛中红色色块、红色线条等的处理。此种类型红檵木也可以用于园林绿化中孤植、对植、群植或与其他观叶植物、观花植物配置，突出其红花、红叶的特色。在绿色草坪基调上，在其他观花地被或其他植物背景、建筑背景衬托下突显其花红、叶红的艳丽风姿，创造视觉焦点。此外，该类型红檵木还可盆栽观赏，用于花坛摆放、阳台和居室美化等。

（3）叶色随季节变化的红檵木　叶色随季节变化（即叶色从新叶的肉红色逐渐向成熟叶的深绿色渐变）的红檵木类型适宜用作普通绿化树种，种于阳光充足处，以充分展示其叶色的变化美，创造季相景观，突出不同季节的特色。此种类型红檵木还可用于与秋色叶树种搭配，形成独特的对比效果。春季红檵木叶色鲜红，与其搭配的秋色叶树种则嫩绿或青翠；秋季红檵木叶色变成绿色时，与秋色叶树种的霞红、金黄，相映成趣。

六、海桐

海桐（*Pittosporum tobira* (Thunb.) Ait.）为海桐花科海桐花属，别名海桐花、垂青树、臭榕树、山矾等。产于我国江苏南部、浙江、福建、台湾、广东等地，朝鲜、日本亦有分布。

（一）植物形态

海桐为常绿灌木或小乔木，高达2～6m。枝叶密生，树冠近圆形。单叶互生，叶多数聚生枝顶，有时在枝顶呈轮生状，厚革质狭倒卵形，长5～12cm，宽1～4cm，全缘，无毛，顶端钝圆或内凹，基部楔形，边缘常略外反卷，表面亮绿色，新叶黄嫩。聚伞花序顶生，花白色或淡黄绿色，芳香。蒴果近球形，成熟时3瓣裂，果瓣木质。种子鲜红色。花期为5月份，果期为9～10月份（图14-25）。海桐的变种银边海桐的叶的边缘有白斑。海桐的形态见彩图26。

(二) 生态习性

海桐为亚热带树种，喜温暖湿润的海洋性气候，喜光，亦较耐阴，有一定抗旱、抗寒力，黄河以南各地均可以露地栽培。其对土壤要求不严，黏土、沙土、偏碱性土及中性土均能适应，在肥沃湿润土壤上生长最好。海桐萌芽力强，耐修剪。其抗海潮风及 SO_2 等有毒气体的能力也比较强。

(三) 栽培技术

1. 繁殖方法

海桐常采用播种或扦插繁殖。

(1) 播种繁殖 海桐种子发芽力强，在南方多采用播种繁殖。蒴果由青变黄并刚刚裂开时采收。种子外有黏液，需要草木炭拌种脱粒，随即播种，采用点播的方法。播后盖草，翌春即可发芽。亦可净种沙藏，次年春播。海桐的幼苗生长较快，两年即可定植。

(2) 扦插繁殖 海桐的扦插一般在 6～8 月份进行，尤其以梅雨季节扦插的成活率为高。插穗剪成 6～7cm 长的枝段，插于插床，插壤可用砂土或草炭土，扦插深度为 2～3cm，株行距为 6cm×6cm。插床应搭荫棚，扦插后，每日喷水，保持插壤湿润，一般经一个月即能生根发芽。

图 14-25 海桐

2. 栽植及养护管理

海桐可春秋移植，但一般以春季三月间移植为宜，采用带土移植方法。海桐较抗旱。夏季会消耗大量水分，应经常浇水；在室外，春、秋两季应注意浇水；如所处地冬季温度较低，则浇水量应相应减少。空气湿度应在 50% 左右。要求栽植地土壤肥沃。生长季节每月施 1～2 次肥，雨季应施干肥。

平时管理要注意保持树形，加强修剪，使其长成球形树冠。夏季还应经常摘心，防止徒长。干旱要适当浇水，以防叶面失去光泽。冬季施 1 次基肥。盆栽海桐幼株每年换一次盆，成年植株每 2～3 年换一次盆，同时要更换培养土。盆土用 1/3 腐叶土加 2/3 黏土或壤土混合配制。

(四) 观赏特性和园林用途

海桐叶四季常青且具有光泽，花时香气袭人；秋季蒴果开裂露出鲜红种子，晶莹可爱，是南方城市及庭园常见的绿化观赏树种。在庭院中可丛植、孤植于门旁、窗前，此时应修剪成圆球形或其他形状，亦可作路边绿篱栽植，列植于路边也很合适。盆栽海桐可装饰室内或客厅。海桐对 SO_2 等有毒气体有较强的抗性，是优良的城市环保树种，并适作城市隔噪声和防火林带之木。

七、山茶花

山茶花（Camellia japonica L.）为山茶科山茶属，又名为山茶、茶花。山茶花原产中国，为我国著名的传统花卉，广泛应用园林绿地和盆栽观赏。

(一) 植物形态

山茶花为常绿灌木或小乔木，叶互生，倒卵形，叶柄短，缘有细齿，叶脉网状。花两性，常单生或2～3朵顶生或腋生，有单瓣、半重瓣和重瓣之分，花色鲜艳，有白、粉红、红、紫红和红白相间等色。蒴果近球形，种子椭圆形，深褐色。花期为2～4月份，果秋季成熟（图14-26）。山茶花的形态见彩图27。

（二）生态习性

山茶花为亚热带树种，喜温暖湿润的气候环境，不耐严寒酷暑。生长的最适温度为18～25℃，温度30℃以上时即停止生长，超过35℃会出现日灼，适于花朵开放的温度为10～20℃。在南方，茶花可露地栽培，但在炎夏高温天气时需要适当遮荫降温。在北方，茶花只能盆栽，冬季移入室内越冬。山茶喜半阴半阳，忌晒。幼树耐阴，大树则需一定光照，才有利于开花，但夏季强烈阳光直射会引起叶面严重灼伤、小枝枯萎，故夏季需遮荫。山茶喜肥沃、疏松、排水良好的微酸性壤土或腐殖土，pH在4.5～6.5范围内都能生长，以土壤pH5.5～6.5为佳，偏碱性土壤和黏重积水之地的山茶生长发育不良。

图14-26　山茶花

（三）栽培技术

1. 繁殖方法

山茶繁殖常用扦插、嫁接和播种法。

（1）扦插繁殖　扦插是茶花的主要繁殖方法。一年四季都可以进行，但以6月份左右和8月上旬至9月初最为适宜。插穗宜采用当年生刚木质化而无病虫害的健壮春梢，一般5～6月份采集，可采用短穗扦插和长穗扦插两种方法，短穗扦插成活率高，长穗扦插成活后生长快。短穗一般剪成保留一叶一芽，长约3～5cm，枝条节间短的，可将两种叶两芽剪成一穗，上端的剪口离芽约0.5cm，断面要稍向芽的反面倾斜，下端切口在叶下0.5cm处用利刀削成平滑的马耳形，以利于愈合和生根。长穗则剪成8～10cm长，每穗具3～4芽，留上端2片叶，上下剪口同短穗剪法。两种方法都可将插穗用浓度适宜的生根促进剂进行促根处理。然后按行距8～10cm，株距5～8cm的距离扦插，插深为穗长的2/3左右。插后按紧床土，使插穗与沙土密接，但勿使叶片插入土中和紧贴地面，插后喷透水。以后每天叶面喷雾数次，保持插壤湿润，还要使空气湿度达到85%左右，防止插穗失水枯萎。生产中保湿方法有多种，如在遮荫棚的东、西、南三面挂帘挡风，棚上要盖2层遮阳网，并注意叶面喷水，做到少量多次，降低床内温度、提高湿度。还向封闭育苗，即在插床上覆盖拱形透明塑料薄膜，这种方法既可避免暴雨冲击床面和过于潮湿，又可省去每天淋水，但要注意放风通气。一般30～45天后插穗开始愈合生根，待新根产生，要逐步增加阳光照射，10月份开始只盖一层网，以加速其木质化，11月份可拆除荫棚。

（2）嫁接繁殖　山茶花的嫁接以5～6月份为好，常用靠接、枝接和芽接等方法。靠接易成活，生长快，但费材料，而枝接和芽接实际应用较多，用材经济，操作方便，只要湿度适宜，管理精心，成活率可达80%以上。5～6月份枝接多用撕皮接或撕皮嵌接法，砧木以油茶为多，亦可用单瓣山茶品种，接穗带2片叶的各剪去半叶，嫁接后必须将接口用塑料薄膜包扎，同时套保湿罩。为了促进接穗萌发同时又要遮荫防晒，可分次剪砧，第一次接后剪除砧的梢顶，削弱砧木的顶端优势，促进愈合；第二次在接穗的第一次新梢充分木质化后，截断砧木上部1/3枝条，保留部分枝叶，以利于光合作用；第三次在接穗第二次新梢充分木质化后，在与接口同高处向下剪一约45°角的斜口，剪掉砧木。高温季节嫁接必须遮阳，使棚内基本上不见直射光，中午前后还要喷水降温。

播种主要是培育砧木和新品种，一般随采随播，若秋季不能及时播种，应将种子用湿沙贮藏至翌年2月间再进行播种。一般秋播比春播发芽率高。

2. 栽植及养护管理

山茶的栽培有地栽和盆栽两种方式。

(1) 地栽　山茶花的地栽首先要选择在适合生态要求的地段种植。秋植较春植为好。施肥要掌握好三个关键时期：2～3月份施肥，以促进春梢生长和起到花后补肥的作用；6月间施肥，以促进二次枝生长，提高抗旱力；10～11月份施肥，使新根慢慢吸收肥分，提高植株抗寒力，为明年春梢生长打下良好基础。山茶不宜强度修剪，只要疏去病虫枝、过密枝和弱枝即可。但对新移植的大苗和中苗，为了保持水分蒸发和吸收的平衡，可适当删剪部分枝条。山茶是多花树种，特别在长势衰弱的植株上，一枝上能着蕾多达10个以上，为防止因开花消耗营养过多和使花朵大而鲜艳，故须及时疏蕾，以保持每枝1～2个花蕾为宜。

(2) 盆栽　山茶花盆栽的管理关键是：盆的大小与苗木的比例要恰当，所用盆土最好在园土中加入1/3～1/2的松针腐叶土。上盆时间以冬季11月或早春2～3月份为宜。萌芽期停止上盆，高温季节切忌上盆。苗新上盆时，土要浇足水，以盆底透水为度。平时浇水要适量，要求做到浇水量随季节变化而变化，夏季叶茎生长期及花期可多浇水；新梢停止生长后要适当控制浇水，以促进花芽分化；入秋后应减少浇水。浇水时水温与土温要相近。山茶一般作温室栽培，春天与梅雨期要给予充足的阳光，否则枝条生长细弱，并易引起病虫为害。高温期要遮荫降温，冬季要及时采取防冻措施。盆苗在室内越冬的，以保持室温3～4℃为宜。若温度超过16℃，山茶花就会提前发芽，严重时还会引起落叶和落蕾。

盆栽山茶花的施肥、修剪等与露地栽培基本相同。

（四）观赏特性和园林用途

山茶花树姿优美，枝叶茂密，终年常青，开花于冬春之际，花大色艳，花姿多变，耐久开放，是我国十大名花之一。山茶花品种繁多，花期长（自11月份至翌年5月份），开花季节正当冬末春初，因此山茶花是丰富园林景色的好材料，孤植、群植均宜。惟山茶花喜酸、喜温、喜阴凉，应选择适宜之地配置，与落叶乔木搭配，尤为相宜。

八、杜鹃花

杜鹃花（*Rhododendron simsii* Planch.）为杜鹃花科杜鹃属，杜鹃花是闻名于世界的名花之一，观赏价值高。宜成片栽植，仲春时节，灿漫如锦，显示出大自然的绚烂瑰丽。盆栽杜鹃，是美化环境，增添室容的佳品，作为春节盆花，深受人们欢迎。

（一）植物形态

杜鹃花为落叶灌木，高可达3m。分枝多，枝细而直，有亮棕色或褐色扁平糙状毛。叶纸质，互生，长椭圆状卵形，先端尖，表面深绿色，疏生硬毛。花2～6朵簇生枝顶，花漏斗状，花色深红有紫斑。蒴果卵形密被糙状毛。花期为4～6月份，果期为10月份（图14-27）。杜鹃花的形态见彩图28。

（二）生态习性

杜鹃花广布于我国长江流域及其以南各地区，喜半阴环境，最忌烈日曝晒，在烈日下，其嫩叶易灼伤枯死。杜鹃花喜温暖湿润气候及酸性土壤，在石灰质碱性土壤上生长不良。其有一定的耐寒性，忌干燥。

（三）栽培技术

1. 繁殖育苗

杜鹃花可用播种、扦插、压条及嫁接等方法繁殖。

(1) 播种繁殖　杜鹃花的播种繁殖可采种后随即播种，也可将种子贮存至翌年再行春播。杜鹃花的种子很细小。故多用盆播。在浅盆内先填入 1/3 碎瓦和木炭屑以利于排水,然后放入一层碎苔藓或落叶以免细土下漏,再放入经过蒸气消毒的泥炭土或养兰花用的山泥,或用筛筛选的细腐叶土混加细沙,略加压平后即可播种。播前用盆浸法浸湿盆土,播种时宁稀勿密,播后略筛一层细沙,或覆盖一块玻璃并覆以报纸,避日光直射,并注意适当通风。待幼苗长出三片叶时,可将其移入小盆培养,当年苗可高达 3cm 左右。在此期间勿施肥否则易枯死。次年苗高约 6~10cm,第三年高 20cm 左右,第四年即可开花。

(2) 扦插繁殖　嫩枝扦插是杜鹃花扦插繁殖应用最广的方法。插穗取自当年生刚刚半木质化的枝条,带踵掰下或节下平剪,再修平毛头,剪去下部叶片,插穗长 6~10cm,留顶端 4~5 叶,若不能随采随插,注意插穗保湿可存放数日。以梅雨季节前扦插成活率最高。扦插基质可用泥炭、腐熟锯木屑、兰花泥、黄山土、河沙、珍珠岩等,大面积生产多用锯木屑加珍珠岩,或泥炭加

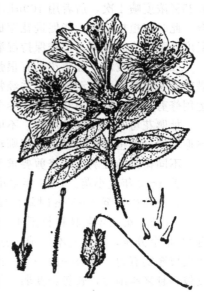

图 14-27　杜鹃花

珍珠岩,比例一般 3:1,插床底部应填 7~8cm 排水层,以利于排水。扦插深度为插穗的 1/2~2/3。插前将插穗用生根粉或萘乙酸、吲哚丁酸等药剂处理以促生根。插后管理重点是遮荫和喷水,以使插穗始终新鲜,高温时还应注意通风降温。发根快者约 1 个月左右,较慢者需 40~70 天即可生根。插穗长根后顶部会抽梢,如形成花蕾,应予摘除,一般生根后要及时将其移栽于苗床。9 月后减少遮荫,移栽的苗床上应撒施适量的缓释复合肥,以使小苗逐步壮实,10 月下旬即可上盆。作为商品性生产的比利时杜鹃,只要有插穗,一年四季均可扦插,但以春、夏和秋三季为佳。尤其是 5~6 月份和 8~9 月份,插穗生根快,成活率高,生长势强。

(3) 嫁接繁殖　杜鹃可将几个品种嫁接在同一植株上,比扦插苗长得快。最常用的嫁接方法是嫩枝顶端劈接,以 5~6 月份最宜,砧木选用 2 年生独干毛鹃,要求新梢与接穗粗细相仿。嫁接后要在接口处连同接穗用塑料薄膜袋套住,扎紧袋口。然后置于荫棚下,忌阳光直射,注意袋中有无水珠,若无可解开喷湿接穗,重新扎紧。接后 7 天不萎蔫即有成功的把握,2 个月后去袋,翌春松绑。如不套袋,应加强管理,要始终保持较高的空气湿度。

此外,对不易扦插成活者也可用压条法繁殖。由于杜鹃枝脆,故常用壅土压法,入土部分应进行刻伤,一般约半年可生根。

2. 栽植及养护管理

(1) 栽植及土肥管理　杜鹃花盆栽地栽均宜,杜鹃花是典型的酸性土植物,无论盆栽或地栽,均应选择酸性土壤,以 pH 值 4.5~6.5 为佳。地栽一般应选择荫蔽的环境,因杜鹃喜阴,最忌烈日曝晒。

栽后施肥时应注意宜淡不宜浓,因为杜鹃根极纤细,施浓肥易使其烂根。呈酸性的水可以正常浇用,水呈微碱性时,应适时施浇矾肥水,矾肥水是用黑矾(硫酸亚铁)3kg、猪粪 20kg、油枯饼 5kg 加水 200kg 配成的,约经一个月腐熟后即可稀释浇用。开花后的生长发枝期的氮肥的需求量适当增多。

盆栽杜鹃开花时放于室内,不受日晒雨淋,花期可延续 1 个月以上。若室内通风差,则不宜久放,只宜 1~2 周。借助于温度的调节,盆栽杜鹃四季可以开放。用植物生长调节剂促其花芽形成,普遍应用的是 B_9 和多效唑,前者用 0.15% 溶液喷 2 次,每周 1 次,或用

0.25%浓度喷1次,后者用100μL/L的浓度喷1次。大约在喷施后2个月,花芽即充分发育,此时将植株冷藏,能促进花芽成熟。杜鹃在促成栽培以前至少需要4周10℃或稍低的温度冷藏。冷藏期间,植株保持湿润,不能过分浇水,每天保持12h光照。

(2) 修剪技术　杜鹃花具有很强的萌发力,无论是新梢还是多年老枝,一旦顶端折断,潜伏的不定芽便会萌动抽梢,并经常会从基部发出强壮的徒长枝,扰乱树形。栽培中,常常运用修剪进行调整和控制,以培养合理优美的形态,保持整体的完美。

杜鹃花可有多种园林用途,不同用途的修剪方法不同,片植和丛植植株的整形与单株的整形不同,片植和丛植多采取规则整齐式的修剪。以下以单株整形的情况进行介绍。

不同树龄的杜鹃花的修剪要求不同。

① 1~3年生小苗。1~3年生小苗以摘心为主,目的在于加快其生长,养成良好的树体骨架。当新梢长至4~5cm时就可摘心,以刺激其萌发侧枝,一般能长出2~5个枝,宜留养2~3枝。第二年新枝再长至4~5cm时再摘心,每枝再留养2~3枝。至第三年摘心后便有20余个分枝,树体基本形成。这期间,小枝上形成的花蕾应大部分摘除,以集中养分,使发枝充实有力。摘心一般一年一次,养分条件好的植株也可一年2~3次,若养分不充足,发枝会越来越细短,长势会变弱,树体结构也不牢固,因此不宜连续摘心。

② 4~5年的中棵植株。4~5年的中棵植株的树体骨架已初步形成,但尚未健全,修剪宜采用疏枝结合短截的方法,以调整骨架,并在开花期间适当剥蕾、疏花,继续培养优美的树形。

③ 5~10年生的大棵植株。5~10年生的大棵植株的树形基本定型,植株开始进入盛花期,修剪的目的在于完善树型,保持正常的生长开花。方法是疏枝结合疏花,剪除那些有碍树型的枝条;适当剥去一些花蕾,特别是长势弱的枝条,要防止其过多开花,避免影响萌发新枝,甚至造成开花大小年现象。

④ 10年以上植株。10年以上的植株的树冠开张,体型丰满,开花在百朵以上。修剪主要是疏枝、疏花,以保持其良好的形态和正常生长。对于一些发枝一年比一年瘦弱的老棵,可用强短截,以促进其复壮,培育部位好的徒长枝替代老弱枝或弥补冠形的空缺处。

(四) 观赏特性和园林用途

杜鹃花远在古代即被誉为"花中西施",系中国十大名花之一。其树形秀美端庄,神态自若,花开繁密,其花瓣宛如轻纱,富于变化。春季远眺,满山开遍的杜鹃花姹紫嫣红,仿佛在万绿丛中泼散点点胭脂;近看,满树新绿初绽,微风拂过,朵朵繁花翩翩起舞,那美丽的景色确实令人陶醉。

杜鹃花为观花树种,最适宜群植于湿润而有庇荫的林下、岩际,其广布山野,花时簇聚如锦,万山遍红。园林中宜配置于树丛、林下、溪边、池畔,以及草坪边缘;在建筑物的背阴面可作花篱、花丛配置,与粉墙相衬;若是老松之下堆以山石,丛植数株其间,莫不古趣盎然。杜鹃花与观叶的槭树类相配合,组成群落景观,则相互争艳媲美,如红枫之下植以白花杜鹃,青枫配以红花杜鹃,色彩鲜明,益觉动人。杜鹃花有些可作为盆景材料,杜鹃花盆栽更为普遍,是春节供花的主要品种。

九、石榴

石榴 (*Punica granatum* L.) 为石榴科石榴属树种,又名安石榴、海榴。石榴原产伊朗及阿富汗。汉代张骞出使西域时引入我国,现黄河流域及其以南地区均有栽培,栽培历史长达2000余年。

(一) 植物形态

石榴为落叶灌木或小乔木,高5~7m,树冠常不整齐。小枝有角棱,无毛,顶端常成刺状，芽小，具2芽鳞。叶倒卵状长椭圆形，长2～8cm，无毛而有光泽，在长枝上常对生，在短枝上则簇生。花两性，整齐，1至数朵集生枝顶；花红色，也有白色、黄色，径约3cm，花萼钟形，紫红，肉质，端5～8裂，宿存，花瓣5～7；花有重瓣或单瓣，重瓣的多难结实，以观花为主；单瓣的易结食，以观果为主。浆果近球形，径6～8cm，古铜黄色或古铜红色，具宿存之花萼，种子多数，有肉质外种皮。花期为5～7月份，果期为9～10月份（图14-28）。石榴的形态见彩图29。

图14-28 石榴

（二）生态习性

石榴为亚热带和温带花果木，喜光，性喜温暖，较耐寒。石榴较耐瘠薄和干旱，怕水涝，生育季节需水较多。其对土壤要求不严，土壤pH4.5～8.2均可，但不耐过度盐渍化和沼泽化的土壤，以肥沃的砂壤土或壤土为宜，过于黏重的土壤会影响其生长。

（三）栽培技术

1. 繁殖育苗

石榴可行扦插、播种、分株、嫁接等方法繁殖，但以扦插繁殖为主。

（1）扦插繁殖　石榴可硬枝扦插和嫩枝扦插。北方多在春、秋季采用硬枝扦插，长江流域以南除硬枝扦插外，可在梅雨季节和初秋进行嫩枝扦插。硬枝插穗长15cm，插入土中2/3，插后充分浇水，之后保持土壤湿润即可。嫩枝插穗长10～12cm，带叶4～5片，插入土中5～6cm，插后随即遮荫，保持叶片新鲜，20天后发根。

（2）播种繁殖　石榴的播种繁殖可于9月采种，取出种子，摊放数日，揉搓洗净，阴干后湿沙层积或连果贮藏，至翌年2月播种，发芽率高。

（3）压条繁殖　石榴的压条繁殖可在春、秋两季进行，芽萌动前将根部分蘖枝压入土中，经夏季生根后，将其割离母体，秋季可成苗，翌春移栽。

此外，石榴还可进行分株繁殖，即利用健壮的根蘖苗，掘起分栽，只要稍带须根，其即能成活。

2. 栽植及养护管理

石榴可于秋落叶后至春萌芽前进行移植，小苗裸根移植，大苗带土球移植。石榴花果消耗养分，应加强水肥管理，入冬施好基肥，花芽分化期应及时追肥。

园林中石榴一般修整成圆球形或灌丛形，一般不必过多整枝，可在休眠期略加修除过繁枝梢、枯枝和病虫害枝等，使其通风透光，并在生长期内多次摘心，以保证树冠圆满。园林中主要栽培花石榴，故花后应及时剪除残花，以减少养分损耗。

（四）观赏特性和园林用途

石榴为花美果艳的著名园林绿化树种，露地园林栽培应选择光照充足，排水良好的地点。其可孤植，亦可丛植于草坪一角，无不相宜。重瓣品种有三季开花者，花尤艳美，多供盆栽观赏。石榴老桩盆景，枯干疏枝，缀以红果更堪赏玩。石榴对有毒气体抗性很强，是美化有污染源厂矿的主要树种。

十、大叶黄杨

大叶黄杨（*Euonymus japonicus* Thunb.）为卫矛科卫矛属，别名正木、冬青卫矛。原产日本南部，我国各地均有栽培。

（一）植物形态

大叶黄杨为常绿小乔木或灌木，高可达8m。小枝略呈四棱形，绿色，光滑。单叶对生，草质，有光泽，长3～7cm，宽2～4cm，叶倒卵形至椭圆形，先端钝圆或急尖，边缘具浅钝锯齿。聚伞花序腋生，花黄绿色或绿白色。蒴果近球形，淡红色，有4浅沟，果径约1cm，种子椭圆形，有橘红色假种皮。花期为5～7月份，果期为9～10月份（图14-29）。大叶黄杨的形态见彩图30。

（二）生态习性

大叶黄杨喜光，稍耐阴，喜温暖湿润的气候，耐寒性不强，温度低于-17℃左右即受冻害。其耐干旱瘠薄，对土壤要求不严，黏土、轻盐碱土均能适应。但在肥沃湿润的土壤上生长良好。大叶黄杨对烟尘及各种有毒气体有很强的抗性。

（三）栽培技术

1. 繁殖方法

大叶黄杨主要是扦插繁殖，也可嫁接、压条和播种繁殖。

大叶黄杨的扦插繁殖可于夏季进行嫩枝扦插，选半木质化枝条，剪成12～15cm长的插穗，插入沙、土各半的苗床，插入深度约为插条的1/2～2/3，株距5～10cm，插穗插后20～25天生根，成活率可达95%以上。

图14-29　大叶黄杨

2. 栽植及养护管理

大叶黄杨春季移栽成活率最高，宜在3～4月份进行，小苗可裸根蘸泥浆移栽，大苗或远距离运输苗木需带土球。夏季移栽应带土球，最好在连阴天进行；栽后及时浇水，同时进行遮荫、树冠喷水等措施，以利于成活。大叶黄杨适应性强，一般不需要特殊管理。在生长季应根据旱情及时灌水，在有冻害的地区，入冬前需浇封冻水。

大叶黄杨可剪成球形、绿篱或各种造型，每年在春、夏两季各进行一次修剪，疏除过密及过长的枝。对大叶黄杨球，为保持树形美观，一年中可反复多次修剪外露枝，同时剪去树冠内的病虫枝、过密枝和细弱枝，使树冠内通风透光。对于多年生长的绿篱和老大叶黄杨球要进行更新复壮修剪。

大叶黄杨的主要病害为叶斑病，用65%甲基托布津可湿性粉剂600倍液喷洒；其主要虫害有介壳虫、斑蛾和尺蛾，可用90%敌百虫原药1500倍液喷杀。

（四）观赏特性和园林用途

大叶黄杨枝叶浓密，四季常青，叶色亮泽，清丽幽雅。大叶黄杨易于成活，生长迅速，耐整形剪扎，可栽植于花坛、树坛、门庭、建筑物、草坪四周，可修剪成球形、台形等各种形状，是园林中常用的绿篱、背景种植材料及修剪造型树种，也是基础种植、街道绿化和工厂绿化的好材料。

十一、紫丁香

紫丁香（*Syringa oblata* Lindl.）为木犀科丁香属，别名丁香、华北紫丁香。原产我国华北和西北，各地均有栽培。

（一）植物形态

紫丁香为落叶小乔木或灌木，株高2～4m。树皮灰褐色，冬芽卵形被鳞片，有柔毛。假二叉分枝，小枝黄褐色，开展。单叶对生，全缘，叶卵形、倒卵形或阔披针形，长3～5cm，宽1.5～3cm，先端急尖，基部楔形，叶上面深绿色，被短柔毛或无毛，下面淡绿色，被长棉毛及短柔毛。圆锥花序顶生或侧生，长6～15cm，花冠漏斗状，4裂，花紫色，芳香。蒴果长圆形，长1～1.5cm，先端渐尖，具明显疣状突起；种子梭形，长约1cm，背部具纵肋。花期为4～6月份，果期为8～10月份（图14-30）。紫丁香的形态见彩图31。

（二）生态习性

紫丁香喜光，耐寒，稍耐阴，喜湿润，忌积水。对土壤要求不严，耐干旱瘠薄，但在疏松、肥沃、湿润及排水良好的沙壤土中生长良好。紫丁香萌蘖力较强，耐修剪。

（三）栽培技术

1. 繁殖方法

紫丁香主要是播种繁殖，也可扦插、分株、嫁接和压条繁殖。

（1）播种繁殖　进行紫丁香播种繁殖要在9～10月份采种，晒干脱粒，干藏。翌年3月下旬至4月初播种。播种前最好将种子在0～7℃的条件下沙藏1～2个月，这样可使种子在播后15～20天出苗；或播前用40～50℃水浸种1～2h，后混沙催芽；未经低温沙藏处理的种子播后需1个月或更长时间才能出苗。播种时可开沟条播，当幼苗长出4～5对叶片时，可以进行分盆移栽或间苗。分盆移栽为每盆1株。露地可间苗或移栽1～2次，行距30cm，株距15cm。幼苗怕涝，雨季要注意苗床排水。冬季，华北地区当年生幼苗要用风障或埋土防寒。

图14-30　紫丁香

（2）扦插繁殖　紫丁香的扦插可于花后1个月进行，选当年生半木质化健壮枝条，剪成15～20cm长的插穗，用50～100μL/L的吲哚丁酸处理15～18h，然后插入沙床中，用塑料薄膜覆盖保湿并搭荫棚，插穗1个月后即可生根，生根率达80%～90%。紫丁香的扦插也可在秋、冬季取木质化枝条作插穗，但将其需露地埋土贮藏，于翌春再插。

此外，紫丁香也可于3月份或11月份进行分株繁殖，将母株根部丛生直接的茎枝分离，另行移栽即可。

2. 栽植及养护管理

紫丁香的露地栽培在3月上中旬进行成活率最高，裸根掘苗，栽植穴直径70～80cm，深60～70cm。栽前每穴施腐熟堆肥5～10kg，用土盖上后再行栽植，切忌根系直接接触肥料。栽后浇透水，以后每隔10天浇一次，连续浇3～5次，浇水后要松土保墒，提高地温，以促发新根。

紫丁香不喜大肥，切忌施肥过多，否则易引起徒长，影响开花。大苗每年或隔年入冬前施一次腐熟的堆肥，补足土壤中的养分即可；成年丁香一般可不施肥。

紫丁香花谢以后，可将残花连同花穗下部两个芽剪掉。疏除部分内膛过密枝条，有利于通风透光，促进萌发新枝和形成花芽。落叶后可把病虫枝、枯枝和纤细枝剪去，并对交叉枝、徒长枝、重叠枝和过密枝进行适当短截，使枝条分布匀称，保持树冠圆整，以利于翌年生长和开花。

（四）观赏特性和园林用途

紫丁香是国内外园林中不可缺少的春季观赏花木之一。紫丁香花序繁茂，姿态秀丽，花色调和，清香四溢；花朵纤小文弱，花筒稍长，故给人以典雅庄重、情味隽永之感。紫丁香宜植于庭园、厂矿、居民区等绿地中，也可与多种紫丁香配置成专类园，形成美丽、清雅、芳香、花开不绝的景观。紫丁香也可盆栽，而且还是切花的好材料。

十二、牡丹

牡丹（*Paeonia suffruticosa* Andr.）为毛茛科芍药属，又名富贵花、洛阳花。原产中国西北高原，陕、甘盆地，秦岭及巴郡山谷，现各地均有栽培。洛阳、菏泽为现代牡丹栽培中心。

（一）植物形态

牡丹为落叶灌木，高1~2m，树皮黑灰色，分枝短而粗。叶互生，纸质，通常为二回三出复叶，稀近枝顶的叶为3小叶，有柄，顶生小叶宽卵形，3深裂，裂片上部3浅裂或不裂，侧生小叶较小，斜卵形，不等2浅裂。花单生枝顶，大型，径10~25cm；花色丰富，有紫、深红、粉红、白、黄和豆绿等色，花瓣倒卵形，长5~8cm，宽4.2~6cm，先端常有2浅裂或不规则的波状。果卵形，先端尖，密生黄褐色毛。花期为4月下旬至5月份，果期为9月份（图14-31）。牡丹的形态见彩图32。

图14-31 牡丹

（二）生态习性

对于牡丹的习性，有"宜冷畏热，喜燥恶湿，栽高敞向阳而性舒"的说法，这基本概括了牡丹的特点。

牡丹喜温凉气候，较耐寒，能耐-29.6℃的绝对低温。喜干燥不耐湿热，在年平均相对湿度45%左右的地方也能正常生长。牡丹喜光，也较耐阴。如稍作遮荫（尤其在高温多湿的长江以南地区），避去太阳中午直射或西晒，对其生长开花有利，也有助于花色娇艳和延长观赏时间。牡丹适宜于土壤疏松、排水良好的壤土或沙质壤土，其在微酸性至微碱性土壤上均能生长，但以中性最好。

（三）栽培技术

1. 繁殖方法

牡丹可采用分株、扦插和播种等方法繁殖。

（1）分株繁殖 在黄河流域，牡丹的繁殖应于9月下旬至10月上中旬进行。将4~5年生的大丛牡丹整株挖出，放阴凉处晾2~3天，待根稍变软后由容易分离之处掰开或切开，伤口应涂草木灰。大丛可分为4~5株，小丛可分为2~3株，然后进行栽植。此法比较简便易行，但繁殖率较低。

（2）嫁接繁殖 牡丹的嫁接繁殖是以芍药根作砧木，以大株牡丹根际萌发的新枝或枝干上1年生的短枝作接穗的。用劈接法或切接法进行枝接。于9月下旬至10月上旬进行，否则会影响其成活。牡丹还可于5~7月间进行芽接。

（3）扦插繁殖 牡丹的扦插繁殖为选择从大株牡丹根际萌发的短枝，剪成长15cm左右的插穗，用300μL/L的吲哚丁酸水溶液速蘸后插于苗床，扦插深度为插穗长度的1/3~1/2，插后立即浇透水。以后根据土壤湿度确定灌溉与否，应经常保持床面湿润，并进行遮荫。插后第二年9月份进行分栽，一般成活率可达80%以上。

（4）播种繁殖 各因气候差异导致牡丹种子成熟有异，可于其果皮变黄时立即采收果实,并随即进行湿沙催芽当年播种,这样第二年春季发芽整齐;若种子老熟或播种过晚,第二年春季多不发芽,而需到第三年春季才发芽。湿沙催芽方法为:用1份种子、3~5份湿沙混合均匀后装入花盆,再将花盆埋入地下0.6m处,催芽2个月左右,待种子生出幼根后于10月份播下,播后浇水盖草保墒。入冬前再浇1次水。播种的实生苗2年后移植,移植后再培育3~4年即可陆续开花。

2. 栽植及养护管理

栽植牡丹要选择地势高燥、排水良好的地方。土壤以中性最好,微碱微酸性土亦可。栽前要剪去病根和折断的根,用0.1%的硫酸铜溶液或0.5%的石灰水浸泡半小时进行消毒。然后用清水洗冲干净。栽植深度以根劲处与土面齐为好。在黄河流域以9月下旬至10月上、中旬为宜。黄河以北地区可适当早栽,长江以南地区可适当晚栽。若栽植过早容易引起"秋发",导致次年无花。栽植过迟,伤口愈合慢,影响成活或导致成活后生长缓慢瘦弱。牡丹虽然比较耐旱,但在春、秋干旱季节也要进行浇水,夏季雨水多时还应注意排水防涝。牡丹喜肥,每年至少需施3次肥。第一次于开花前施肥,可施以氮磷钾复合肥;第二次在5月上旬施"花后肥",可用饼肥或复合肥,也可用0.2%~0.5%的磷酸二氢钾作根外追肥;第三次在入冬前后施以腐熟的有机肥。

牡丹的整形修剪主要包括定干、修枝、除芽和疏蕾等。牡丹移植2~3年后即可进行定干,决定植株留枝干多少。长势弱、发枝数量少的品种,一般剪除细弱枝,保留强枝;长势强健、枝干较多的品种,以留3~5干为宜;长势特强、生长旺盛的品种,可以修剪成为独干式的"牡丹树"。牡丹定干工作宜在秋、冬季进行,定干要视植株生长情况分数年完成。牡丹根际有许多不定芽,每年春季大量萌发,与枝干争夺养分,应及时除去。该项工作可分春、秋两季进行。一般经过定干,除芽和修剪即可使植株生长均衡,开花繁茂。

除露地栽培外,牡丹也可盆栽。盆栽牡丹,要选择适应性强、花型较好的早、中花品种,如洛阳红、二乔、胡红、赵粉、似荷莲、一品朱衣、青龙卧墨池等。盆土可用疏松、肥沃、排水良好、呈微碱或微酸性的培养土。9月中、下旬上盆,可适当带叶栽植。修剪整形与地栽牡丹相似,日常管理与一般盆花类同。唯冬季要注意将盆栽牡丹放入"花池",池内填充锯末,以防寒越冬。在严寒地区,可将牡丹带盆埋入土中,或将植株地上部分用稻草包扎或用多层牛皮纸袋套上,再培土过冬。

牡丹很适于促成栽培,通过温度的控制与调节,可使其应时开放。要使其在春节开花,可选4~5年生的优良品种,于春节前35~60天上盆,搬入温室后逐步升高温度,白天控制在20~25℃,夜温控制在10~15℃,并于叶面喷水、地面洒水,以增加空气湿度。每隔7~10天施1次稀薄液肥,或用0.2%~0.3%的磷酸二氢钾进行根外追肥,如有花芽不萌动的情况,用300~500μL/L赤霉素液涂抹鳞芽,可促使其萌动。经过40~45天,最多60天即可使其于春节前夕开花。

牡丹常见的病害有叶斑病、炭疽病、紫纹羽病、根瘤线虫病。主要虫害有天牛、介壳虫等。应加强防治。

(四)观赏特性和园林用途

牡丹是我国的传统名花。其株形端庄,枝叶秀丽,花姿典雅,花色鲜艳,白、黄、粉、红、紫、墨绿、蓝色一应俱全,更兼具芳香,姿、色俱超群不凡,远在唐代就已赢得了"国色天香"的赞誉。千百年来,牡丹以其雍容华贵的绰约风姿深为我国人民所喜爱,被尊为群芳之首、百花之王和中国名花之最。

牡丹在造园中具有重要的地位。庭园中多种植于花台之上,称为"牡丹台"。若在山旁、树周分层栽植,配以湖石,颇为别致。若成畦栽植,护以低栏,其间缀以湖石,亦甚优美。多数公园则另辟一区,以牡丹为中心,以叠石、树木、草花相互配合,构成以牡丹为主景的园中之园，称为"牡丹园"。

牡丹盆栽应用更为灵活方便，可以在室内举办牡丹品种展览，也可在园林中的主要景点摆放，还可成为居民室内或阳台上的饰物。

牡丹还可做切花栽培，经催延花期可以四季开放，如投放港澳及东南亚市场，经济效益极高。

十三、紫薇

紫薇（Lagerstroemia indica L.）为千屈菜科紫薇属树种，又名百日红、痒痒树。原产亚洲南部及澳洲北部。我国华东、华中、华南及西南均有分布，各地普遍栽培。

（一）植物形态

紫薇为落叶灌木或小乔木，高可达7m。树冠不整齐，枝干多扭曲，树皮淡褐色，薄片状剥落后树干特别光滑。小枝四棱，无毛。叶对生或近对生，椭圆形至倒卵状椭圆形，长3～7cm，先端尖或钝，基部广楔形或圆形，全缘，无毛或背脉有毛。花两性，整齐，顶生圆锥花序；花色紫，但有深浅不同；小花径约3～4cm，花瓣6枚，有长爪，瓣边皱波状，花丝长，花萼宿存。花期为6～9月份，蒴果近球形，果期为10～11月份（图14-32）。紫薇的形态见彩图33。

（二）生态习性

紫薇为亚热带阳性树种，喜光，稍耐阴，喜温暖气候，耐寒性不强，耐旱、怕涝，喜肥沃湿润而排水良好的石灰性土壤。在黏性土壤中也能生长，但速度缓慢，在低洼积水的地方容易烂根。紫薇萌蘖性强，生长较慢，全株花期长可达120天以上。

（三）栽培技术

1. 繁殖方法

紫薇常用扦插、播种和分株繁殖。

（1）紫薇的扦插繁殖　紫薇扦插繁殖容易成活，可采用春季进行硬枝扦插。于春季萌芽前选1～2年生旺盛枝，截成15～20cm的插穗插入土中2/3，基质以疏松、排水良好的沙质壤土为好，插后注意保湿，成活率可达90%以上。也可在夏季进行嫩枝扦插，但要注意遮荫、保湿。紫薇也可用老干扦插，于早春选3年以上生的枝条，截为20～30cm的插穗，入土2/3，注意保湿，此法常用于树桩盆景材料的培育。

图14-32　紫薇

（2）紫薇的播种繁殖　进行紫薇播种繁殖时，应于11月份至12月份果实成熟开裂前及时采集，去掉果皮，将种子稍晾干。早春播种可宽幅条播或撒播，盖一层细焦泥灰，以不见种子为度，上覆草。待幼苗出土，及时揭草，待幼苗出现2对真叶时可择雨后间苗；苗期勤除草，6～7月追施薄肥2～3次，入夏灌溉防旱，年终苗可高达40～50cm。翌年春分可移栽。

此外紫薇还可分株繁殖，即春季萌动前将植株根部的萌蘖分割后栽植即可。

2. 栽植及养护管理

紫薇应选择阳光充足的环境，湿润肥沃、排水良好的壤土栽植，移植在秋季落叶后至春季萌芽前进行,但以春季移栽最佳。大苗移栽应带土团。

加强水肥管理及整形修剪是保证紫薇花多、花期长的重要环节,在整个生长季节中应经常保持土壤湿润。早春要重施基肥,这是着花的保证,5～6月份酌情追肥,以促进花芽形成。

紫薇耐修剪,可以剪成高干乔木形和低干圆头状树形。用重剪甚至锯干的方法控制树冠高度和形态很有效。萌发枝当年能够开花,花后应及时剪除花序,以节省养分,利于下年开花。

紫薇花期到9月下旬已是末花期,为使它能在"十一"怒放,可采用延迟花期的修剪措施,即在8月上旬将盛花紫薇新梢短截,剪去全部花枝及1/3的梢端枝叶,加强培肥管理,约经1月新梢又可形成花芽,至10月1日可再度开花。

(四) 观赏特性和园林用途

紫薇树干光洁,仿若无皮,玉股润肤,筋脉粼粼,与众不同,风韵别具,逗人抚摸,俗名怕痒树、痒痒树、无皮树等等,其花瓣皱曲,艳丽多彩。

紫薇适于庭院、门前、窗外配置,也可在园林中孤植或丛植于草坪和林缘,其与针叶树相配,具有和谐之美,配置于水溪、池畔则有"花低池小水平平,花落池心片片轻"的景趣,若将其配置于常绿树丛中,乱红摇于绿叶之间,更绮丽动人。

紫薇对多种有毒气体如 SO_2、HF 及 Cl_2 均有较强的抗性,吸附烟尘的能力也比较强,是工矿、街道和居民区绿化的好材料,也是制作盆景、桩景的良好素材。

十四、软叶刺葵

软叶刺葵(*Phoenix roebelenii* O'Brien)为棕榈科刺葵属,别名江边刺葵、罗比亲王海枣、软叶枣椰、凤凰葵。

(一) 植物形态

软叶刺葵为常绿灌木,单干,高2～4m,茎干表面具三角形突起状的残存叶柄基。单叶较大,叶长1～2m,叶羽状全裂,裂片条状披针形,长20～30cm,宽1cm,柔软,背面沿叶脉被灰白色鳞秕,下部裂片退化为细长软刺。雌雄异株,肉穗花序腋生,佛焰苞黄绿色,花淡黄色,具芳香。花期为4～5月份。果实长圆形,成熟时枣红色。果期为6～9月份(图14-33)。软叶刺葵的形态见彩图34。

(二) 生态习性

软叶刺葵喜光,能耐阴,喜温暖湿润的气候,喜排水良好、肥沃的沙质壤土。其抗寒力较低,生长适温在25℃左右,若遇长期5～6℃或短期0℃以下低温,植株会受寒害。

(三) 栽培技术

1. 繁殖方法

软叶刺葵可采用播种繁殖和吸芽繁殖。

(1) 播种繁殖 播种繁殖应于10～12月份采收成熟种子,稍晾干后即混湿沙贮藏种子宜先密播于湿沙床内催芽。播种时将种子播于河沙中。保持沙床湿润,2～3个月或更长时间可以出苗,幼苗针状,生长缓慢,当年不移苗,留在沙床中培育,翌年严格消灭圃地的香

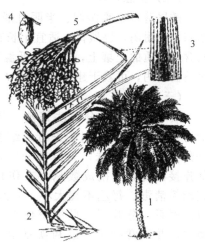

图14-33 软叶刺葵
1—植株;2—部分叶轴及裂片;
3—部分裂片放大(示背面鳞秕);
4—果实及宿存花被片;5—果序

附子等杂草后,再行移苗,约3年生苗木才可上盆,5~6年生苗方宜作露地栽植。

(2) 吸芽繁殖　软叶刺葵还可用吸芽繁殖。于初夏用干净利刀将茎干上的吸芽切下,然后埋入塘泥中,稍露,置明亮散光处,注意保湿,待长出新叶后再施薄肥,第二年春上,用适宜的小盆栽植养护即可。盆土以疏松、肥沃、排水良好的沙质壤土,掺以腐殖质、泥炭土及少量基肥为宜。

2. 栽培及管理养护

3年内的幼苗应在半阴环境下栽培;3年以上的植株可置放在阳光较强处,盛夏期间应予遮荫,每日向植株喷水一次。软叶刺葵于生长期每半月施液肥一次,其他季节可少施甚至不施,以免徒长。通风不良时,软叶刺葵易发生介壳虫为害,若发生病害应改善通风条件,并用800倍氧化乐果喷杀。如发生黄化病,可连续2~3次喷洒300倍的硫酸亚铁溶液。

软叶刺葵移栽宜在春、夏间进行。小苗多带宿土,大苗应带土球。其适应性强,栽培养护简单。

(四) 观赏特性和园林用途

软叶刺葵的枝叶拱垂似伞形,叶片分布均匀且青翠亮泽,是优良的观叶植物。适宜庭院及道路绿化,可于花坛、花带丛植、行植或与景石配置,亦可盆栽摆设。

十五、散尾葵

散尾葵 (*Chrysalidocarpus lutescens* H. Wendl) 为棕榈科散尾葵属,别名黄椰子。

(一) 植物形态

散尾葵为丛生常绿灌木或小乔木,高可达3~8m。茎干光滑无毛刺,上有明显环状叶痕,基部多分蘖,呈丛生状生长。叶长2~3m,羽状全裂,亮绿色,裂片及叶柄稍弯曲,先端柔软;裂片条状披针形,左右两侧不对称,叶轴背面中部隆起;叶柄黄绿色,幼时有白粉,近基部处呈红色;叶鞘圆筒状,包茎。肉穗花序圆锥状,多分枝;花小,金黄色,花期为5~6月份。果近球形,长1.5~2cm,熟时黄绿色。果期为7~9月份 (图14-34)。散尾葵的形态见彩图35。

(二) 生态习性

散尾葵喜温暖湿润、半阴且通风良好的环境,不耐寒,较耐阴,畏烈日,适宜生长在疏松、排水良好、富含腐殖质的土壤上,越冬最低温要在10℃以上。散尾葵极耐阴,可栽于建筑物阴面。

(三) 栽培技术

散尾葵通常以分株法繁殖。幼苗高8~10cm时即可分栽。于4月左右进行,结合换盆进行。选取基部分蘖多的植株,去掉部分旧盆土,以利刀从基部连接处将其分割成数丛。在伤口处涂上木炭粉或硫磺粉消毒。每丛不宜太小,须有2~3株,并要保留好根系。分栽后,散尾葵应置于较高温湿度的环境中,并经常喷水,以利恢复生长。盆栽幼株每年春季换盆一次,成年株3~4年换盆一次,换盆后应

图14-34　散尾葵
1—植株;2—裂片;
3—果序;4—花序;5—花

将其置于半阴处。越冬期间应将散尾葵置于阳光充足处,温度不得低于5℃。

散尾葵盆栽时可用腐叶土、泥炭土加1/3河沙及部分基肥配制成培养土。5~10月份是其生长旺盛期,必须提供比较充足的水肥条件。平时保持盆土经常湿润即可。夏秋高温期,

还要经常保持植株周围有较高的空气湿度,但切忌盆土积水,以免引起烂根。一般每1～2周施一次腐熟液肥或复合肥,以促进植株旺盛生长。秋冬季可少施肥或不施肥,同时保持盆土适宜的干湿状态。冬季需做好保温防冻工作,一般气温在10℃左右时,散尾葵可比较安全的越冬。春、夏、秋三季应遮荫50%。在室内栽培观赏的散尾葵宜置于较强散射光处,其也能耐较阴暗环境,但要定期移至室外光线较好处养护。如果环境干燥、通风不良,散尾葵容易发生红蜘蛛和介壳虫虫害,应定期用800倍氧化乐果喷洒防治。

南方可露地栽培,于春季或雨季移栽,栽后加强管理。

(四) 观赏特性和园林用途

散尾葵株形秀美,多作观赏树栽种于草地、树荫、宅旁,或用于盆栽,是布置客厅、餐厅、会议室、家庭居室、书房、卧室或阳台的高档盆栽观叶植物。散尾葵在明亮的室内可以较长时间摆放观赏,在较阴暗的房间也可连续观赏4～6周,观赏价值较高。

第三节 藤 本 类

一、紫藤

紫藤(*Wisteria sinensis* Sweet.)为蝶形花科紫藤属,别名朱藤、藤萝。原产我国,各地广泛栽培。

(一) 植物形态

紫藤为落叶大藤本,茎可达30m以上,树皮灰褐色,茎藤蔓多分枝。奇数羽状复叶互生,小叶7～13个,小叶卵状长圆形至卵状披针形,全缘,长5～11cm,宽1.5～5cm;叶端渐尖,叶缘微皱,基部圆形或阔楔形。花冠蝶形,深紫色,总状花序,长15～30cm,生于枝顶或叶腋,下垂。荚果条形,扁平,长10～20cm,密被棕色长柔毛。种子数粒,深褐色,长圆形。花期为4～5月份,果期为9～11月份(图14-35)。紫藤的形态见彩图36。

(二) 生态习性

紫藤喜光,较耐寒、耐水湿、耐瘠薄;对土壤和气候适应性强;喜温暖、湿润的气候,在土层深厚、肥沃、疏松,排水良好的向阳避风处生长最好。紫藤的主根深,侧根少而浅,不耐移植。但生长较快,寿命很长。茎蔓缠绕能力强,对其他植物有绞杀作用。紫藤对SO_2、Cl_2、HF等有毒气体抗性强,对铬也有一定抗性。

(三) 栽培技术

1. 繁殖方法

紫藤的繁殖以播种为主,也可进行扦插、压条、分蘖和嫁接繁殖。

(1) 播种繁殖 紫藤的播种繁应于11月份采收种子,去掉果皮,晒干装袋贮藏。播种一般在3～4月份进行,播前用60℃温水浸种1～2天,点播,覆土厚1～2cm。播后20～30天左右出芽,当年生苗高可达30～40cm。不耐移植,播种时株行距应稍大,2～3年后直接定植。

(2) 扦插繁殖 扦插繁殖包括插条和插根。

① 插条。紫藤的插条繁殖应在冬季落叶后,春季萌芽前进行。选1～2年生的粗壮枝条,剪成8～10cm长的

图14-35 紫藤

插穗,插入事先准备好的苗床,扦插深度为插穗长度的 2/3。插后喷水,保持苗床湿润。此法成活率很高。当年株高可达 20~50cm,两年后可出圃。

② 插根。紫藤的插根繁殖可在 3 月中下旬挖取 0.5~2.0cm 粗的根,剪成 10~12cm 长的插穗,插入苗床,扦插深度以保持插穗的上切口与地面相平为准。其他管理措施同插条繁。

2. 栽植及养护管理

紫藤的栽植应选择土层深厚、土壤肥沃且排水良好之地,过度潮湿易使其烂根。紫藤的移植于春季 3 月份进行,应带土球移植;如不带土球,需对枝干实行重剪。栽后及时浇水。每年秋季施一定量的有机肥和草木灰。早春萌芽期要勤浇水,入冬前浇封冻水。

紫藤定植前,应设置坚固耐久的棚架;定植后,可将粗大枝条绑缚架上。第二年冬季,将架面上的中心主枝短截至壮芽处,以促进来年发出强健主枝。骨架定型后,在每年冬季或早春疏剪枯死枝、病虫枝、过密枝和细弱枝等,使支架上的枝蔓分布均匀,保持合理的密度。

在紫藤生长期间,花期可剪去残花,防止果实消耗养分;夏季花后应剪除过密枝,进行新枝打顶或摘心,以促进花芽形成。紫藤发枝能力强,花芽着生在一年生枝的基部叶腋,生长枝顶端易干枯,因此要对当年生的新枝进行回缩,剪去 1/3~1/2,并将细弱枝和枯枝齐分枝基部剪除。

紫藤作灌木状栽培时,主蔓达一定高度后,培养 3~4 个侧蔓。对于每年抽生的新梢,留 15~20cm 进行短截。花后再摘心,连续 2~3 年,可形成均衡的广卵形树形。

紫藤易受梨网蝽、日本龟蜡蚧的危害,应注意防治。

(四)观赏特性和园林用途

紫藤藤蔓粗壮,攀缘力强,枝叶茂密,庇荫性强;春季紫花串串,穗大味香,别有情趣;荚果形大,悬挂枝间,别有风姿,是优良的棚架垂直绿化树种。紫藤宜栽植于草坪、湖畔、门庭两侧、池边、假山、石坊等处,也可作树桩盆景,花枝还可作插花材料。

二、常春藤

常春藤(*Hedera nepalensis* K. koch var. *sinensis* (Tobl.) Rehd.)为五加科常春藤属,原产欧洲各地至高加索地区,现世界各地均有栽培。我国早年引种,现已广泛栽培于大江南北。

(一)植物形态

常春藤为常绿攀缘藤本。茎枝有气生根,幼枝被鳞片状柔毛。叶互生 2 列,革质,具长柄;营养枝上的叶三角状卵形或近戟形,3~5 浅裂,长 5~10cm,宽 3~8cm,先端渐尖,基部楔形;花枝上的叶椭圆状卵形或椭圆状披针形,长 5~12cm,宽 1~8cm,先端长尖,基部楔形,全缘。伞形花序单生或 2~7 个顶生;花小,黄白色或绿白色;子房下位,花柱合生成柱状。果圆球形,浆果状,黄色或红色。花期为 5~8 月份,果期为 9~11 月份(图 14-36)。常春藤的形态见彩图 37。

(二)生态习性

常春藤为典型的喜阴性藤本植物,也能生长在全光照的环境中,在温暖湿润的气候条件下生长良好,不耐寒。其对土壤要求不严,喜湿润、疏松、肥沃的土壤,不耐盐碱。常春藤常附于阔叶林中树干上或沟谷阴湿的岩壁上。

图 14-36 常春藤

（三）栽培技术

常春藤的节部在潮湿的空气中能自然生根，接触到地面以后即会自然入土，所以常春藤多用扦插繁殖。用营养枝作插穗，插后需及时遮荫，空气湿度要大，但床土不宜太湿，约20天即可生根。

常春藤的栽培管理简单粗放，但需栽植在土壤湿润、空气流通之处。其移植可在秋季或春季进行，定植后需加以修剪，以促进分枝。南方各地栽于园林蔽荫处，令其自然匍匐在地面上或者假山上。北方多盆栽，盆栽可绑扎各种支架，以牵引整形，夏季在荫棚下养护，冬季放入温室越冬，室内要保持空气湿度，不可过于干燥，但盆土不宜过湿。

（四）观赏特性和园林用途

常春藤在庭院中可用以攀缘假山、岩石，或在建筑阴面作垂直绿化材料。其在华北宜选小气候良好的稍荫环境栽植，也可盆栽供室内绿化观赏用。

三、爬山虎

爬山虎（*Parthenocissus tricuspidata*（Sieb. et Zucc.）Planch.）为葡萄科爬山虎属，又名地锦、爬墙虎。在我国分布很广，北起吉林，南达广东都有栽培。

（一）植物形态

爬山虎为落叶藤本，分枝多而粗壮，有卷短须，附生有吸盘。叶变异很大，通常单叶广卵形互生，先端3裂或3小叶，缘有粗齿，表面无毛，背面脉上常有柔毛。花两性，聚伞花序。浆果球形，熟时蓝黑色，被白粉（图14-37）。爬山虎的形态见彩图38。

（二）生态习性

爬山虎性喜阴湿环境，不畏强烈阳光直射，耐寒耐旱，但也耐热。爬山虎对土壤要求不严，在一般土壤上皆能生长，所以其对土壤及气候适应性强，且生长快速。爬山虎具有强大的吸附和攀缘能力，一般无病虫害。

图14-37 爬山虎

（三）栽培技术

1. 繁殖方法

（1）种子繁殖　进行爬山虎种子繁殖时，每年9月份采摘爬山虎蓝黑色的成熟浆果，经清洗、阴干后用0.05%的多菌灵溶液进行表面消毒，沥干后进行湿沙层积。翌年3月上旬，取出沙藏的种子，用45℃的温水浸泡2天，每天换水3～4次。浸种后按照种子与湿沙2:1的比例混合拌匀，放置于向阳避风处进行催芽，上面应加盖草帘并经常喷淋清水以保持湿润。催芽过程中需经常检查，经过15～20天，有20%的种子发芽露白时便可播种。播种可采用床面条播方法，播后要保持床面湿润。出苗后应适时间苗、松土和除草。当幼苗有两片真叶时，要有充足的光照，以保证幼苗的正常生长并避免徒长。当爬山虎幼苗长出3片真叶并逐渐长高长壮时，此时可以进行移栽。应选择阴天或傍晚进行移栽，密度一般为株距30～40cm。移栽后幼苗怕旱，但忌渍水，因此应经常浇水，但不能存有明水，至幼苗长出吸盘或卷须时可适当减少浇水次数。为获得壮苗，可适时补充磷钾肥和有机肥料。移栽后2个月，爬山虎苗的藤茎一般可长至40～50cm，此时可进行数次摘心以促壮苗和防止藤茎相互缠绕遮光。经过5～6个月，爬山虎实生苗基部直径一般可达到0.5cm，长度也可达到80～100cm。

（2）扦插繁殖　爬山虎的嫩枝扦插于每年6～7月采集半木质化嫩枝，剪成10～15cm

长的插穗，上剪口距芽 1cm 左右平剪，下剪口距芽 0.5cm 斜剪；其硬枝扦插则于每年落叶后土壤结冻前进行，选取直径 0.5cm 左右、长 10~15cm 的休眠枝，剪穗方法同嫩枝扦插。扦插前，插穗用 ABT 生根粉溶液进行预处理。嫩枝插穗的处理浓度为 50μL/L，浸泡时间为 0.5~1h；硬枝插穗的处理浓度为 100μL/L，浸泡时间为 1~2h，浸泡深度为距插条下剪口 3~4cm。以河沙或河沙与土的混合物（土∶沙＝1∶1）为扦插基质，应充分整平。处理后的插条直插入基质 3~4cm，压实，及时喷、灌水以保持基质和插条湿润。扦插后 20~25 天便可生根，生根后即可移植。

（3）压条繁殖 爬山虎的压条繁殖在生长各期均可进行，一般以 3~4 月份爬山虎的体内汁液开始流动和 7~8 月份枝条成熟后的两个时期进行效果较好。其他时期压条虽然也能成活，但生根较慢。具体方法是：将匍匐于地面的茎藤除自基部保留 40~60cm 的暴露生长段外，其余部分均可埋入配好的基质中。基质成分为：优质厩肥∶锯末∶表土为 1∶1∶1 或 2∶1∶1。基质覆盖厚度一般为 15~20cm。覆盖后应经常浇水保持湿润以利于发根和出芽。压条 15~20 天，新芽便可自被埋压的节处长出。待新芽长至 40~50cm 时，新根已生长良好。此时可在新芽下方 10~15cm 处挖开小段土埂，在节间剪断，便得一株新苗。剪后立即覆盖剪口，使剪口尽快愈合。3~4 天后，新苗便可以移苗出圃，定植或保留在原位继续生长。此方法优点是成活率高、管理简便、幼苗生长旺盛。缺点是繁殖率相对较低。

2. 栽植及养护管理

爬山虎管理简单粗放，在早春萌芽前可沿建筑物的四周栽种，株距 60~80cm，初期每年追肥 1~2 次，并注意灌水，当小苗长至 1m 长时，即应用铅丝、绳子将其牵向攀附物，2~3 年后可逐渐将数层高楼的壁面布满，以后可任其自然生长。爬山虎常见虫害有步甲、蝼蛄等食叶、食根害虫，可用敌百虫 10g 加 1kg 麦麸配成毒饵撒于行间诱杀。

（四）观赏特性和园林用途

爬山虎的蔓茎纵横，密布卷须吸盘，翠叶遍盖如屏，入秋叶色变红或黄，十分艳丽，是垂直绿化的主要树种之一，在庭院墙壁、入口，桥头石壁，枯木墙垣等处均宜配置，尤其是其在水泥墙面上能伸展自若，有降温消暑之功效。若在园林建筑物上攀附或屋顶绿化，可使灰色的建筑物充满生机，并能给西侧的楼窗遮光，以防西晒，夏季降温效果极佳；在假山石之旁栽植一二，则穿云破石，意趣尤浓。

四、凌霄

凌霄（*Campsis grandiflora*（Thunb.）Loisel.）为紫葳科凌霄属，又名紫葳、女葳花。北方习见栽培。

（一）植物形态

凌霄为落叶木质藤本植物，借气根攀缘其他物体上升，也可长成灌木状。小枝紫褐色，复叶互生，小叶 7~9 枚，纸质，边缘有疏锯齿，叶面粗糙。聚伞花序生于枝顶，花大型，径约 5~7cm，呈唇状漏斗形，红色或橘红色。蒴果顶部钝，内含种子多数。花期为 6~8 月份，果期 10 月份（图 14-38）。凌霄的形态见彩图 39。

（二）生态习性

凌霄喜光，稍耐阴，幼苗宜稍庇荫；喜温暖湿润气候，耐寒性较差；适湿润肥沃排水良好的微酸性和中性土壤，耐旱忌积水。凌霄的萌蘖力、萌芽力均强，但花粉有毒。

（三）栽培技术

1. 繁殖方法

凌霄的繁殖以扦插、压条、分株繁殖为主，极少用种子繁殖。

扦插凌霄宜在其春季发芽展叶前进行，选用直径0.2cm以上的枝条截成15cm左右的插穗，每穗保留2对叶芽，插入沙床。当年生枝条易冻的地区，可于秋季落叶后剪取插穗，截成相同大小的段，捆成束埋入土中进行湿沙藏越冬，次年春季再扦插。凌霄茎节处易发气生根，压条繁殖极易成活。其也可利用植株根际生长的根蘖苗进行分株繁殖。分株繁殖即将植株基部的萌蘖带根掘出，短截后另栽，该法繁殖幼苗也容易成活。播种繁殖为种子采收后即在温室播种，或干放至翌春进行春播。

压条把枝条弯曲埋入土中，深达10cm左右，保持湿润，极易生根。

2. 栽植及养护管理

凌霄多于春季栽植，少有秋季栽植，可用裸根苗定植。

图 14-38 凌霄

种植时，施入足量底肥，5、6月份再各进行一次追肥。随着枝蔓生长，逐步将其引导或捆扎在棚架上。开花前施肥灌水，以促使其生长旺盛，开花繁茂。春季发芽前对枯枝和过长的枝条进行修剪，避免枝条过密繁乱。过冷地区冬季需埋土以防寒越冬。

（四）观赏特性和园林用途

凌霄花大色艳，开放时间长，为我国传统著名花木，最适宜依附老树、石壁、墙垣植之，如植于石隙间，悬崖而下，柔条纤蔓，碧叶绛花，倍觉动人。传统的园林布置方法为常将凌霄附假山植之，其亦是庭院中花架、花门的良好绿化遮荫材料。凌霄也可盆栽布置于室内、门前和阳台上。

复习思考题

1. 简述银杏的生态习性及栽培要点。
2. 目前雪松的主要繁殖方法怎样？整形修剪的主要技术要点有哪些？
3. 简述水杉的主要生态习性及主要繁殖方法。
4. 广玉兰的主要生态习性有哪些？嫁接的主要砧木有哪些？
5. 简述樟树的繁殖方法和整形修剪的技术要点。
6. 简述海棠花的生态习性及栽培特点。
7. 简述紫叶李的繁殖方法及主要园林用途。
8. 红花羊蹄甲的主要繁殖方法及栽植养护要点有哪些？
9. 简述悬铃木的栽培技术要点及其在园林绿化中存在的问题。
11. 简述毛白杨、垂柳的生态习性及栽培中应注意的问题。
12. 比较小叶榕、木棉的生态习性及栽培技术要点。
13. 简述元宝枫的繁殖方法及栽植养护技术要点。
14. 简述桂花的主要繁殖方法及整形技术要点。
15. 比较棕榈、老人葵和大王椰子的生态习性和栽培技术要点。
16. 简述含笑的生态习性及栽培技术要点。
17. 简述榆叶梅和腊梅的栽培技术要点。
18. 比较海桐、大叶黄杨和石楠的形态特征及园林应用。
19. 比较山茶花、紫丁香、紫薇、红檵木和石榴的栽培技术要点及园林应用。
20. 简述杜鹃花和牡丹的栽培技术要点。
21. 比较软叶刺葵和散尾葵的栽培技术要点。
22. 比较紫藤、常春藤、爬山虎和凌霄的栽培技术要点及其在园林中的应用。
23. 调查当地的主要园林树木种类（按乔木类、灌木类及藤本类分别调查）及栽培技术要点。

参 考 文 献

[1] 吴泽民. 园林树木栽培学 [M]. 北京：中国农业出版社，2003.
[2] 张秀英. 园林树木栽培养护学 [M]. 北京：高等教育出版社，2005.
[3] 陈有民. 园林树木学 [M]. 北京：中国林业出版社，1990.
[4] 郭学望，包满珠. 园林树木栽植养护学 [M]. 北京：中国林业出版社，2002.
[5] 李承水. 园林树木栽培与养护 [M]. 北京：中国农业出版社，2007.
[6] 郝建华，陈耀华. 园林苗圃育苗技术 [M]. 北京：化学工业出版社，2003.
[7] 刘德良，田伟政，张琴. 园林树木繁殖与栽培养护技术 [M]. 长春：吉林科学技术出版社，2006.
[8] 田如男，祝遵凌. 园林树木栽培学 [M]. 南京：东南大学出版社，2001.
[9] 王凌晖. 园林树木栽培养护手册 [M]. 北京：化学工业出版社，2006.
[10] 俞玖. 园林苗圃学 [M]. 北京：中国林业出版社，1998.
[11] 丁彦芬，田汝南. 园林苗圃学 [M]. 南京：东南大学出版社，2003.
[12] 宋小兵. 园林树木养护问答240例 [M]. 北京：中国林业出版社，2003.
[13] 毛龙生. 观赏树木栽培大全 [M]. 北京：中国农业出版社，2002.
[14] 邱国金. 园林树木 [M]. 北京：中国农业出版社，2005.
[15] 卓丽环，陈龙清. 园林树木学 [M]. 北京：中国农业出版社，2003.
[16] 郑宴义. 园林植物繁殖栽培实用新技术 [M]. 北京：中国农业出版社，2006.
[17] 杭州农业局. 观赏绿化苗木实用生产技术 [M]. 杭州：浙江科学技术出版社，2006.
[18] 庄雪影. 园林树木学 [M]. 广州：华南理工大学出版社，2006.
[19] 蒋水明. 园林绿化树种手册 [M]. 上海：上海科学技术出版社，2002.
[20] 王汝诚. 园林规划设计 [M]. 北京：中国建筑工业出版社，2001.
[21] 黄东兵. 园林规划设计 [M]. 北京：中国科学技术出版社，2004.
[22] 卢圣. 植物造景 [M]. 北京：气象出版社，2004.
[23] 刘福智. 景园规划与设计 [M]. 北京：机械工业出版社，2003.
[24] 屈永建. 园林艺术 [M]. 杨凌：西北农林科技大学出版社，2006.
[25] 成海钟. 园林植物栽培养护 [M]. 北京：高等教育出版社，2002.
[26] 南京林业学校. 园林植物栽培学 [M]. 北京：中国林业出版社，1991.
[27] 潘文明. 观赏树木 [M]. 北京：中国农业出版社，2001.
[28] 魏岩. 园林植物栽培与养护 [M]. 北京：中国科学技术出版社，2003.
[29] 赵和文. 园林树木栽植养护学 [M]. 北京：气象出版社，2004.
[30] 王秀娟，张兴. 园林植物栽培技术 [M]. 北京：化学工业出版社，2007.
[31] 佘远国. 园林植物栽培与养护管理 [M]. 北京：机械工业出版社2007.
[32] 张淑玲. 园林植物栽培技术 [M]. 上海：上海交通大学出版社，2007.
[33] 万ияinь. 园林动植物繁殖学 [M]. 北京：中国农业出版社，1996.
[34] 齐明聪. 森林种苗学 [M]. 哈尔滨：东北林业大学出版社，1992.
[35] 张东方. 植物组织培养技术 [M]. 哈尔滨：东北林业大学出版社，2004.
[36] 林昌海，黄瑞康，黄程前. 红花檵木栽培 [M]. 长沙：湖南科学技术出版社，2001.
[37] 金煜. 园林植物景观设计 [M]. 沈阳：辽宁科学技术出版社，2008.
[38] 陈卫元. 花卉栽培 [M]. 北京：化学工业出版社，2007.
[39] 臧德奎. 园林树木学 [M]. 北京：中国建筑工业出版社，2007.
[40] 杨向黎，杨田堂. 园林植物保护及养护 [M]. 北京：中国水利水电出版社，2007.
[41] 船越亮二. 花木、庭木的整枝、剪枝 [M]. 唐文军译. 长沙：湖南科学技术出版社，2002.
[42] 王春梅. 花卉无土栽培 [M]. 延吉：延边人民出版社，2002.
[43] 罗镪. 园林植物栽培养护 [M]. 沈阳：白山出版社，2003.